全国机械行业高等职业教育“十二五”系列教材

高等职业教育教学改革精品教材

“十二五”江苏省高等学校重点教材

UG NX CAD 应用案例教程

第 2 版

主　编　石皋莲　吴少华

副主编　季业益　顾　涛

参　编　刘　婧　丁云鹏　周　挺　戴春华

　　　　杨洪涛　吴泰来　徐　军　刘明孝

主　审　陈向军

机 械 工 业 出 版 社

本书是“十二五”江苏省高等学校重点教材，编号为2013-1-157。

本书的编写是基于作者团队从事UG NX CAD应用工作和教学多年来的经验总结和知识积累。本书以SIEMENS PLM软件公司UG NX 8.5软件为平台，从实际应用出发，以零部件设计标准与规范为指导，以UG NX数字化设计思路为主线，与企业合作开发应用案例。书中案例大多源自于企业真实产品，具有很强的专业性和实用性，是典型的产教融合教材实例。

本书采用模块化、项目式编写体例，内容设置体现职业教育特色，全书案例讲解深入浅出，易学易懂，读者即使此前没有基础，也可以迅速实现从入门到精通。

全书共4个模块，模块一介绍了UG NX软件的安装方法和操作基础；模块二通过项目案例讲解了UG NX的建模功能及同步建模技术；模块三详细讲解了CAD虚拟装配技术在产品数字化设计过程中的应用；模块四详细讲述了UG NX的制图功能。

引入信息化资源配置，书中针对各项目设置了微课和录屏操作资料，扫描相应二维码可观看。同时，配套提供模型源文件、零件图样和电子课件等资源。本书不仅可以作为高职高专院校机械制造与自动化、模具设计与制造及数控技术、工业设计及其他相关专业学生的教学用书，也可作为在岗从事CAD三维设计的工程技术人员的培训教材和参考用书。

本书配有电子课件、案例中的项目源文件及案例操作录像等数字化资源。凡使用本书作为教材的教师，可登录机械工业出版社教育服务网（http://www.cmpedu.com），注册后免费下载，咨询电话：010-88379375。

图书在版编目（CIP）数据

UG NX CAD应用案例教程/石皋莲，吴少华主编．—2版．—北京：机械工业出版社，2015.7（2022.1重印）

全国机械行业高等职业教育“十二五”系列教材　高等职业教育教学改革精品教材　“十二五”江苏省高等学校重点教材

ISBN 978-7-111-50748-2

Ⅰ．①U…　Ⅱ．①石…　②吴…　Ⅲ．①计算机辅助设计-应用软件-高等职业教育-教材　Ⅳ．①TP391.72

中国版本图书馆CIP数据核字（2015）第134430号

机械工业出版社（北京市百万庄大街22号　邮政编码100037）
策划编辑：边　萌　　责任编辑：边　萌
责任校对：肖　琳　张晓蓉　封面设计：鞠　杨
责任印制：单爱军
北京虎彩文化传播有限公司印刷
2022年1月第2版第3次印刷
184mm×260mm·19.75印张·477千字
标准书号：ISBN 978-7-111-50748-2
定价：55.00元

电话服务　　网络服务
客服电话：010-88361066　机　工　官　网：www.cmpbook.com
010-88379833　机　工　官　博：weibo.com/cmp1952
010-68326294　金　书　网：www.golden-book.com
封底无防伪标均为盗版　机工教育服务网：www.cmpedu.com

前　　言

本书是“十二五”江苏省高等学校重点教材，编号为2013－1－157。

《UG NX CAD应用案例教程》（第2版）以SIEMENS PLM软件公司的升级版软件NX 8.5为平台，对第1版中基于NX 6.0软件的项目载体进行了优化，更新了部分企业典型项目案例，调整和丰富了配套的辅助教学资源，建立了动态、共享的教材资源库，更加突出现代性、专业性、典型性和延伸性。

本书以企业项目为主要载体，融“教、学、做”为一体，注重激发学生学习兴趣，让学生在学的过程中做、在做的过程中思考、在解决问题中学习、在完成任务中提高。本书的内容安排有利于培养学生学习能力、实践能力和创新能力，能更有效地提高教学质量，且具有启发性、实践性、趣味性和可操作性。

本书紧扣高素质技术技能型人才培养的主题，符合现代高职教学规律和学生认知规律，采用了“递进式＋综合式”项目的复合架构模式。采用模块化、项目式编写体例，每个项目均采用“教学目标—项目导读—任务描述—工作任务—专家点拨—课后训练”的流程，在工作任务中重点进行结构特征分析、设计方案制定及具体过程操作等。书中引入信息化资源配置，针对各项目设置了微课和录屏操作资料，扫描相应二维码即可观看。同时，为方便教学，还配套提供项目源文件、零件图样、电子课件等辅助资源，这些辅助资源都具有自主性、研究性、延伸性和自助性。

全书共4个模块19个学习项目，分步骤讲述了UG NX 8.5软件操作要领、使用技巧和注意事项。模块一介绍了有关UG NX软件的基本知识、安装的系统要求和操作基础；模块二以齿轮轴等12个典型项目案例为基础，详细讲解了UG NX的建模功能和同步建模技术；模块三以压缩机缸体夹具虚拟装配、注塑机下料口零件设计与虚拟装配和推进器虚拟装配3个典型项目案例为基础，详细讲解了UG NX软件的虚拟装配功能；模块四以侧导向块工程图的绘制和机床用平口虎钳装配图的绘制2个典型项目案例为基础，详细讲述了UG NX的制图功能，并对制图的标准规范进行了介绍。

本书在每个项目中都安排了项目导读和工作任务介绍，并在工作任务中重点进行结构特征分析、设计方案制定及具体操作详述，以便读者进行有针对性的操作，从而掌握学习重点和难点。每个项目后面还配有专家点拨和课后训练，提示和辅助读者加深理解，以巩固学习成果、提高绘图效率、培养运用UG NX软件进行产品设计与开发的能力。

为使本书内容更符当前企业生产的实际情况，书中的某些零件图和装配图是按企业的制图标准绘制的，与我国制图国家标准有所差别。此外，为使学生识读机械图的能力更适应国际化的环境，本书中的机械图包含第一角和第三角两种画法，在图的标题栏中以投影识别符号表示。

本书第2版由校企人员联合编写。模块一和模块二中项目2.11、2.12和模块三中项目3.1由季业益编写，模块二中项目2.1、2.5、2.6和模块三中项目3.2、3.3由石皋莲编写，模块二中项目2.2、2.3、2.4、2.7和模块四中项目4.1、4.2由吴少华编写，模块二中项目

2.8、2.9、2.10由顾涛编写；刘婧博士和丁云鹏博士参与了本书电子教案、操作视频的编写与制作。艾蒂盟斯（苏州）压铸电子技术有限公司周挺技术经理，强生（苏州）医疗器材有限公司吴泰来工厂经理、戴春华技术工程师，苏州扬明实业有限公司杨洪涛技术总监，苏州精技机电有限公司徐军技术总监及SIEMENS PLM软件公司刘明孝参与了本书项目案例及相关资源的收集整理工作。石皋莲和吴少华为本书主编，担任编制教材、编写大纲及统稿工作。UDS联合数字集团陈向军高级工程师担任本书的主审。

本书第1版2011年被评为江苏省精品教材。本书的修订得到江苏省高等学校重点教材建设项目和苏州工业职业技术学院教材建设基金的支助，也得到了机械工业出版社的大力支持，在此一并表示感谢。

本书的修订还要感谢强生（苏州）医疗器材有限公司、赫斯基注塑系统（上海）有限公司、苏州精技机电有限公司等企业工程师无私提供的宝贵应用经验；也要感谢SIEMENS PLM软件公司的刘明孝老师在本书编写过程中给予的指导与帮助。

限于编者水平，书中难免会有不足之处，恳请专家和广大读者批评指正，并欢迎通过电子邮件（shigaolian@yahoo.com.cn）或者QQ（843699929）的方式与编者进行交流。

编 者

二维码索引表

正文页码	二维码名称	二维码	正文页码	二维码名称	二维码
14	2-1　齿轮轴建模		133	2-11　充电器外壳建模	
25	2-2　注塑机侧导向块建模		150	2-12　电话机外壳建模	
34	2-3　变速箱转接器建模		178	微课 3-1-1　装配压缩机缸体夹具本体	
44	2-4　注塑机齿形压板建模		187	微课 3-1-2　装配压缩机缸体	
53	2-5　注塑机锁紧板建模		193	微课 3-1-3　创建爆炸图	
65	2-6　注塑机导轨建模		195	3-2-1　底板建模	
80	2-7　注塑机蓄能器连接块建模		201	3-2-2　盖板建模	
92	2-8　端盖壳体建模		241	3-2-3　下料口装配	
109	2-9　勺子建模		250	3-3　推进器建模	
123	2-10　水壶建模				

目　　录

前言
二维码索引表
模块一　NX 基本环境 ………… 1
项目 1.1　安装 NX 软件 ………… 1
NX 概述 ………… 1
安装事宜 ………… 1
安装步骤 ………… 1
专家点拨 ………… 6
课后训练 ………… 6
项目 1.2　NX 8.5 基本操作 ………… 6
NX 操作基础 ………… 6
专家点拨 ………… 9
课后训练 ………… 12
模块二　零件的三维建模 ………… 13
项目 2.1　齿轮轴的 NX CAD 应用案例 …… 13
教学目标 ………… 13
项目导读 ………… 13
任务描述 ………… 13
工作任务 ………… 13
一、分析齿轮轴的结构特征 ………… 14
二、制定齿轮轴的建模方案 ………… 14
三、创建齿轮轴的三维模型 ………… 14
专家点拨 ………… 23
课后训练 ………… 23
项目 2.2　注塑机侧导向块的 NX CAD 应用案例 ………… 24
教学目标 ………… 24
项目导读 ………… 24
任务描述 ………… 24
工作任务 ………… 25
一、分析注塑机侧导向块的结构特征 … 25
二、制定注塑机侧导向块的建模方案 … 25
三、创建注塑机侧导向块的三维模型 … 25
专家点拨 ………… 31
课后训练 ………… 32
项目 2.3　变速箱转接器的 NX CAD 应用案例 ………… 32
教学目标 ………… 32
项目导读 ………… 32
任务描述 ………… 33
工作任务 ………… 33
一、分析变速箱转接器的结构特征 …… 33
二、制定变速箱转接器的建模方案 …… 33
三、创建变速箱转接器的三维模型 …… 34
专家点拨 ………… 42
课后训练 ………… 43
项目 2.4　注塑机齿形压板的 NX CAD 应用案例 ………… 44
教学目标 ………… 44
项目导读 ………… 44
任务描述 ………… 44
工作任务 ………… 44
一、分析注塑机齿形压板的结构特征 … 44
二、制定注塑机齿形压板的建模方案 … 44
三、创建注塑机齿形压板的三维模型 … 44
专家点拨 ………… 51
课后训练 ………… 51
项目 2.5　注塑机锁紧板的 NX CAD 应用案例 ………… 52
教学目标 ………… 52
项目导读 ………… 52
任务描述 ………… 52
工作任务 ………… 53
一、分析注塑机锁紧板的结构特征 …… 53
二、制定注塑机锁紧板的建模方案 …… 53
三、创建注塑机锁紧板的三维模型 …… 53
专家点拨 ………… 64
课后训练 ………… 64
项目 2.6　注塑机导轨的 NX CAD 应用案例 ………… 65
教学目标 ………… 65
项目导读 ………… 65
任务描述 ………… 65
工作任务 ………… 65
一、分析注塑机导轨的结构特征 ……… 65
二、制定注塑机导轨的建模方案 ……… 65

三、创建注塑机导轨的三维模型 …… 65
专家点拨 …… 78
课后训练 …… 78
项目 2.7　注塑机蓄能器连接块的 NX CAD 应用案例 …… 79
教学目标 …… 79
项目导读 …… 79
任务描述 …… 80
工作任务 …… 80
一、分析注塑机蓄能器连接块的结构特征 …… 80
二、制定注塑机蓄能器连接块的建模方案 …… 80
三、创建注塑机蓄能器连接块的三维模型 …… 80
专家点拨 …… 90
课后训练 …… 90
项目 2.8　端盖壳体的 NX CAD 应用案例 …… 90
教学目标 …… 90
项目导读 …… 91
任务描述 …… 91
工作任务 …… 91
一、分析端盖壳体的结构特征 …… 91
二、制定端盖壳体的建模方案 …… 92
三、创建端盖壳体的三维模型 …… 92
专家点拨 …… 106
课后训练 …… 107
项目 2.9　勺子的 NX CAD 应用案例 …… 108
教学目标 …… 108
项目导读 …… 108
任务描述 …… 109
工作任务 …… 109
一、分析勺子的结构特征 …… 109
二、制定勺子的建模方案 …… 109
三、创建勺子的三维模型 …… 109
专家点拨 …… 121
课后训练 …… 122
项目 2.10　水壶的 NX CAD 应用案例 …… 122
教学目标 …… 122
项目导读 …… 122
任务描述 …… 122
工作任务 …… 123
一、分析水壶的结构特征 …… 123
二、制定水壶的建模方案 …… 123
三、创建水壶的三维模型 …… 123
专家点拨 …… 131
课后训练 …… 131
项目 2.11　充电器外壳的 NX CAD 应用案例 …… 131
教学目标 …… 131
项目导读 …… 132
任务描述 …… 132
工作任务 …… 132
一、分析充电器外壳的结构特征 …… 132
二、制定充电器外壳的建模方案 …… 132
三、创建充电器外壳的三维模型 …… 133
专家点拨 …… 148
课后训练 …… 149
项目 2.12　电话机外壳体的 NX CAD 应用案例 …… 149
教学目标 …… 149
项目导读 …… 149
任务描述 …… 149
工作任务 …… 149
一、分析电话机外壳体的结构特征 …… 149
二、制定电话机外壳体的建模方案 …… 150
三、创建电话机外壳体的三维模型 …… 150
专家点拨 …… 174
课后训练 …… 174
模块三　机械部件的虚拟装配 …… 176
项目 3.1　压缩机缸体夹具虚拟装配案例 …… 176
教学目标 …… 176
项目导读 …… 176
任务描述 …… 176
工作任务 …… 176
一、分析压缩机缸体夹具的结构特征 …… 177
二、制定压缩机缸体夹具的装配方案 …… 177
三、装配压缩机缸体夹具 …… 178
专家点拨 …… 191
课后训练 …… 194
项目 3.2　注塑机下料口零件设计和虚拟装配案例 …… 195
教学目标 …… 195

项目导读…… 195
任务描述…… 195
工作任务…… 195
一、分析注塑机下料口的结构特征…… 195
二、制定注塑机下料口的设计和装配方案…… 195
三、设计和装配注塑机下料口…… 195
专家点拨…… 248
课后训练…… 248
项目3.3 推进器的设计和虚拟装配案例…… 249
教学目标…… 249
项目导读…… 249
任务描述…… 249
工作任务…… 249
一、分析推进器的结构特征…… 250
二、制定推进器的设计和装配方案…… 250
三、设计、装配推进器…… 250
专家点拨…… 282
课后训练…… 283
模块四 零部件的工程图绘制…… 284
项目4.1 侧导向块的NX工程图绘制案例…… 284
教学目标…… 284
项目导读…… 284
任务描述…… 284
工作任务…… 284
一、分析侧导向块的结构特征…… 285
二、制定侧导向块工程图的绘制方案…… 285
三、绘制侧导向块工程图…… 285
专家点拨…… 292
课后训练…… 295
项目4.2 机床用平口虎钳的NX装配图绘制案例…… 297
教学目标…… 297
项目导读…… 297
任务描述…… 297
工作任务…… 297
一、分析机床用平口虎钳的结构特征…… 297
二、制定平口虎钳的装配图的绘制方案…… 298
三、绘制平口虎钳的装配图…… 298
专家点拨…… 304
课后训练…… 304
参考文献…… 305

模块一　NX 基本环境

NX 基本环境是 NX 运行的基础模块，是其他应用模块的公共运行平台。它支持打开已存的部件文件，建立新的部件文件，绘制工程图以及输入、输出不同格式的文件等操作；也提供图层控制、视图定义和屏幕布局、表达式运算和特征查询、对象信息分析、显示控制和隐藏以及再现对象等操作。

学习目标

（1）会安装 NX 软件。

（2）熟悉 NX 工作界面。

（3）能根据工作需要定制菜单与工具条。

项目 1.1　安装 NX 软件

NX 概述

NX 是一个交互式 CAD/CAM/CAE（计算机辅助设计、计算机辅助制造与计算机辅助分析）软件，它功能强大，可以轻松构建各种复杂实体的造型。NX 最早源于原麦道飞机公司的航空航天尖端设计制造技术，并逐步发展成为独立软件系统，后于 1991 年并入 EDS，2005 年并入西门子公司，成为其旗下的 SIEMENS PLM Software 公司的产品。NX 是 SIEMENS PLM Software 新一代数字化产品开发系统，它可以通过过程变更来驱动产品革新。

NX 软件提供了强大的实体建模技术和高效的曲面建构能力，能够完成最复杂的造型设计。与装配功能、2D 出图功能、零件加工功能及 PDM 之间的紧密结合，使 NX 软件在工业界成为一套高级的 CAD/CAM/CAE 软件系统。在这里，我们从学习安装 NX 软件开始。

安装事宜

1. NX 软件安装的系统要求

- 处理器主频 2.0GHz 以上，二级缓存 2MB 以上。
- 内存 1GB 以上。
- 显存 256MB 以上。

2. NX 软件安装注意事项

- 主机名不能采用中文字符和特殊字符。
- 安装目录必须为非中文目录。

安装步骤

操作录像见视频文件 Video\1_1.avi。操作步骤如下。

（1）运行 Launch. exe 文件，系统弹出如图 1-1-1 所示的 NX 安装界面。

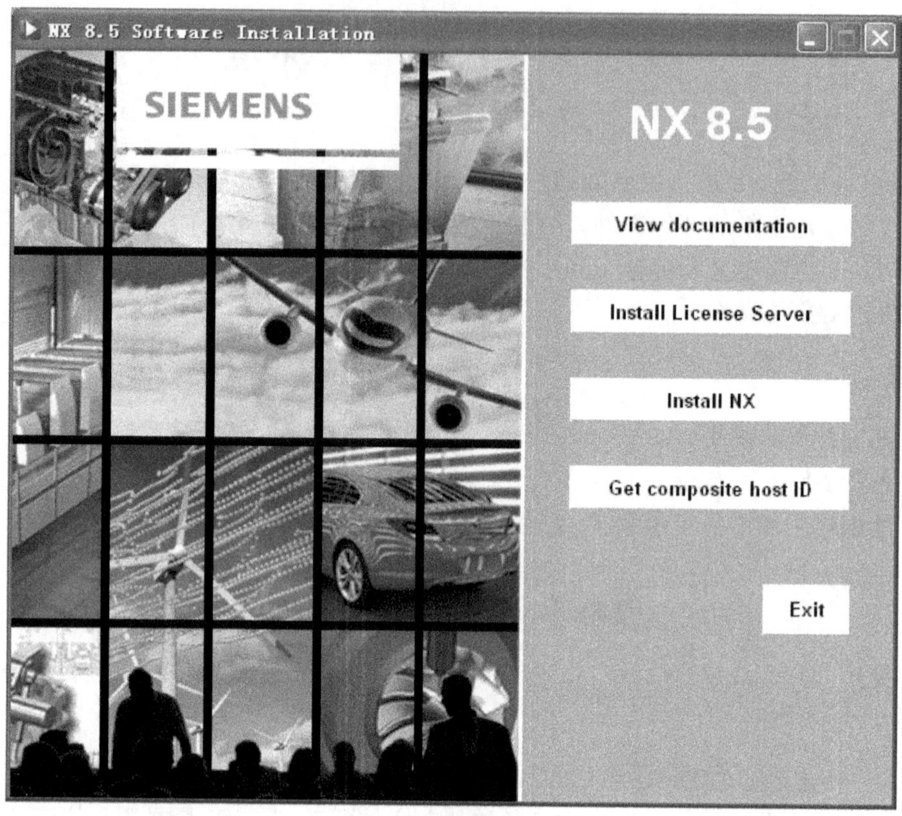

图 1-1-1　NX 安装界面

（2）首先安装 NX 许可，单击【Install License Server】按钮，系统弹出“选择安装程序的语言”对话框，如图 1-1-2 所示。

图 1-1-2　“选择安装程序的语言”对话框

（3）选择“简体中文”选项，单击【确定】按钮，系统弹出“安装许可程序”对话框，如图 1-1-3 所示。

（4）单击【下一步】按钮，选择安装目录，如图 1-1-4 所示。

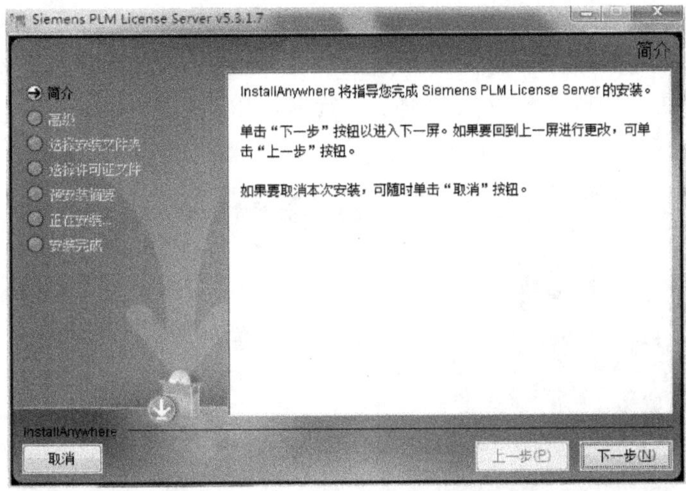

图 1-1-3 “安装许可程序”对话框

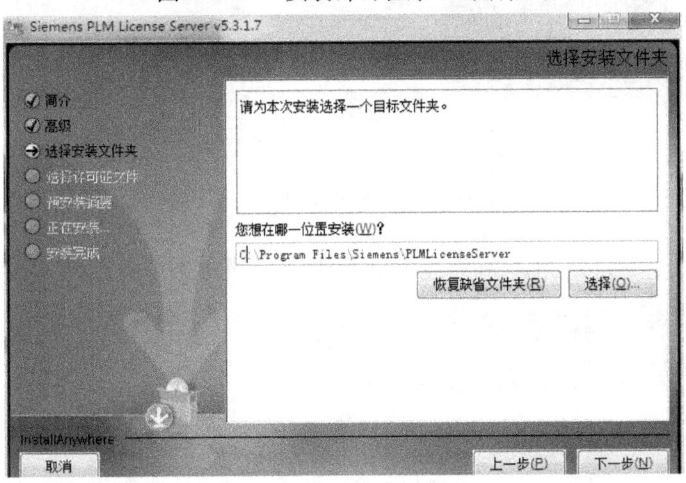

图 1-1-4 选择安装目录

(5) 单击【下一步】按钮，系统提示选择许可文件，如图 1-1-5 所示，单击【选择】按钮，选择软件供应商提供的许可文件。

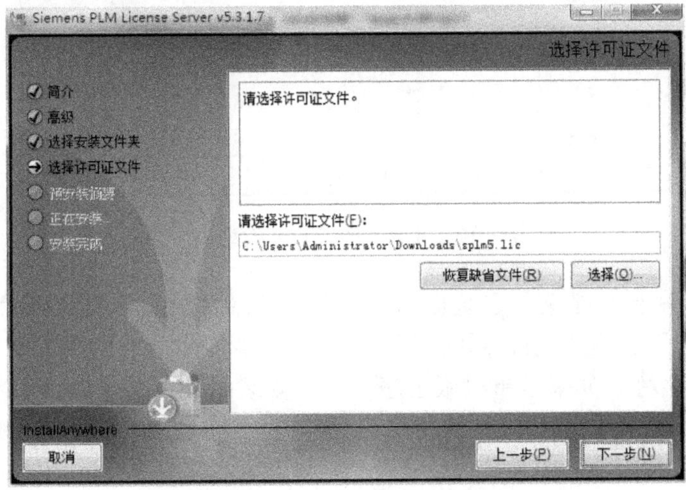

图 1-1-5 选择许可文件

（6）单击【下一步】按钮，再单击【安装】按钮，完成NX许可文件的安装。

（7）再安装NX主程序。单击安装界面上的【Install NX】按钮，系统弹出“选择安装程序的语言”对话框，选择“中文（简体）”选项，单击【确定】按钮，系统弹出“安装NX程序”对话框，如图1-1-6所示。

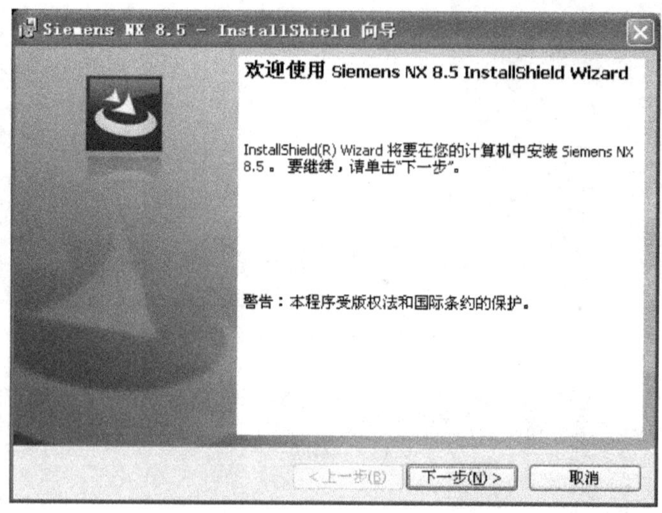

图1-1-6　“安装NX程序”对话框

（8）单击【下一步】按钮，系统弹出如图1-1-7所示对话框，安装类型选择“典型”。

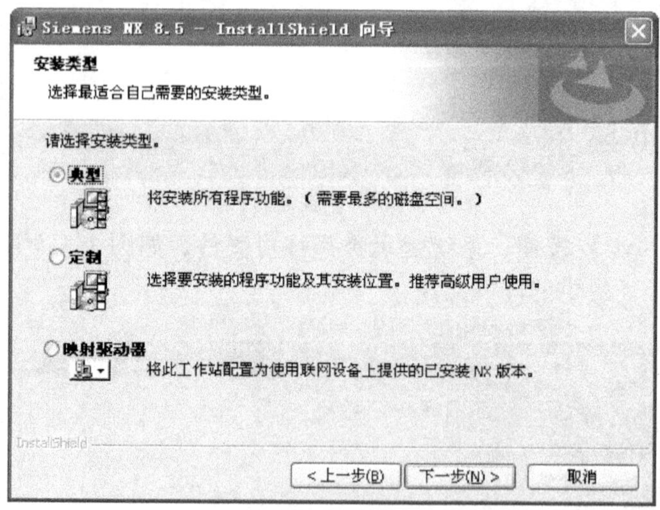

图1-1-7　选择安装类型

（9）单击【下一步】按钮，系统提示设置安装目录，如图1-1-8所示。

（10）单击【下一步】按钮，系统提示输入服务器名称，如图1-1-9所示。在28000@后输入主机计算机名称，如果是单机版程序，一般安装时默认为本地计算机名称。

（11）单击【下一步】按钮，系统提示设置运行NX时使用的语言，如图1-1-10所示。

（12）选择一种运行NX时使用的语言，单击【下一步】按钮，再单击【安装】按钮，完成NX程序的安装。

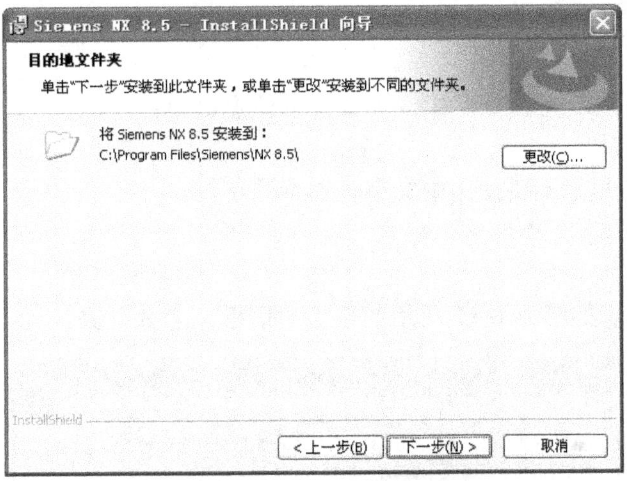

图 1-1-8　设置安装目录

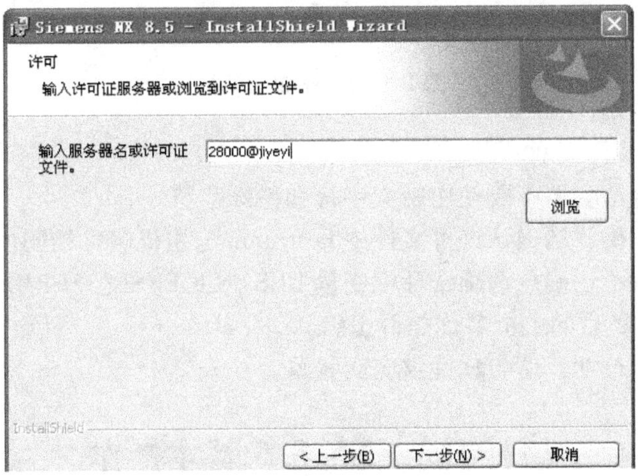

图 1-1-9　输入服务器名称

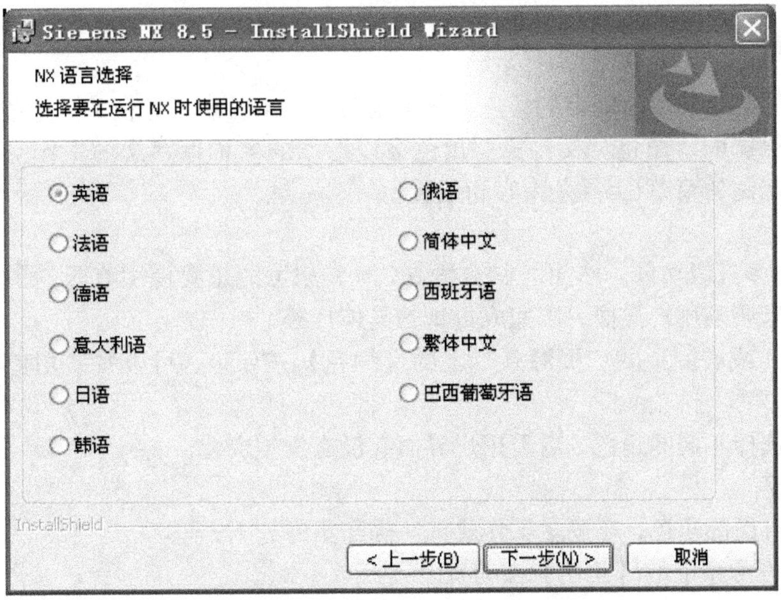

图 1-1-10　设置运行 NX 时使用的语言

专家点拨

在 Windows 7 操作系统下安装 NX8.5 软件的注意事项：

- 安装 Java 虚拟机。
- 主机名和安装目录不要使用中文字符和特殊字符。

课后训练

如果安装结束出现如图 1-1-11 所示的报警对话框，怎么解决？

图 1-1-11　报警对话框

主要原因可能有以下几种：

- 主机名称不合法，请不要使用中文字符和特殊字符。
- 许可文件不正确，请确认许可文件中 hostname 与主机名称相同。
- 环境变量配置不正确，请确认环境变量 UGS_ LICENSE_ SERVER 的变量值 28000@servername 中，28000@ 后的主机名称是否正确。
- 许可文件可能过期，请与软件供应商联系。

项目 1.2　NX 8.5 基本操作

NX 操作基础

可以根据需要创建尽可能多的角色，每个角色与一个特定任务相关。这些角色被添加到一个单独且受保护的“角色”文件夹。角色会以指派的名称保存您的工作空间设置。工作空间设置包括定制的菜单/工具条内容和位置。

1. 选择角色

NX 具有许多高级功能。然而，在初学 NX 时，您可能想要使用有限的工具集，即隐藏不常用的工具来调整用户界面，以完成每日的具体任务。

单击左侧（或右侧）的“资源条”上的【角色】按钮，可查看“角色”资源板，如图 1-2-1 所示。

可以通过选择不同的角色，看看用户界面有没有发生变化。

2. 创建角色

通过创建自己的角色，来满足工作要求。操作步骤如下：

（1）单击资源条上的【角色】按钮。

（2）右键单击“角色”资源板中的背景并选择【新建用户角色】。

图 1-2-1 “角色”资源板

（3）在角色属性对话框中，给出新角色的名称（可以是特定任务的名称），描述并指明该角色可用的应用模块。

（4）（可选）可以添加一个图像，该图像与角色名称一起显示在角色资源板中。单击浏览并选择一个图像。图像支持 BMP 和 JPEG 格式。

（5）（可选）如果想要将对话框中的选项选择与角色一起保存，请选择“保存对话框记忆”复选框。

（6）单击【确定】按钮。

新的用户角色将出现在角色资源板的用户文件夹中。

3. 定制工具条

选择【工具】→【定制】，系统弹出如图 1-2-2 所示“定制”对话框，该对话框列出在当前应用模块中加载的所有工具条。选择需要显示在工具条上的项目旁边的复选框，定制工具条。如果已选中此列表中的项目，但并不想它在工具条中显示，请确定消除该复选框。

4. 定制菜单

可以将新菜单添加至主菜单条，并将新的下拉菜单添加至现有的菜单或工具条。为此，必

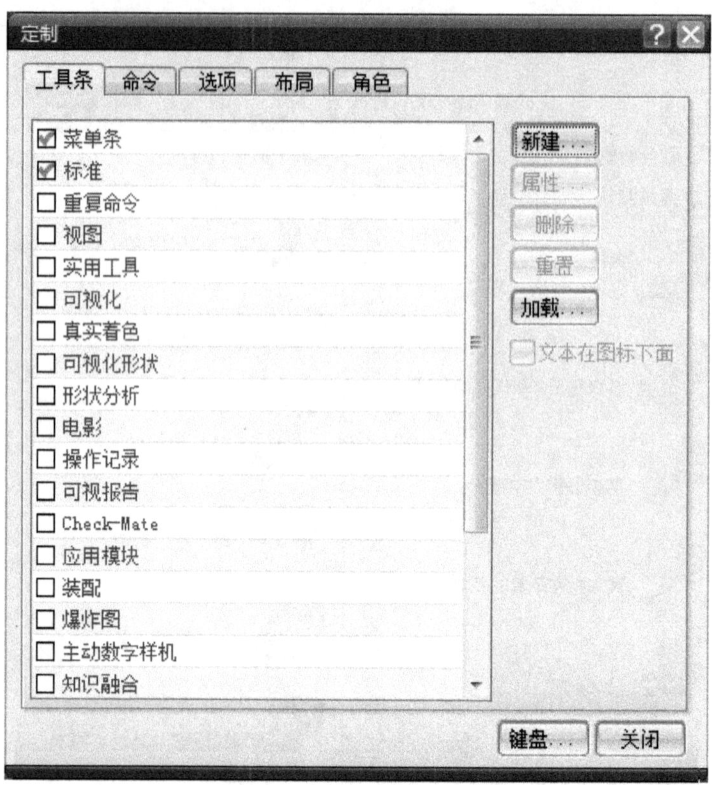

图 1-2-2 “定制”对话框

须打开定制对话框。选择【工具】→【定制】，然后单击“命令”选项卡，如图 1-2-3 所示。

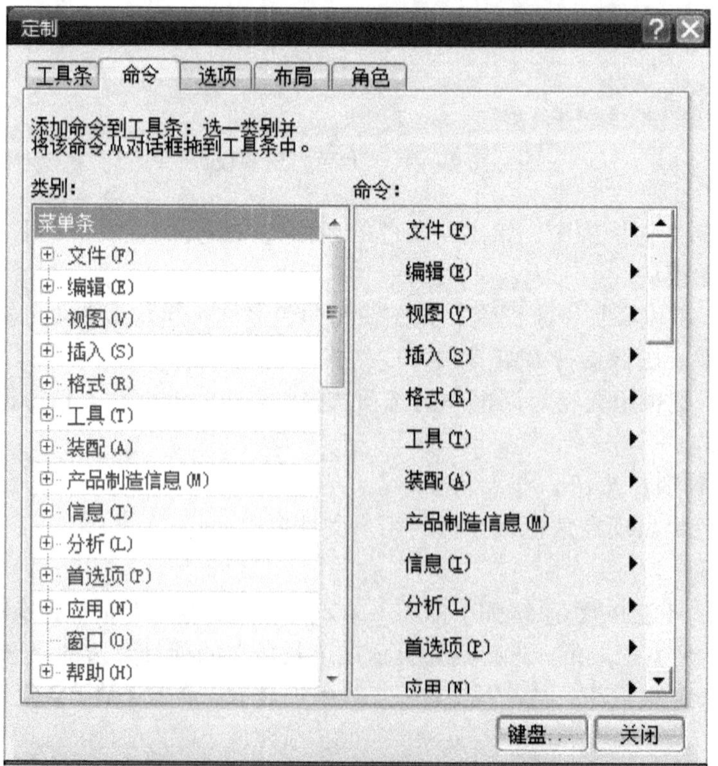

图 1-2-3 “定制”对话框中的“命令”选项卡

要添加新菜单或新下拉菜单，请按照如下步骤进行操作。

(1) 从左侧的“类别”列表框中选择【新建】按钮。右侧的“命令”列表框显示了可以选择的命令。

(2) 要在主菜单条上创建顶级菜单条目，请将新菜单拖到菜单条。光标显示一个加号，表示可以将该菜单项拖到这个位置上。

(3) 要创建下拉菜单，请将新建下拉菜单拖到现有菜单或工具条。

要移除添加的菜单，请在“定制”对话框打开时单击该菜单并将其拖出工具条。

专家点拨

1. NX Gateway 的基本概念

通过打开部件文件或者新建部件文件，然后从菜单条中选择应用模块，您可以与 NX 进行交互。通过从主菜单条选择选项，然后响应显示的对话框，在 NX 主图形窗口中创建设计。

使用 NX，可以创建、存储、调用、修改以及操控设计和加工信息。

NX 系统允许创建部件的完整三维模型，该模型可以永久地存储。所存储的部件文件随后可以用于：生成完全尺寸的加工图样；生成关于 NC 加工和制造工作流程的说明；为诸如有限元分析的分析过程生成输入数据。

部件是由设计过程中创建的对象和属性组成的。根据用户使用的应用模块，对象也称为实体。这些对象分类为：①几何体对象，包括点、曲线以及片体；②文本对象，包括注释、标签和尺寸；③属性，包括颜色、字体及宽度。

2. NX 窗口的基本组成

启动 NX，进入“建模”模块，如图 1-2-4 所示。下面介绍一下 NX 窗口的基本组成。

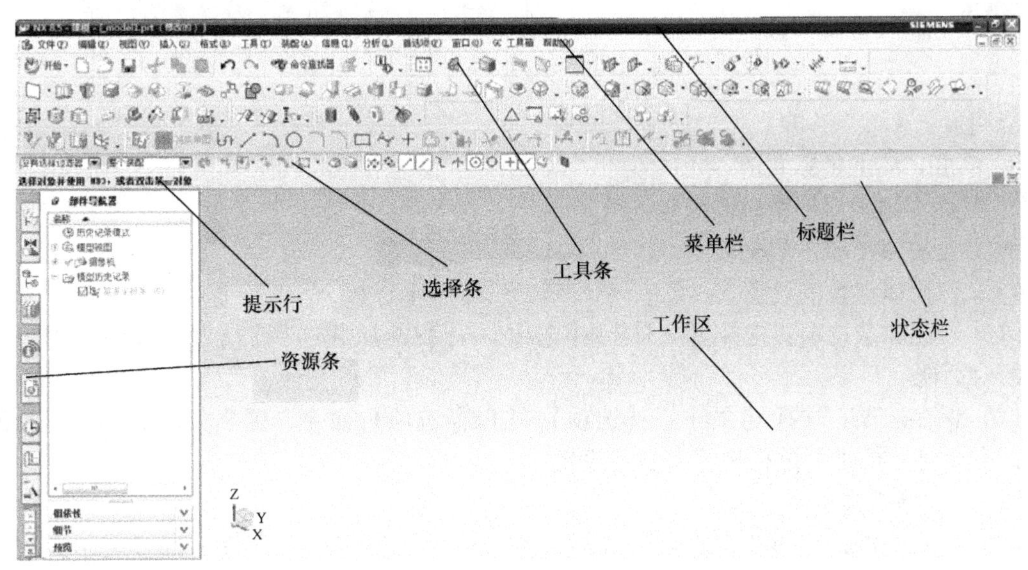

图 1-2-4　NX 窗口

- 标题栏：显示当前部件文件的相关信息。
- 菜单栏：显示在主窗口的顶部、标题栏的正下方。菜单栏每个选项对应一个 NX 功能类别。通过单击每个菜单标题可访问下拉菜单选项。

- 工具条：用来启动标准 NX 命令的一系列图标。NX 具有大量的工具条，其中一些在启动 NX 时就显示。
- 选择条：提供各种方法对发现的可选对象进行过滤。
- 提示行：显示有关预期输入的提示消息。这些信息指示下一步需要进行的操作。
- 状态栏：显示有关当前选项的消息或最近完成的功能信息。这些信息不需要回应。
- 资源条：利用很小的用户界面空间将许多信息页面组合在一个公共区。NX 将所有导航窗口以及历史记录、角色、其他资源板窗口和网络浏览器放在资源条内。
- 工作区：该区域是创建、显示和修改部件的地方。

3. 鼠标操作

下表描述了几种使用鼠标与 NX 对话框和窗口交互的方法，具体见表 1-2-1。

表 1-2-1 NX 中鼠标的使用

要完成的操作	鼠标的使用
选择菜单并选择对话框中的选项	单击
在单击确认或应用按钮之前，请在对话框（显示为绿色）中的所有必要步骤之间切换	单击鼠标中键
在完成所有必要步骤之后，执行功能相当于确认或应用按钮（显示为绿色）的操作	单击鼠标中键
选择相邻的项目	Shift + 在列表框中单击
选择或取消选择非邻近的项目	Ctrl + 在列表框中单击
启动特定对象的弹出	在对象上单击右键
旋转视图	按住鼠标中键并在视图中拖动
平移视图	在视图中拖动鼠标中键 + 鼠标右键，或 Shift + 鼠标中键
放大视图	在视图中拖动鼠标中键 + 鼠标左键，或 Ctrl + 鼠标中键

说明：

- 单击 = 单击鼠标左键
- 鼠标中键 = 鼠标中键或滚轮
- 单击右键 = 单击鼠标右键

4. 文件操作参数的设置

（1）装配加载选项：选择【文件】→【选项】→【装配加载选项】命令，弹出如图 1-2-5 所示的对话框。

（2）保存选项：选择【文件】→【选项】→【保存选项】命令，弹出如图 1-2-6 所示的对话框，在该对话框中可进行相关参数的设置。

5. 导入/导出文件

（1）导入文件：选择【文件】→【导入】命令，可以将一个文件的内容复制到用户的工作部件，或在 IGES、STEP203、STEP214、DXF 以及 NX2D 情形下复制到一个新的部件。各选项含义见表 1-2-2。

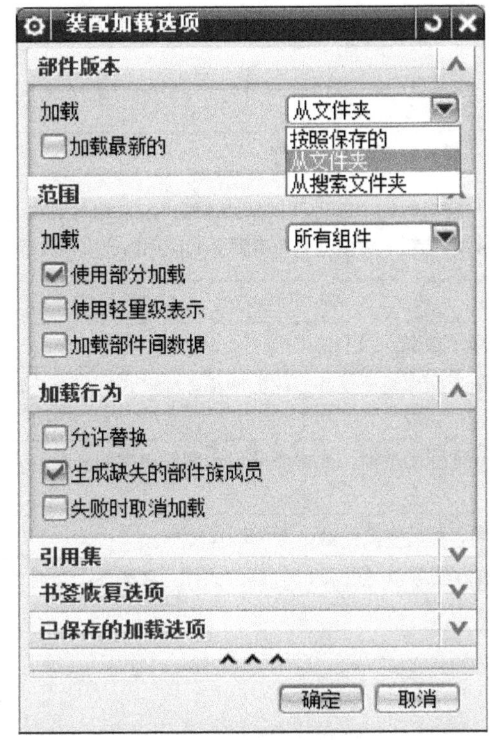

图 1-2-5　“装配加载选项”对话框

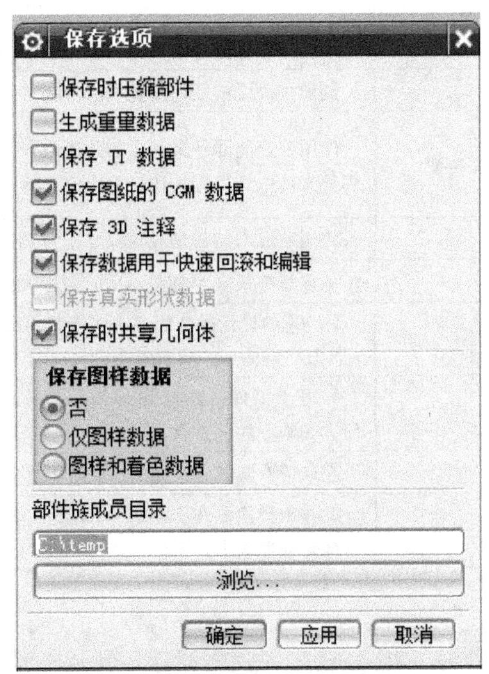

图 1-2-6　“保存选项”对话框

表 1-2-2　导入文件选项说明

选项	描述
部件	导入 NX 部件文件
Parasolid	将一个包含在相应格式的文本文件中的实体导入到当前部件；该文本文件包含 Parasolid 实体建模程序能识别的数据
STL	导入 ASCII 格式、压缩 ASCII 格式或二进制格式的 STL（立体制版）代码
IGES	将 IGES 文件导入为 NX 部件
STEP203	将 STEP203 转换器文件导入为 NX 部件
STEP214	将 STEP214 转换器文件导入为 NX 部件
DXF/DWG	将 DXF 转换器文件导入为 NX 部件
CATIA V4/CATIA V5	将 CATIA V4 模型或导出文件、CATIA V5 CATPart 或 CATProduct 文件导入为工作文件
Pro/E	将 Pro/ENGINEER 模型导入为工作文件
仿真	导入针对某个受支持的有限元求解器而创建的输入文件，并生成一个新的有限元模型和仿真文件。有关更多信息，请参见数字仿真帮助

（2）导出文件：选择【文件】→【导出】命令，可以将 NX 数据复制到本机操作系统。只要有可写权限，正在导出的文件就可以发送到任何可访问的磁盘。各选项含义见表1-2-3。

表 1-2-3 导出文件选项说明

选项	描述
部件	从工作部件保存选定的对象到指定的新的或已存在的部件
Parasolid	创建一个可被任何接受 Parasolid 输入的应用模块读取的文本文件
用户定义特征	使用在当前部件文件中的几何体来创建用户定义特征。以后可以添加该用户定义特征到其他部件文件中的目标实体。可以定义特征的形状和功能来创建适合自身需要和应用的庞大的文库
PDF	将当前显示的布局或图样导出为 PDF 文件
CGM	从任意布局（当前显示的）或图样创建计算机图形元文件（CGM）
STL	将 NX 中设计的曲面或实体模型的数据导出到操作系统文件，此文件符合特定 STL 行业公司（如 3D Systems）的要求
JT	导出 jt 文件，以与 Teamcenter Visualization 进行互操作。导出当前显示部件相应的装配的几何体和装配的 jt 文件
VRML	获取带有实体和片体的 NX 部件的当前视图，然后将数据输出为 VRML 文件
2D 转换	此导出转换器选项将 3D NX 部件文件转换为包含 2D 数据的 NX 部件文件。该部件适合通过其他转换器输出

课后训练

新建一个部件文件，添加“编辑曲线”工具条，且在所加的工具条上加一个“分割曲线”菜单。

模块二　零件的三维建模

NX 软件不仅具有强大的实体建模、曲面建模、特征建模、虚拟装配和产生工程图等功能，而且，在设计过程中还可进行有限元分析、机构运动分析、动力学分析和仿真模拟，以提高设计的可靠性。另外，可用建立的三维模型直接生成数控加工代码用于产品的加工，其后处理程序支持多种类型的数控机床。

下面我们来学习如何利用 NX 软件创建零件的三维模型。

学习目标

（1）能结合机械产品结构设计的基本要求，利用 NX 软件实体建模的功能，运用绘制草图、基准、曲线、片体、曲面和点等的操作方法，完成机械零部件的三维建模，为工业产品造型设计和模具设计打下基础。

（2）用 NX 软件的辅助设计功能完成企业再制造零件（测绘）的三维建模。

项目 2.1　齿轮轴的 NX CAD 应用案例

教学目标

- 能描述 NX 软件建模的基本方法及操作流程。
- 能描述圆柱体、凸台、沟槽、键槽等实体的创建方法。
- 能理解基准平面的功能与创建步骤。
- 能描述边倒圆、倒斜角等细节特征的创建方法。
- 能绘制齿轮轴的三维图形。

项目导读

本项目以齿轮轴的三维建模为案例，介绍如何在 NX 中进行一些最基本的实体建模，以及对应的 NX 软件操作步骤，主要包括圆柱、圆台、沟槽、基准平面、基准轴、键槽、边倒圆、倒斜角等。通过齿轮轴的三维建模项目的训练，让读者了解 NX 软件操作中常用的特征和特征操作功能，掌握在 NX 中进行产品三维建模的基本思路与方法，让读者感知：灵活地运用这些功能可以大大地提高绘图效率。

任务描述

以设计师的身份进入 NX 建模功能模块，按照产品图样和客户的意图，完成齿轮轴的三维数字化设计。

工作任务

读懂图样，分析齿轮轴的结构、特征；制定齿轮轴的数字化建模方案；学习 NX 软件相关功能及操作方法；完成齿轮轴的三维造型建模。

一、分析齿轮轴的结构特征

齿轮轴的工程图样如图 2-1-1 所示，其形状主要由齿轮轴主体（圆柱体）、越程槽、键槽、倒角等结构特征组成。

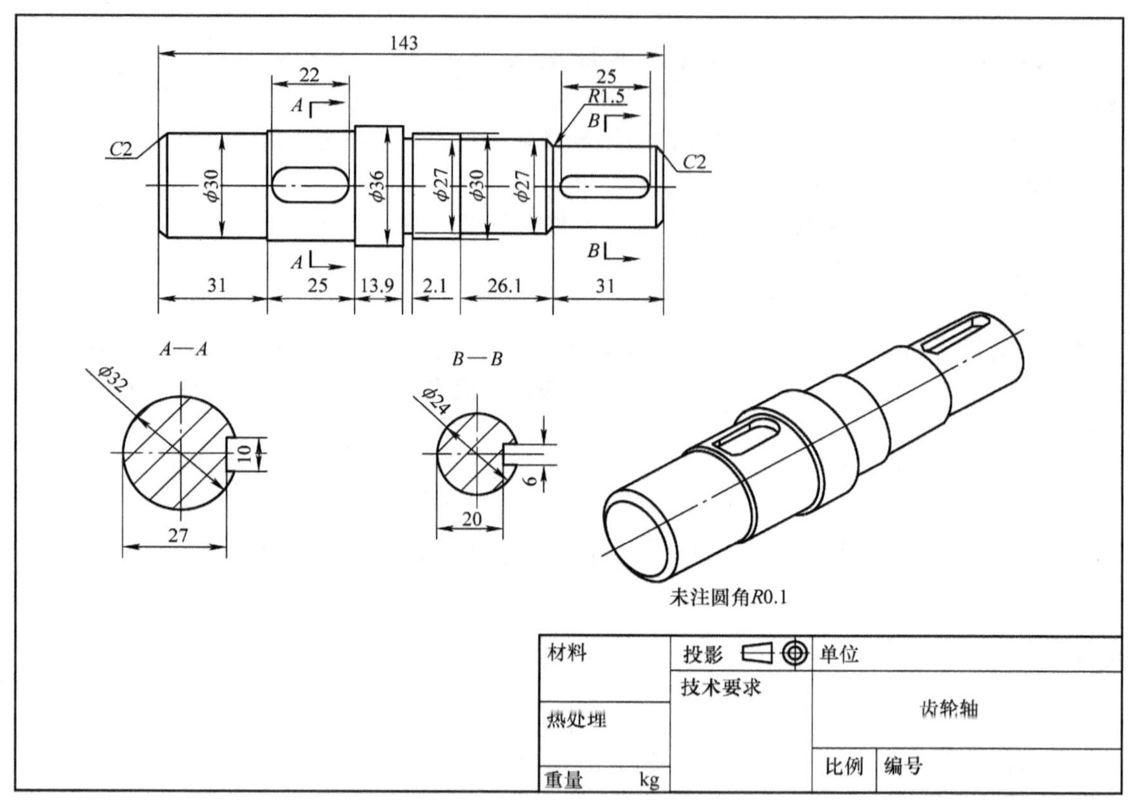

图 2-1-1　齿轮轴的工程图样

二、制定齿轮轴的建模方案

（1）绘制齿轮轴主体。

（2）绘制越程槽。

（3）绘制键槽。

（4）绘制倒角。

三、创建齿轮轴的三维模型

齿轮轴的三维建模操作步骤如下。操作录像见配套视频文件 Video \ 2_1. avi；结果文件见 Part \ 2_1. prt。

（1）选择【文件】→【新建】命令，新建名称为 2_1. prt 的部件文档，单位选择为毫米，如图 2-1-2 所示。单击【确定】按钮，进入建模功能模块。

（2）选择【插入】→【设计特征】→【圆柱体】命令，系统弹出“圆柱”对话框；类型设置为“轴、直径和高度”，指定矢量为“YC 轴”，指定点为“0，0，0”，直径设置为“30”，高度设置为“31”，如图 2-1-3 所示；单击【确定】按钮，结果如图 2-1-4 所示。

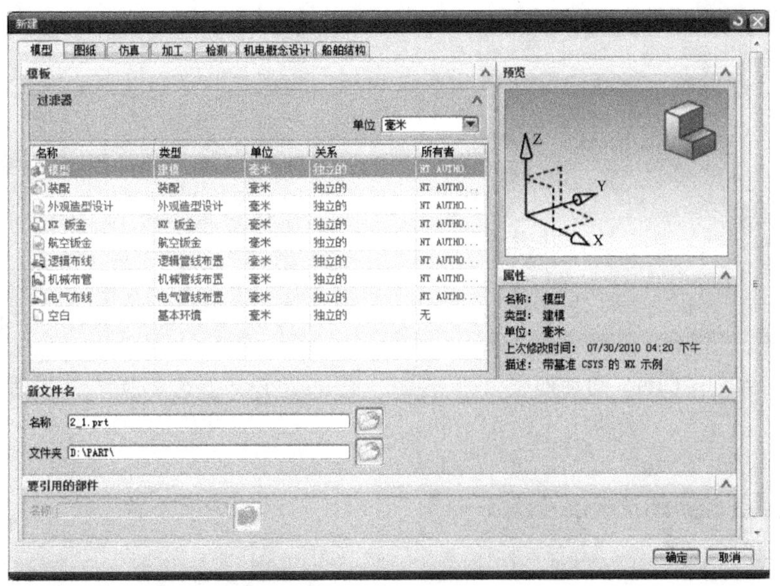

图 2-1-2　创建新的部件

图 2-1-3　“圆柱”对话框

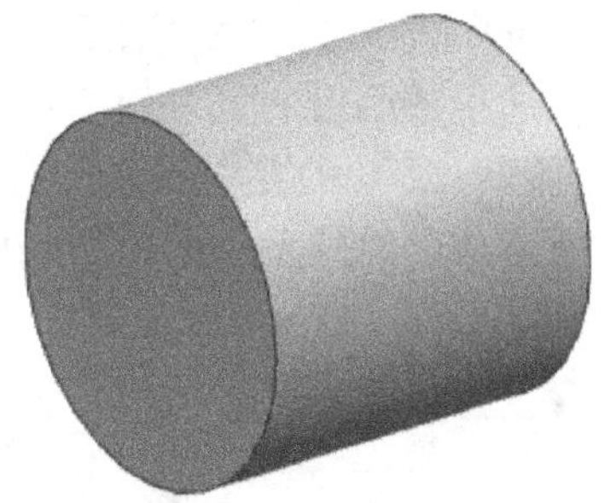

图 2-1-4　创建圆柱

（3）选择【插入】→【设计特征】→【凸台】命令，系统弹出“凸台”对话框；选择圆柱右侧面为放置面，直径设置为“32”，高度设置为“25”，如图 2-1-5 所示；单击【确定】按钮，系统弹出“定位”对话框，如图 2-1-6 所示；定位方式设置为“点落在点上”；选择圆柱右端面边缘，系统弹出“设置圆弧的位置”对话框，如图 2-1-7 所示；单击【圆弧中心】按钮，结果如图 2-1-8 所示。

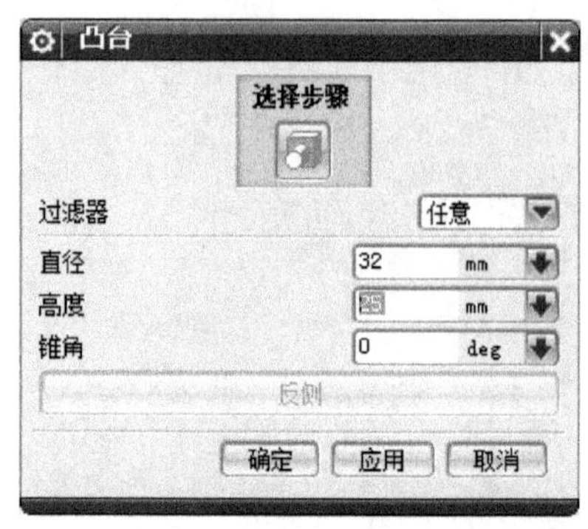

图2-1-5 “凸台”对话框

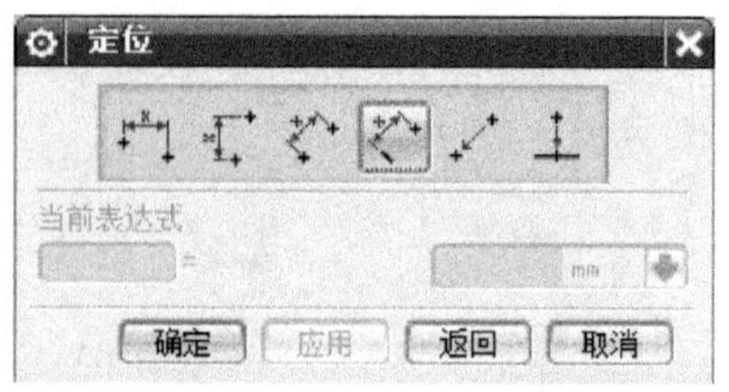

图2-1-6 “定位”对话框

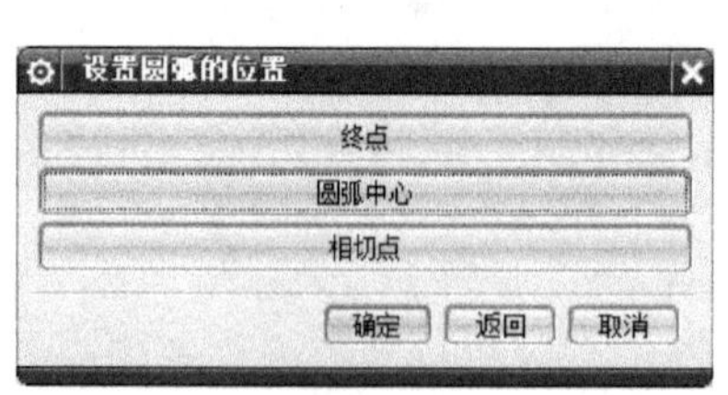

图2-1-7 “设置圆弧的位置”对话框

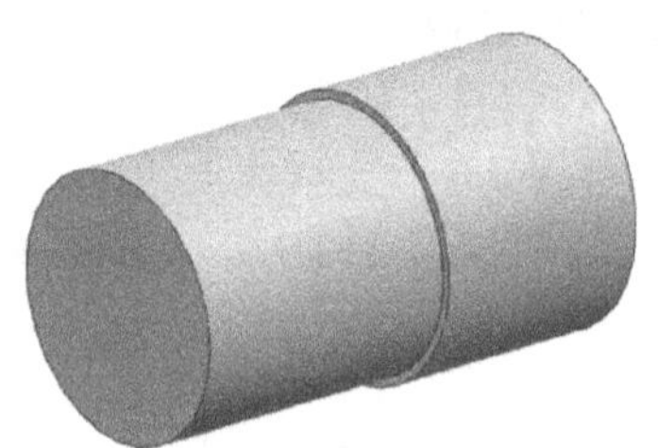

图2-1-8 创建凸台

（4）采用步骤（3）的方法创建凸台，直径设置为“36”，高度设置为“13.9”，放置面为步骤（3）所生成凸台的上表面。

（5）采用步骤（3）的方法创建凸台，直径设置为“30”，高度设置为“16”，放置面为步骤（4）所生成凸台的上表面。

（6）采用步骤（3）的方法创建凸台，直径设置为“27”，高度设置为“26.1”，放置面为步骤（5）所生成凸台的上表面。

（7）采用步骤（3）的方法创建凸台，直径设置为“24”，高度设置为“31”，放置面为步骤（6）所生成凸台的上表面，结果如图2-1-9所示。

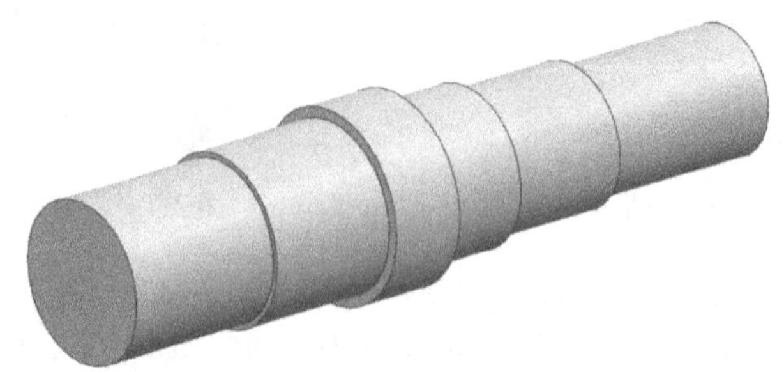

图2-1-9 齿轮轴主体

（8）选择【插入】→【设计特征】→【槽】命令，系统弹出“槽”对话框，如图2-1-10所示；单击【矩形】按钮，选择如图2-1-11所示圆柱面为放置面，系统弹出“矩形槽”对话框；槽直径设置为“27”，宽度设置为“2.1”，如图2-1-12所示；单击【确定】按钮，选择如图2-1-13所示圆柱边为目标边，选择如图2-1-14所示槽边缘为刀具边，系统弹出

“创建表达式”对话框；距离设置为 0，如图 2-1-15 所示；单击【确定】按钮，结果如图 2-1-16所示。

图 2-1-10　“槽”对话框

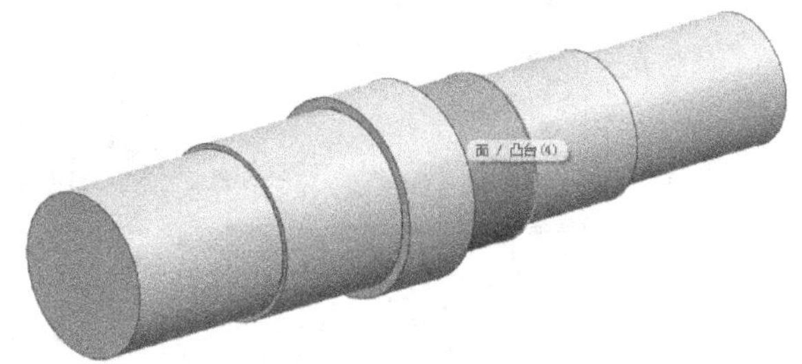

图 2-1-11　设置放置面

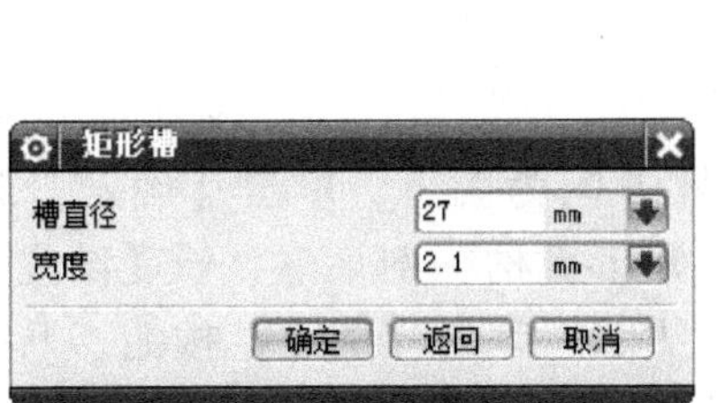

图 2-1-12　“矩形槽”对话框

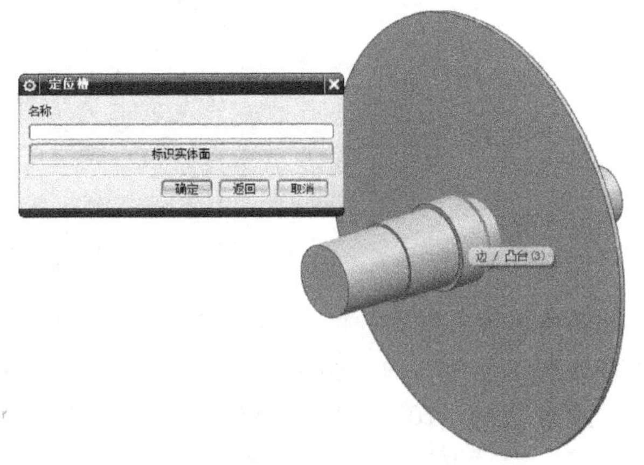

图 2-1-13　选择目标边

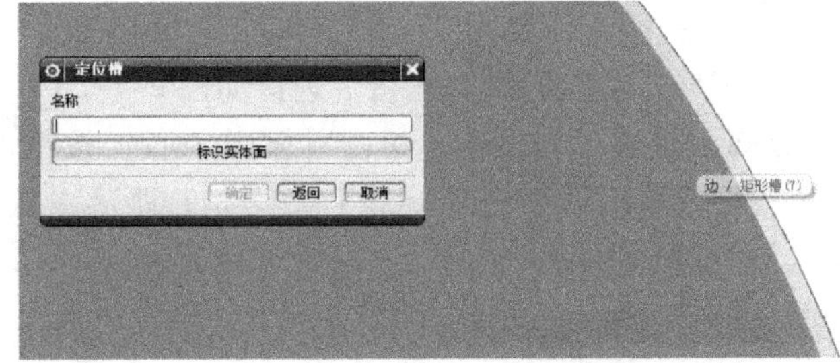

图 2-1-14　选择刀具边

图 2-1-15　“创建表达式”对话框

（9）设置 62 层为工作层；选择【插入】→【基准/点】→【基准平面】命令，系统弹出“基准平面”对话框；选择如图 2-1-17 所示圆柱面，单击【确定】按钮，结果如图 2-1-18 所示。

（10）设置 1 层为工作层，62 层设置为可见层；选择【插入】→【设计特征】→【键槽】命令，系统弹出“键槽”对话框，如图 2-1-19 所示；键槽类型设置为“矩形槽”，单击【确定】按钮，选择步骤（9）创建的

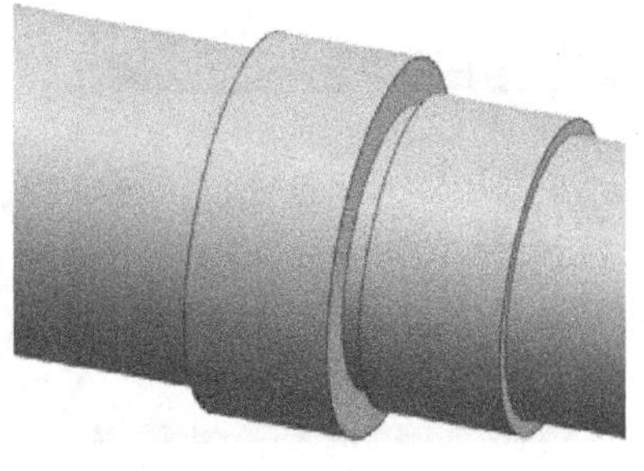

图 2-1-16　创建越程槽

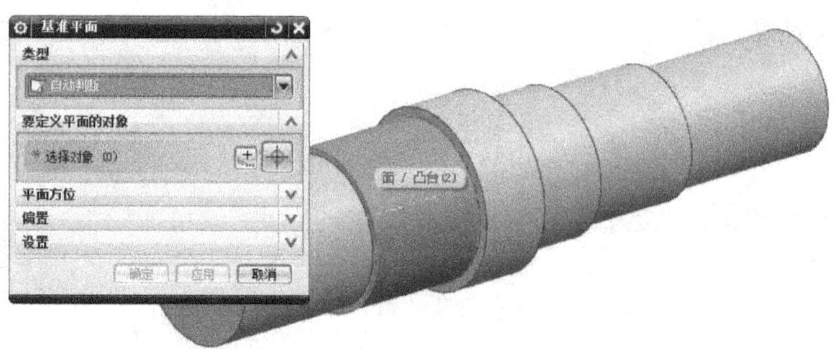

图 2-1-17 选择圆柱面

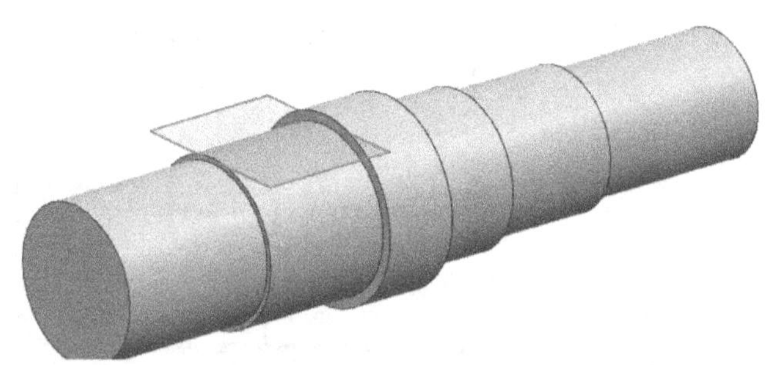

图 2-1-18 创建基准平面

基准平面为放置面，结果如图 2-1-20 所示，确定键槽放置方向为向下，单击【确定】按钮；选择 Y 轴为水平方向，如图 2-1-21 所示；系统弹出“矩形键槽”对话框，长度设置为“22”，宽度设置为“10”，高度设置为“5”，如图 2-1-22 所示，单击【确定】按钮，系统弹出“定位”对话框，如图 2-1-23 所示；单击“水平”按钮，选择如图 2-1-24 所示的圆柱边作为目标对象，系统弹出“设置圆弧的位置”对话框；单击【圆弧中心】按钮，选择如图 2-1-25 所示键槽圆弧边缘为刀具对象，系统弹出“设置圆弧的位置”对话框；单击【相切点】按钮，系统弹出【创建表达式】对话框；距离设置为“1.5”，如图 2-1-26 所示，单击【确定】按钮，系统弹出“定位对话框”；单击“竖直”按钮，选择如图 2-1-24 所示的圆柱边作为目标对象，系统弹出“设置圆弧的位置”对话框；单击【圆弧中心】按钮，选择如图2-1-27所示键槽中心线为刀具对象，系统弹出【创建表达式】对话框；距离设置为“0”，单击两次【确定】按钮，结果如图 2-1-28 所示。

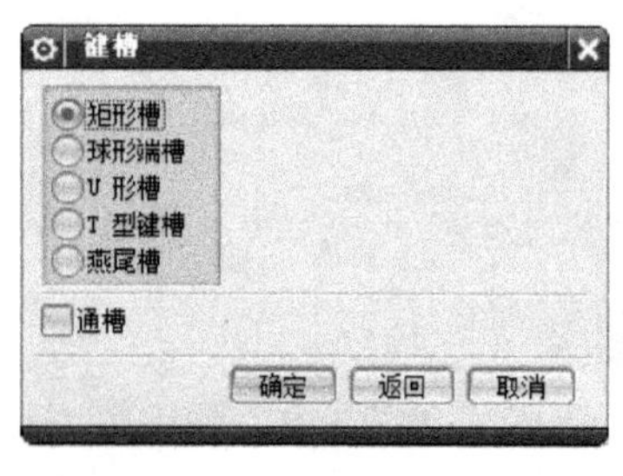

图 2-1-19 “键槽”对话框

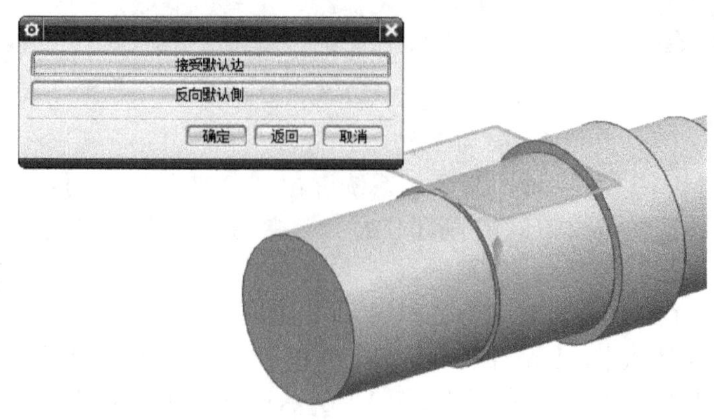

图 2-1-20 设置放置面

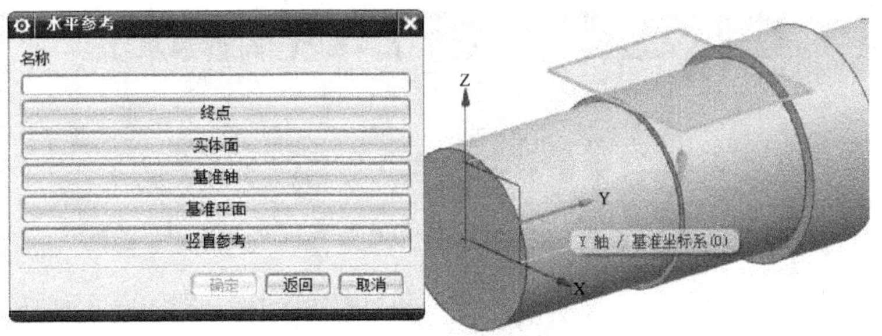

图 2-1-21　设置水平参考方向

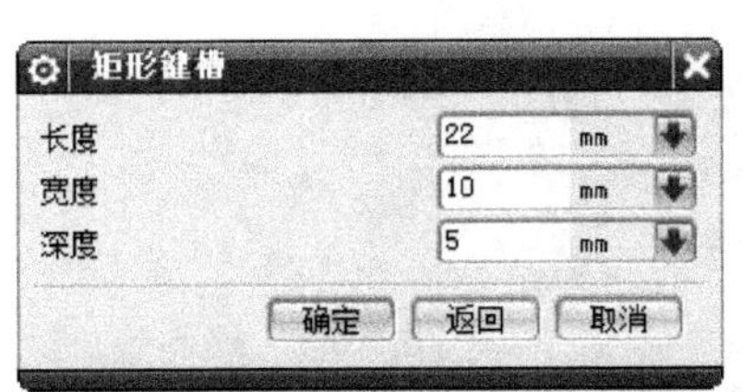

图 2-1-22　“矩形键槽”对话框

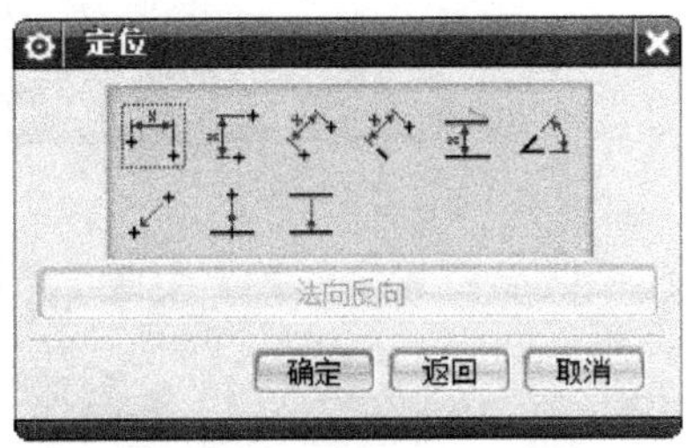

图 2-1-23　“定位”对话框

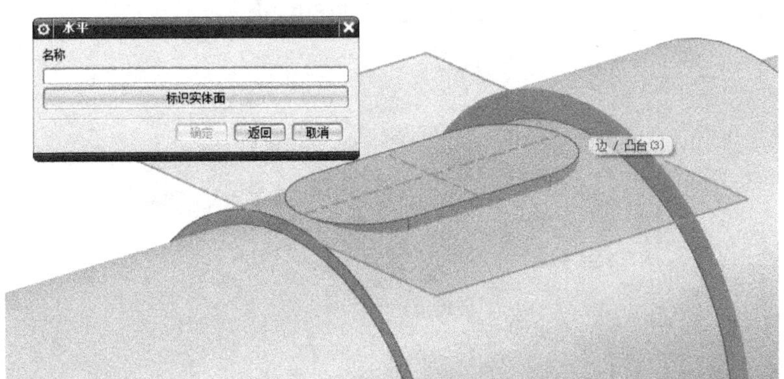

图 2-1-24　选择圆柱边

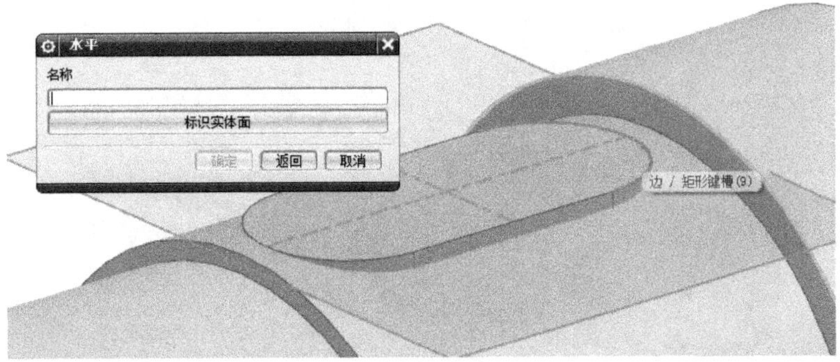

图 2-1-25　选择键槽圆弧边缘

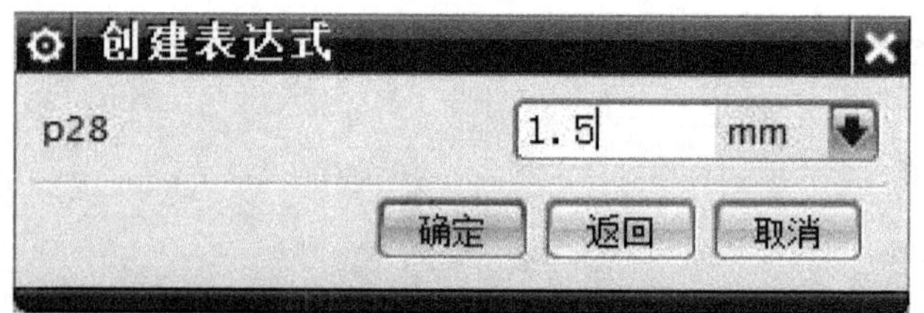

图 2-1-26 设置距离

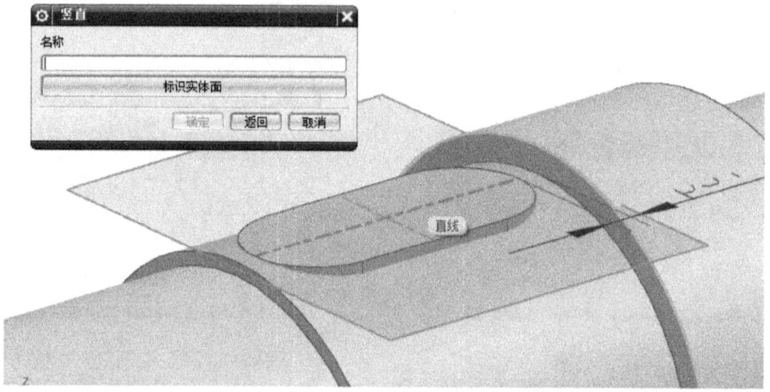

图 2-1-27 选择键槽中心线

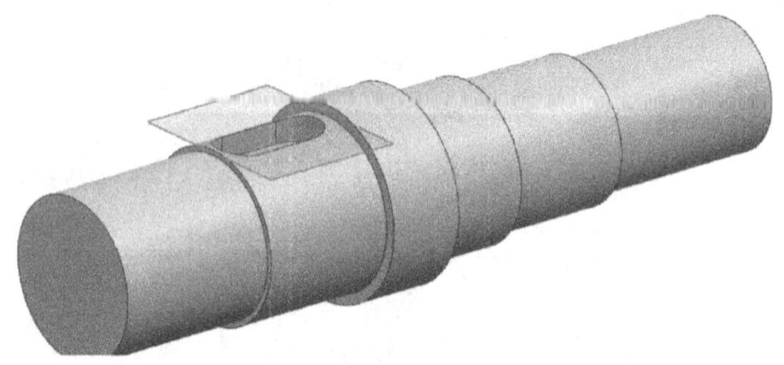

图 2-1-28 创建键槽

（11）设置 63 层为工作层；采用步骤（9）的方法创建基准平面，结果如图 2-1-29 所示。

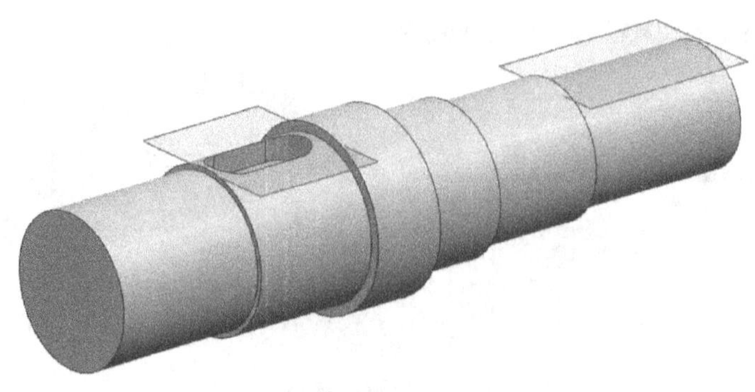

图 2-1-29 创建基准平面

（12）设置1层为工作层；创建25×6的矩形键槽，方法同步骤（10）。键槽长度设置为“25”，宽度设置为“6”，深度设置为“4”，定位方式选择水平定位，水平定位距离为“3”，竖直距离为“0”，结果如图2-1-30所示。

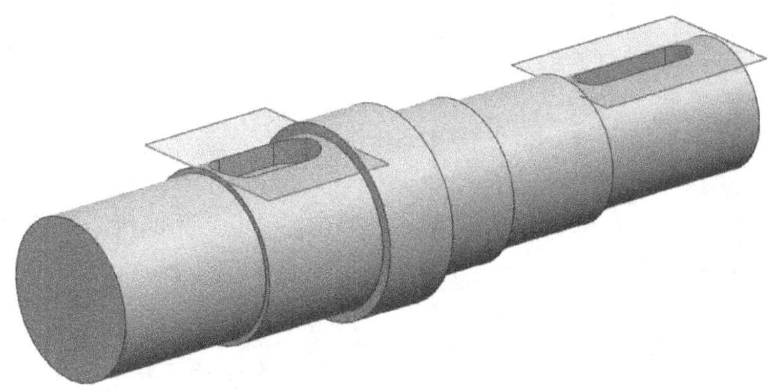

图2-1-30　创建键槽

（13）选择【插入】→【细节特征】→【倒斜角】命令，系统弹出“倒斜角”对话框；距离设置为“2”，选择轴的两端边，如图2-1-31所示；单击【确定】按钮，结果如图2-1-32所示。

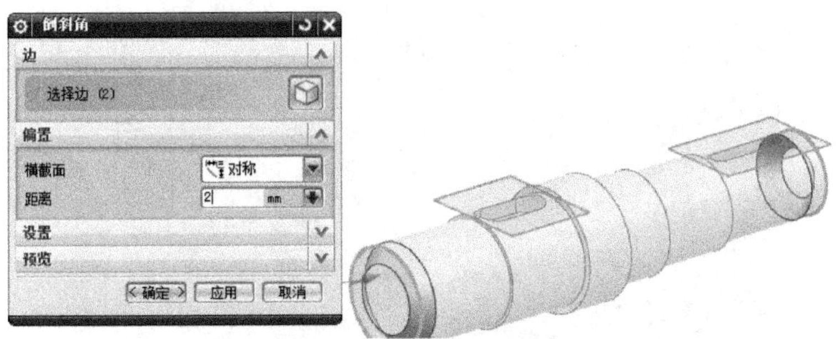

图2-1-31　选择倒斜角边

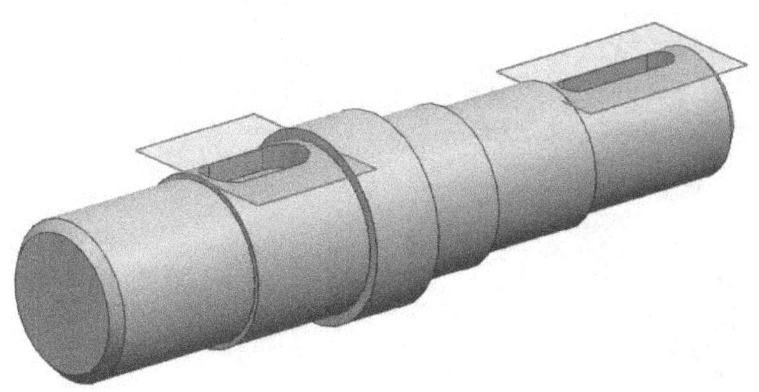

图2-1-32　倒斜角

（14）选择【插入】→【细节特征】→【边倒圆】命令，系统弹出“边倒圆”对话框；半径 1 设置为“1.5”，如图 2-1-33 所示；单击【确定】按钮，结果如图 2-1-34 所示。

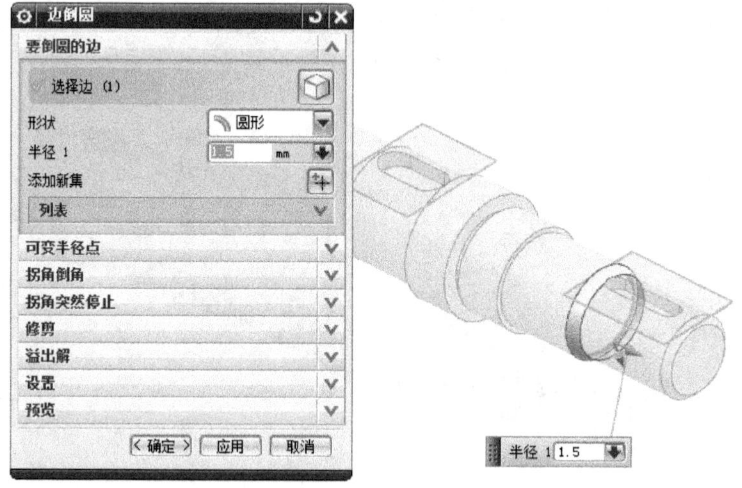

图 2-1-33　选择边倒圆边

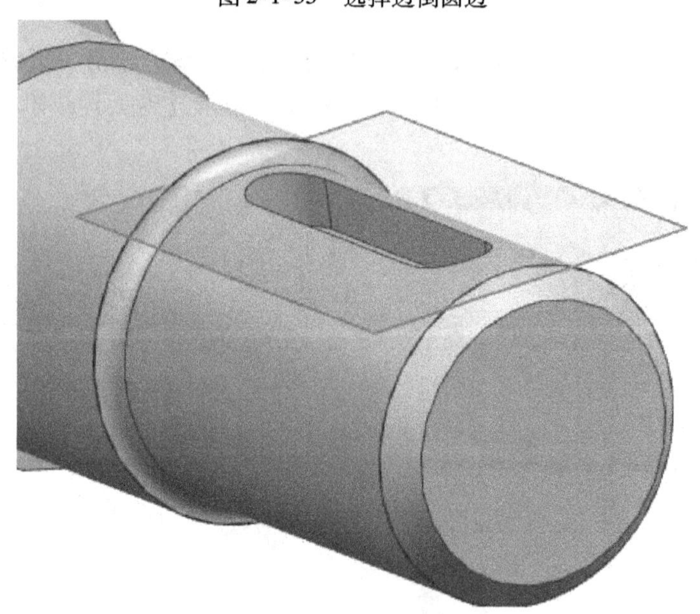

图 2-1-34　边倒圆

（15）采用步骤（14）的方法创建边倒圆，半径为“0.1”，如图 2-1-35 所示。

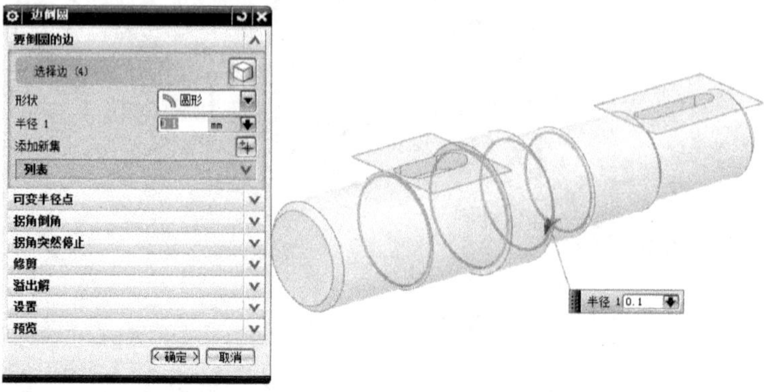

图 2-1-35　边倒圆

（16）隐藏 62、63 层。齿轮轴三维模型如图 2-1-36 所示。

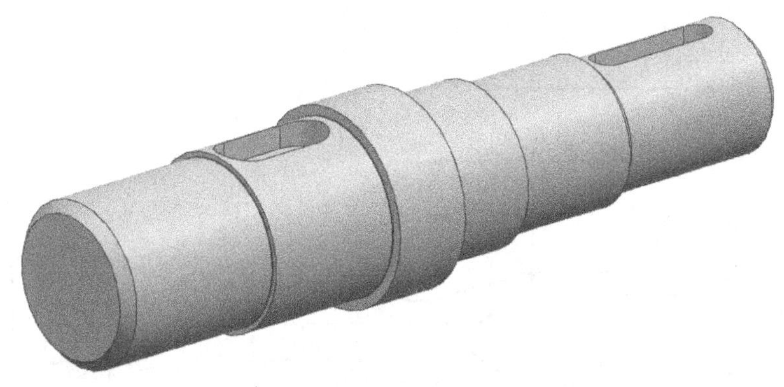

图 2-1-36　齿轮轴三维模型

专家点拨

实体建模集成了基于约束的特征建模和显性几何建模两种方法，提供了符合建模的方案，使用户能够方便地建立二维和三维线框模型。实体建模是特征建模和自由形状建模的必要基础。

（1）实体建模功能相关的工具条有“成形特征”“特征操作”以及“编辑特征”等。“成形特征”工具条用于创建基本形体、扫描特征、参考特征等；“特征操作”工具条用于边倒角、面倒圆、软倒圆、分割实体以及布尔操作等；“编辑特征”工具条用于编辑特征参数和编辑特征定位尺寸等。

（2）实体建模思路：在 NX 中建模有多种方法，在具体应用时可根据零件的形状、特性和用处，以及有个人喜好选择相应的方法。基于特征的建模过程类似于零件的仿真加工过程，即建模次序应遵循加工次序。

（3）操作关键：建模过程中特征的定位是关键，当现有平面不可用时，可创建“基准平面”作为辅助参考面。基准平面有助于在圆柱、圆锥、球体、旋转的实体和其他对象上创建特征。基准平面还有助于在目标实体面的非法线角度上创建特征。

基准平面分为固定基准平面和相关基准平面。文件中没有参考时建议选固定基准平面；文件中有参考时建议选用相关基准平面（单约束、双约束、三约束）。

课后训练

根据图 2-1-37 的要求，完成 part1 的三维建模。

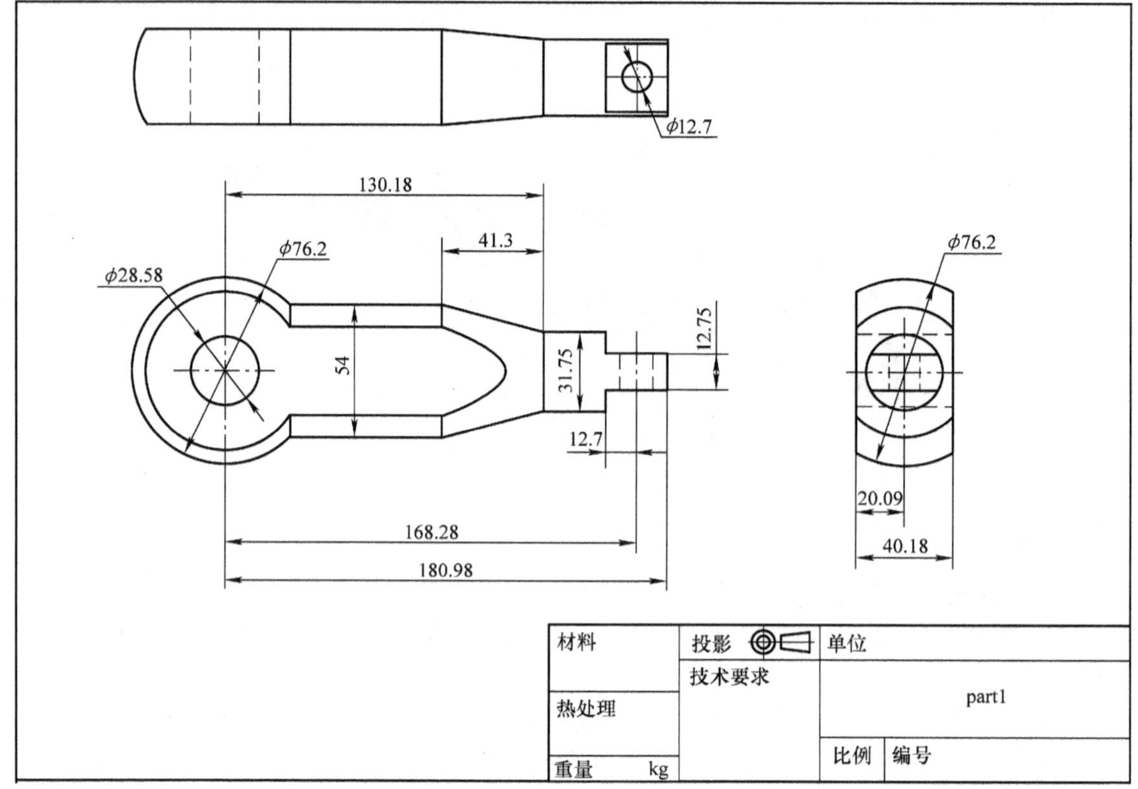

图 2-1-37　part1 图样

项目 2.2　注塑机侧导向块的 NX CAD 应用案例

教学目标

- 初步掌握 NX 软件的基本操作方法。
- 初步掌握草图、拉伸、打孔特征的创建方法。
- 能完成注塑机侧导向块的三维建模。

项目导读

本项目以注塑机侧导向块的三维建模为案例，比较详细地演示了侧导向块的三维建模操作过程与建模技巧。案例中综合运用了 NX 中草图、拉伸、倒角、打孔等建模功能。通过注塑机侧导向块的三维建模项目的训练，让读者熟悉 NX 软件操作中常用的特征和特征操作功能，掌握在 NX 中进行较复杂产品三维建模的基本思路与方法，让读者感知：灵活地运用这些功能可以大大地提高绘图效率。

任务描述

以设计师的身份进入 NX 建模功能模块，按照产品图样和客户的意图，完成注塑机侧导向块的三维数字化设计。

工作任务

读懂图样，分析注塑机侧导向块的结构、特征；制定注塑机侧导向块的数字化建模方案；学习 NX 软件相关功能及操作方法；完成注塑机侧导向块的三维造型建模。

一、分析注塑机侧导向块的结构特征

注塑机侧导向块的工程图样如图 2-2-1 所示，其形状主要由注塑机侧导向块主体、孔、倒角等结构特征组成。

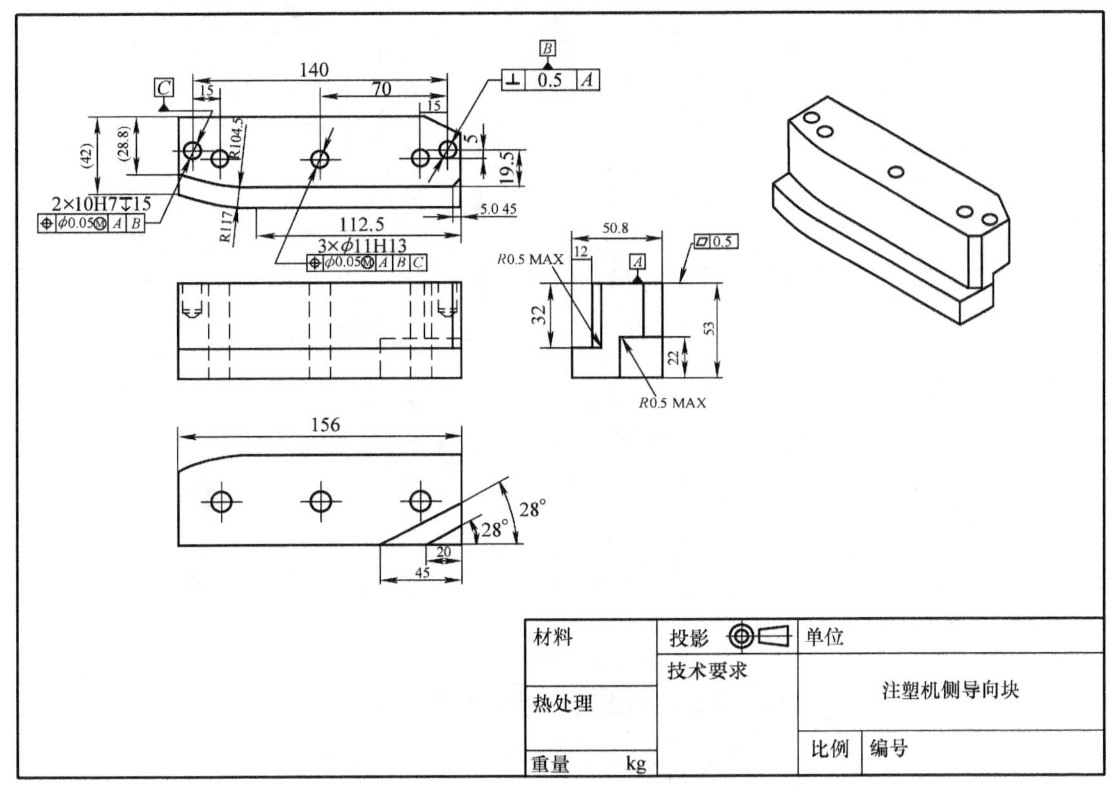

图 2-2-1　注塑机侧导向块的工程图样

二、制定注塑机侧导向块的建模方案

(1) 绘制草图。

(2) 拉伸草图。

(3) 创建倒角。

(4) 创建孔。

三、创建注塑机侧导向块的三维模型

注塑机侧导向块的三维建模操作步骤如下。操作录像见配套视频文件 Video \ 2_2. avi；结果文件见 Part \ 2_2. prt。

(1) 选择【文件】→【新建】命令，新建名称为 2_2. prt 的部件文档，单位选择为毫米，如图 2-2-2 所示。单击【确定】按钮，进入建模功能模块。

(2) 选择【插入】→【草图】命令，系统弹出草图创建对话框，类型为“在平面上”，

单击【确定】按钮完成草图创建，如图 2-2-3 所示。此草图创建在 XC-YC 平面上。

（3）绘制草图并约束，草图具体尺寸如图 2-2-4 所示。

（4）选择下拉菜单【插入】→【设计特征】→【拉伸】，系统弹出“拉伸”对话框；拉伸方向为 +Z 轴方向，开始距离为“0”，结束距离为“16”；选取如图 2-2-5 所示曲线；单击【确定】按钮完成拉伸操作。

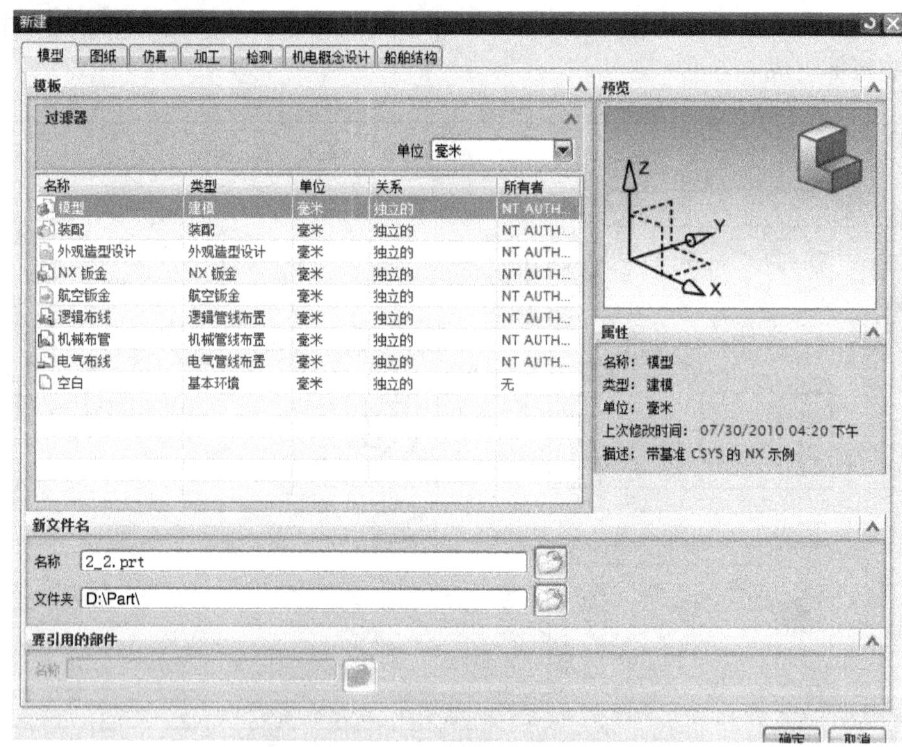

图 2-2-2　创建新的部件

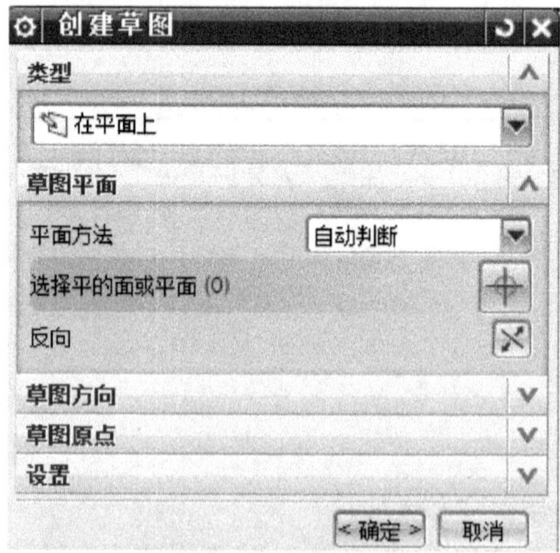

图 2-2-3　创建草图

（5）选择下拉菜单【插入】→【设计特征】→【拉伸】，系统弹出“拉伸”对话框；拉伸方向为 +Z 轴方向，开始距离为“0”，结束距离为“53”，布尔为“求和”，设置曲线选择方式为“单条曲线”，打开相交停止功能，如图2-2-6所示；选取如图 2-2-7 所示曲线；单击【确定】按钮完成拉伸操作。

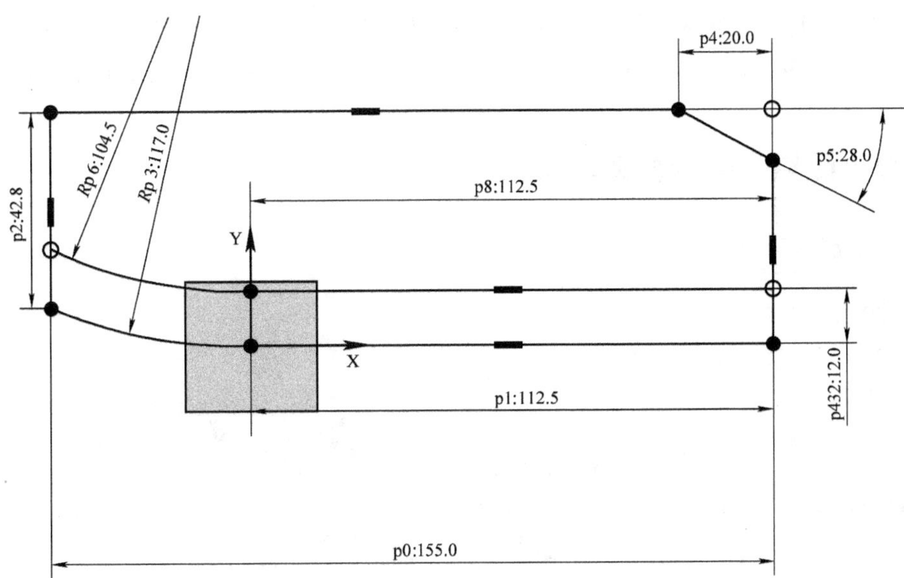

图 2-2-4　草图

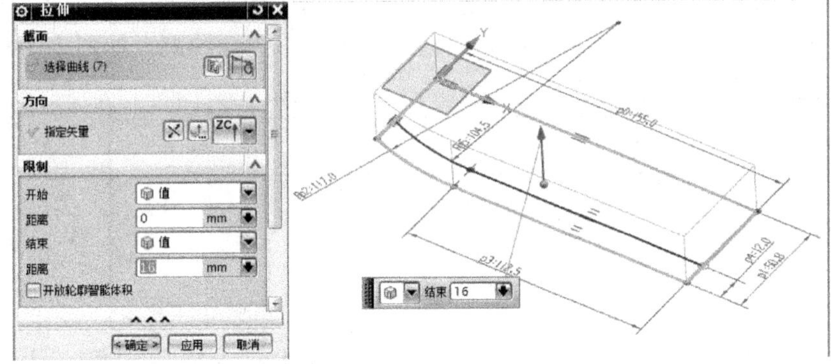

图 2-2-5　拉伸

图 2-2-6　曲线选择方式

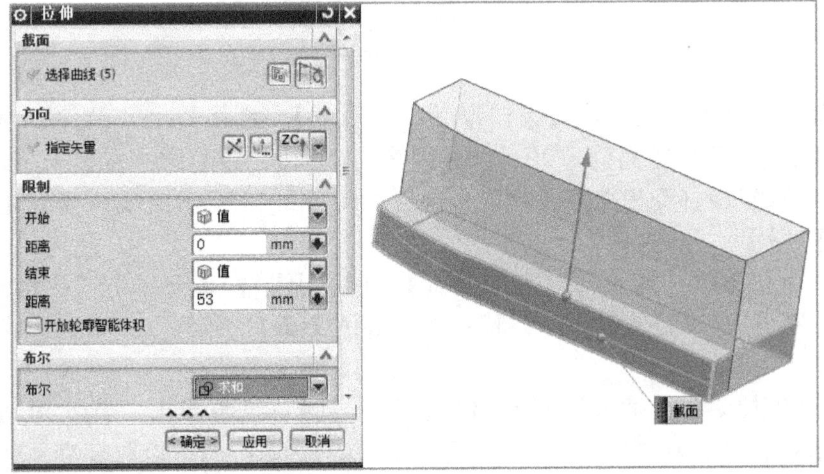

图 2-2-7　拉伸

（6）选择下拉菜单【插入】→【细节特征】→【倒斜角】，系统弹出“倒斜角”对话框；横截面设置为“对称”，距离设置为“5”；选取如图 2-2-8 所示边；单击【确定】按钮完成倒角操作。

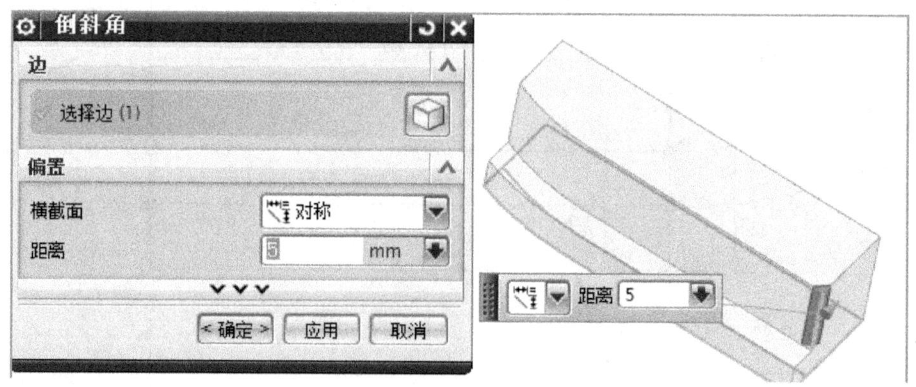

图 2-2-8　倒斜角

（7）选择【插入】→【草图】命令，系统弹出草图创建对话框；类型为“在平面上”，选取模型底面；单击【确定】按钮完成草图创建；绘制草图并约束，如图 2-2-9 所示。

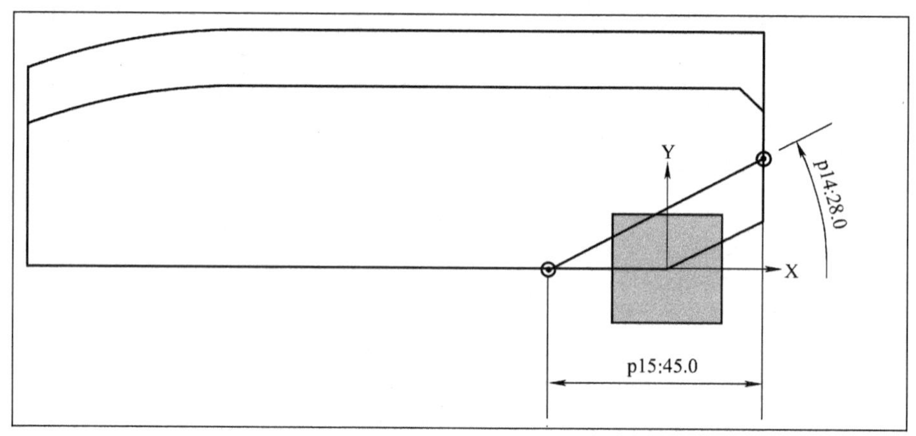

图 2-2-9　草图

（8）选择下拉菜单【插入】→【设计特征】→【拉伸】，系统弹出“拉伸”对话框；拉伸方向为 +Z 轴方向，开始距离为“0”，结束距离为“22”，布尔为“求差”，设置曲线选择方式为“单条曲线”，打开相交停止功能；选取如图 2-2-10 所示曲线；单击【确定】按钮完成拉伸操作。

（9）选择下拉菜单【插入】→【细节特征】→【边倒圆】，系统弹出“边倒圆”对话框；形状设置为“圆形”，半径设置为“0.5”；选取如图 2-2-11 所示边；单击【确定】按钮完成边倒圆操作。

（10）选择下拉菜单【插入】→【设计特征】→【孔】，系统弹出“孔”对话框；类型为“常规孔”，形状和尺寸为“简单”，具体尺寸如图 2-2-12 所示；拾取模型顶面，进入草图模式，绘制草图如图 2-2-13 所示；单击【完成草图】，进入“孔”对话框；单击【确定】

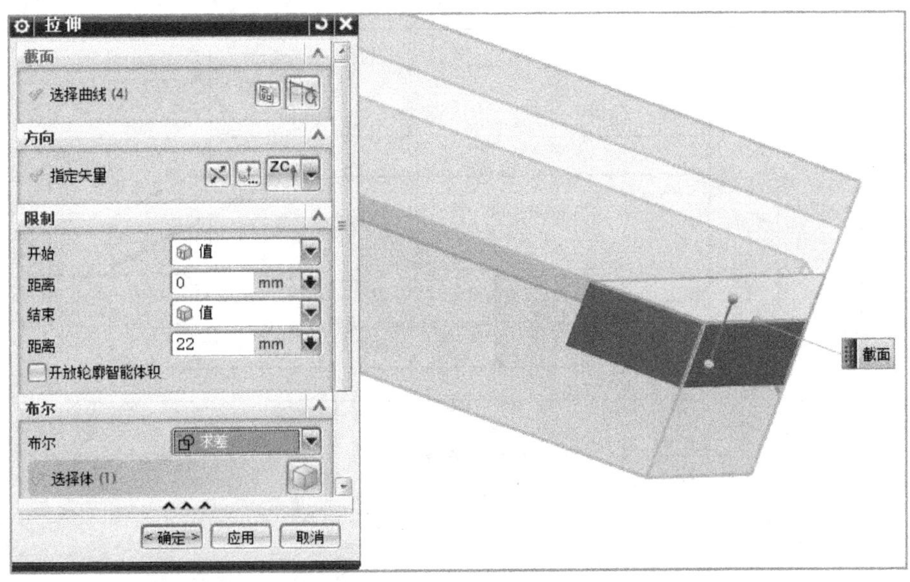

图 2-2-10　拉伸

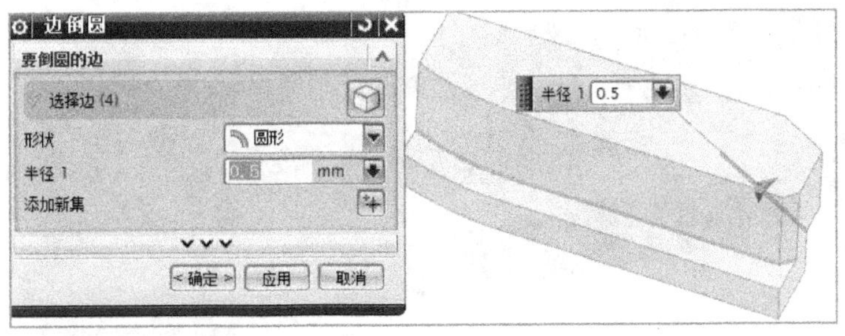

图 2-2-11　边倒圆

按钮完成孔创建，如图 2-2-14 所示。

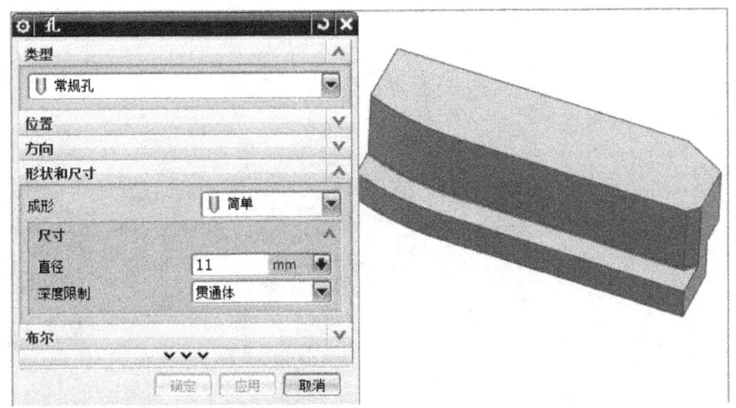

图 2-2-12　创建简单孔

（11）选择下拉菜单【插入】→【设计特征】→【孔】，系统弹出“孔”对话框；类型为“常规孔”，形状和尺寸为“简单”，具体尺寸如图 2-2-15 所示；拾取模型顶面，

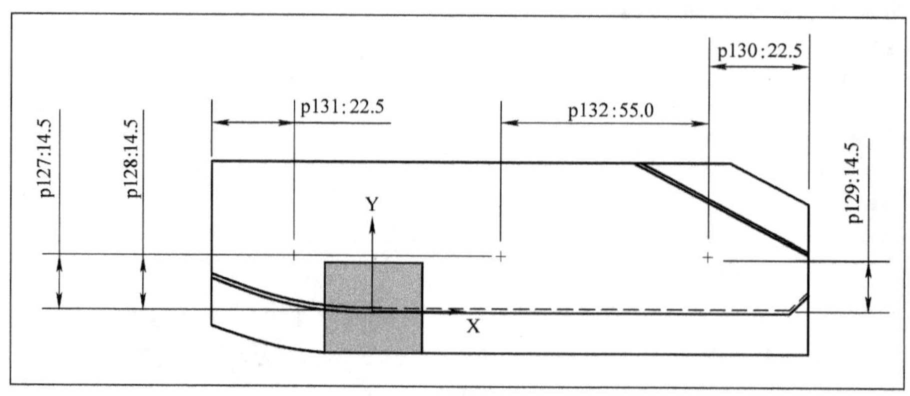

图 2-2-13 创建孔草图

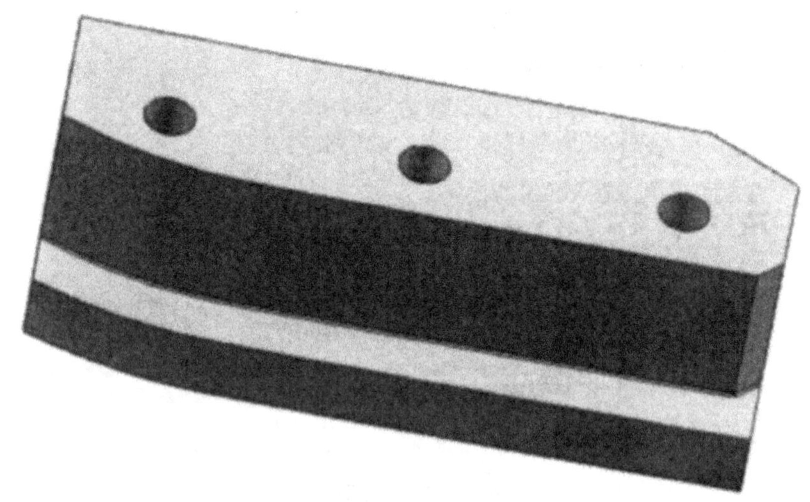

图 2-2-14 完成孔创建

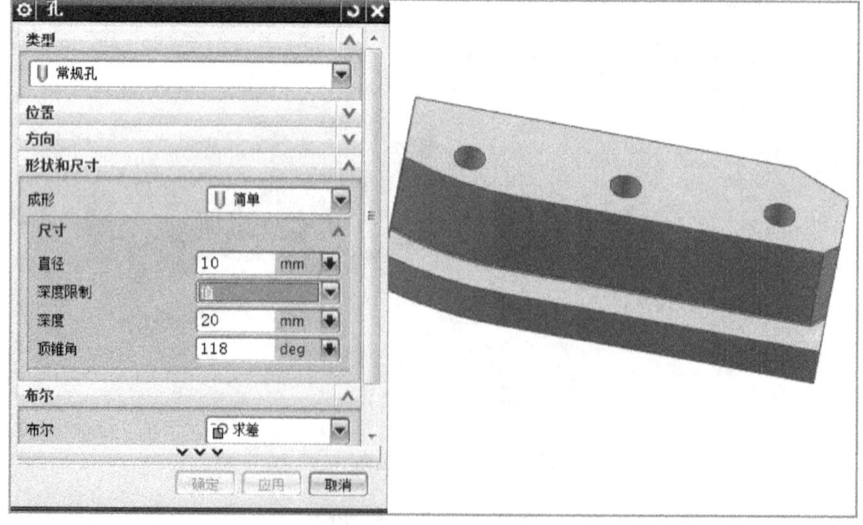

图 2-2-15 创建简单孔

进入草图模式，绘制草图如图 2-2-16 所示；单击【完成草图】，进入“孔”对话框；单击【确定】按钮完成孔创建；隐藏不需要的特征，完成注塑机侧导向块的三维建模，如图 2-2-17 所示。

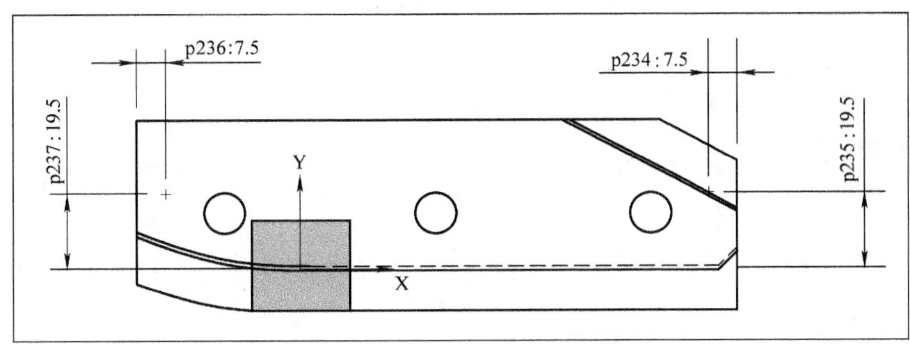

图 2-2-16 创建孔草图

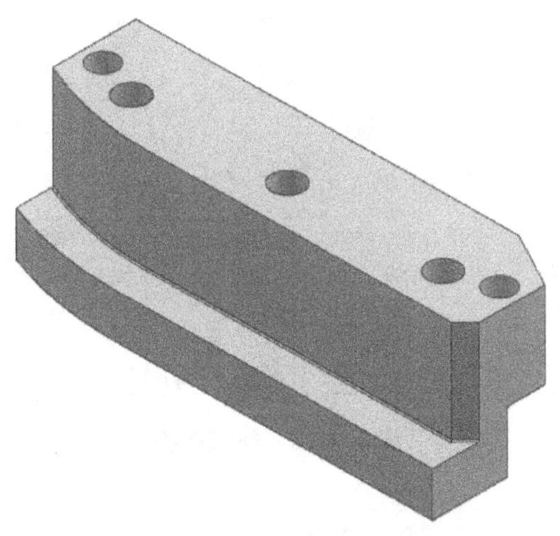

图 2-2-17 注塑机侧导向块三维模型

专家点拨

（1）NX8.5 提供了全新的草图绘制功能：当草图绘制完毕后，系统将对草图自动进行尺寸约束；用户可以去修改这些自动标注的尺寸，也可以重新按自己设计要求去创建尺寸，以达到约束草图的目的。

（2）NX8.5 中，用户新建一个建模文件后，系统将自动生成一个基准坐标系，该坐标系位于第 61 层，用户可以在建模导航器中，使用鼠标右键去选中这个基准坐标系，然后选择显示或者隐藏。

（3）NX8.5 中，当用户对草图进行拉伸、回转等操作时，在预览界面将显示草图的尺寸，便于用户观察。

（4）使用 NX 软件进行产品三维设计时，对产品进行结构分析，从而制定好三维建模方案，十分重要。

课后训练

根据图 2-2-18 要求，完成垫板的三维建模。

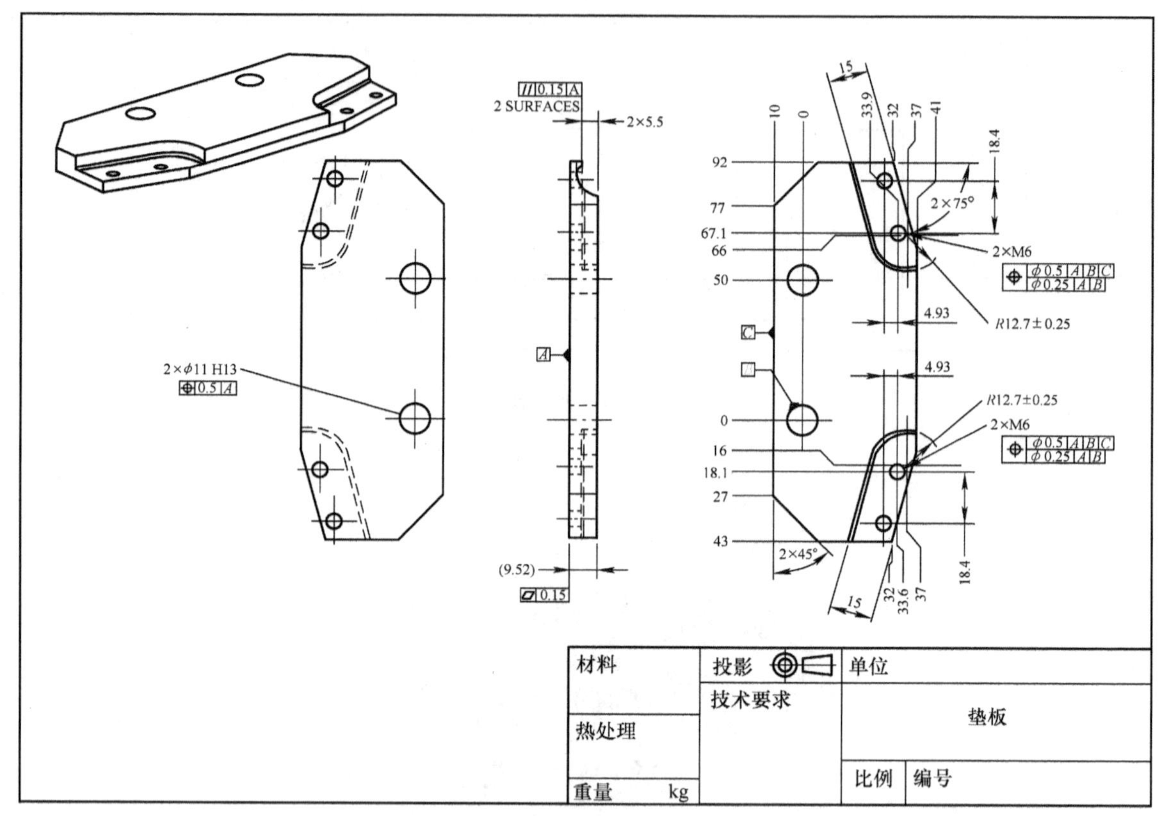

图 2-2-18 垫板图样

项目 2.3 变速箱转接器的 NX CAD 应用案例

教学目标

- 掌握 NX 软件的基本操作方法。
- 基本掌握草图绘制方法。
- 掌握拉伸、倒斜角、边倒圆、打孔、阵列特征的创建。
- 能完成变速箱转接器的三维建模。

项目导读

本项目以变速箱转接器的三维建模为案例，比较详细地演示了变速箱转接器的绘制方法。案例中综合运用了 NX 中的草图、拉伸、边倒圆、简单孔、螺纹孔、沉头孔、实例等建模功能。通过变速箱转接器的三维建模项目的训练，让读者熟悉在草图环境下，对曲线进行精确定位和尺寸约束，掌握在 NX 中创建草图的基本思路与方法，让读者感知：灵活地运用这些功能可以大大地提高绘图效率。

任务描述

以设计师的身份进入 NX 建模功能模块，按照产品图样和客户意图，完成变速箱转接器的数字化设计。

工作任务

读懂图样，分析变速箱转接器的结构、特征；制定变速箱转接器的数字化建模方案；学习绘制草图的相关功能及操作方法；完成变速箱转接器的三维造型建模。

一、分析变速箱转接器的结构特征

变速箱转接器的工程图样如图 2-3-1 所示，其形状主要由变速箱转接器基座、系列孔等结构特征组成。

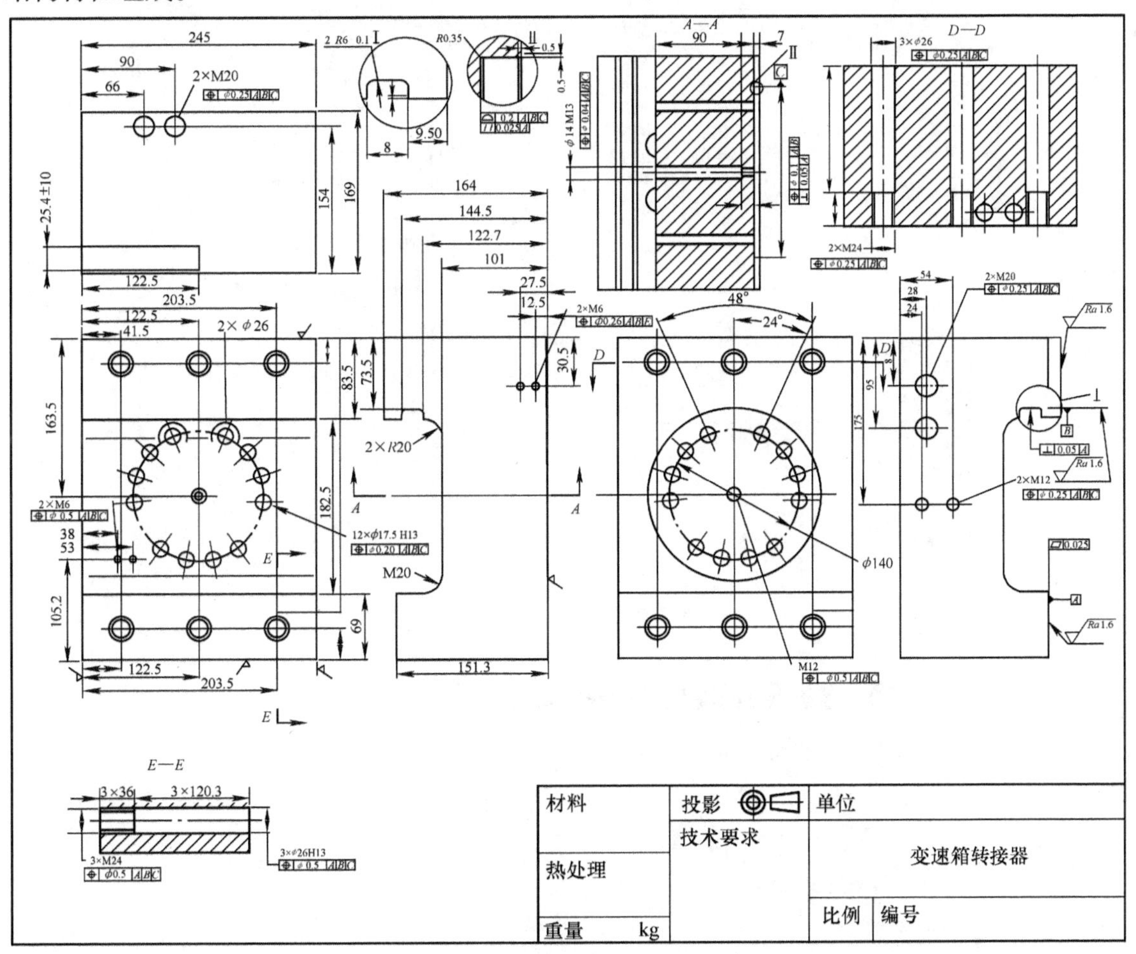

图 2-3-1 变速箱转接器的工程图样

二、制定变速箱转接器的建模方案

(1) 绘制草图。

(2) 绘制变速箱转接器基座。

（3）绘制孔。

三、创建变速箱转接器的三维模型

变速箱转接器的三维建模操作步骤如下。操作录像见配套视频文件 Video \ 2_3. avi；结果文件见 Part \ 2_3. prt。

（1）选择【文件】→【新建】命令，新建名称为 2_3. prt 的部件文档，单位选择为毫米，如图 2-3-2 所示。单击【确定】按钮，进入建模功能模块。

（2）选择【插入】→【草图】命令，系统弹出草图创建对话框；类型为“在平面上”，选择 YC－ZC 平面作为草图平面；单击【确定】按钮完成草图创建，如图 2-3-3 所示。

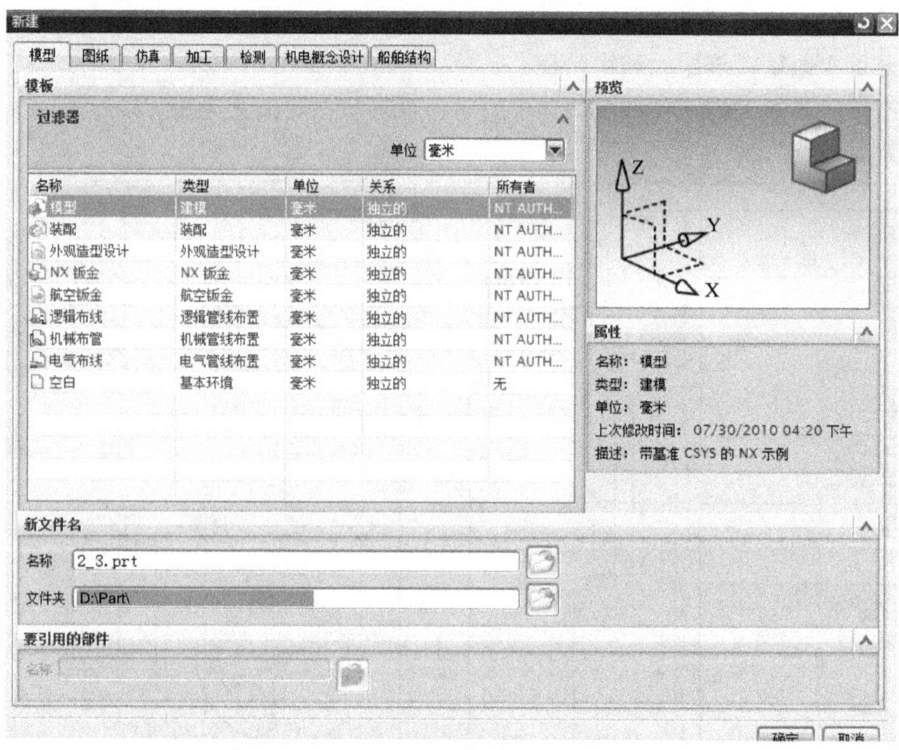

图 2-3-2 创建新的部件

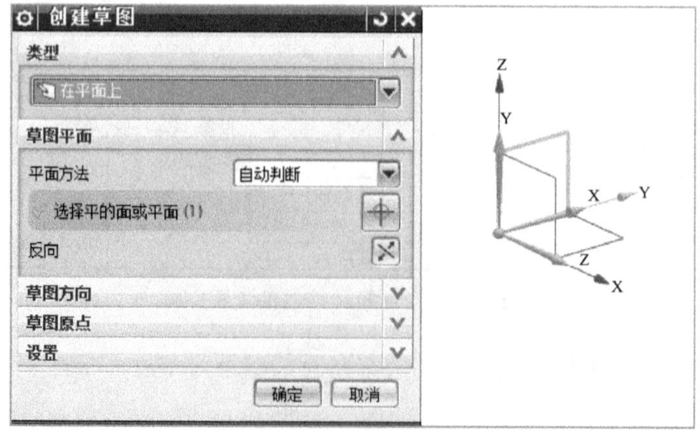

图 2-3-3 创建草图

（3）绘制草图并约束，草图具体尺寸如图 2-3-4 所示。

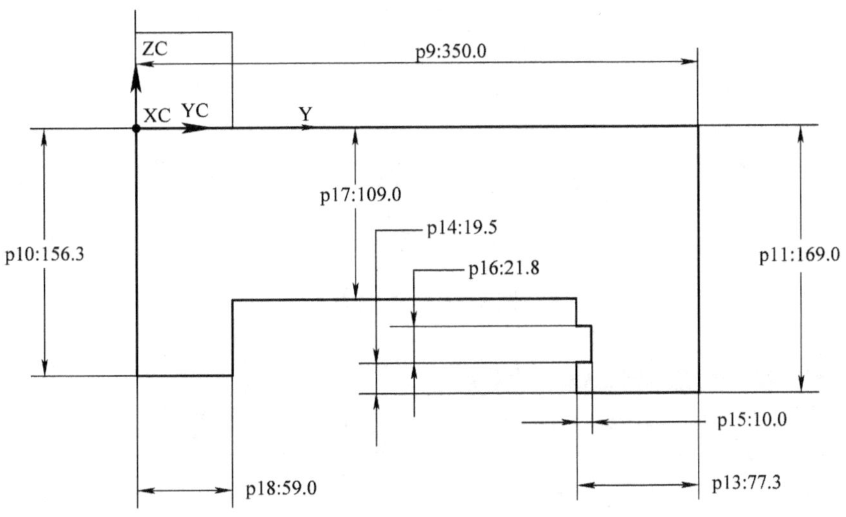

图 2-3-4 草图

（4）选择下拉菜单【插入】→【设计特征】→【拉伸】，系统弹出“拉伸”对话框；拉伸方向为 +X 轴方向，开始距离为“0”，结束距离为“250”；选取如图 2-3-5 所示曲线；单击【确定】按钮完成拉伸操作。

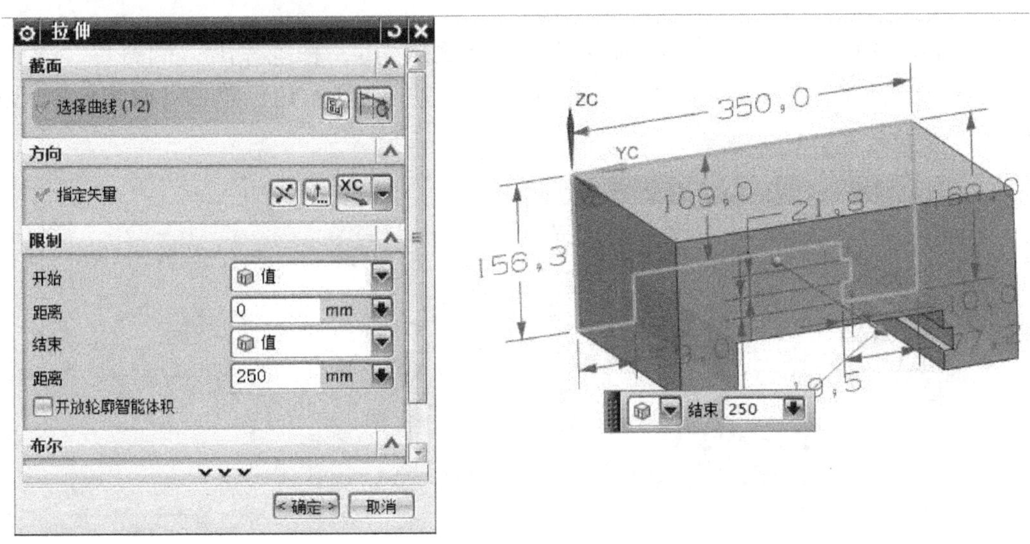

图 2-3-5 拉伸

（5）选择下拉菜单【插入】→【细节特征】→【边倒圆】，系统弹出“边倒圆”对话框；形状设置为“圆形”，半径设置为“20”；选取如图 2-3-6 所示边；单击【确定】按钮完成边倒圆操作。

（6）选择下拉菜单【插入】→【细节特征】→【边倒圆】，系统弹出“边倒圆”对话框；形状设置为“圆形”，半径设置为“5”；选取如图 2-3-7 所示边；单击【确定】按钮完成边倒圆操作。

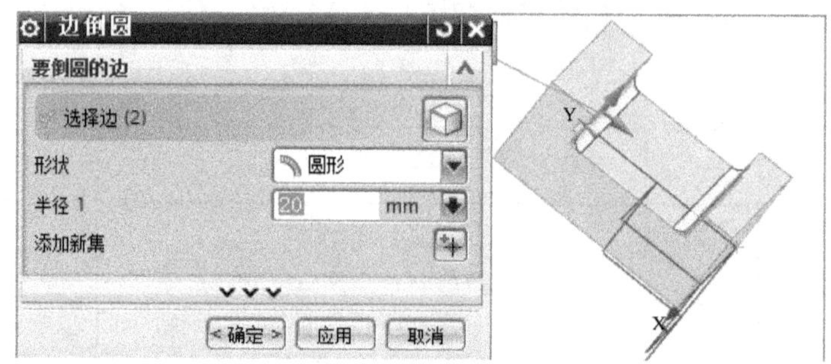

图 2-3-6　边倒圆

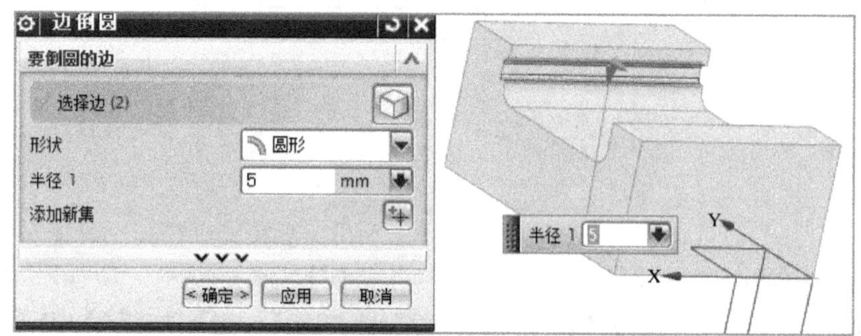

图 2-3-7　边倒圆

（7）选择下拉菜单【插入】→【细节特征】→【倒斜角】，系统弹出“倒斜角”对话框；横截面设置为“对称”，距离设置为“1”；选取如图 2-3-8 所示边；单击【确定】按钮完成倒角操作。

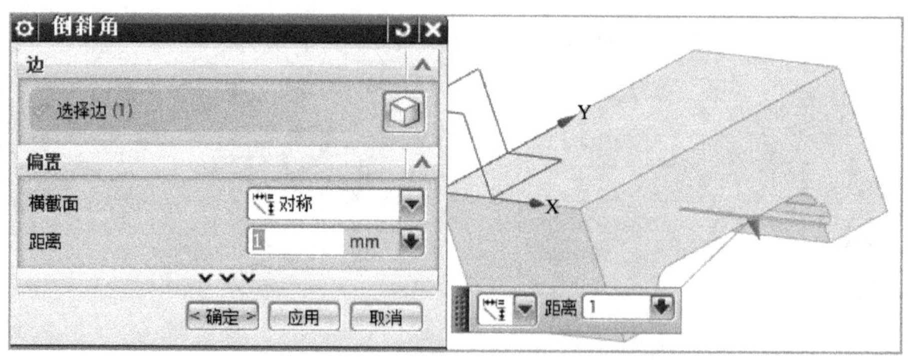

图 2-3-8　倒斜角

（8）选择下拉菜单【插入】→【设计特征】→【孔】，系统弹出“孔”对话框；类型为“常规孔”，形状和尺寸为“简单”，直径为“200”，深度为“7”，顶锥角为“0”；拾取孔所在平面，进入草图模式，绘制孔中心点并约束；单击【完成草图】，进入“孔”对话框；单击【确定】按钮完成孔创建，如图 2-3-9 所示。

（9）选择下拉菜单【插入】→【设计特征】→【孔】，系统弹出“孔”对话框；类型为“常规孔”，形状和尺寸为“简单”，直径为“14”，深度为“90”，顶锥角为“0”；拾取孔

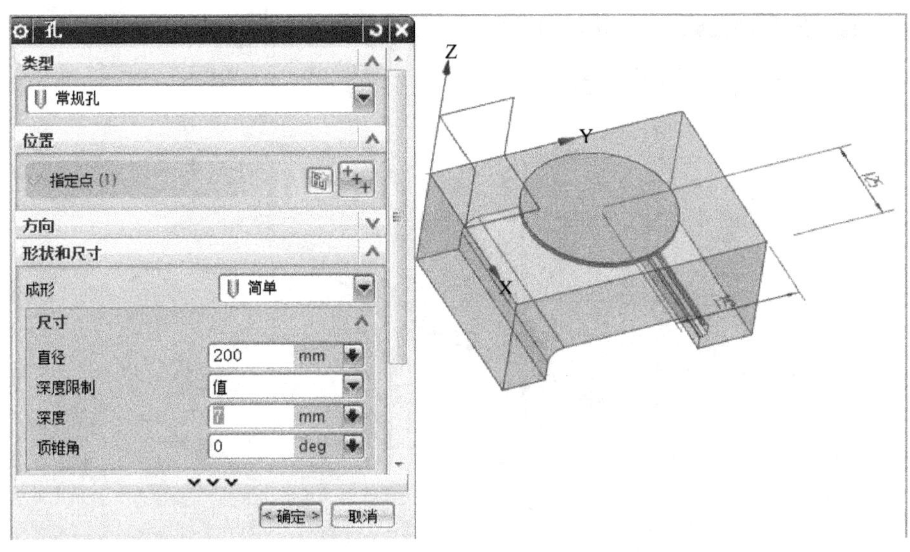

图 2-3-9　创建简单孔

所在平面，进入草图模式，绘制孔中心点并约束；单击【完成草图】，进入“孔”对话框；单击【确定】按钮完成孔创建，如图 2-3-10 所示。

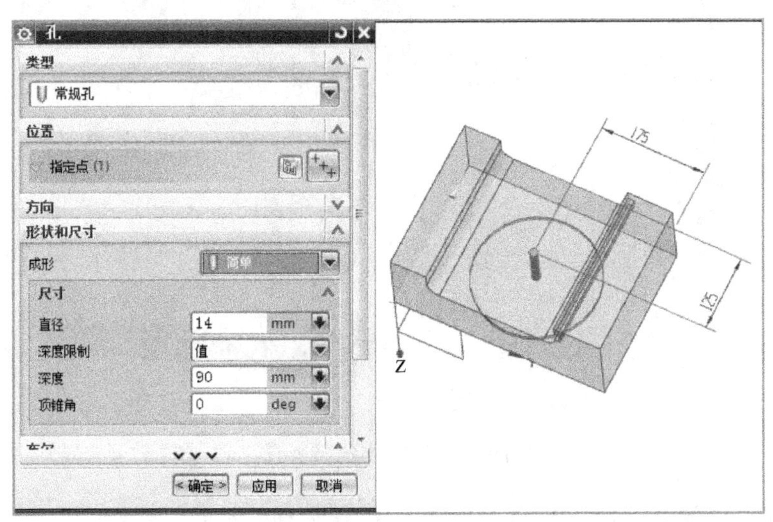

图 2-3-10　创建孔

（10）选择下拉菜单【插入】→【设计特征】→【孔】，系统弹出“孔”对话框；类型为“螺纹孔”，螺纹规格为“M12 ×1.75”；拾取孔所在平面，进入草图模式，绘制孔中心点并约束；单击【完成草图】，进入“孔”对话框；单击【确定】按钮完成孔创建，如图2-3-11 所示。

（11）选择下拉菜单【插入】→【设计特征】→【孔】，系统弹出“孔”对话框；类型为“常规孔”，形状和尺寸为“简单”，具体尺寸如图 2-3-12 所示；拾取模型顶面，进入草图模式，绘制草图如图 2-3-13 所示；单击【完成草图】，进入“孔”对话框；单击【确定】按钮完成孔创建，如图 2-3-14 所示。

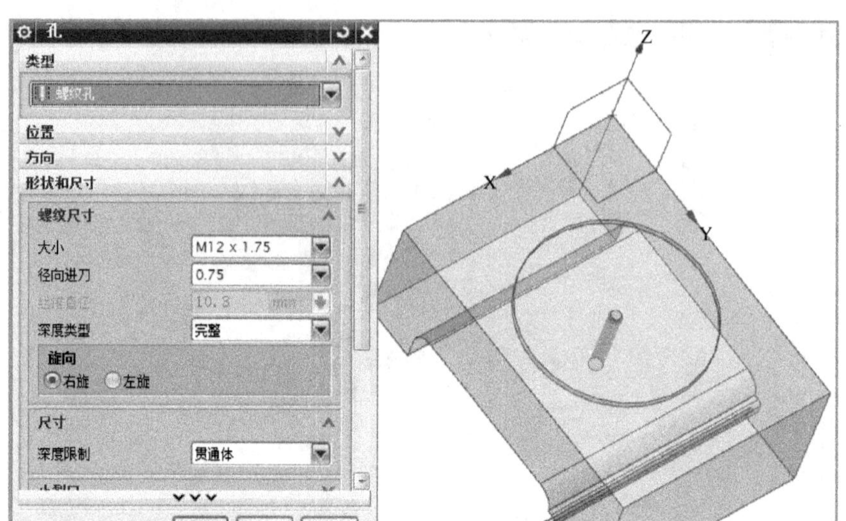

图 2-3-11　创建螺纹孔

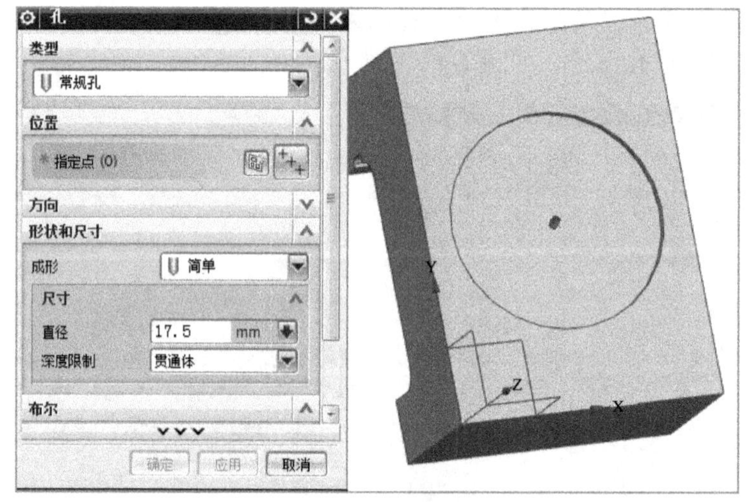

图 2-3-12　创建简单孔

（12）选择下拉菜单【插入】→【关联复制】→【阵列特征】，系统弹出“阵列特征”对话框；布局为“圆形”，指定矢量为“-ZC”，指定点为圆心，间距为“数量和节距”，数量为“4”，节距角为“24”，如图 2-3-15 所示；单击【确定】按钮完成阵列特征。

（13）选择下拉菜单【插入】→【关联复制】→【阵列特征】，系统弹出“阵列特征”对话框；布局为“圆形”，指定矢量为“-ZC”，指定点为圆心，间距为“数量和节距”，数量为“3”，节距角为“120”，如图 2-3-16 所示；单击【确定】按钮完成阵列特征。

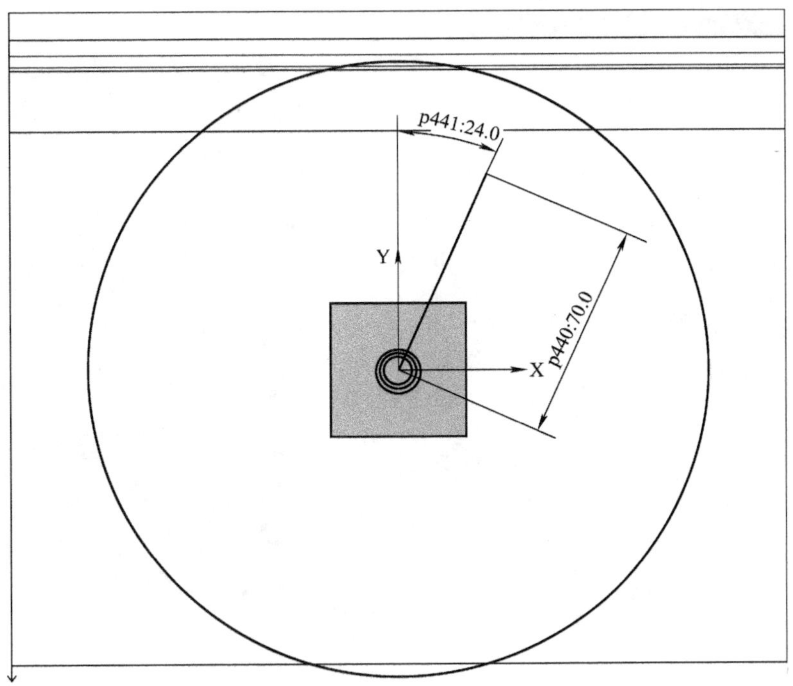

图 2-3-13　创建孔草图

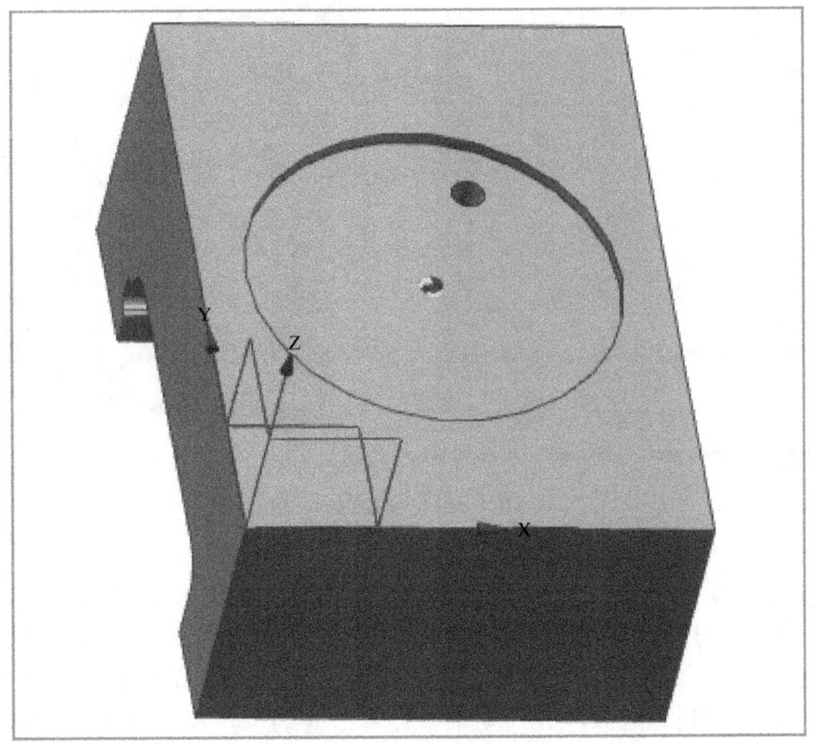

图 2-3-14　完成孔创建

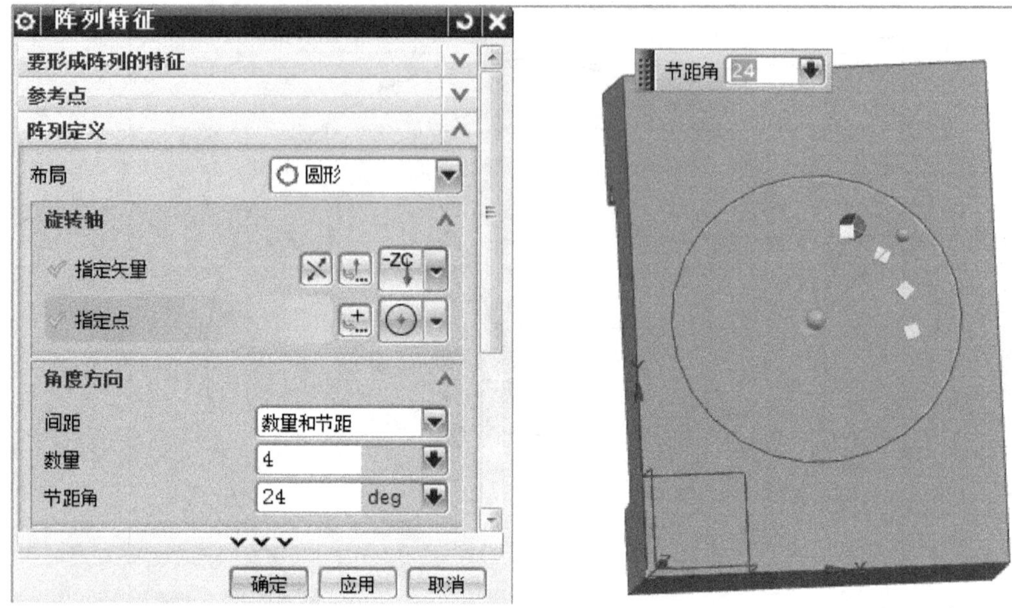

图 2-3-15 阵列特征

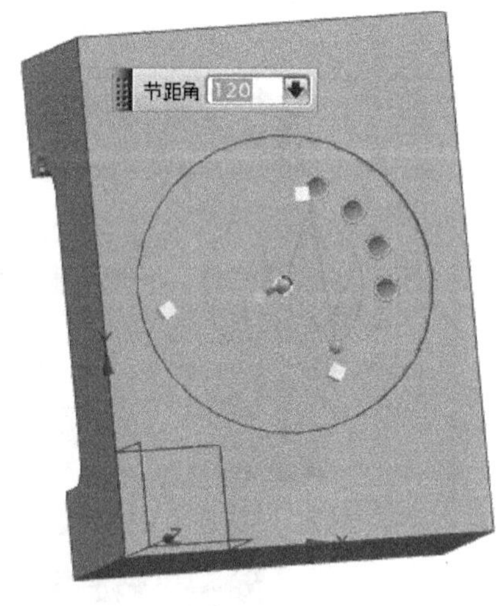

图 2-3-16 阵列特征

（14）选择下拉菜单【插入】→【设计特征】→【孔】，系统弹出“孔”对话框；类型为“常规孔”，形状和尺寸为“简单”，孔方向为“沿矢量”，指定矢量为 +Z 轴方向，直径为“26”，深度为“133”，顶锥角为“0”；拾取孔所在平面，进入草图模式，绘制孔中心点并约束；单击【完成草图】，进入“孔”对话框；单击【确定】按钮完成孔创建，如图2-3-17所示。

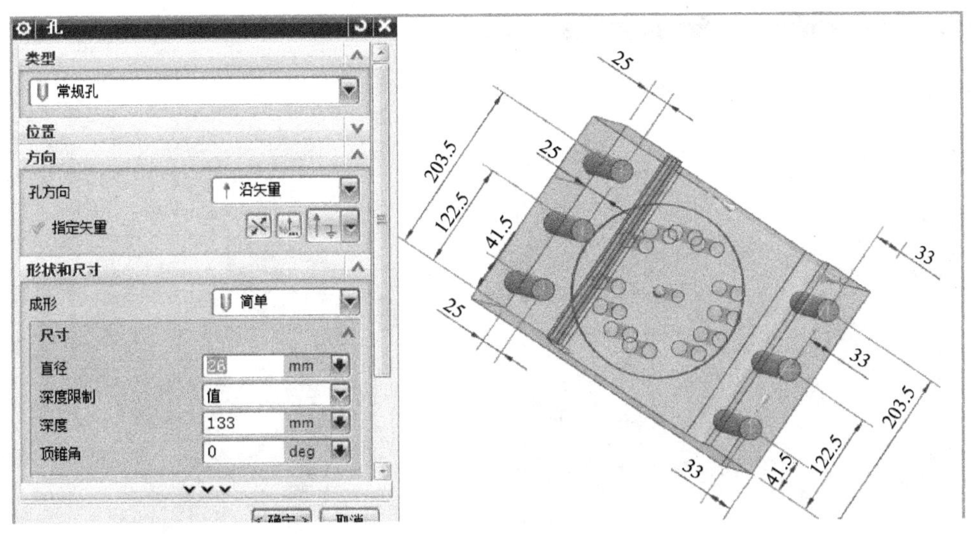

图 2-3-17　创建孔

(15) 选择下拉菜单【插入】→【设计特征】→【孔】，系统弹出“孔”对话框；类型为“螺纹孔”，螺纹规格为“M24 ×3”；选取 6 个圆心；单击【确定】按钮完成螺纹孔创建，如图2-3-18所示。

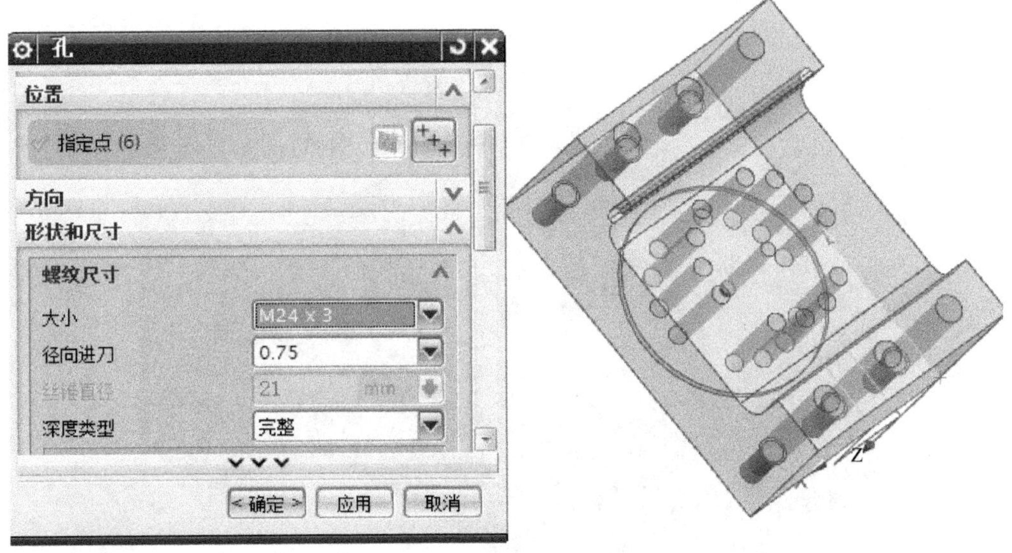

图 2-3-18　创建螺纹孔

(16) 选择下拉菜单【插入】→【设计特征】→【孔】，系统弹出“孔”对话框；类型为“螺纹孔”，螺纹规格为“M20 ×2.5”；拾取孔所在平面，进入草图模式，绘制孔中心点并约束；单击【完成草图】，进入“孔”对话框；单击【确定】按钮完成孔创建，如图2-3-19所示。

(17) 使用同样的方法创建其他螺纹孔；隐藏不需要的特征，完成变速箱转接器的三维建模，如图 2-3-20 所示。

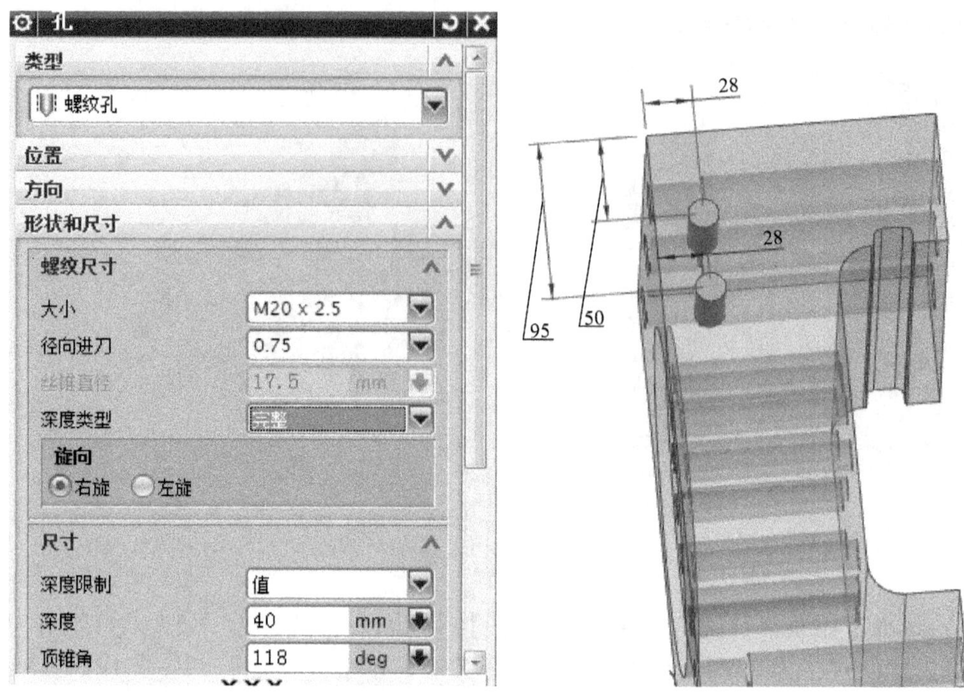

图 2-3-19 创建螺纹孔

图 2-3-20 变速箱转接器三维模型

专家点拨

（1）草图是组成一个轮廓的曲线集合。轮廓可以用于拉伸、旋转、扫掠、构成曲面等用途，轮廓还可以用于定义自由形状特征或过曲线作片体截面；尺寸和几何约束可以用于建立设计意图及提供用参数驱动编辑的能力。

（2）当需要参数化地控制曲线时，当NX的成型特征无法构造某种形状时，当使用一组特征去建立希望的形状而该形状较难编辑时，可使用草图。

（3）为草图添加约束：在平面上的一个点有两个自由度，以黄色箭头表示；若某个点上有黄色箭头，意味着该点可以沿该箭头方向移动。

（4）约束有两种：几何约束和尺寸约束。几何约束是指在草图变化时使草图对象或对象之间能保持某种几何关系的约束，如水平、共线、平行、相切等；尺寸约束是为草图加上可以驱动的尺寸。

（5）几何约束可通过图形标志显示，也可通过选择对象以文本方式显示。

（6）拖曳可以对欠约束的草图对象拖动；要固定的对象要先进行约束，也可将几何对象或尺寸转换为参考对象和参考尺寸；转换草图曲线或草图尺寸从激活到参考，或从参考到激活。

课后训练

根据图2-3-21要求，完成part2的三维建模。

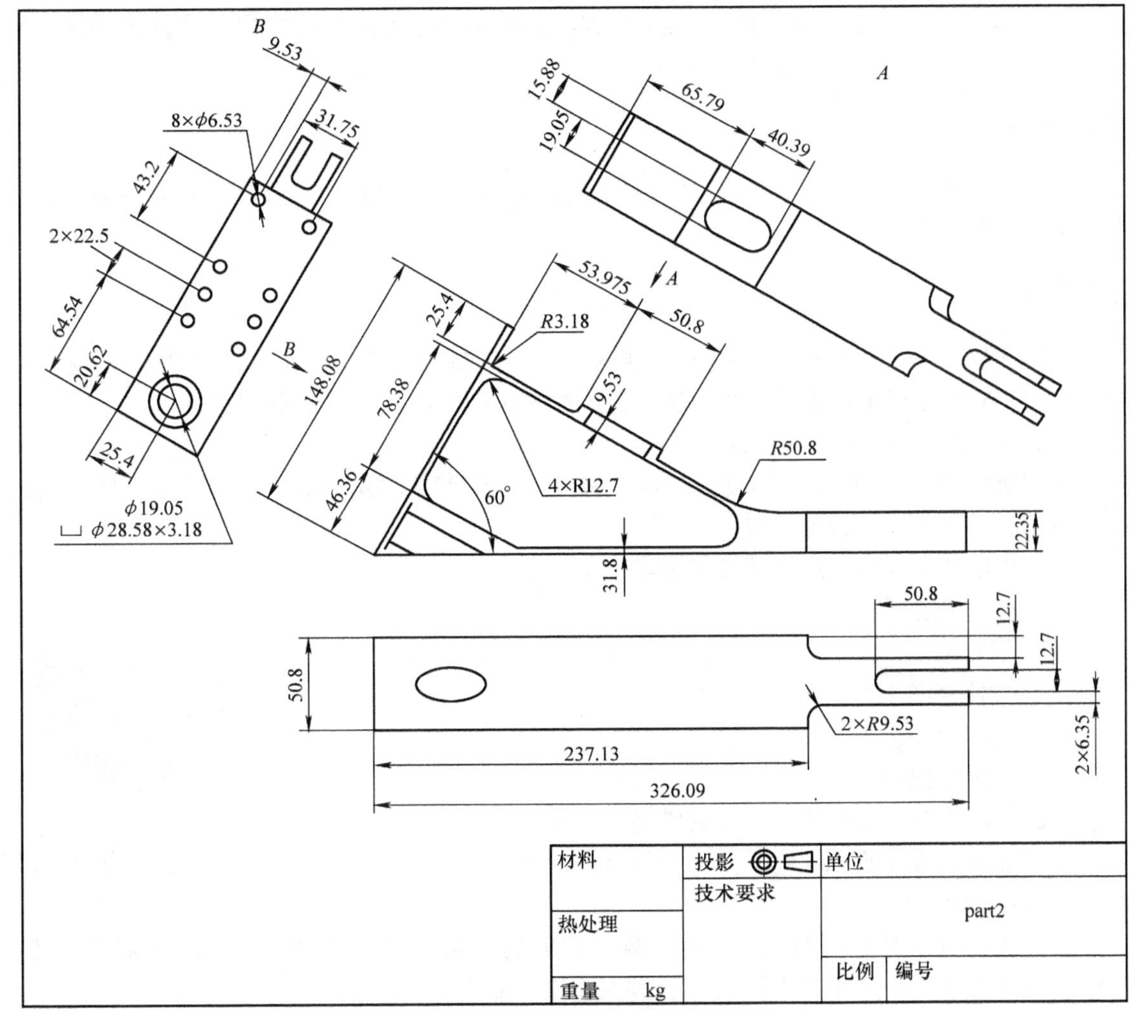

图2-3-21 part2图样

项目 2.4　注塑机齿形压板的 NX CAD 应用案例

教学目标

- 掌握 NX 软件的操作方法。
- 掌握草图的绘制和约束方法。
- 掌握键槽、螺纹孔、圆角特征的创建方法。
- 能完成注塑机齿形压板的三维建模。

项目导读

本项目以注塑机齿形压板的三维建模为案例，比较详细地演示了齿形压板的三维建模操作过程与建模技巧。案例中综合运用了 NX 中草图、拉伸、键槽、倒圆角、打孔等建模功能。通过注塑机齿形压板的三维建模项目的训练，让读者熟悉 NX 软件操作中常用的特征和特征操作功能，掌握在 NX 中进行较复杂产品三维建模的基本思路与方法，让读者感知：灵活地运用这些功能可以大大地提高绘图效率。

任务描述

以设计师的身份进入 NX 建模功能模块，按照产品图样和客户的意图，完成注塑机齿形压板的三维数字化建模。

工作任务

读懂图样，分析注塑机齿形压板的结构、特征；制定注塑机齿形压板的数字化建模方案；学习 NX 软件相关功能及操作方法；完成注塑机齿形压板的三维造型建模。

一、分析注塑机齿形压板的结构特征

注塑机齿形压板的工程图样如图 2-4-1 所示，其形状主要由注塑机齿形压板主体、螺纹孔、键槽、倒角等结构特征组成。

二、制定注塑机齿形压板的建模方案

（1）创建长方体。

（2）创建草图。

（3）拉伸草图创建齿条。

（4）创建键槽。

（5）创建螺纹孔。

三、创建注塑机齿形压板的三维模型

注塑机齿形压板的三维建模操作步骤如下。操作录像见配套视频文件 Video \ 2_4. avi；结果文件见 Part \ 2_4. prt。

（1）选择【文件】→【新建】命令，新建名称为 2_4. prt 的部件文档，单位选择为毫米，如图 2-4-2 所示。单击【确定】按钮，进入建模功能模块。

（2）选择【插入】→【设计特征】→【长方体】命令，系统弹出创建长方体对话框；类型

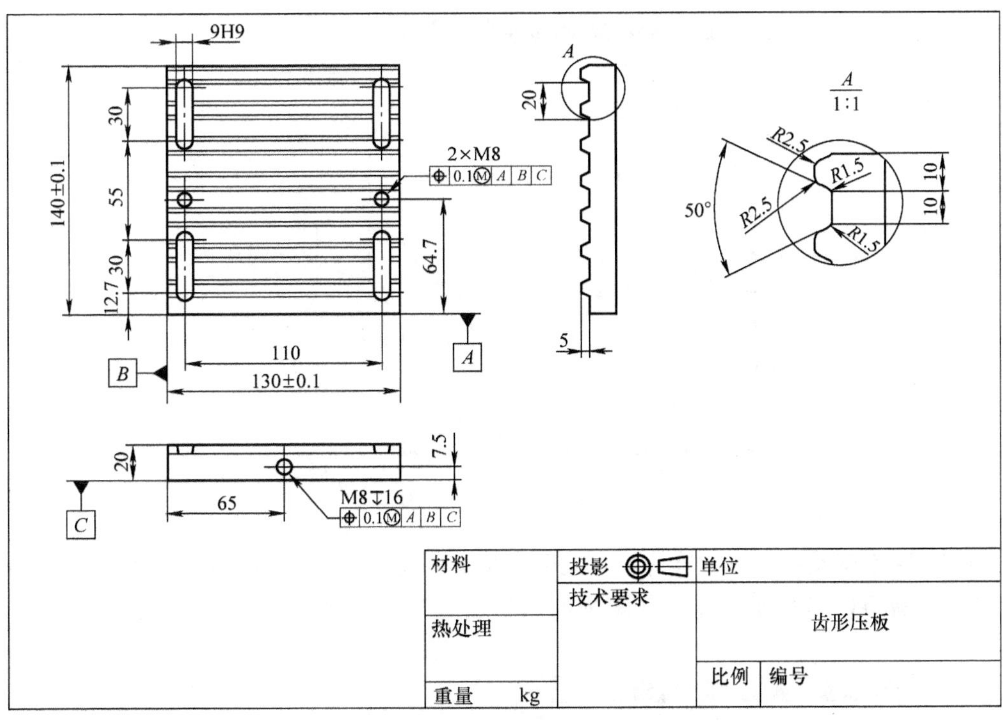

图 2-4-1　注塑机齿形压板的工程图样

为“原点和边长”，长度为“130”，宽度为“140”，高度为“15”，如图 2-4-3 所示；单击【确定】按钮完成长方体创建。

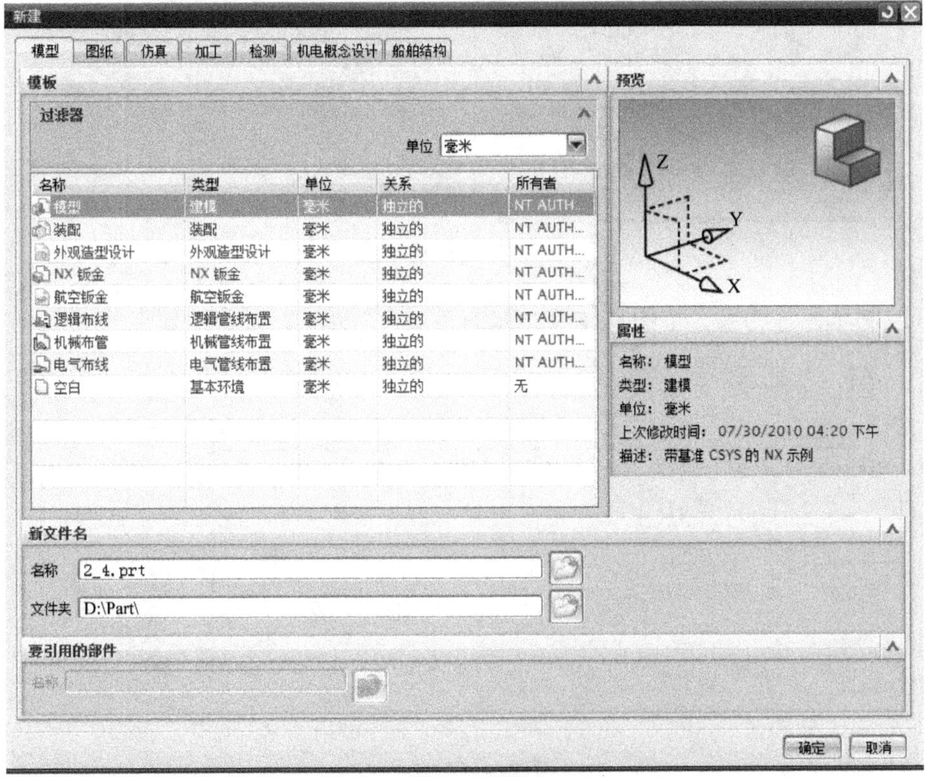

图 2-4-2　创建新的部件

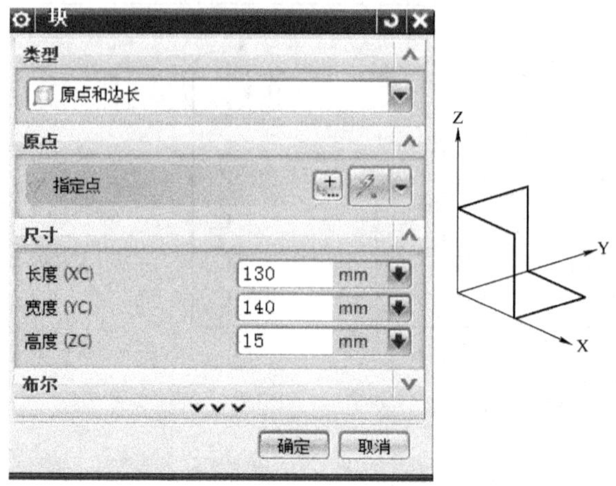

图 2-4-3 创建草图

（3）选择【插入】→【草图】命令，系统弹出“创建草图”对话框；类型为“在平面上”，选取选择 YC－ZC 平面作为草图平面；单击【确定】按钮完成草图创建，如图 2-4-4 所示。

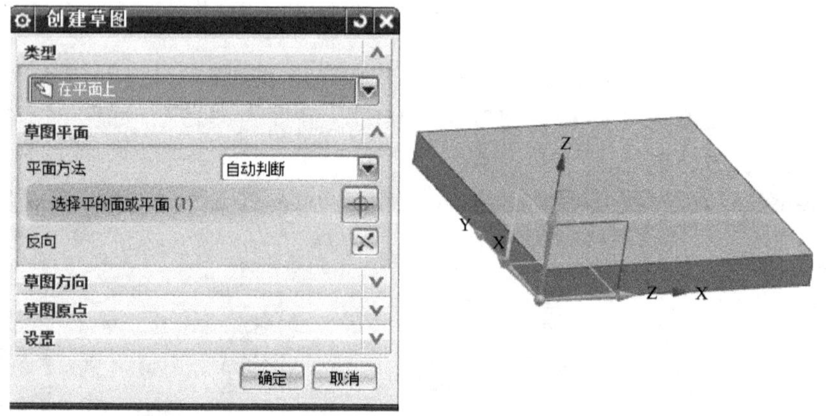

图 2-4-4 创建草图

（4）绘制草图并约束，草图具体尺寸如图 2-4-5 所示。

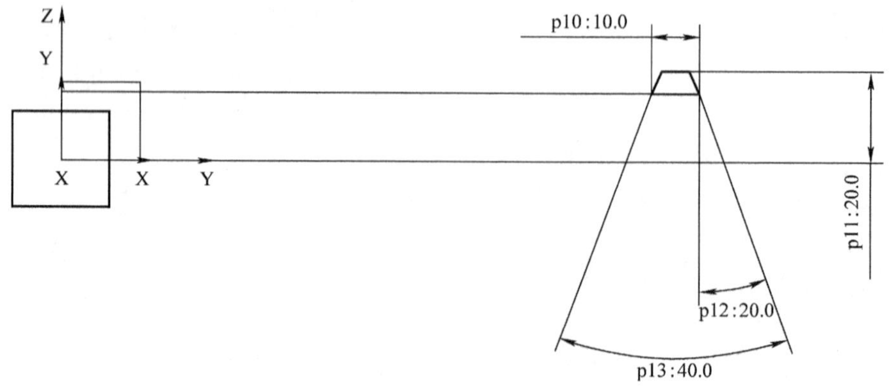

图 2-4-5 草图

（5）选择下拉菜单【插入】→【设计特征】→【拉伸】，系统弹出“拉伸”对话框；拉伸方向为＋X 轴方向，开始距离为“0”，结束距离为“130”，布尔为“求和”；选取如图 2-4-6所示曲线；单击【确定】按钮完成拉伸操作。

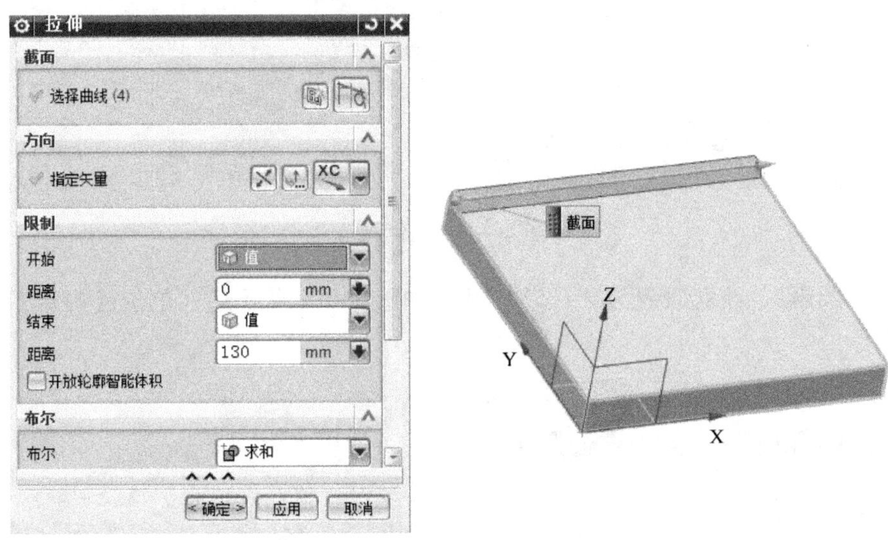

图 2-4-6　拉伸

（6）选择下拉菜单【插入】→【关联复制】→【阵列特征】，系统弹出“阵列特征”对话框；设置－YC 方向数量为“7”，节距为“20”，设置＋XC 方向数量为“1”，节距为“100”，如图 2-4-7 所示；单击【确定】按钮完成阵列。

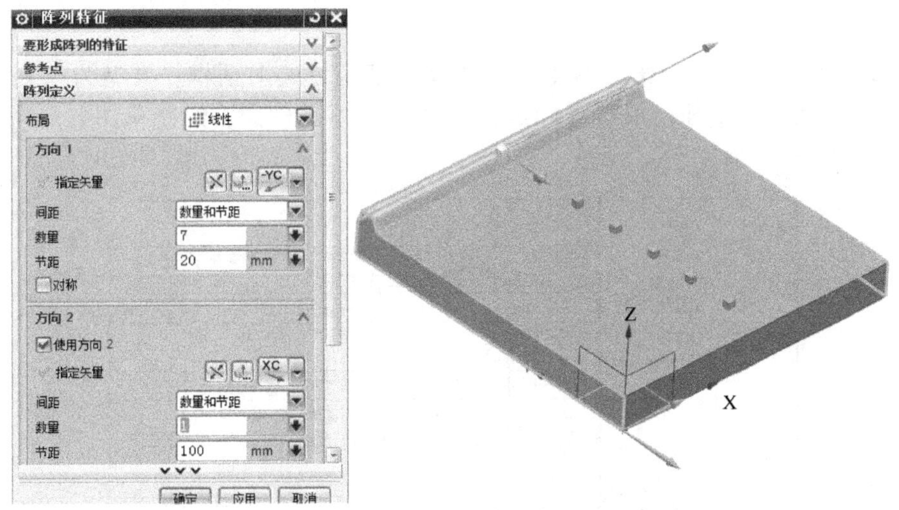

图 2-4-7　阵列特征

（7）选择下拉菜单【插入】→【细节特征】→【边倒圆】，系统弹出“边倒圆”对话框；形状设置为“圆形”，半径设置为“2.5”；选取如图 2-4-8 所示边；单击【确定】按钮完成边倒圆操作。

（8）选择下拉菜单【插入】→【细节特征】→【边倒圆】，系统弹出“边倒圆”对话框；

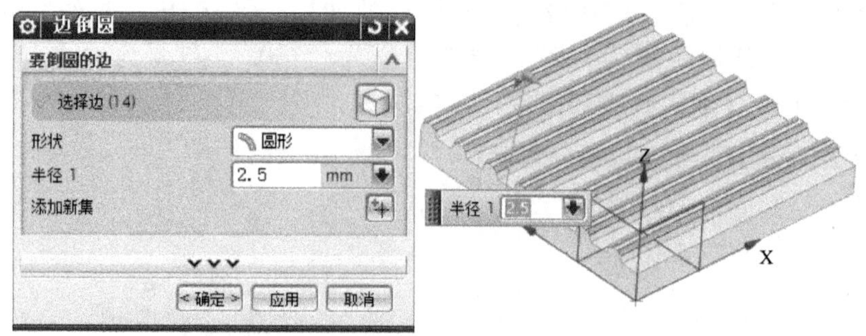

图 2-4-8 边倒圆

形状设置为“圆形”，半径设置为“1.5”；选取如图 2-4-9 所示边；单击【确定】按钮完成边倒圆操作。

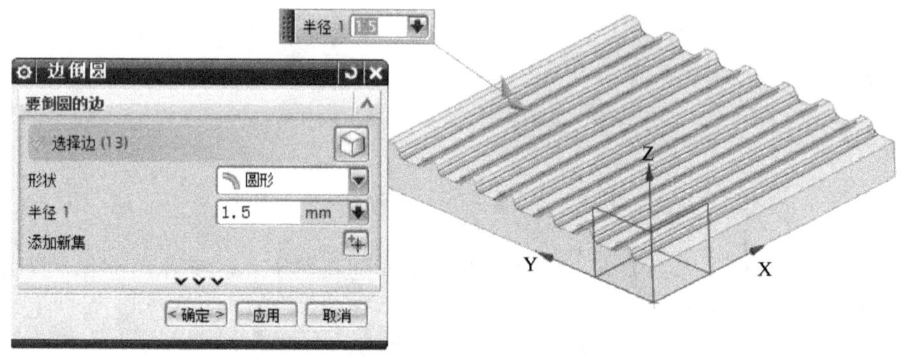

图 2-4-9 边倒圆

（9）选择【插入】→【草图】命令，系统弹出草图创建对话框；类型为“在平面上”；选择模型顶面作为草图平面，单击【确定】按钮进入草图创建；绘制草图并约束，草图具体尺寸如图 2-4-10 所示。

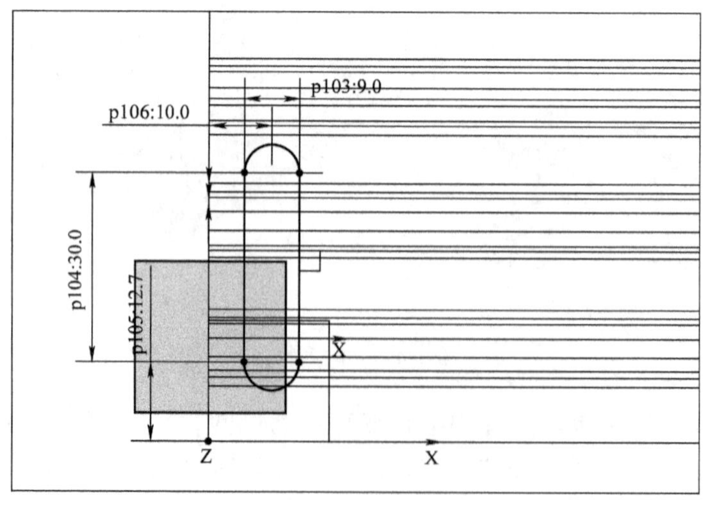

图 2-4-10 草图

（10）选择下拉菜单【插入】→【设计特征】→【拉伸】，系统弹出“拉伸”对话框；拉伸方向为 - Z 轴方向，开始距离为“0”，结束为“贯通”，布尔为“求差”；选取如图 2-4-11 所示曲线；单击【确定】按钮完成拉伸操作。

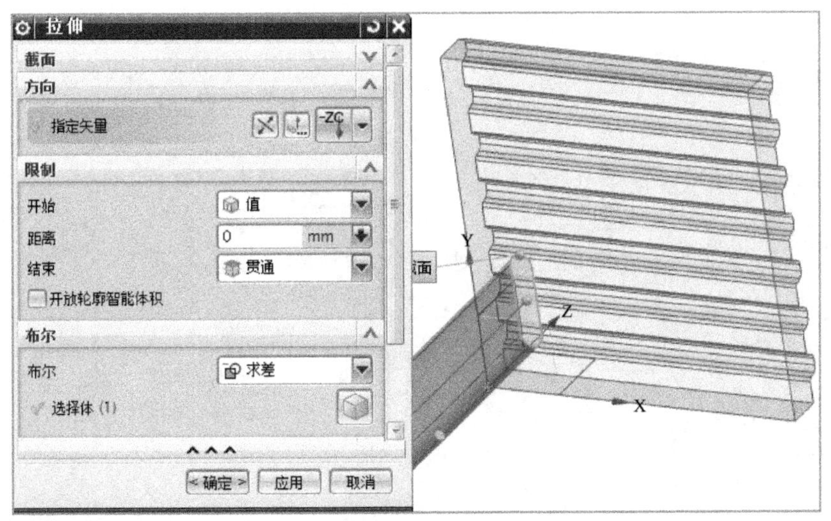

图 2-4-11　拉伸

（11）选择下拉菜单【插入】→【关联复制】→【阵列特征】，系统弹出“阵列特征”对话框；设置 + XC 方向数量为“2”，节距为“110”，设置 + YC 方向数量为“2”，节距为“85”，如图 2-4-12 所示；单击【确定】按钮，完成阵列。

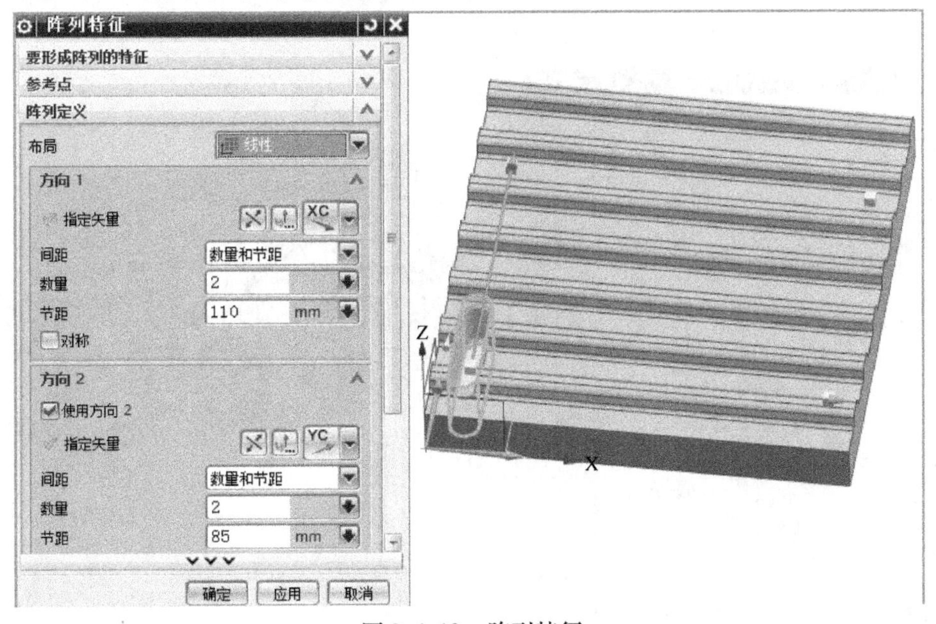

图 2-4-12　阵列特征

（12）选择下拉菜单【插入】→【设计特征】→【孔】，系统弹出“孔”对话框；类型为“螺纹孔”，螺纹规格为“M8 × 1.25”；拾取孔所在平面，进入草图模式，绘制孔中心点并约束，单击【完成草图】，进入“孔”对话框；单击【确定】按钮完成孔创建，如图2-4-13所示。

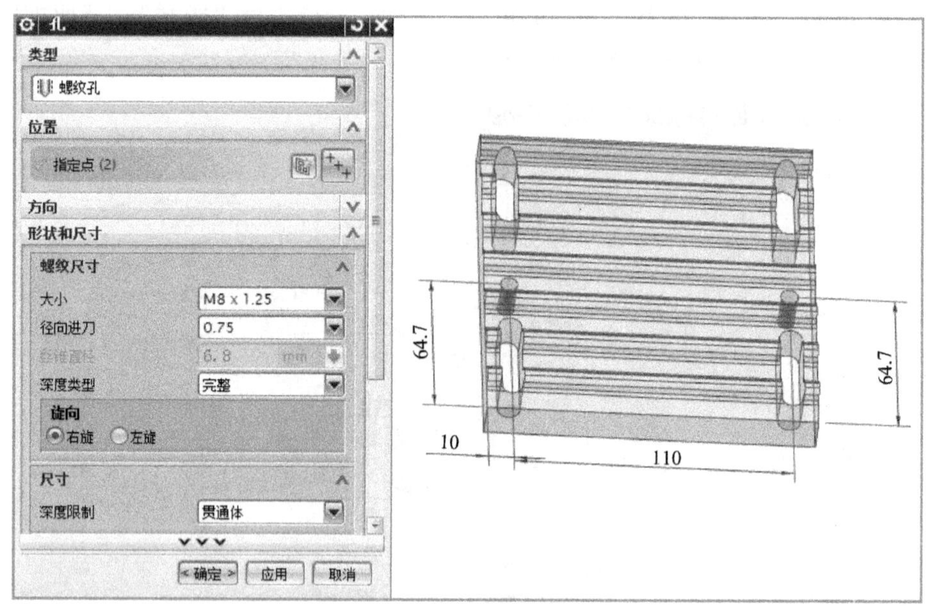

图2-4-13 创建螺纹孔

（13）选择下拉菜单【插入】→【设计特征】→【孔】，系统弹出“孔”对话框；类型为“常规孔”，直径为“10”，深度为“16”；拾取孔所在平面，进入草图模式，绘制孔中心点并约束，单击【完成草图】，进入“孔”对话框；单击【确定】按钮完成孔创建，如图2-4-14所示。

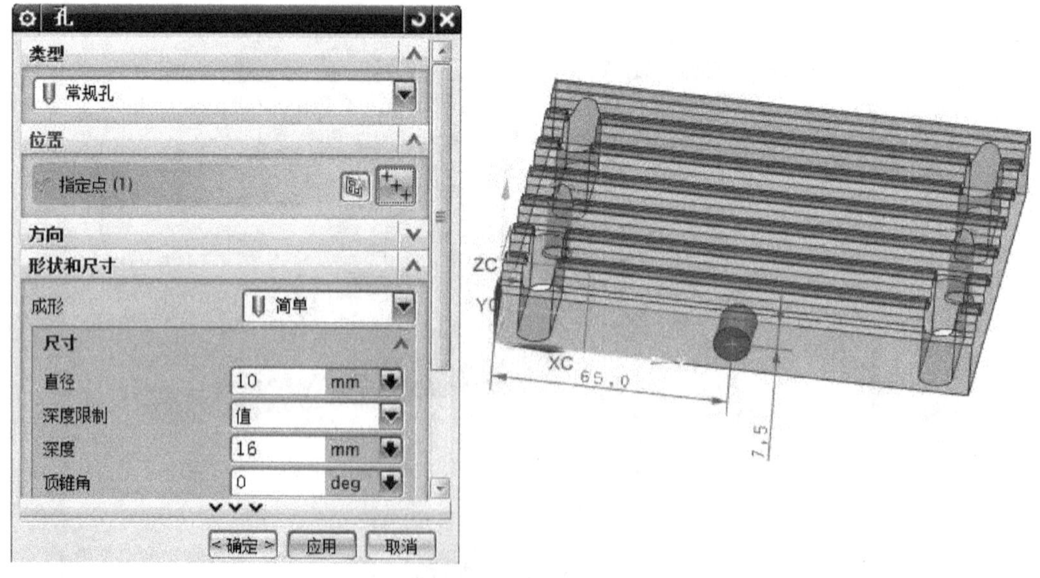

图2-4-14 创建孔

（14）隐藏不需要的特征，完成注塑机齿轮形压板的三维建模，如图2-4-15所示。

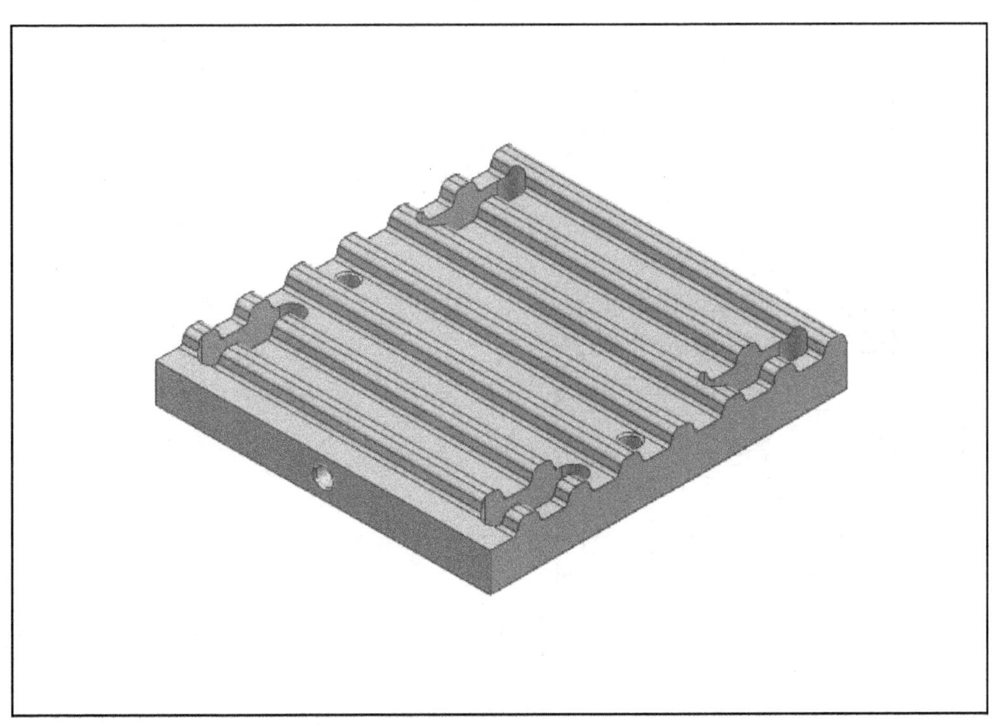

图 2-4-15　齿形压板三维模型

专家点拨

阵列特征时，距离可以输入负值。当输入为负值时，特征往指定矢量的反方向阵列。也可以只对一个方向进行阵列，此时，只需要将另一个方向的数量设置为 1 即可。

创建孔时，可以选取孔所在面进入草图模型，然后绘制孔中心点，然后进行约束。当绘制多个点时，将创建多个孔。

绘制草图时，如果草图相对复杂，可以采用画一部分约束一部分的方法进行，而不是将所有轮廓画完后再一起约束。

课后训练

根据图 2-4-16 要求，完成 part11 的三维建模。

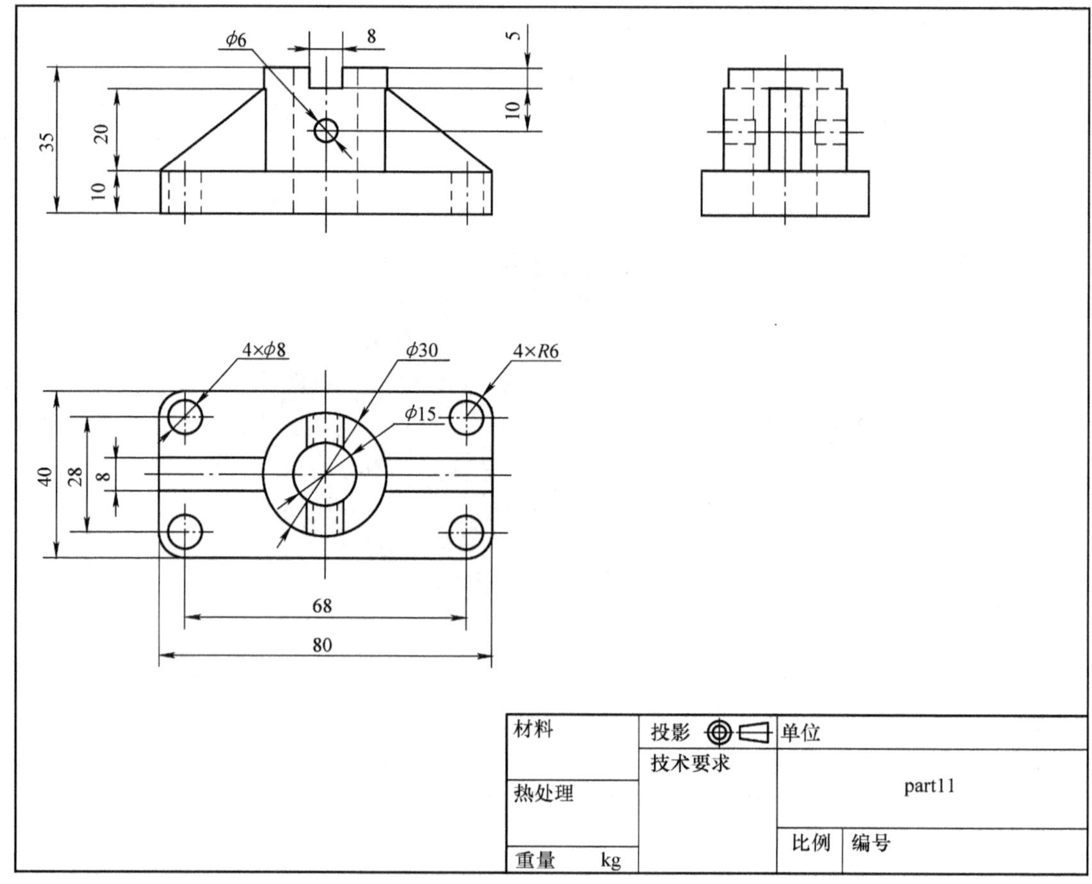

图 2-4-16 part11 图样

项目 2.5 注塑机锁紧板的 NX CAD 应用案例

教学目标

- 掌握非对称斜角、沉头孔、腔体特征的创建方法。
- 能完成注塑机锁紧板的三维建模。

项目导读

本项目以注塑机锁紧板的三维建模为案例，比较详细地演示了锁紧板的三维建模操作过程与建模技巧。案例中综合运用了 NX 中草图、拉伸、腔体、阵列、倒角、打孔等建模功能。通过注塑机锁紧板的三维建模项目的训练，让读者熟悉 NX 软件操作中常用的特征和特征操作功能，掌握在 NX 中进行较复杂产品三维建模的基本思路与方法，让读者感知：灵活地运用这些功能可以大大地提高绘图效率。

任务描述

以设计师的身份进入 NX 建模功能模块，按照产品图样和客户的意图，完成注塑机锁紧板的三维数字化建模。

工作任务

读懂图样，分析注塑机锁紧板的结构、特征；制定注塑机锁紧板的数字化建模方案；学习 NX 软件相关功能及操作方法；完成注塑机锁紧板的三维造型建模。

一、分析注塑机锁紧板的结构特征

注塑机锁紧板的工程图样如图 2-5-1 所示，其形状主要由注塑机锁紧板主体、孔、倒角等结构特征组成。

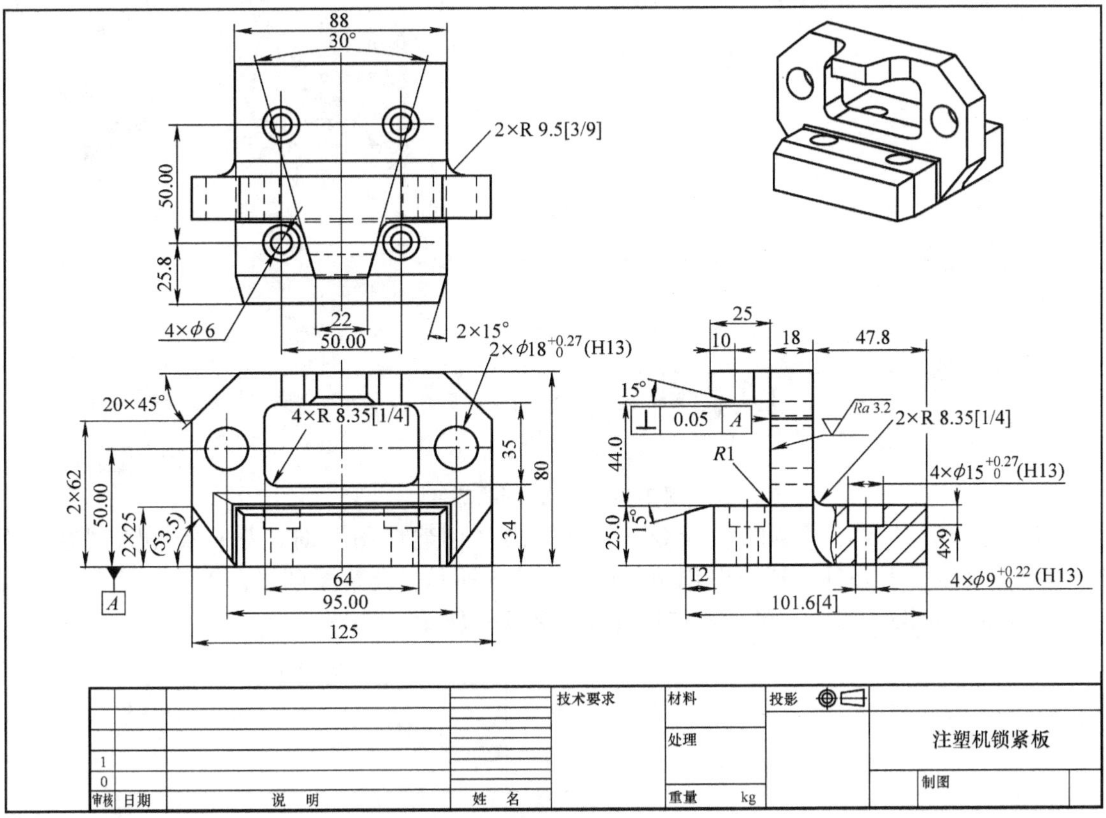

图 2-5-1　注塑机锁紧板的工程图样

二、制定注塑机锁紧板的建模方案

（1）绘制草图。

（2）拉伸草图。

（3）创建倒角。

（4）创建孔。

三、创建注塑机锁紧板的三维模型

注塑机锁紧板的三维建模操作步骤如下。操作录像见配套视频文件 Video \ 2_5. avi；结果文件见 Part \ 2_5. prt。

（1）选择【文件】→【新建】命令，新建名称为 2_5. prt 的部件文档，单位选择为毫米，如图 2-5-2 所示。单击【确定】按钮，进入建模功能模块。

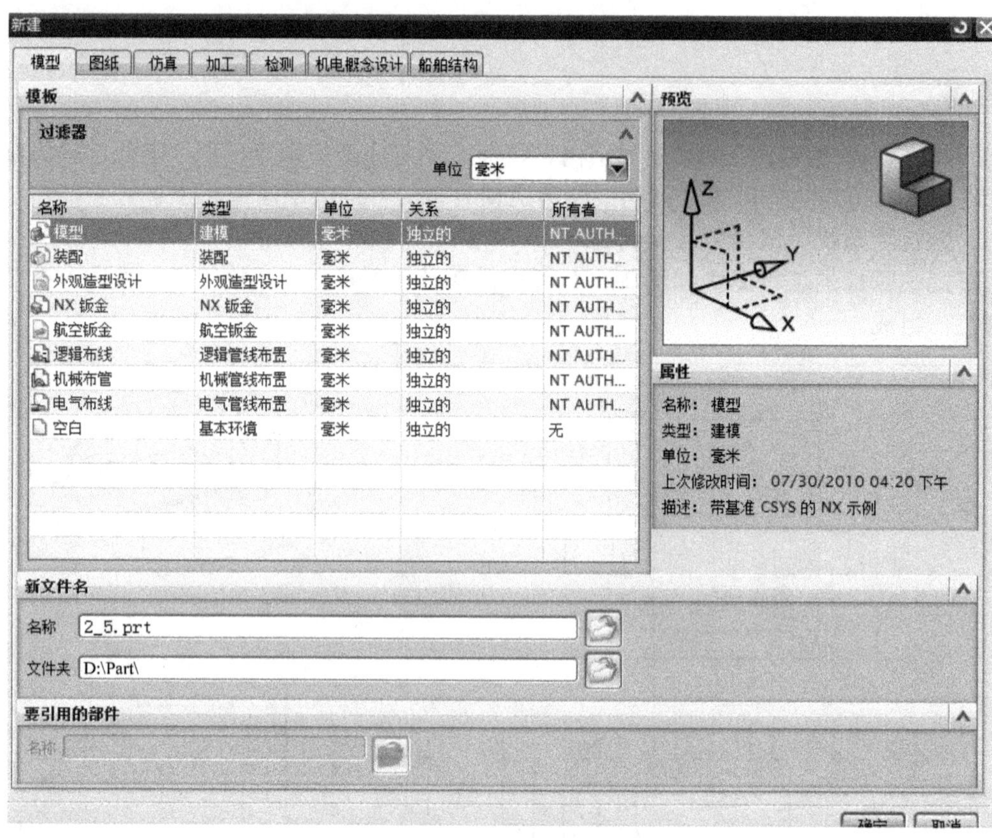

图 2-5-2　创建新的部件

（2）选择【插入】→【草图】命令，系统弹出“创建草图”对话框；类型为“在平面上”；单击【确定】按钮完成草图创建，如图 2-5-3 所示。此草图创建在 XC－YC 平面上。

（3）绘制草图并约束，草图具体尺寸如图 2-5-4 所示。

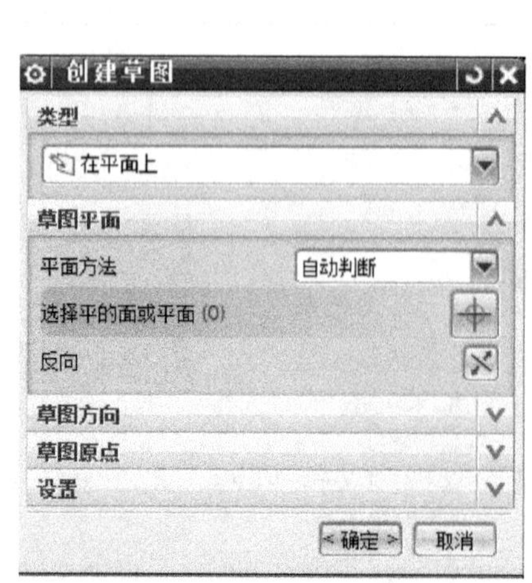

图 2-5-3　创建草图

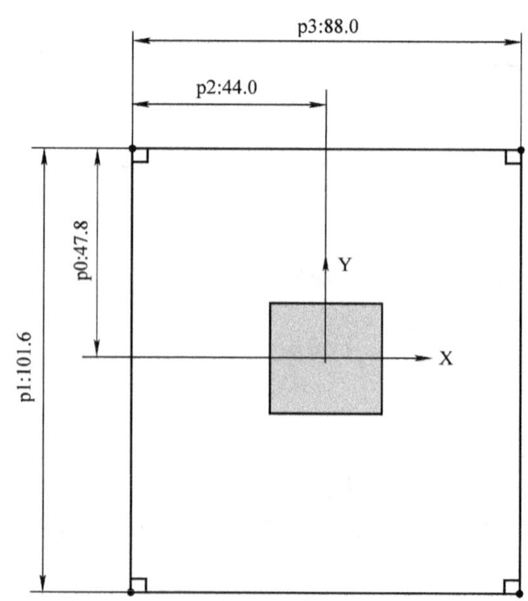

图 2-5-4　草图

（4）选择下拉菜单【插入】→【设计特征】→【拉伸】，系统弹出“拉伸”对话框；拉伸方向为+Z轴方向，开始距离为“0”，结束距离为“25”；选取如图2-5-5所示曲线；单击【确定】按钮完成拉伸操作。

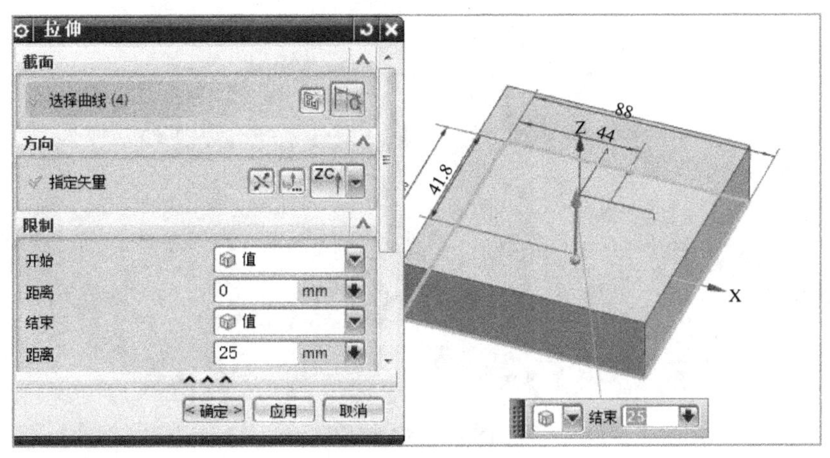

图2-5-5　拉伸

（5）选择【插入】→【草图】命令，系统弹出“创建草图”对话框；类型为“在平面上”；选取XC-ZC平面，单击【确定】按钮进入草图创建，如图2-5-6所示。

（6）绘制草图并约束，草图具体尺寸如图2-5-7所示。

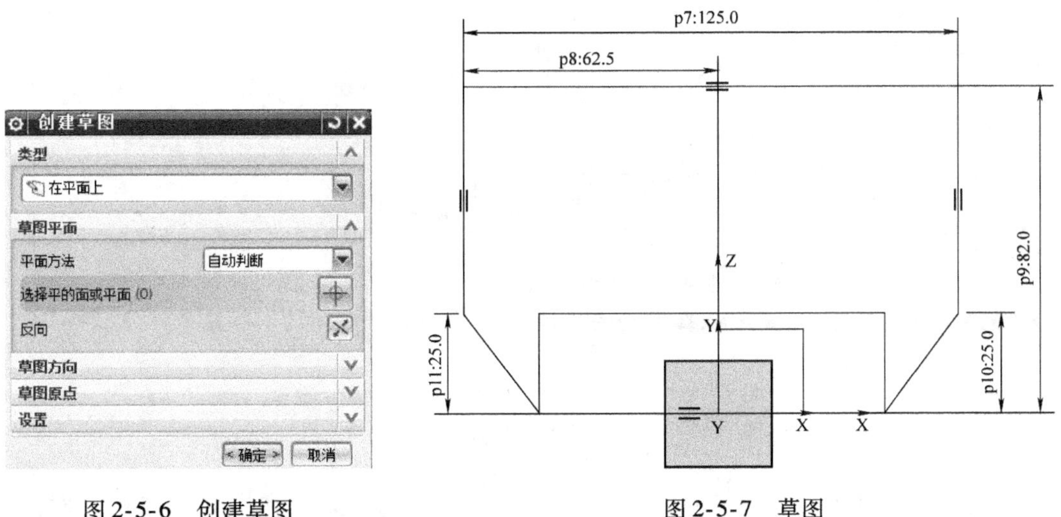

图2-5-6　创建草图　　　　图2-5-7　草图

（7）选择下拉菜单【插入】→【设计特征】→【拉伸】，系统弹出“拉伸”对话框；拉伸方向为-Y轴方向，开始距离为“0”，结束距离为“18”，布尔为“求和”；选取如图2-5-8所示曲线；单击【确定】按钮完成拉伸操作。

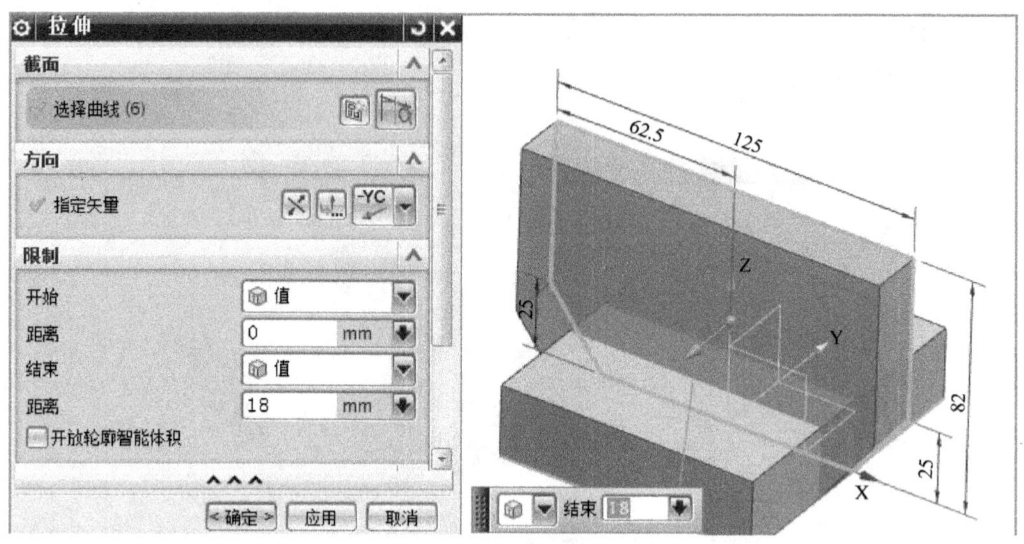

图 2-5-8 拉伸

(8) 选择下拉菜单【插入】→【细节特征】→【倒斜角】，系统弹出“倒斜角”对话框；横截面设置为“对称”，距离设置为“20”；选取如图 2-5-9 所示边；单击【确定】按钮完成倒斜角操作。

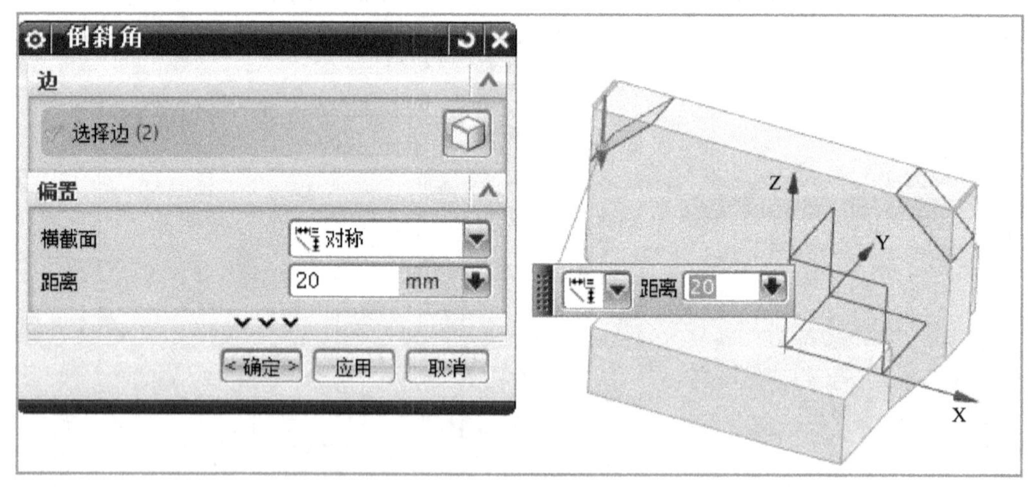

图 2-5-9 倒斜角

(9) 选择下拉菜单【插入】→【细节特征】→【倒斜角】，系统弹出“倒斜角”对话框；横截面设置为“偏置和角度”，距离设置为“12”，角度设置为“15”；选取如图 2-5-10 所示边；单击【确定】按钮完成倒斜角操作。

(10) 使用同样的方法，对另外两条边进行倒斜角，结果如图 2-5-11 所示。

(11) 选择【插入】→【草图】命令，系统弹出“创建草图”对话框；类型为“在平面上”；选取模型顶面，单击【确定】按钮进入草图创建，如图 2-5-12 所示。

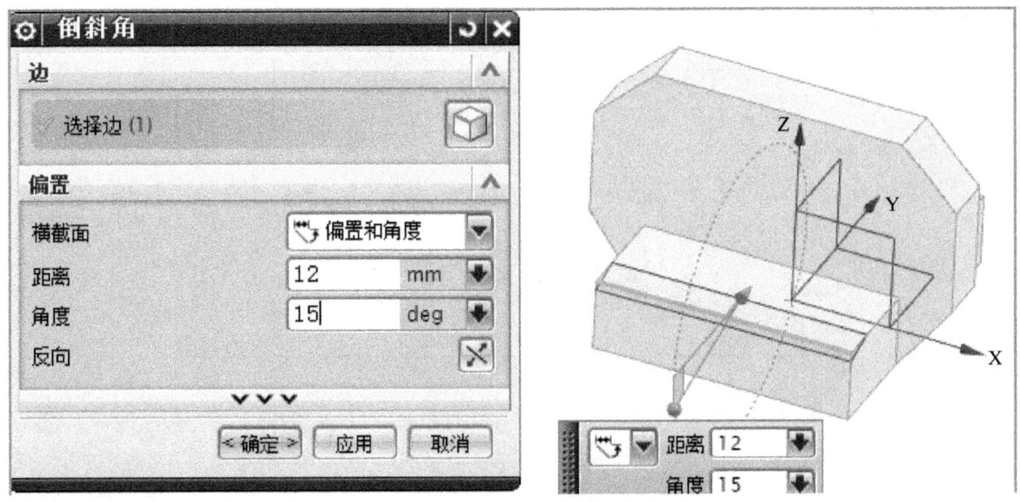

图 2-5-10　倒斜角

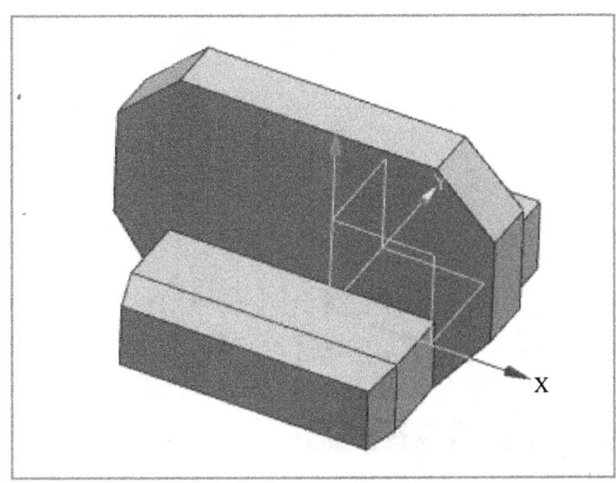

图 2-5-11　完成倒斜角

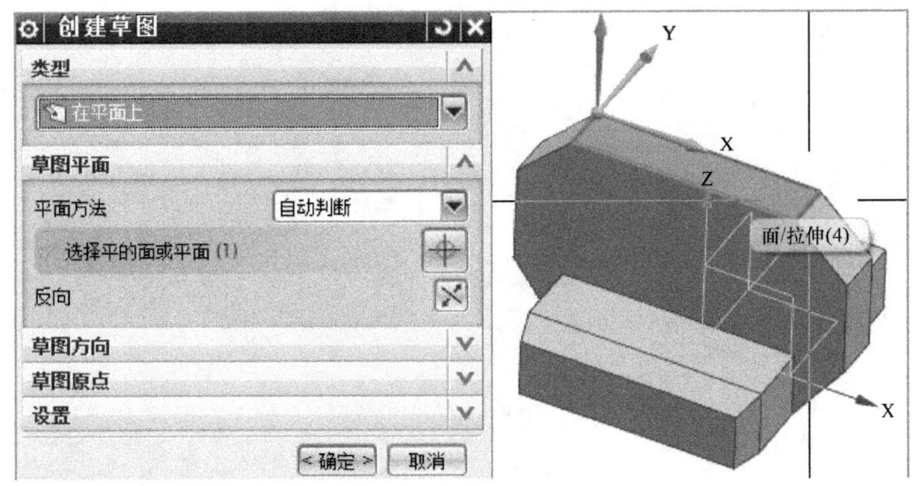

图 2-5-12　创建草图

（12）绘制草图并约束，草图具体尺寸如图 2-5-13 所示。

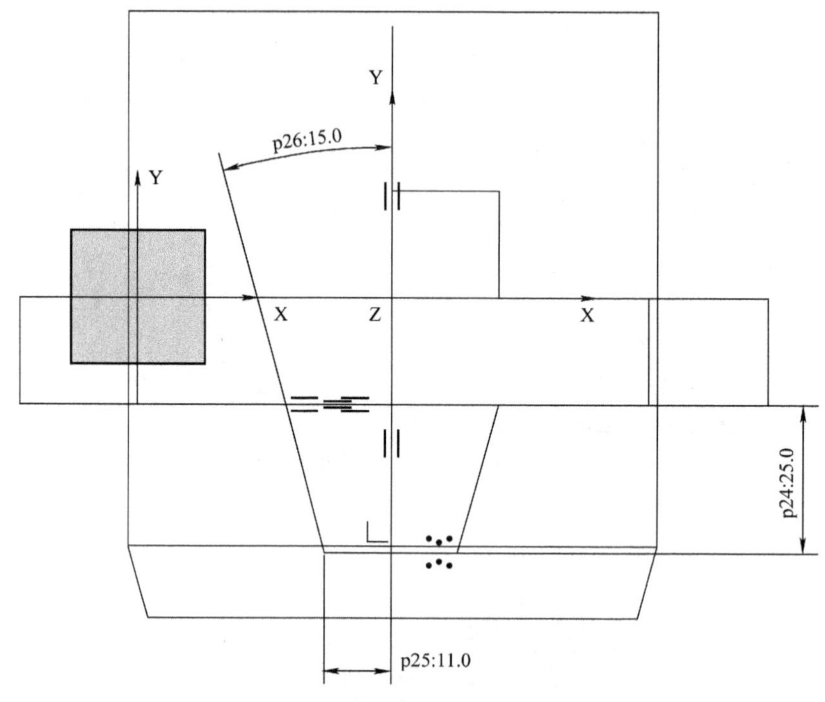

图 2-5-13　草图

（13）选择下拉菜单【插入】→【设计特征】→【拉伸】，系统弹出“拉伸”对话框；拉伸方向为 –Z 轴方向，开始距离为“0”，结束距离为“13”，布尔为“求和”；选取如图 2-5-14 所示曲线；单击【确定】按钮完成拉伸操作。

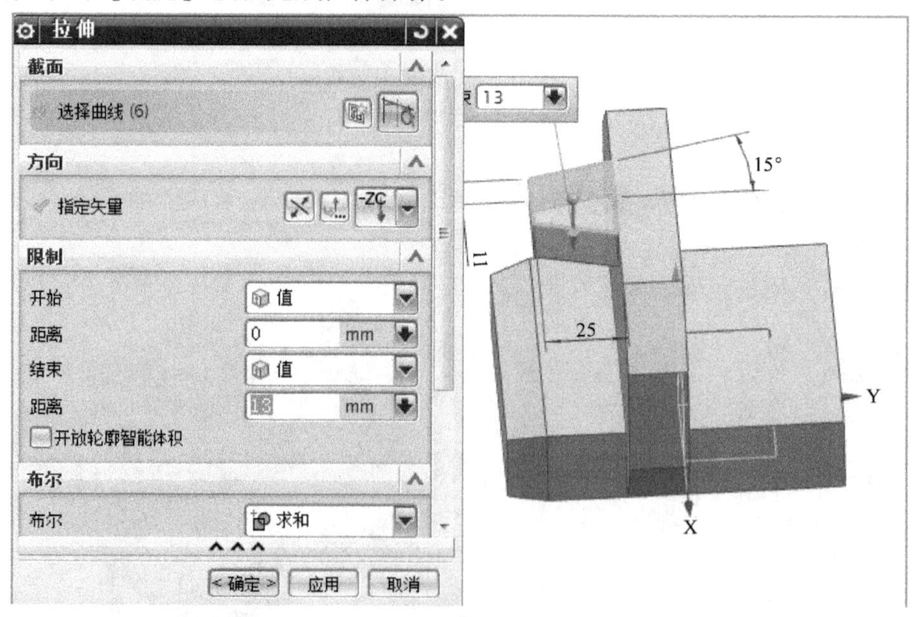

图 2-5-14　拉伸

（14）选择下拉菜单【插入】→【细节特征】→【倒斜角】，系统弹出“倒斜角”对话框；横截面设置为“偏置和角度”，距离设置为“10”，角度设置为“15”；选取如图2-5-15所示边；单击【确定】按钮完成倒斜角操作。

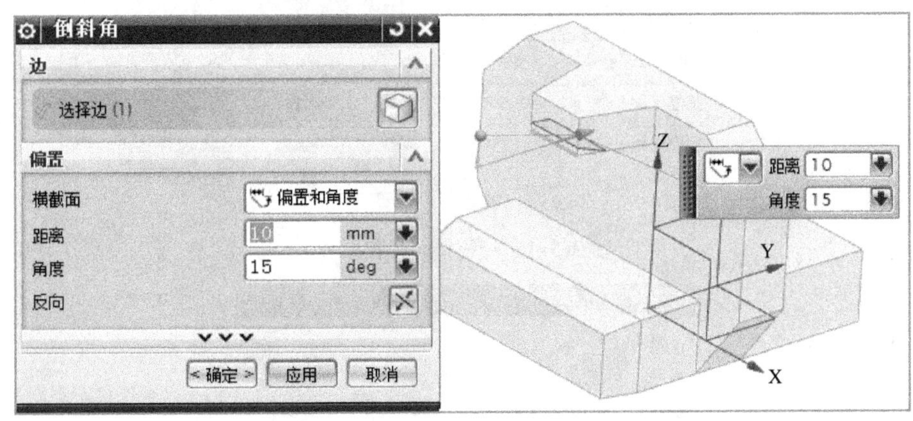

图2-5-15　倒斜角

（15）选择下拉菜单【插入】→【设计特征】→【腔体】，系统弹出“腔体”对话框；选择矩形腔体，如图2-5-16所示；选择如图2-5-17所示平面为腔体放置面；选择如图2-5-18所示+X轴为腔体的水平参考；设置腔体尺寸如图2-5-19所示；腔体定位如下：长度方向中心线与ZC轴共线，宽度方向中心线到底面的垂直距离为51.5mm，如图2-5-20所示；单击【确定】按钮完成腔体创建。

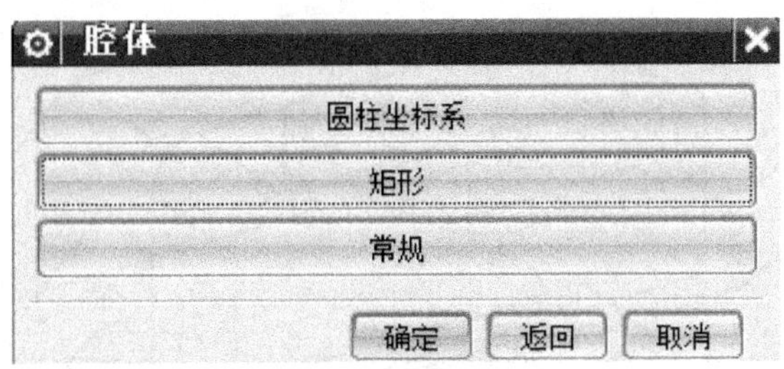

图2-5-16　矩形腔体

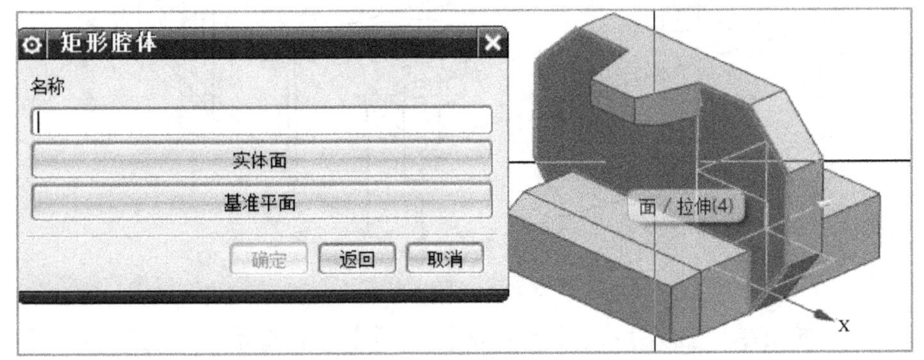

图2-5-17　腔体的放置面

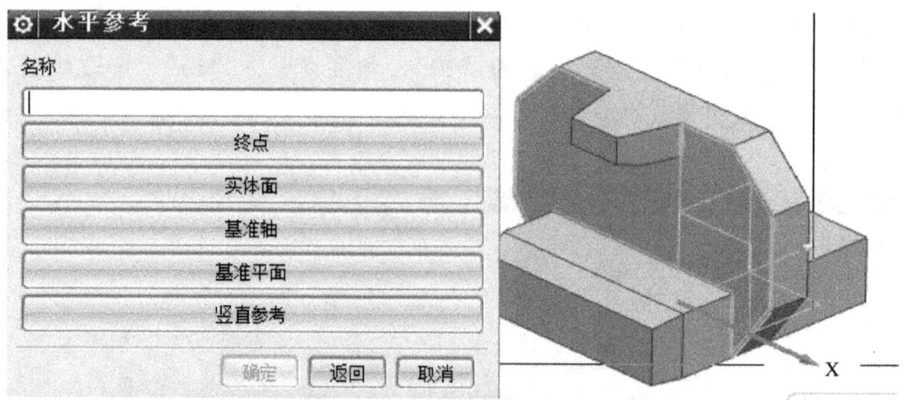

图 2-5-18 腔体的水平参考

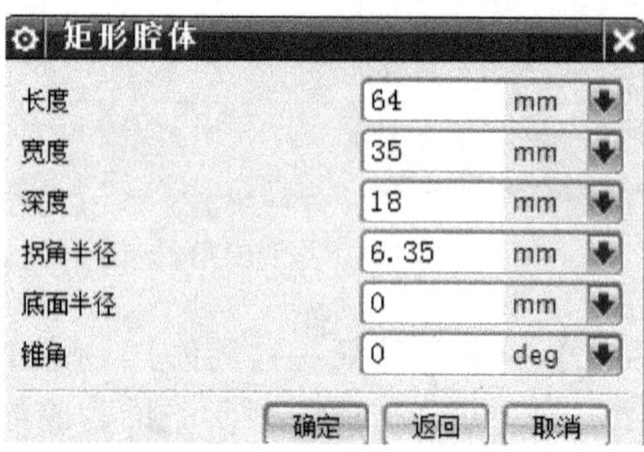

图 2-5-19 腔体尺寸

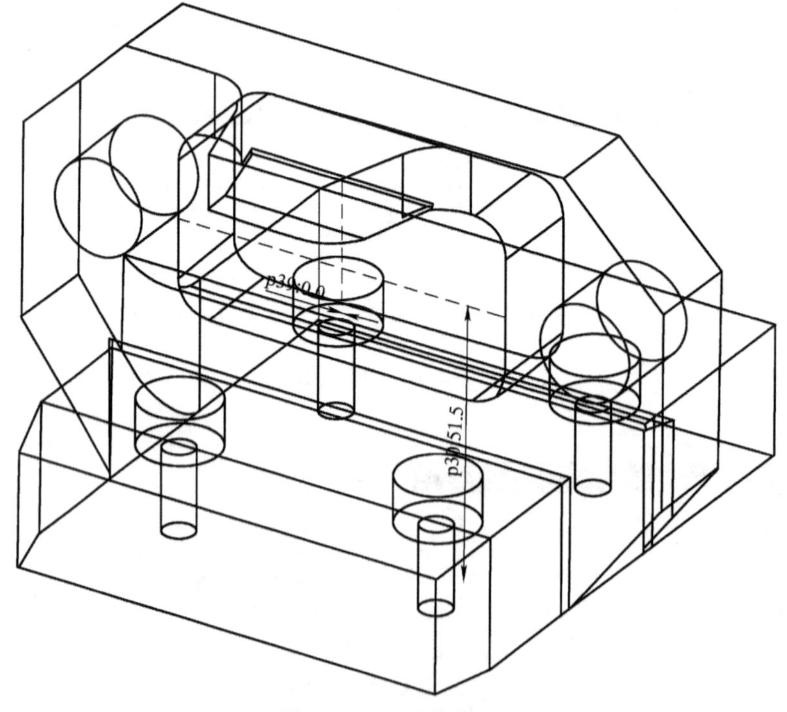

图 2-5-20 腔体位置

（16）选择下拉菜单【插入】→【设计特征】→【孔】，系统弹出“孔”对话框；类型为“常规孔”，形状和尺寸为“简单”；拾取孔所在平面，进入草图模式，绘制孔中心点并约束；单击【完成草图】，进入“孔”对话框，孔具体尺寸如图 2-5-21 所示；单击【确定】按钮完成孔创建。

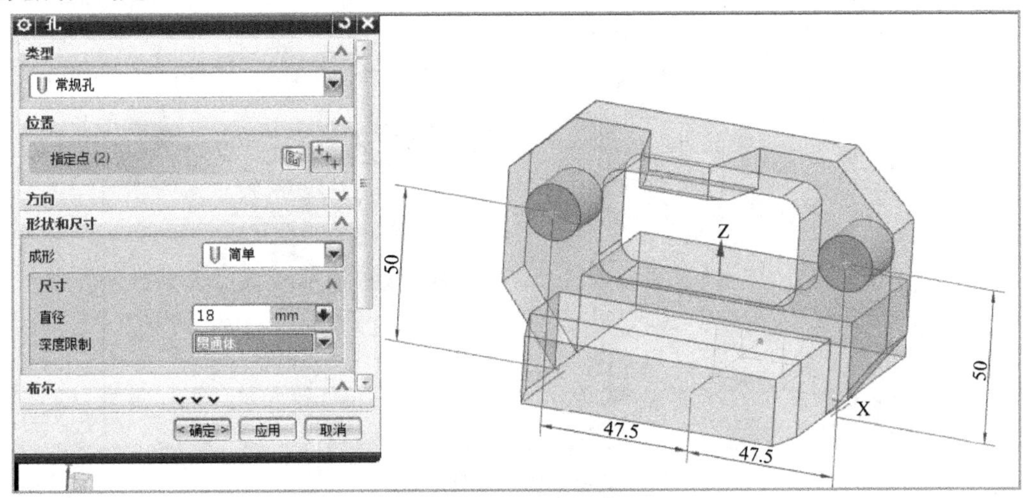

图 2-5-21　创建简单孔

(17) 选择下拉菜单【插入】→【设计特征】→【孔】，系统弹出“孔”对话框，类型为“常规孔”，形状和尺寸为“沉头”，拾取孔所在平面，进入草图模式，绘制孔中心点并约束，单击【完成草图】，进入“孔”对话框，孔具体尺寸如图 2-5-22 所示，单击【确定】按钮完成孔创建。

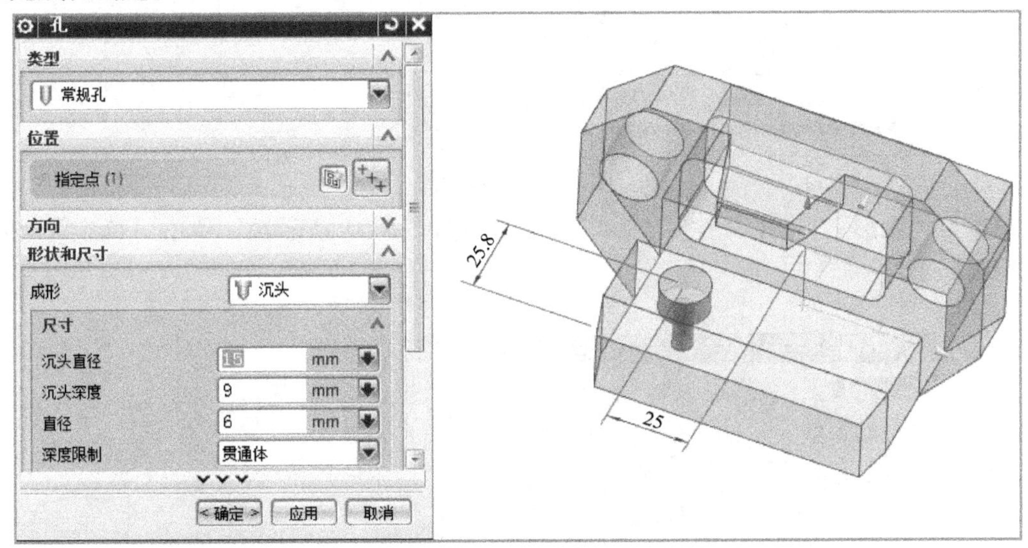

图 2-5-22　创建沉头孔

(18) 选择下拉菜单【插入】→【关联复制】→【阵列特征】，系统弹出“阵列特征”对话框；设置 + XC 方向数量为“2”，节距为“50”，设置 + YC 方向数量为“2”，节距为“50”，如图 2-5-23 所示；单击【确定】按钮完成阵列。

(19) 选择下拉菜单【插入】→【细节特征】→【边倒圆】，系统弹出“边倒圆”对话框；形状设置为“圆形”，半径设置为“1”；选取如图 2-5-24 所示边；单击【确定】按钮完成边倒圆操作。

(20) 选择下拉菜单【插入】→【细节特征】→【边倒圆】，系统弹出“边倒圆”对话框；

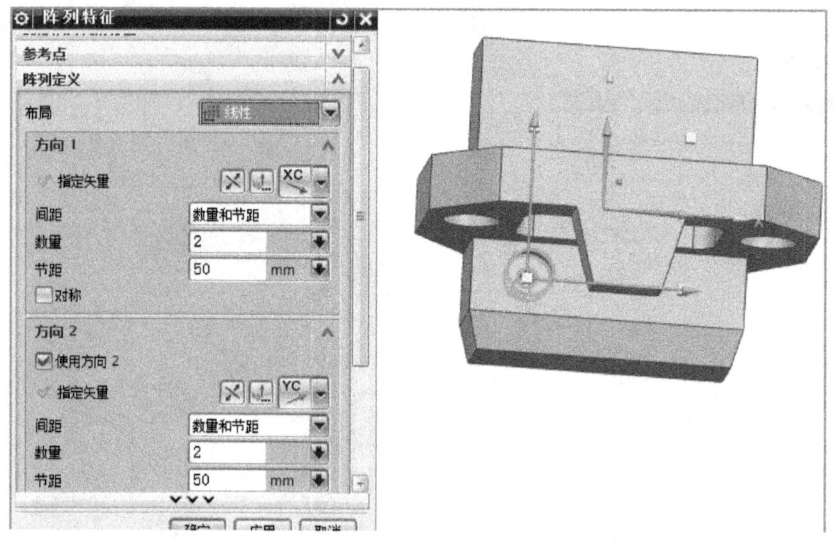

图 2-5-23 阵列特征

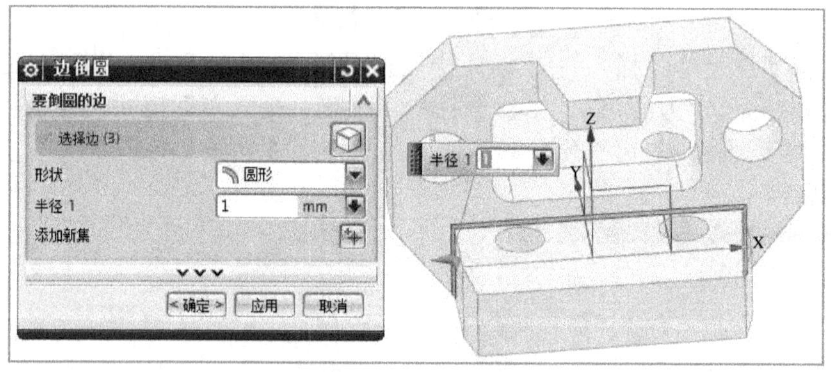

图 2-5-24 边倒圆

形状设置为“圆形”，半径设置为“9. 5”；选取如图 2-5-25 所示边；单击【确定】按钮完成边倒圆操作。

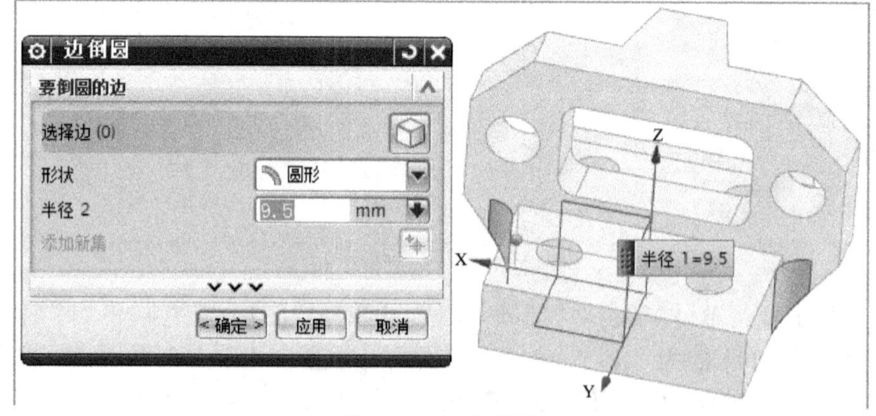

图 2-5-25 边倒圆

（21）选择下拉菜单【插入】→【细节特征】→【边倒圆】，系统弹出“边倒圆”对话框；形状设置为“圆形”，半径设置为“6. 35”；选取如图 2-5-26 所示边；单击【确定】按钮完成边倒圆操作。

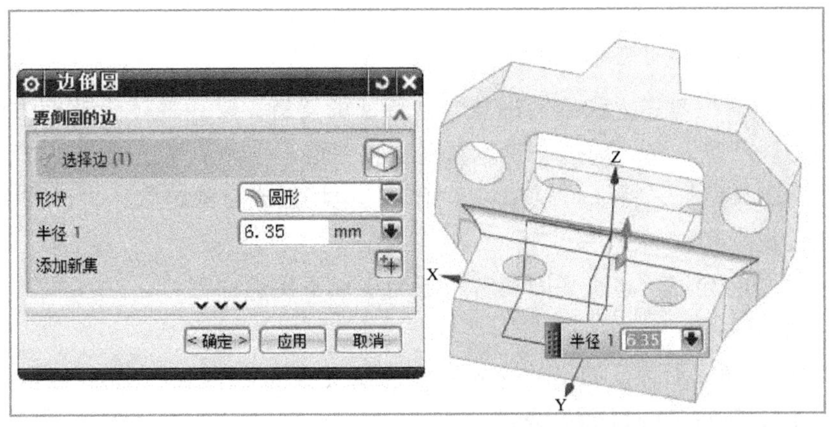

图 2-5-26　边倒圆

（22）选择下拉菜单【插入】→【细节特征】→【边倒圆】，系统弹出“边倒圆”对话框；形状设置为“圆形”，半径设置为“9.5”；选取如图 2-5-27 所示边；单击【确定】按钮完成边倒圆操作。

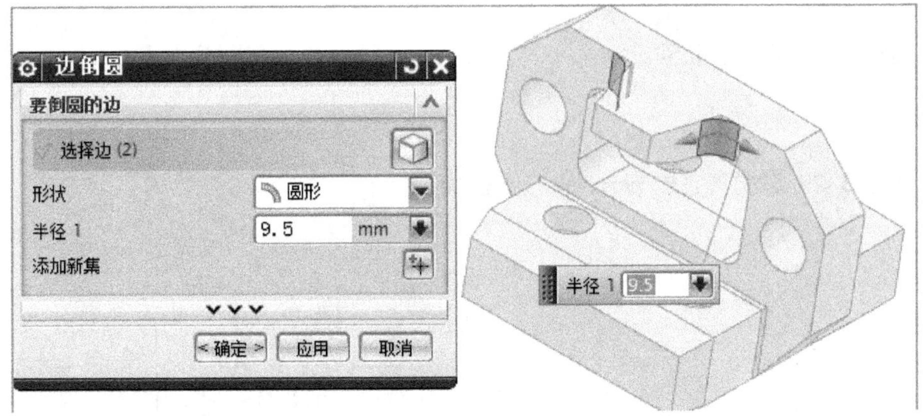

图 2-5-27　边倒圆

（23）隐藏不需要的特征，完成注塑机锁紧板的三维建模，如图 2-5-28 所示。

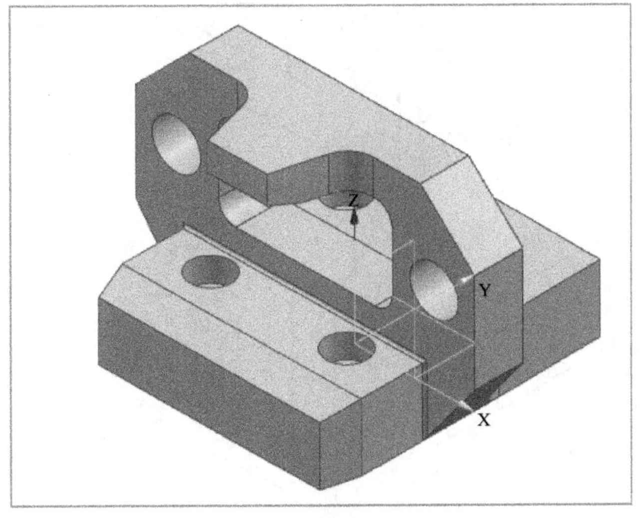

图 2-5-28　注塑机锁紧板三维模型

专家点拨

（1）特征建模提供对建立和编辑标准设计特征的支持。常用的体素建模方法包括圆柱、圆锥、球、圆台、凸垫及孔、键槽、腔体、倒圆和倒角等。为了基于尺寸和位置的尺寸驱动编辑以及参数化定义特征，特征可以相对于任何其他特征或对象定位，也可被引用复制，以建立特征的相关集。

（2）基准面功能允许建立一平面参考特征用于以下用途：

- 定义一草图平面。
- 作为建立孔等成形特征的平的安放面。
- 作为定位孔等特征的目标边缘。
- 当使用镜像体和镜像特征命令时用作镜像平面。
- 当建立拉伸和旋转特征时，用作定义起始或终止限界。
- 用于修剪体。
- 用于在装配中定义定位约束。
- 帮助定义一相对基准轴。

课后训练

根据图 2-5-29 要求，完成 part3 的三维建模。

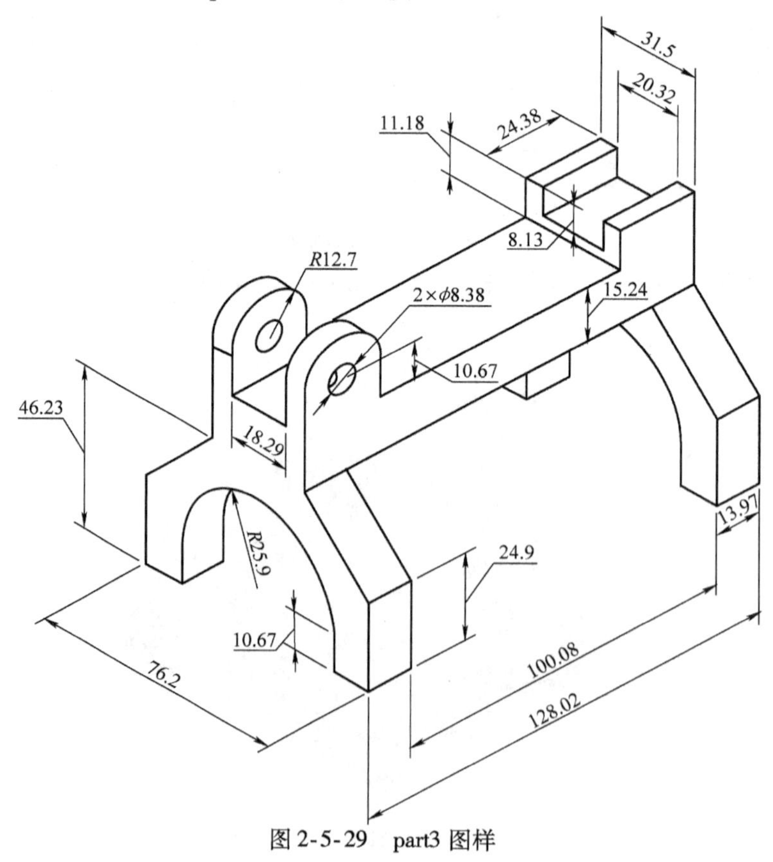

图 2-5-29 part3 图样

项目 2.6　注塑机导轨的 NX CAD 应用案例

教学目标

- 掌握腔体、拔模、镜像特征的创建方法。
- 能完成注塑机导轨的三维建模。

项目导读

本项目以注塑机导轨的三维建模为案例，比较详细地演示了注塑机导轨的三维建模操作过程与建模技巧。案例中综合运用了 NX 中草图、拉伸、腔体、阵列、倒角、打孔等建模功能。通过注塑机导轨的三维建模项目的训练，让读者熟悉 NX 软件操作中常用的特征和特征操作功能，掌握在 NX 中进行较复杂产品三维建模的基本思路与方法，让读者感知：灵活地运用这些功能可以大大地提高绘图效率。

任务描述

以设计师的身份进入 NX 建模功能模块，按照产品图样和客户的意图，完成注塑机导轨的三维数字化建模。

工作任务

读懂图样，分析注塑机导轨的结构、特征；制定注塑机导轨的数字化建模方案；学习 NX 软件相关功能及操作方法；完成注塑机导轨的三维造型建模。

一、分析注塑机导轨的结构特征

注塑机导轨的工程图样如图 2-6-1 所示，其形状主要由注塑机导轨主体、孔、倒角等结构特征组成。

二、制定注塑机导轨的建模方案

（1）绘制草图。

（2）拉伸草图。

（3）创建倒角。

（4）创建孔。

三、创建注塑机导轨的三维模型

注塑机导轨的三维建模操作步骤如下。操作录像见配套视频文件 Video \ 2 _ 6. avi；结果文件见 Part \ 2 _ 6. prt。

（1）选择【文件】→【新建】命令，新建名称为 2 _6. prt 的部件文档，单位选择为毫米，如图 2-6-2 所示。单击【确定】按钮，进入建模功能模块。

（2）选择【插入】→【草图】命令，系统弹出“创建草图”对话框；类型为“在平面上”；选择 YC－ZC 平面，单击【确定】按钮进入草图创建，如图 2-6-3 所示。

（3）绘制草图并约束，草图具体尺寸如图 2-6-4 所示。

（4）选择下拉菜单【插入】→【设计特征】→【拉伸】，系统弹出“拉伸”对话框；拉伸

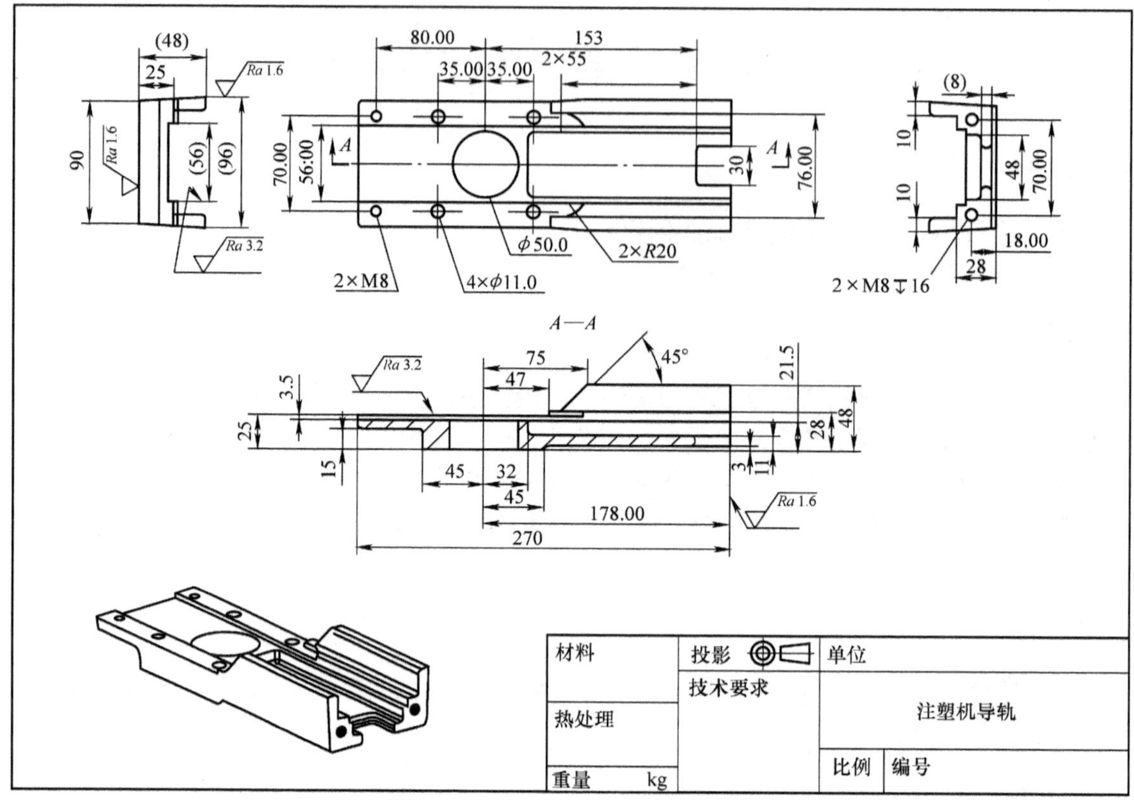

图 2-6-1 注塑机导轨的工程图样

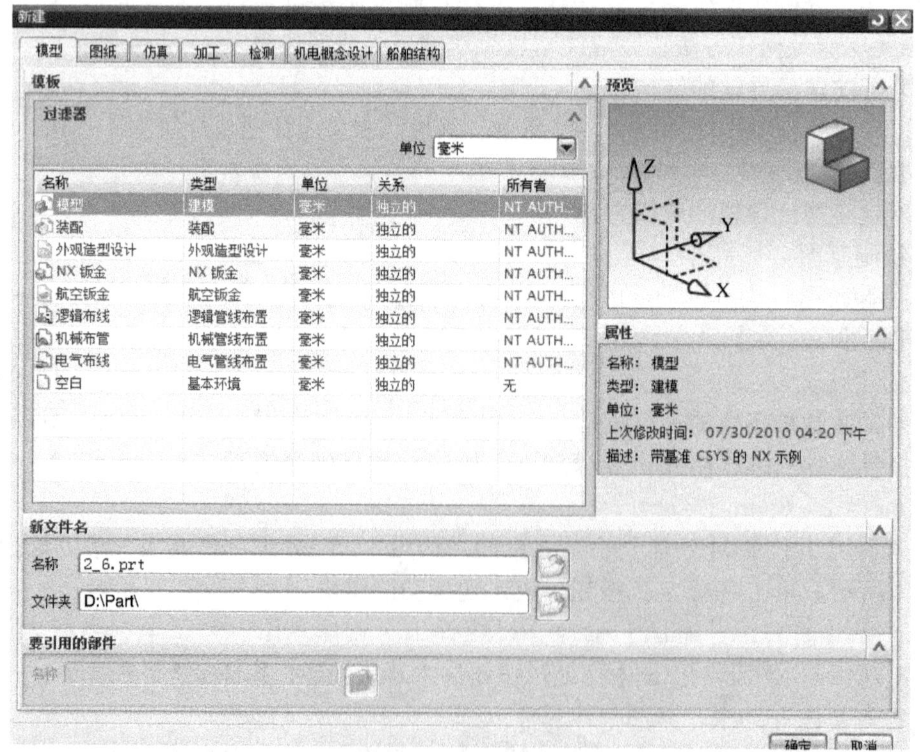

图 2-6-2 创建新的部件

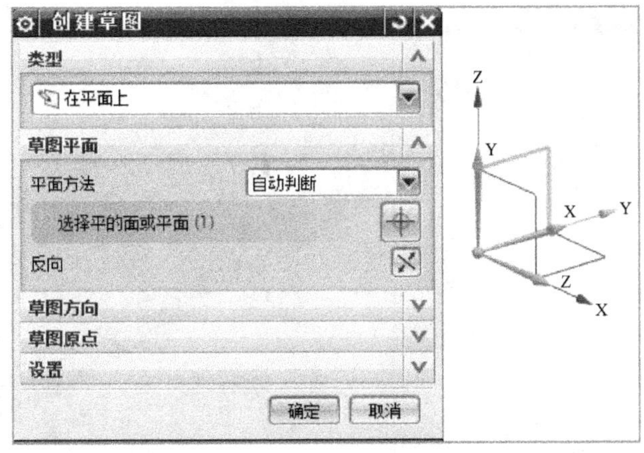

图 2-6-3　创建草图

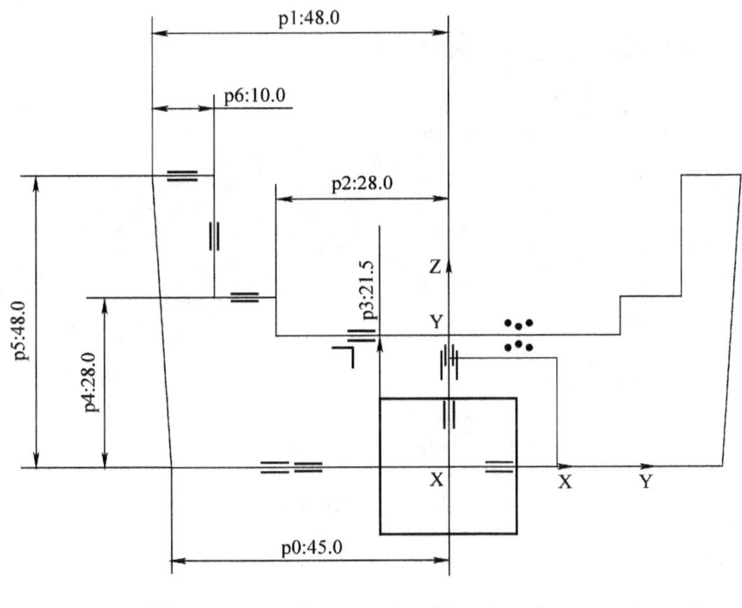

图 2-6-4　草图

方向为 + X 轴方向，开始距离为“ - 92”，结束距离为“178”；选取如图 2-6-5 所示曲线；单击【确定】按钮完成拉伸操作。

(5) 选择【插入】→【草图】命令，系统弹出“创建草图”对话框；类型为“在平面上”；选择 XC - ZC 平面，单击【确定】按钮进入草图创建，如图 2-6-6 所示。

(6) 绘制草图并约束，草图具体尺寸如图 2-6-7 所示。

(7) 选择下拉菜单【插入】→【设计特征】→【拉伸】，系统弹出“拉伸”对话框；拉伸方向为 + Y 轴方向，开始为“贯通”，结束为“贯通”，布尔为“求差”；选取如图 2-6-8 所示曲线；单击【确定】按钮完成拉伸操作。

(8) 选择【插入】→【草图】命令，系统弹出“创建草图”对话框；类型为“在平面上”；选择 XC - ZC 平面，单击【确定】按钮进入草图创建；绘制草图并约束，如图 2-6-9 所示。

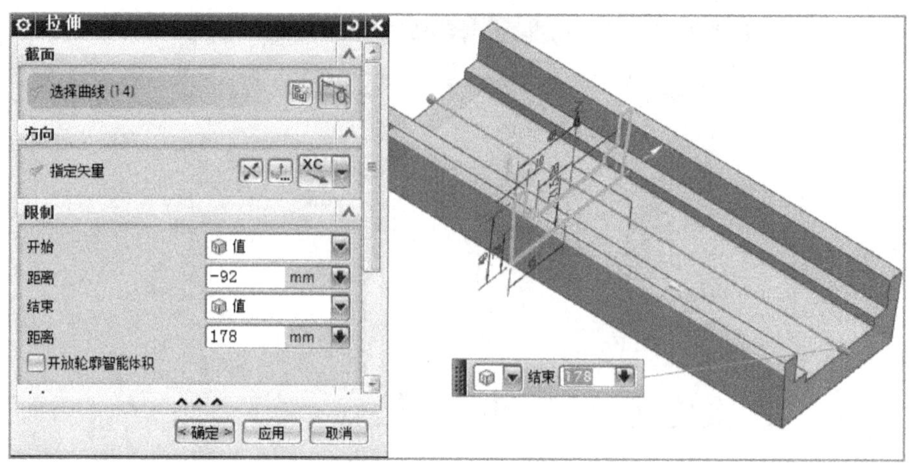

图 2-6-5 拉伸

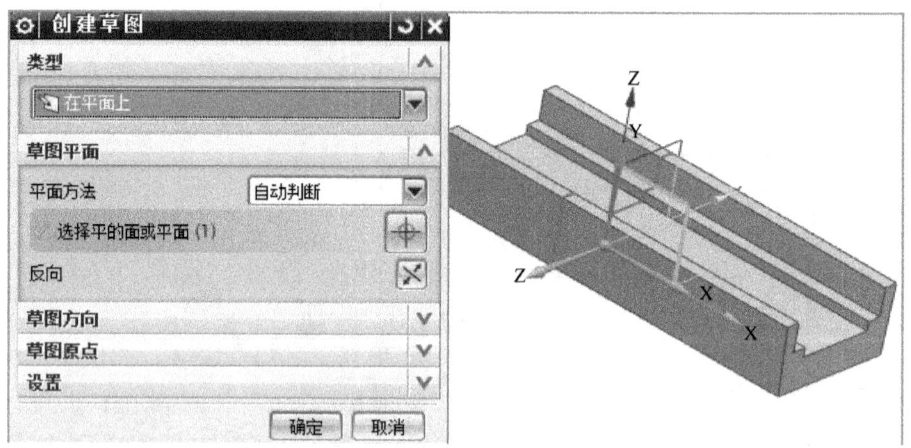

图 2-6-6 创建草图

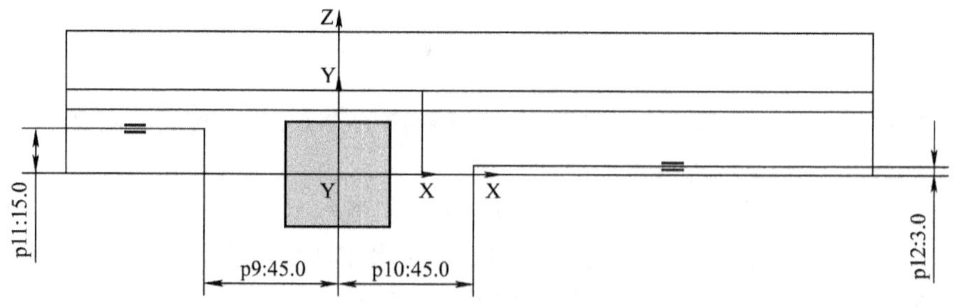

图 2-6-7 草图

(9) 选择下拉菜单【插入】→【设计特征】→【拉伸】，系统弹出“拉伸”对话框；拉伸方向为 + Y 轴方向，开始为“贯通”，结束为“贯通”，布尔为“求差”；选取如图 2-6-10 所示曲线；单击【确定】按钮完成拉伸操作。

(10) 选择【插入】→【草图】命令，系统弹出“创建草图”对话框；类型为“在平面

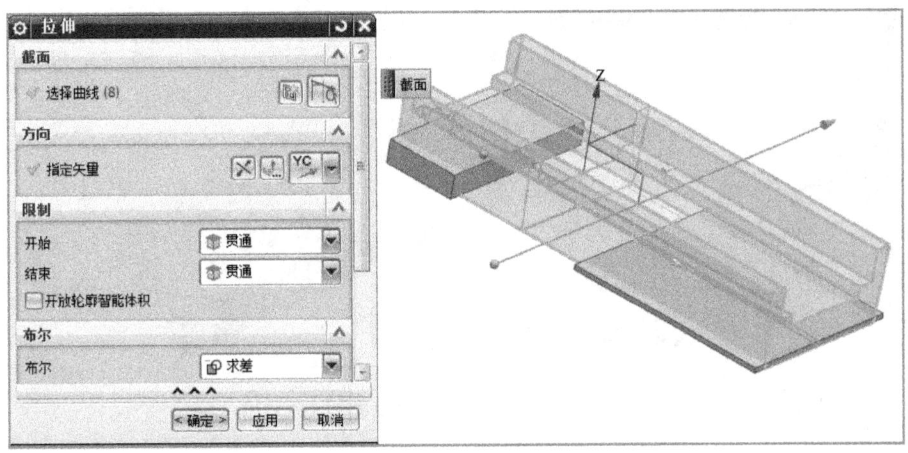

图 2-6-8　拉伸

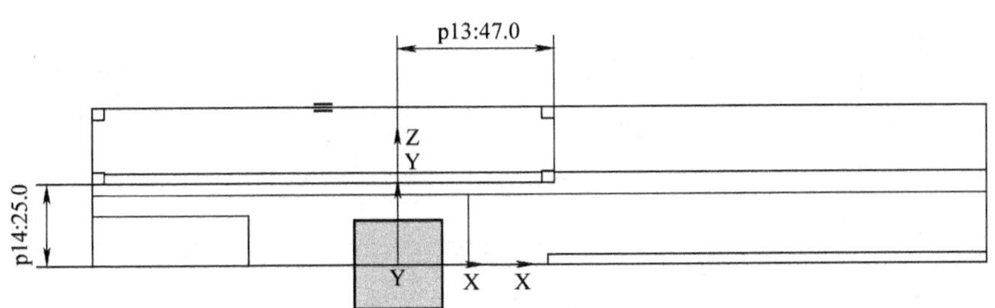

图 2-6-9　绘制草图

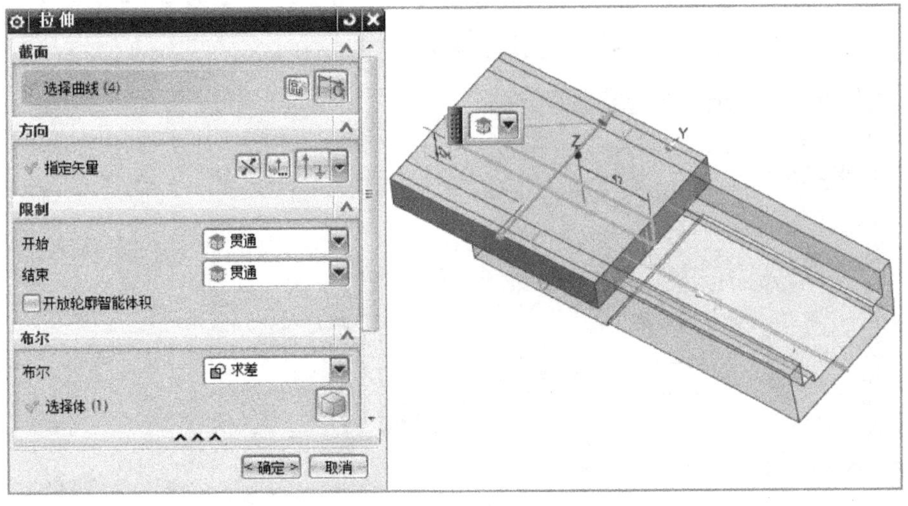

图 2-6-10　拉伸草图

上”；选择如图 2-6-11 所示平面；单击【确定】按钮进入草图创建。

（11）绘制草图并约束，草图具体尺寸如图 2-6-12 所示。

（12）选择下拉菜单【插入】→【设计特征】→【拉伸】，系统弹出“拉伸”对话框；拉伸

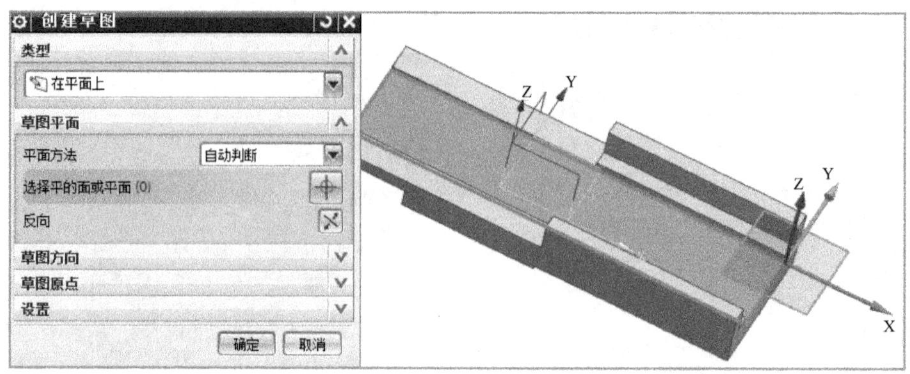

图 2-6-11　创建草图

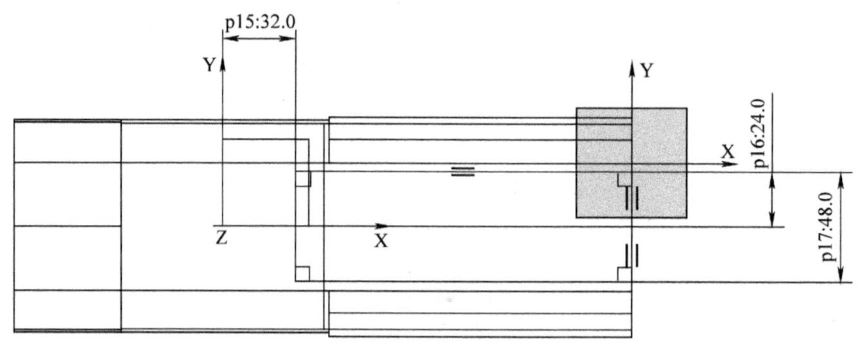

图 2-6-12　绘制草图

方向为 – Z 轴方向，开始距离为“0”，结束距离为“10.5”，布尔为“求差”；选取如图 2-6-13所示曲线；单击【确定】按钮完成拉伸操作。

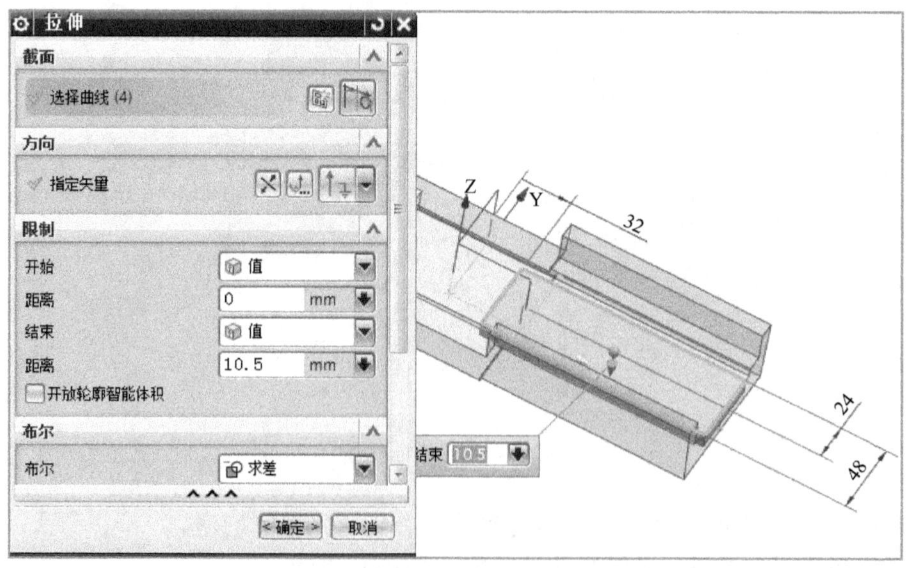

图 2-6-13　拉伸

（13）选择【插入】→【草图】命令，系统弹出“创建草图”对话框；类型为“在平面上”；选择如图 2-6-14 所示平面；单击【确定】按钮进入草图创建。

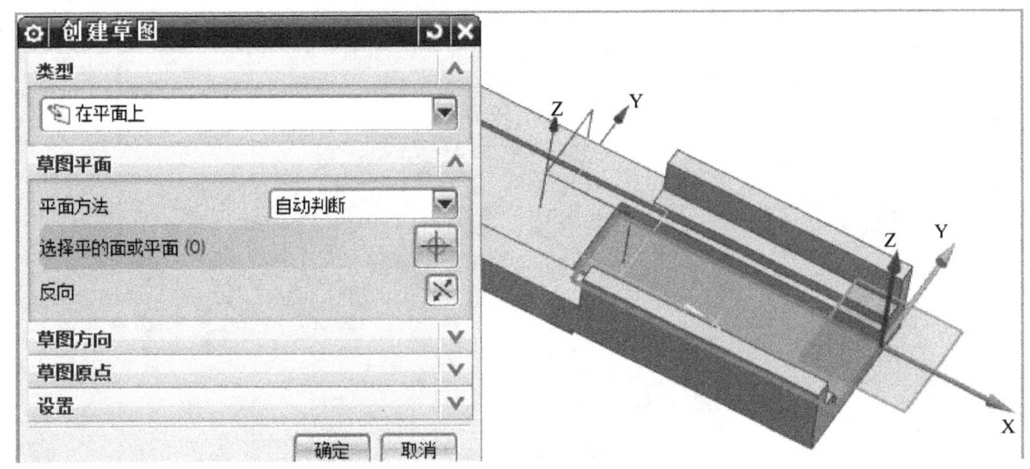

图 2-6-14　创建草图

（14）绘制草图并约束，草图具体尺寸如图 2-6-15 所示。

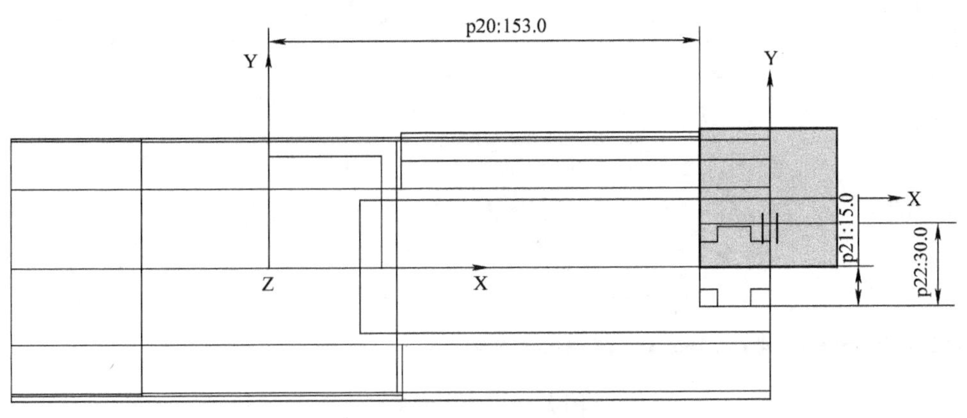

图 2-6-15　绘制草图

（15）选择下拉菜单【插入】→【设计特征】→【拉伸】，系统弹出“拉伸”对话框；拉伸方向为 -Z 轴方向，开始距离为“0”，结束为“贯通”，布尔为“求差”；选取如图 2-6-16 所示曲线；单击【确定】按钮完成拉伸操作。

（16）选择下拉菜单【插入】→【细节特征】→【边倒圆】，系统弹出“边倒圆”对话框；形状设置为“圆形”，半径设置为“3”；选取如图 2-6-17 所示边；单击【确定】按钮完成边倒圆操作。

（17）选择下拉菜单【插入】→【细节特征】→【边倒圆】，系统弹出“边倒圆”对话框；形状设置为“圆形”，半径设置为“3”；选取如图 2-6-18 所示边；单击【确定】按钮完成边倒圆操作。

（18）选择下拉菜单【插入】→【细节特征】→【边倒圆】，系统弹出“边倒圆”对话框；形状设置为“圆形”，半径设置为“3”；选取如图 2-6-19 所示边；单击【确定】按钮完成边倒圆操作。

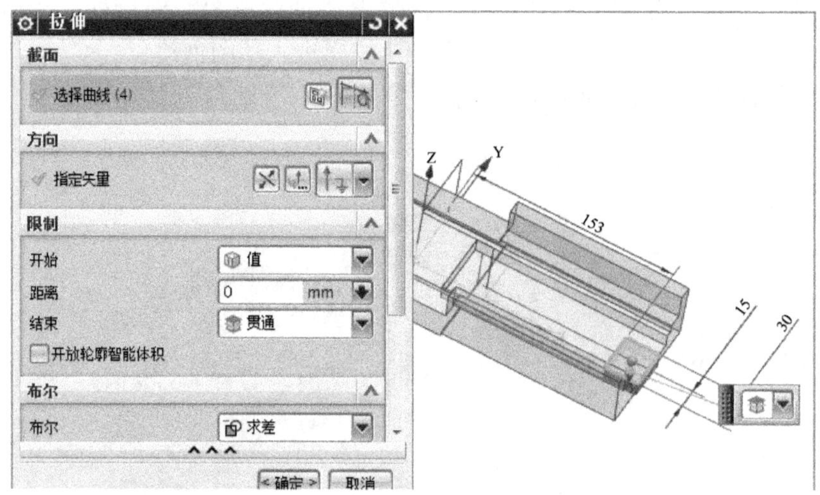

图 2-6-16 拉伸

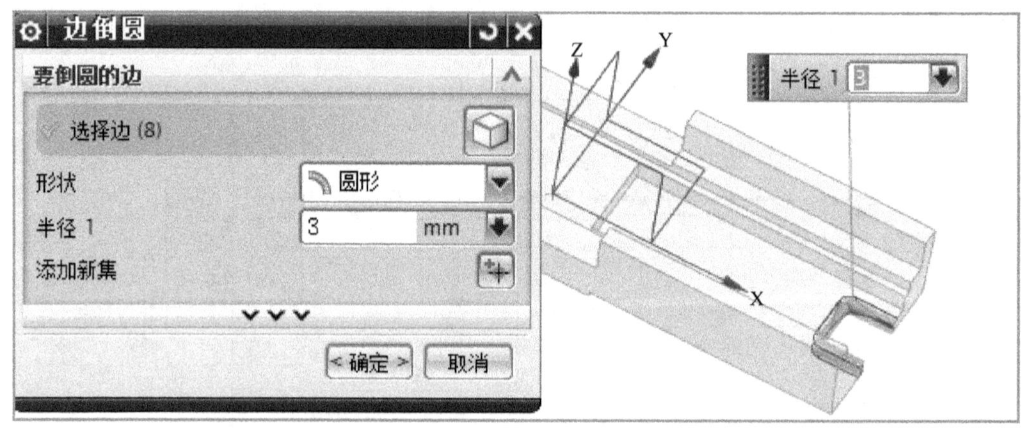

图 2-6-17 边倒圆

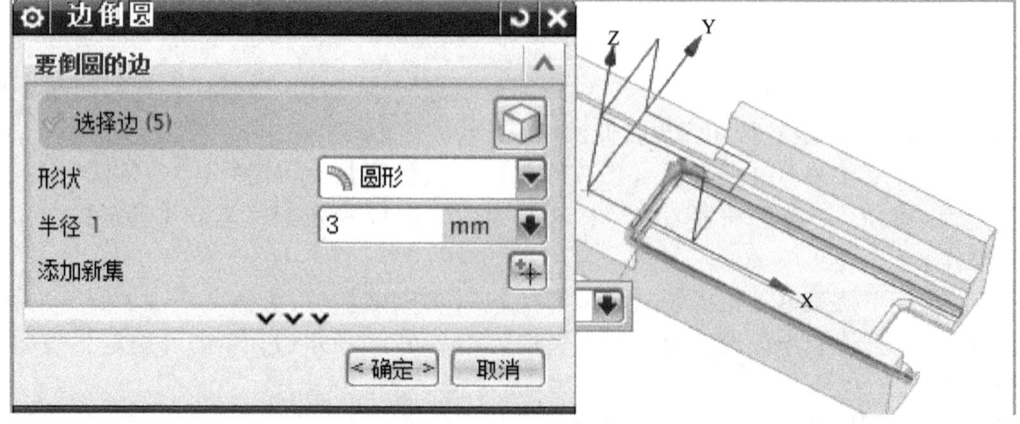

图 2-6-18 边倒圆

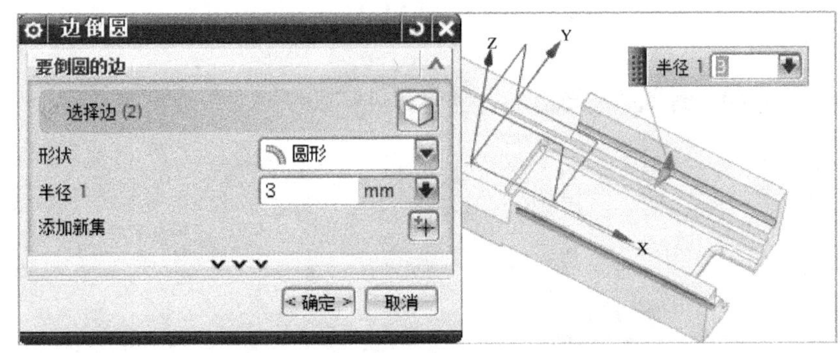

图 2-6-19　边倒圆

（19）选择【插入】→【草图】命令，系统弹出“创建草图”对话框；类型为“在平面上”；选择 XC－ZC 平面；单击【确定】按钮进入草图创建；绘制草图并约束，如图 2-6-20 所示。

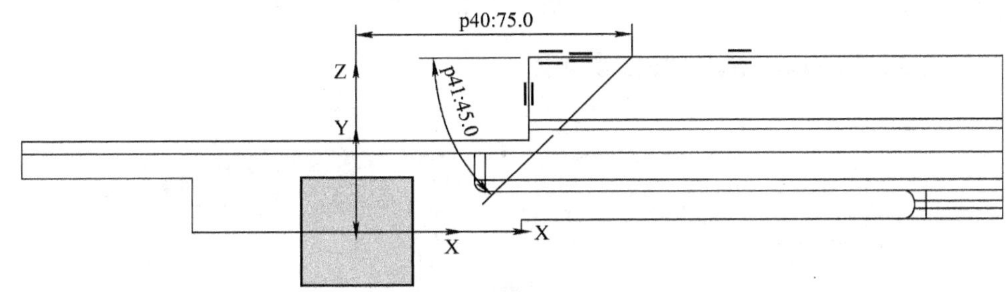

图 2-6-20　创建草图

（20）选择下拉菜单【插入】→【设计特征】→【拉伸】，系统弹出“拉伸”对话框；拉伸方向为＋Y 轴方向，开始为“贯通”，结束为“贯通”，布尔为“求差”；选取如图 2-6-21 所示曲线；单击【确定】按钮完成拉伸操作。

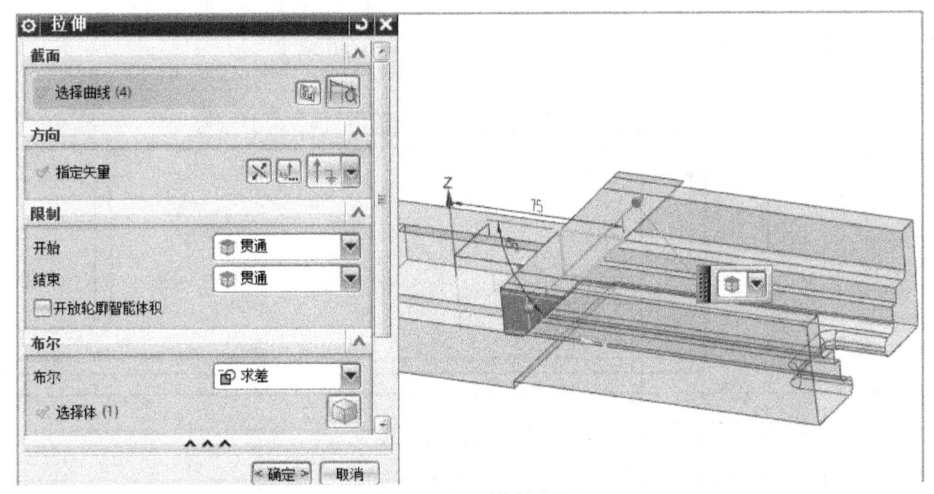

图 2-6-21　拉伸草图

（21）选择下拉菜单【插入】→【细节特征】→【边倒圆】，系统弹出“边倒圆”对话框；形状设置为“圆形”，半径设置为“3”；选取如图 2-6-22 所示边；单击【确定】按钮完成边倒圆操作。

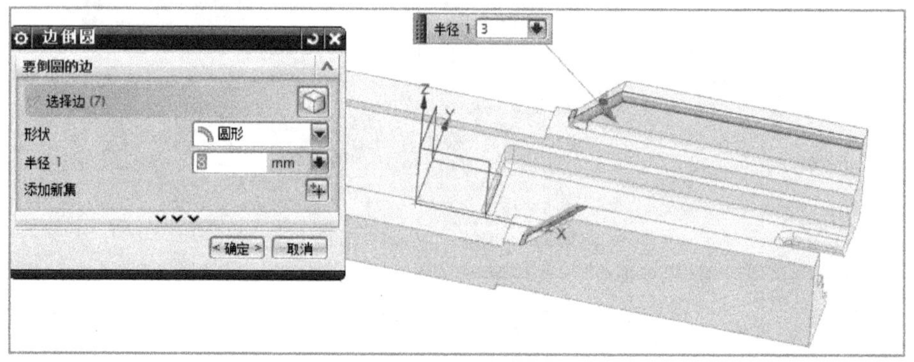

图 2-6-22　边倒圆

（22）选择【插入】→【草图】命令，系统弹出“创建草图”对话框；类型为“在平面上”；选择如图 2-6-23 所示平面；单击【确定】按钮进入草图创建。

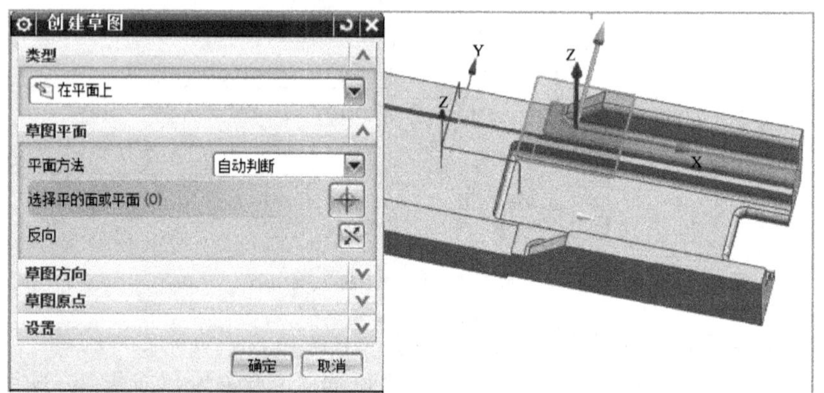

图 2-6-23　创建草图

（23）绘制草图并约束，草图具体尺寸如图 2-6-24 所示。

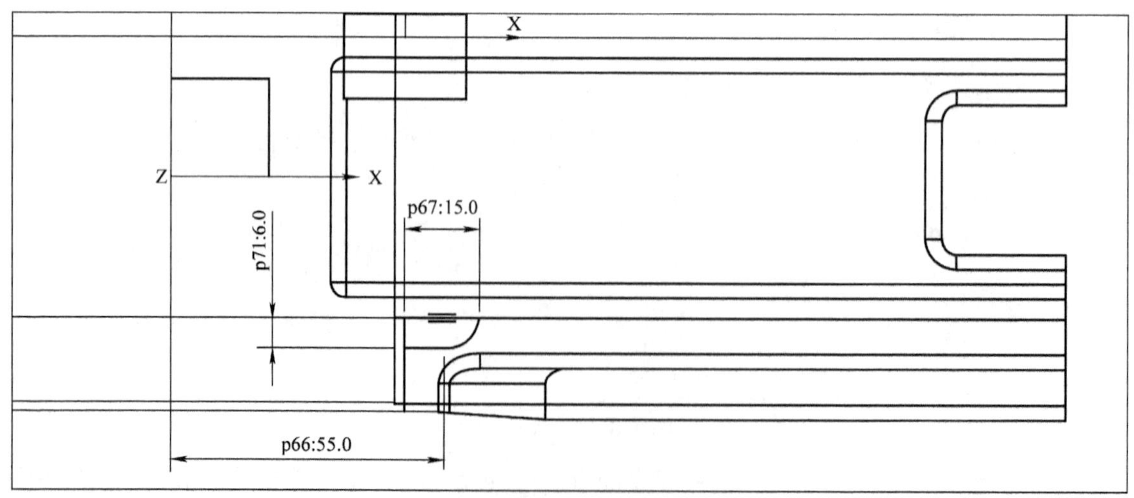

图 2-6-24　绘制草图

（24）选择下拉菜单【插入】→【设计特征】→【拉伸】，系统弹出“拉伸”对话框；拉伸方向为 – Z 轴方向，开始距离为“0”，结束距离为“3”，布尔为“求差”；选取如图 2-6-25 所示曲线；单击【确定】按钮完成拉伸操作。

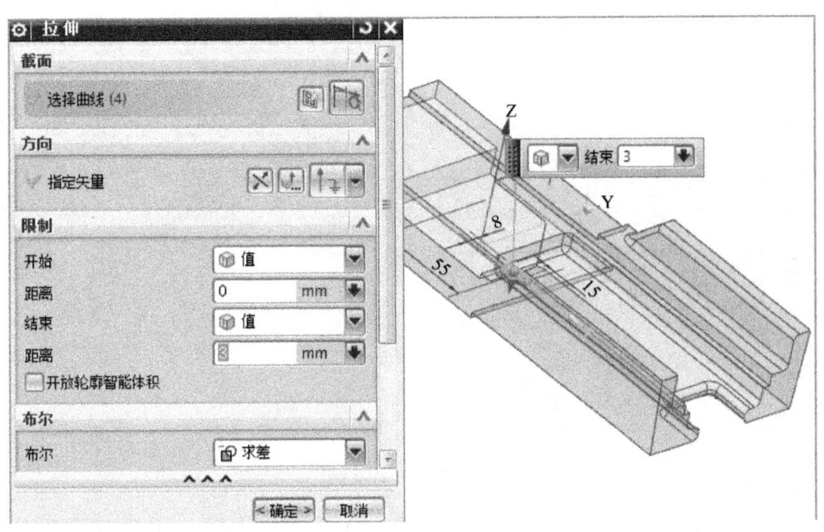

图 2-6-25　拉伸

（25）选择下拉菜单【插入】→【关联复制】→【镜像特征】，系统弹出“镜像特征”对话框；要镜像的特征选择上一步的拉伸特征，镜像平面选择 XC – ZC 平面；单击【确定】按钮完成镜像特征，如图 2-6-26 所示。

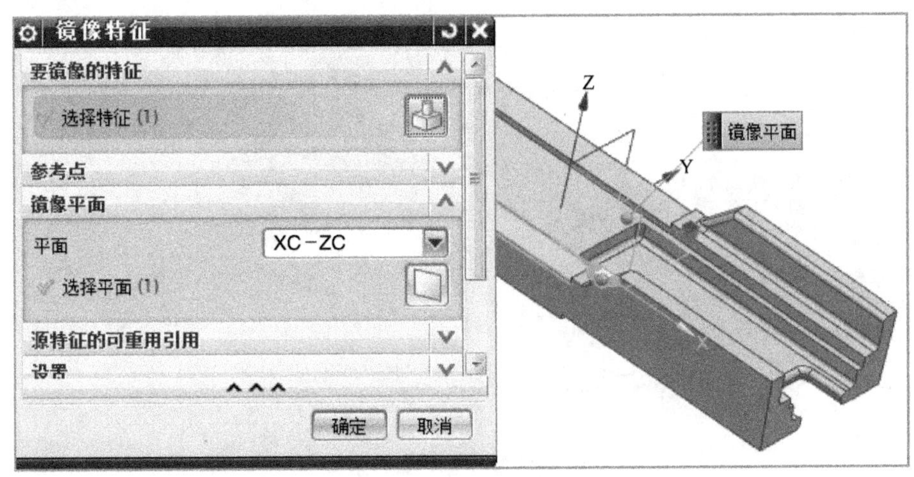

图 2-6-26　镜像特征

（26）选择下拉菜单【插入】→【设计特征】→【孔】，系统弹出“孔”对话框；类型为“常规孔”，形状和尺寸为“简单”；拾取孔所在平面，进入草图模式，绘制孔中心点并约束；单击【完成草图】，进入“孔”对话框，孔具体尺寸如图 2-6-27 所示；单击【确定】按钮完成孔创建。

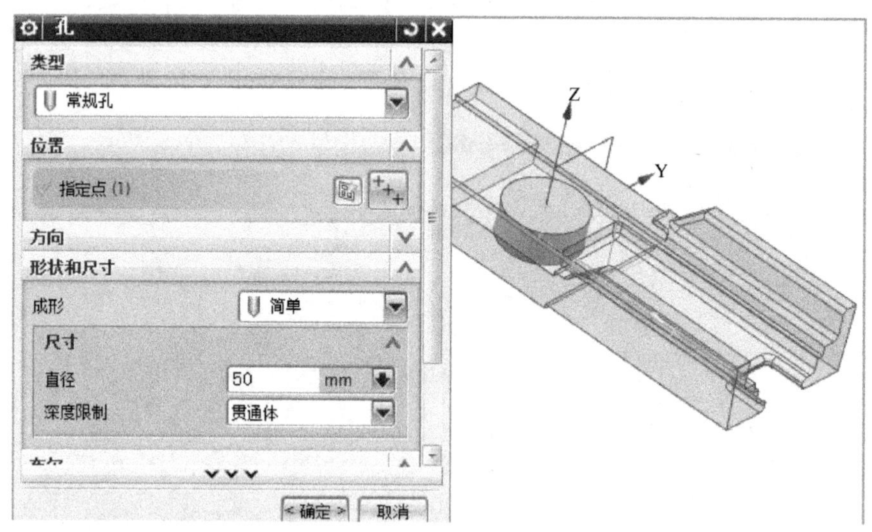

图 2-6-27 打孔

（27）选择下拉菜单【插入】→【设计特征】→【孔】，系统弹出“孔”对话框；类型为“螺纹孔”，螺纹规格为“M8 ×1.25”；拾取孔所在平面，进入草图模式，绘制孔中心点并约束；单击【完成草图】，进入“孔”对话框，孔具体尺寸如图 2-6-28 所示；单击【确定】按钮完成孔创建。

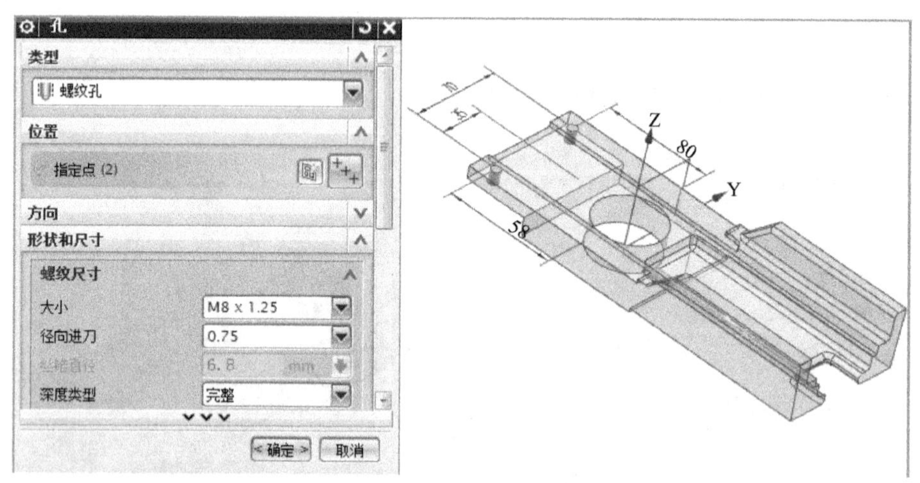

图 2-6-28 创建螺纹孔

（28）选择下拉菜单【插入】→【设计特征】→【孔】，系统弹出“孔”对话框；类型为“常规孔”，形状和尺寸为“简单”；拾取孔所在平面，进入草图模式，绘制孔中心点并约束；单击【完成草图】，进入“孔”对话框，孔具体尺寸如图 2-6-29 所示；单击【确定】按钮完成孔创建。

（29）选择下拉菜单【插入】→【设计特征】→【孔】，系统弹出“孔”对话框；类型为

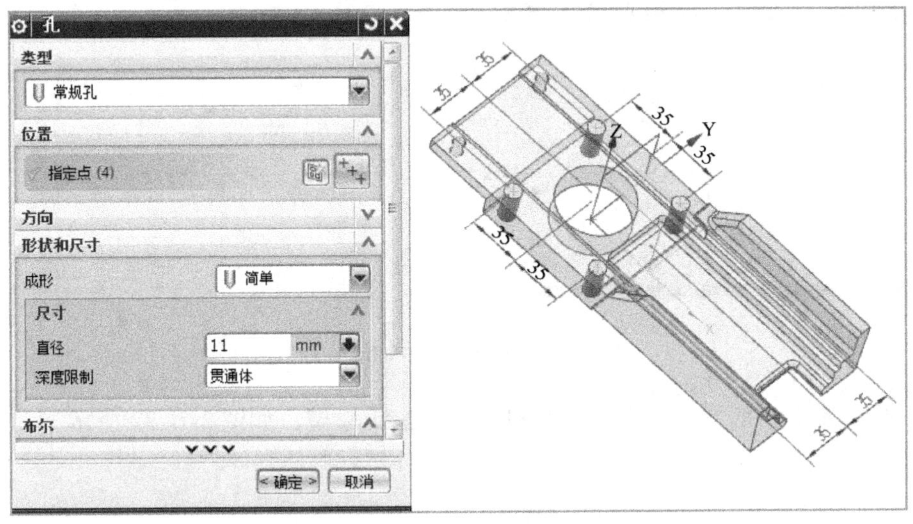

图 2-6-29　打孔

“螺纹孔”，螺纹规格为“M8 ×1.25”；拾取孔所在平面，进入草图模式，绘制孔中心点并约束；单击【完成草图】，进入“孔”对话框，孔具体尺寸如图 2-6-30 所示；单击【确定】按钮完成孔创建。

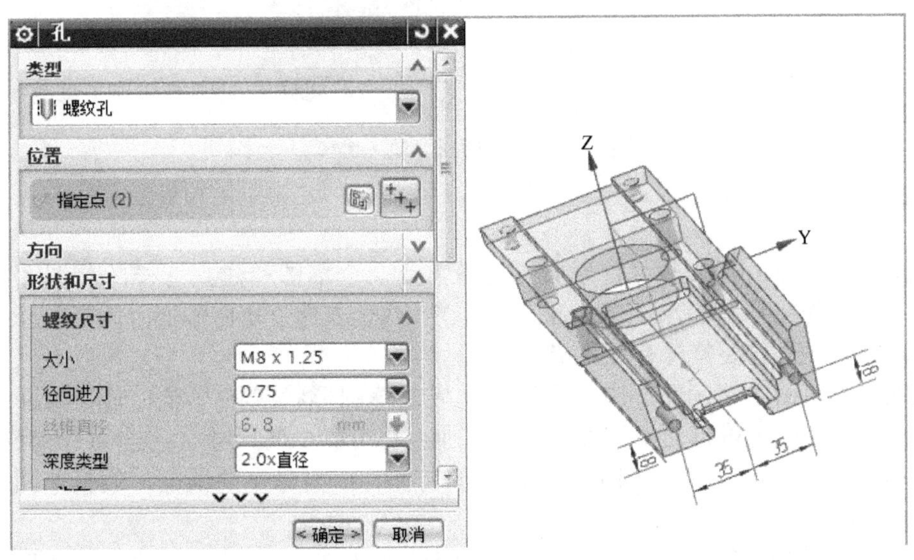

图 2-6-30　创建螺纹孔

（30）选择下拉菜单【插入】→【细节特征】→【边倒圆】，系统弹出“边倒圆”对话框；形状设置为“圆形”，半径设置为“3”；选取如图 2-6-31 所示边；单击【确定】按钮完成边倒圆操作。

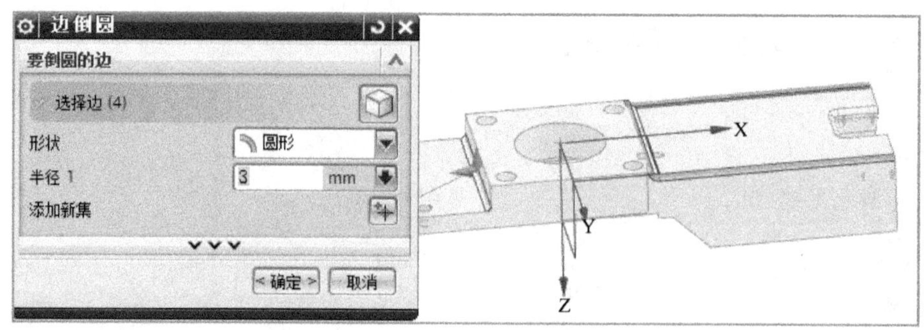

图 2-6-31 边倒圆

（31）隐藏不需要的特征，完成注塑机导轨的三维建模，如图 2-6-32 所示。

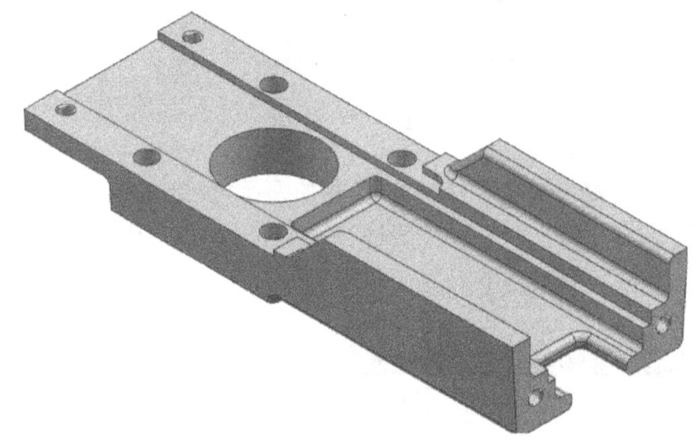

图 2-6-32 注塑机导轨三维模型

专家点拨

（1）建立草图的一般步骤。首先要想清楚需要几个草图和建立怎样的草图才能够把特征建立起来，即先在脑海中有一个思路，确定在什么地方建立草图平面。为了便于管理，草图的命名和放置的图层要符合有关规定。

检查和修改草图参数设置；快速手绘出大概的草图形状或将外部几何对象添加到草图中；按照要求对草图先进行几何约束，然后添加上尽可能少的尺寸（应当以几何约束为主，尺寸约束尽可能地少）；利用草图建立所需要的特征；根据建模的情况，编辑草图，最终得到所需要的模型。

（2）为什么使用草图不使用曲线。这是因为草图具有曲线所没有的一些特性。草图在特征树上显示为一个特征，特征具有参数化和便于编辑修改的特点；可以快速手绘出大概的形状，再添加尺寸和约束后完成轮廓的设计，这样能够较好地表达设计意图；草图和其生成的实体是相关联的，当设计项目需要优化修改时，修改草图上的尺寸和替换线条可以很方便地更新设计；另外草图可以方便地管理曲线。

课后训练

根据图 2-6-33 要求，完成 part5 的三维建模。

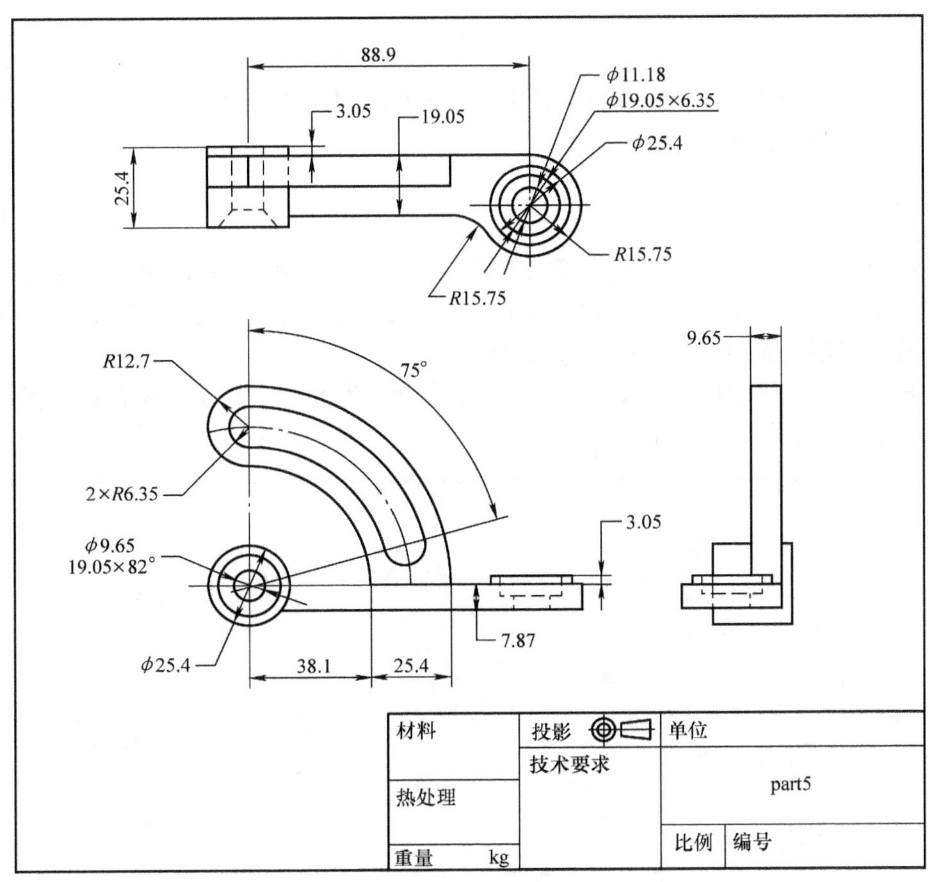

图 2-6-33　part5 的工程图

项目 2.7　注塑机蓄能器连接块的 NX CAD 应用案例

教学目标

- 掌握复杂草图的绘制和约束方法。
- 掌握回转、槽、偏置面特征的创建方法。
- 能完成注塑机蓄能器连接块的三维建模。

项目导读

本项目以注塑机蓄能器连接块的三维建模为案例，比较详细地演示了连接块的三维建模操作过程与建模技巧。案例中综合运用了 NX 中草图、旋转、沟槽、螺纹、面偏置、打孔等建模功能。通过注塑机蓄能器连接块的三维建模项目的训练，让读者熟悉 NX 软件操作中常用的特征和特征操作功能，掌握在 NX 中进行较复杂产品三维建模的基本思路与方法，让读者感知：灵活地运用这些功能可以大大地提高绘图效率。

任务描述

以设计师的身份进入 NX 建模功能模块，按照产品图样和客户的意图，完成注塑机蓄能器连接块的三维数字化建模。

工作任务

读懂图样，分析注塑机蓄能器连接块的结构、特征；制定注塑机蓄能器连接块的数字化建模方案；学习 NX 软件相关功能及操作方法；完成注塑机蓄能器连接块的三维造型建模。

一、分析注塑机蓄能器连接块的结构特征

注塑机蓄能器连接块的工程图样如图 2-7-1 所示，其形状主要由注塑机蓄能器连接块主体、沟槽、螺纹等结构特征组成。

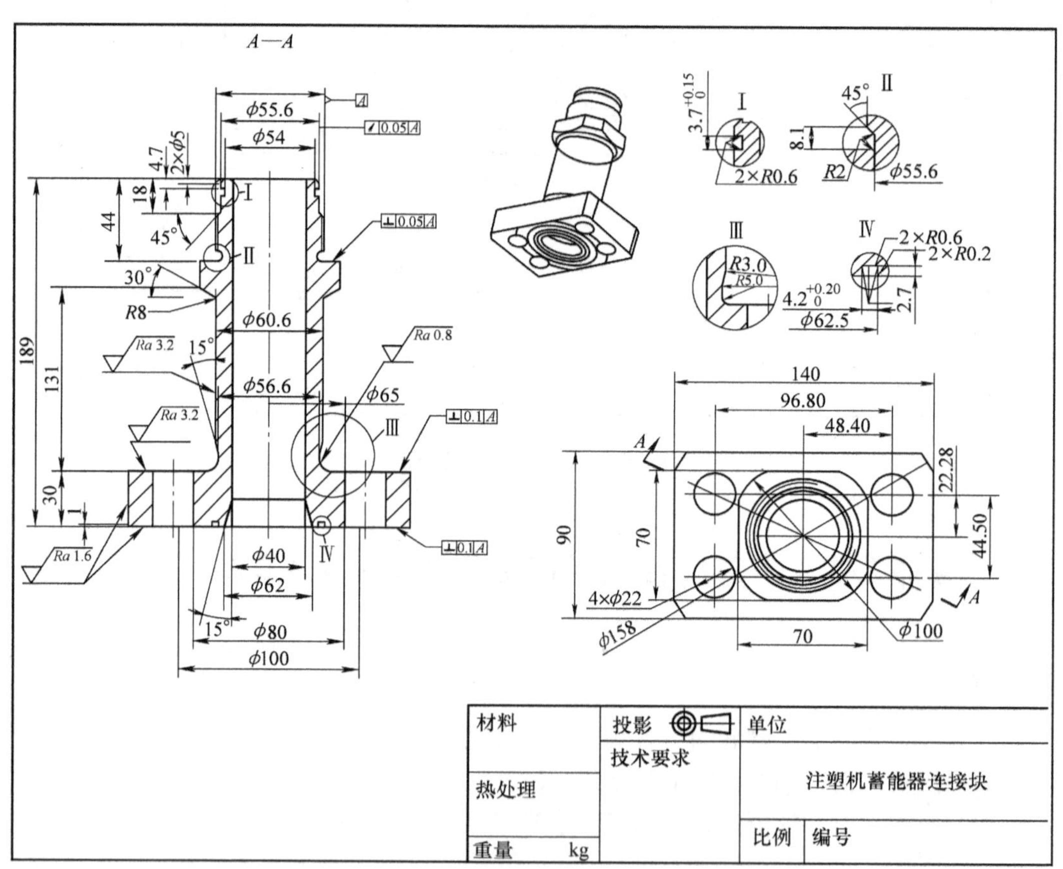

图 2-7-1 注塑机蓄能器连接块的工程图样

二、制定注塑机蓄能器连接块的建模方案

（1）绘制草图。

（2）旋转草图。

（3）创建沟槽。

（4）创建孔。

三、创建注塑机蓄能器连接块的三维模型

注塑机蓄能器连接块的三维建模操作步骤如下。操作录像见配套视频文件 Video \ 2 _

7. avi；结果文件见 Part \ 2 _ 7. prt。

（1）选择【文件】→【新建】命令，新建名称为 2 _ 7. prt 的部件文档，单位选择为毫米，如图 2-7-2 所示。单击【确定】按钮，进入建模功能模块。

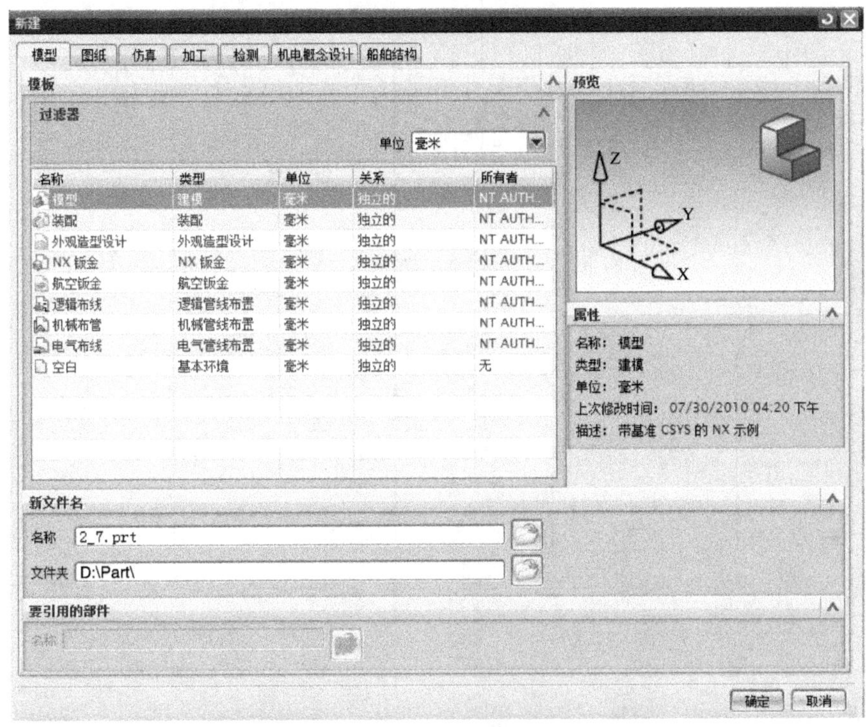

图 2-7-2　创建新的部件

（2）选择【插入】→【草图】命令，系统弹出“创建草图”对话框；类型为“在平面上”，选择 XC - ZC 平面；单击【确定】按钮完成草图创建，如图 2-7-3 所示。

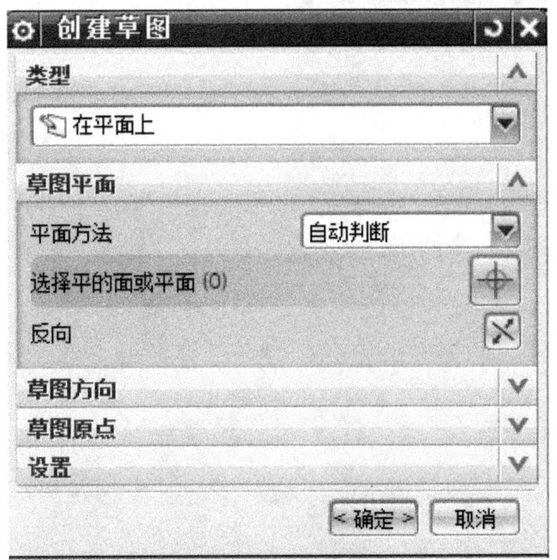

图 2-7-3　创建草图

（3）绘制草图并约束，草图具体尺寸如图 2-7-4 所示。

（4）选择下拉菜单【插入】→【设计特征】→【回转】，系统弹出“回转”对话框；指定

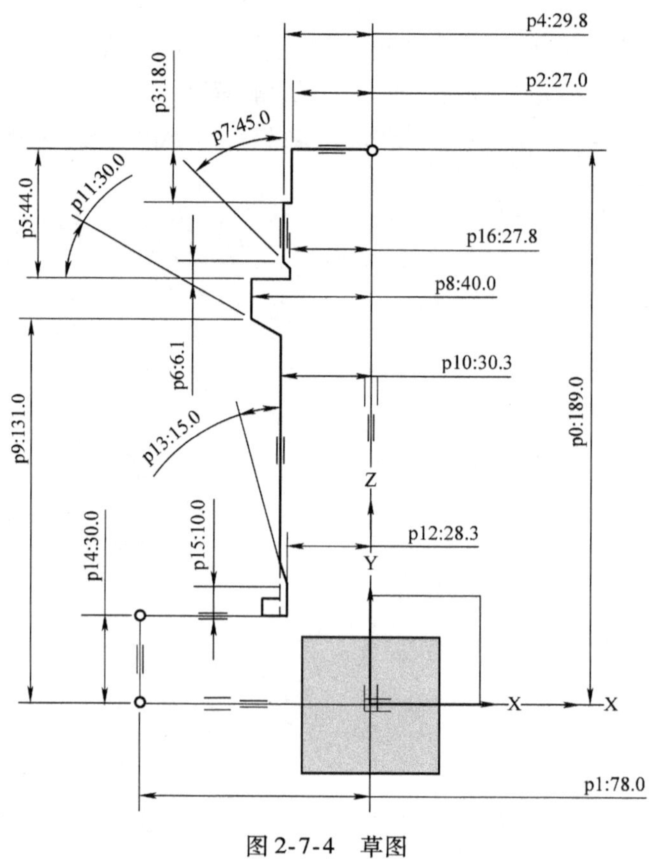

图 2-7-4 草图

矢量为“+Z”，开始角度为“0”，结束角度为“360”；选取如图 2-7-5 所示曲线；单击【确定】按钮完成回转操作。

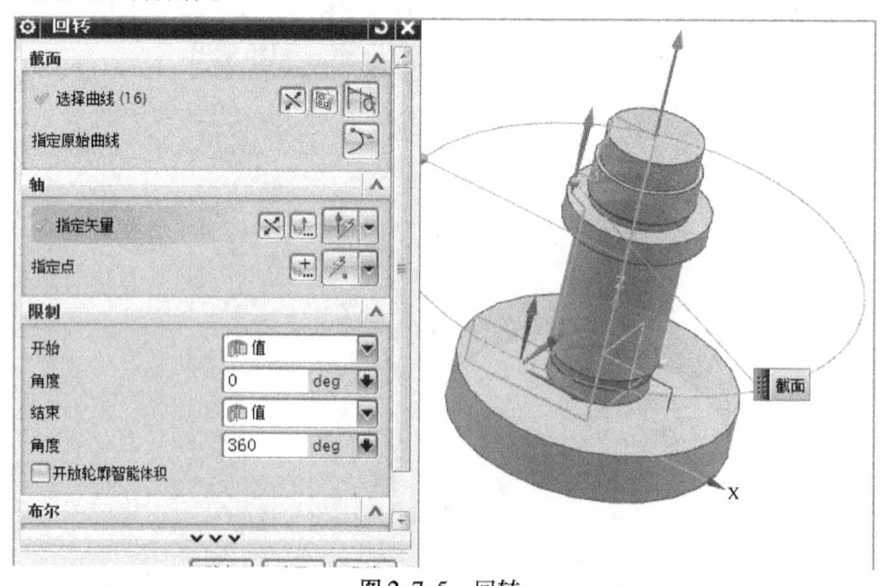

图 2-7-5 回转

（5）选择下拉菜单【插入】→【细节特征】→【倒斜角】，系统弹出“倒斜角”对话框；横截面设置为“对称”，距离设置为“2”；选取如图 2-7-6 所示边；单击【确定】按钮完成倒斜角操作。

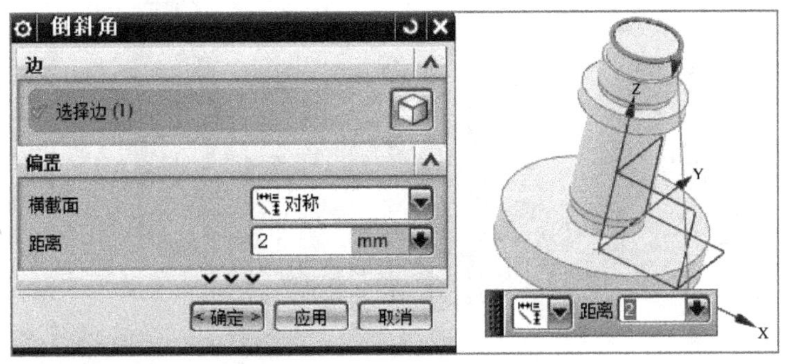

图 2-7-6　倒斜角

（6）选择下拉菜单【插入】→【细节特征】→【倒斜角】，系统弹出“倒斜角”对话框；横截面设置为“对称”，距离设置为“2.8”；选取如图 2-7-7 所示边；单击【确定】按钮完成倒斜角操作。

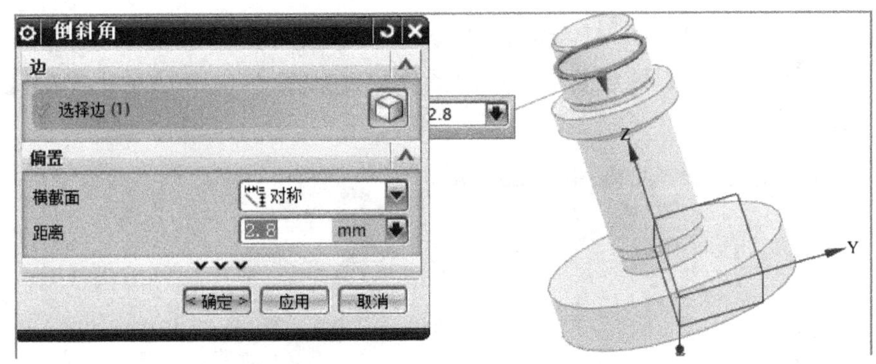

图 2-7-7　倒斜角

（7）选择下拉菜单【插入】→【特征】→【槽】，系统弹出“槽”对话框；选择矩形槽，选择如图 2-7-8 所示圆柱面为槽放置面，槽直径为“49”，槽宽度为“3.7”，槽上表面与模型顶面距离为“4.7”；单击【确定】按钮完成槽的创建，如图 2-7-9 所示。

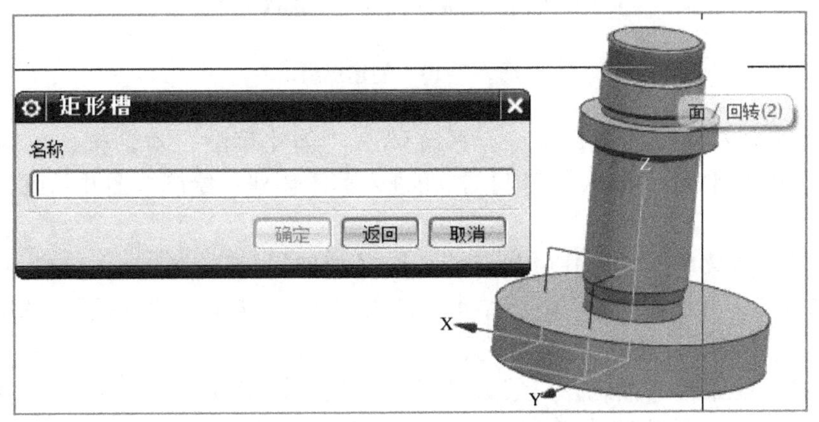

图 2-7-8　槽放置面

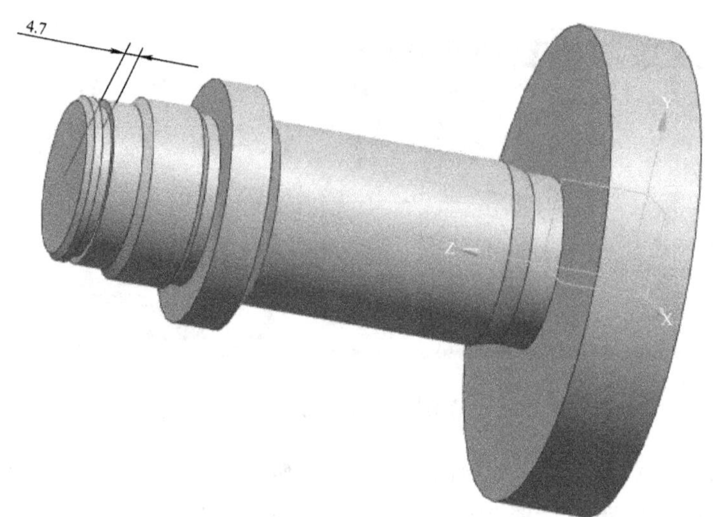

图 2-7-9 创建槽

（8）选择下拉菜单【插入】→【特征】→【螺纹】，系统弹出“螺纹”对话框；螺纹类型为“详细”，选择圆柱面为螺纹放置面，螺纹具体尺寸如图 2-7-10 所示；单击【确定】按钮完成螺纹的创建。

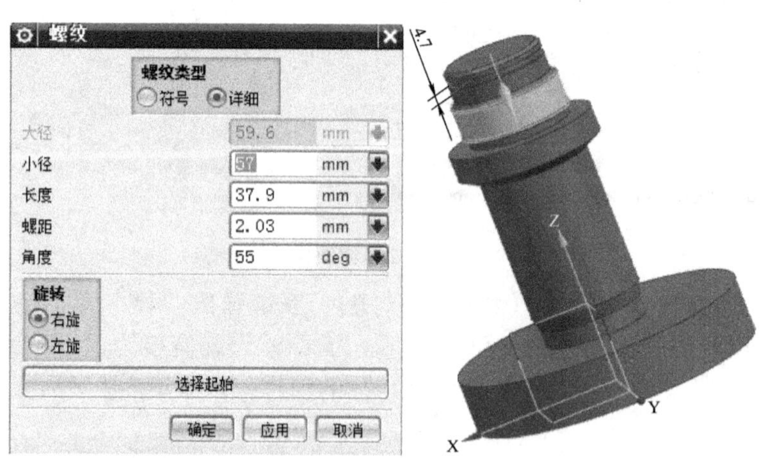

图 2-7-10 创建螺纹

（9）选择【插入】→【草图】命令，系统弹出“创建草图”对话框；类型为“在平面上”，选择 XC－YC 平面；单击【确定】按钮进入草图创建；绘制草图并约束，如图 2-7-11 所示。

（10）选择下拉菜单【插入】→【设计特征】→【拉伸】，系统弹出“拉伸”对话框；拉伸方向为 +Z 轴方向，开始距离为“0”，结束距离为“30”，布尔为“求差”；选取如图 2-7-12 所示曲线；单击【确定】按钮完成拉伸操作。

（11）选择下拉菜单【插入】→【设计特征】→【拉伸】，系统弹出“拉伸”对话框；拉伸方向为 +Z 轴方向，开始距离为“100”，结束距离为“160”，布尔为“求差”；选取如图 2-7-13所示曲线；单击【确定】按钮完成拉伸操作。

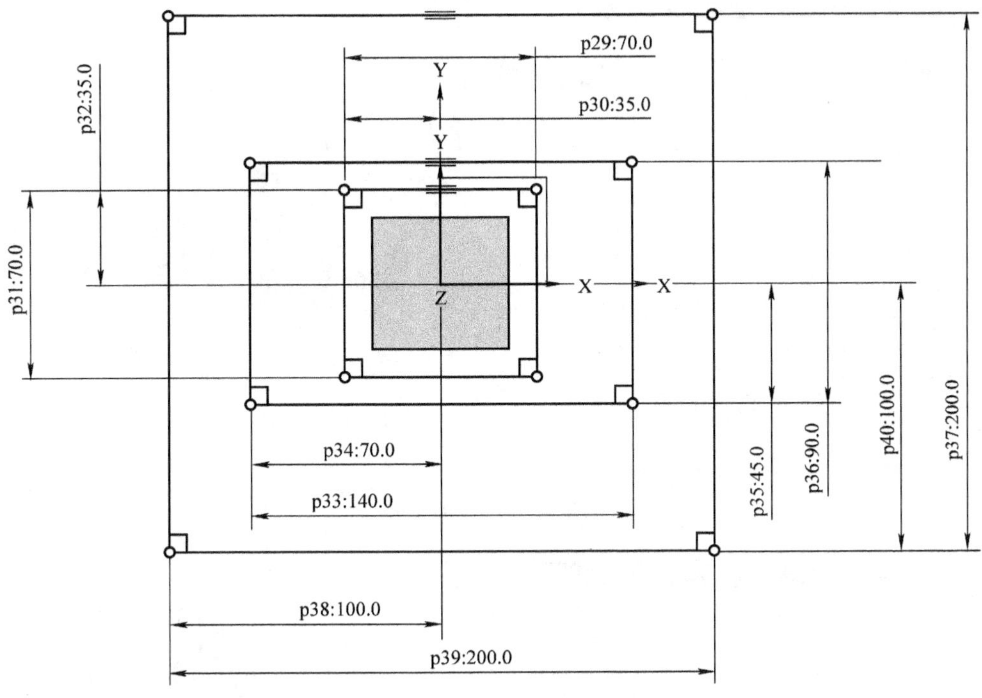

图 2-7-11　绘制草图

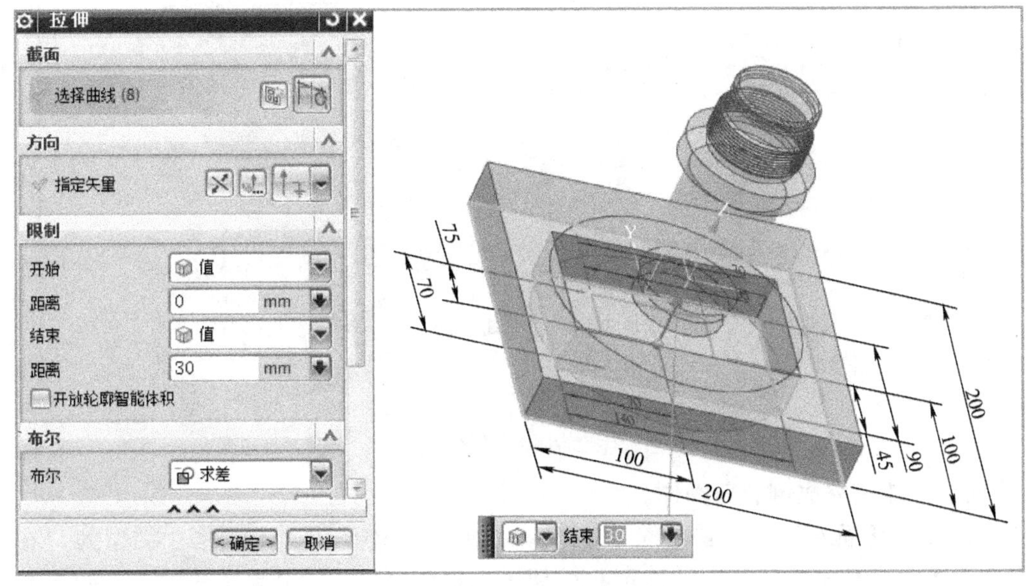

图 2-7-12　拉伸求差

(12) 选择下拉菜单【插入】→【设计特征】→【孔】，系统弹出“孔”对话框；类型为“常规孔”，形状和尺寸为“简单”，孔具体尺寸如图 2-7-14 所示；选取顶面圆心为孔的中心；单击【确定】按钮完成孔创建。

(13) 选择下拉菜单【插入】→【细节特征】→【倒斜角】，系统弹出“倒斜角”对话框；横截面设置为“偏置和角度”，距离设置为“4”，角度为“75”；选取如图 2-7-15 所示边；

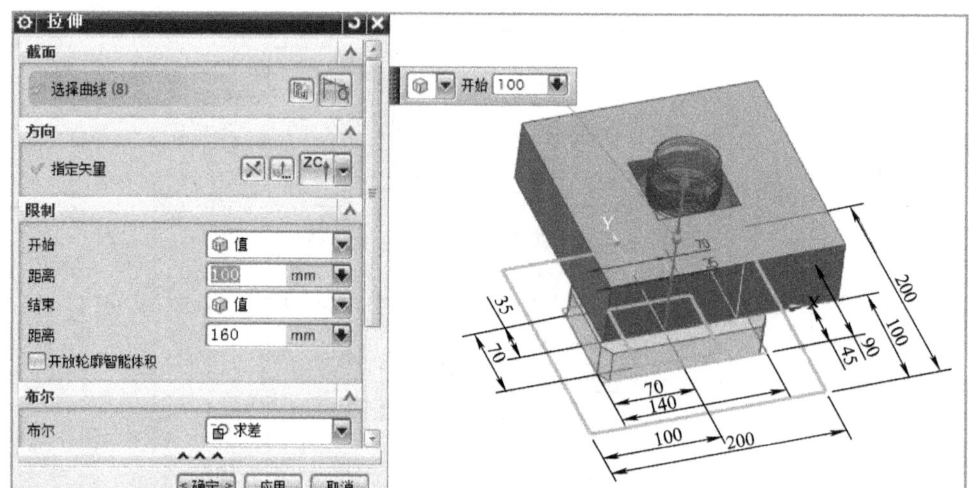

图 2-7-13　拉伸求差

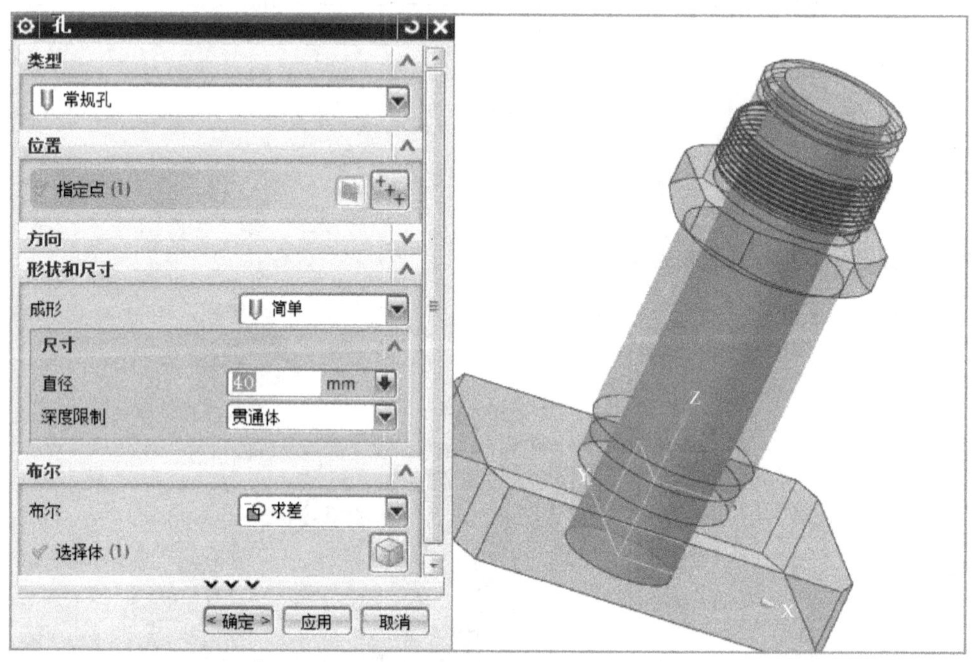

图 2-7-14　创建孔

单击【确定】按钮完成倒斜角操作。

（14）选择【插入】→【草图】命令，系统弹出“创建草图”对话框；类型为“在平面上”，选择 XC－YC 平面；单击【确定】按钮进入草图创建；绘制草图并约束，如图 2-7-16 所示。

（15）选择下拉菜单【插入】→【设计特征】→【拉伸】，系统弹出“拉伸”对话框；拉伸方向为＋Z 轴方向，开始距离为“0”，结束距离为“2.7”，布尔为“求差”；选取如图 2-7-17 所示曲线；单击【确定】按钮完成拉伸操作。

（16）选择下拉菜单【插入】→【设计特征】→【拉伸】，系统弹出“拉伸”对话框；拉伸方向为＋Z 轴方向，开始距离为“0”，结束距离为“1”，布尔为“求差”；选取如图 2-7-18

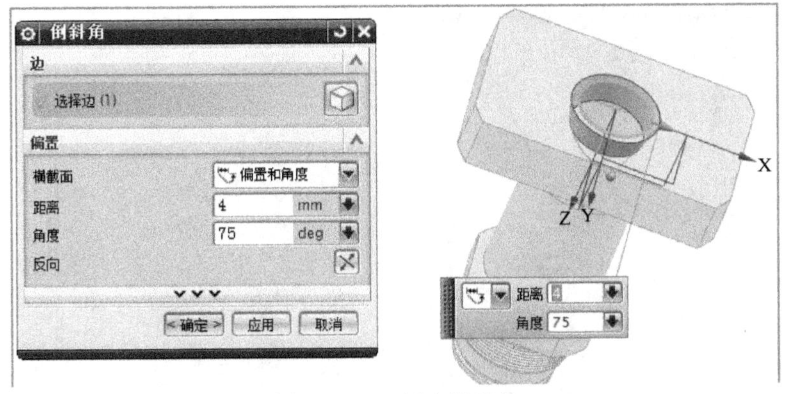

图 2-7-15　创建倒斜角

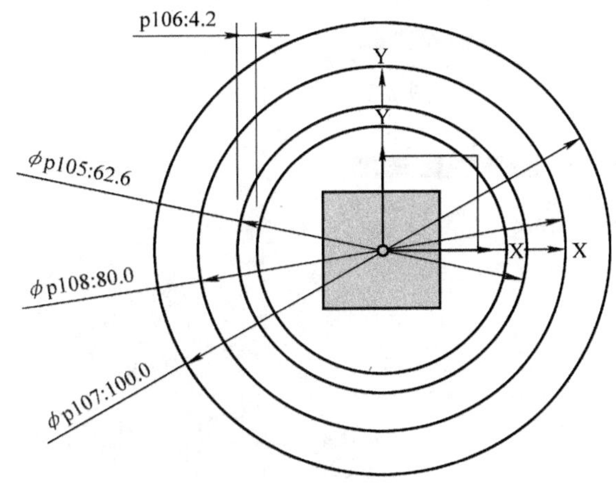

图 2-7-16　绘制草图

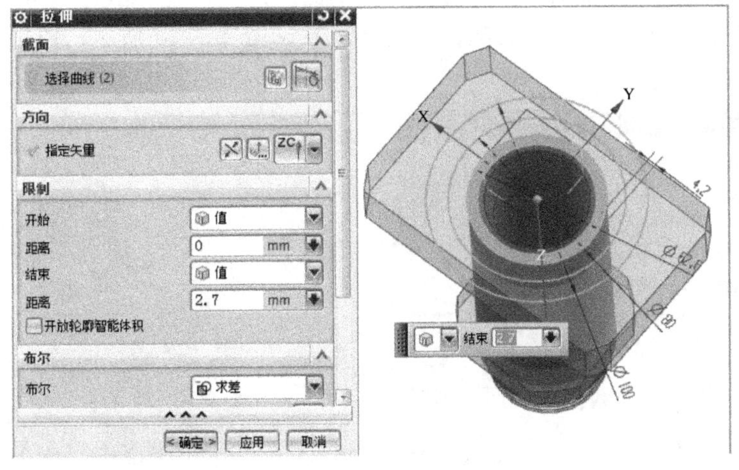

图 2-7-17　拉伸求差

所示曲线；单击【确定】按钮完成拉伸操作。

（17）选择下拉菜单【插入】→【偏置/缩放】→【偏置面】，系统弹出“偏置面”对话框；偏置为“－0.15”；选择如图 2-7-19 所示面；单击【确定】按钮完成偏置面。

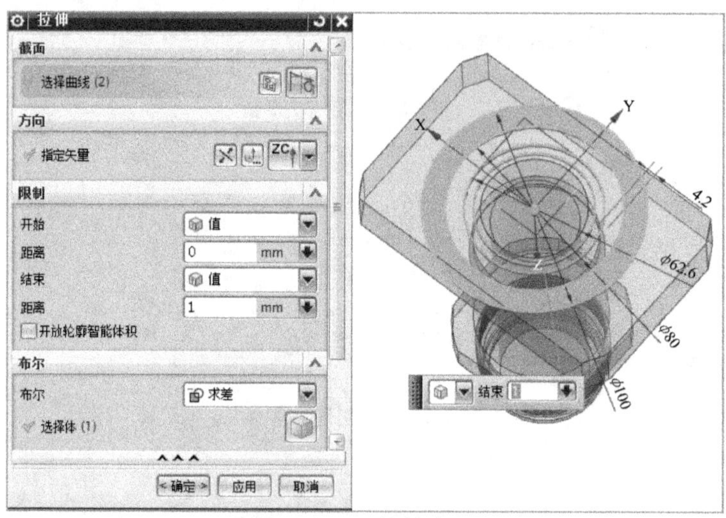

图 2-7-18 拉伸求差

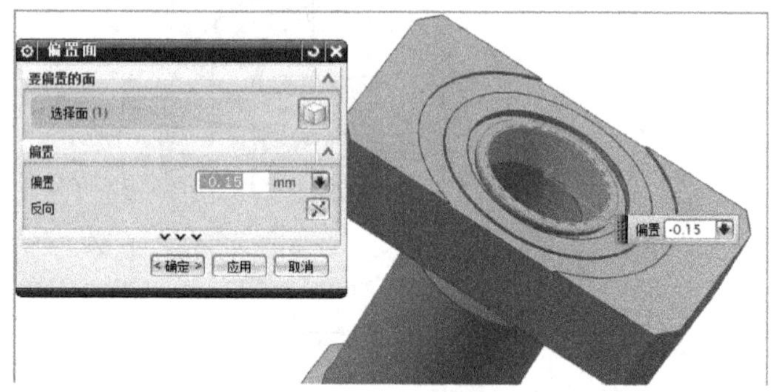

图 2-7-19 偏置面

（18）选择下拉菜单【插入】→【设计特征】→【孔】，系统弹出“孔”对话框；类型为“常规孔”，形状和尺寸为“简单”；拾取孔所在平面，进入草图模式，绘制孔中心点并约束；单击【完成草图】，进入“孔”对话框，孔具体尺寸如图 2-7-20 所示；单击【确定】按钮完成孔创建。

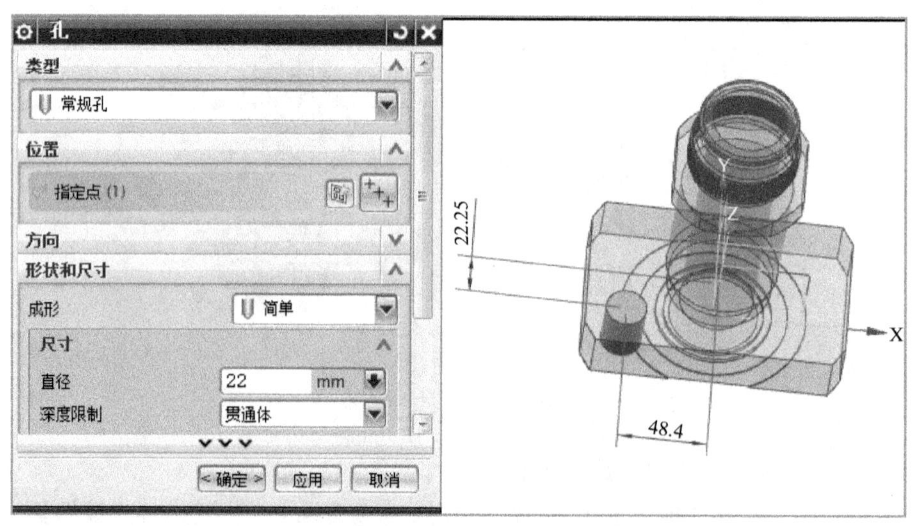

图 2-7-20 创建孔

（19）选择下拉菜单【插入】→【关联复制】→【阵列特征】，系统弹出“阵列特征”对话框；设置 + XC 方向数量为“2”，节距为“96.8”，设置 + YC 方向数量为“2”，节距为“44.5”，如图 2-7-21 所示；单击【确定】按钮完成阵列。

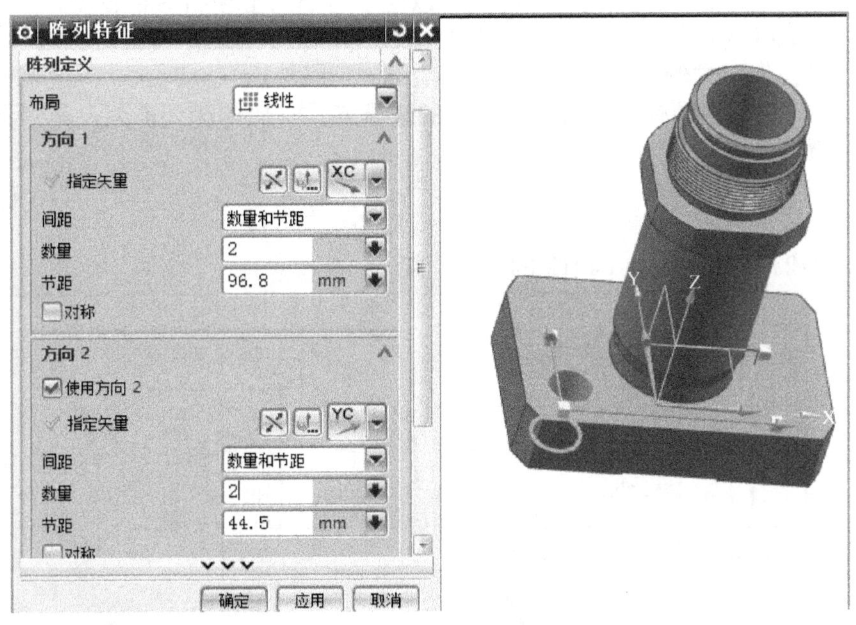

图 2-7-21　阵列特征

（20）根据图样要求，对模型进行边倒圆，隐藏不需要的特征，完成注塑机蓄能器连接块的三维建模，如图 2-7-22 所示。

图 2-7-22　注塑机蓄能器连接块三维模型

专家点拨

（1）NX 软件中的螺纹有 2 种类型，一种是符号的，一种是详细的。在产品建模时，如果不是为了看螺纹效果，一般选用符号螺纹，以便于后期的工程制图和装配。

（2）在 NX 软件的拉伸操作中，可以选择 2 组互不交叉的线串进行拉伸，得到环形实体，也可以通过拉伸里的偏置功能，得到环形实体。

（3）NX 软件进行边倒圆时，可以通过边的选择方式，比如相切曲线、单条曲线等来灵活地选取需要倒圆角的边。

课后训练

根据图 2-7-23 要求，完成 part12 的三维建模。

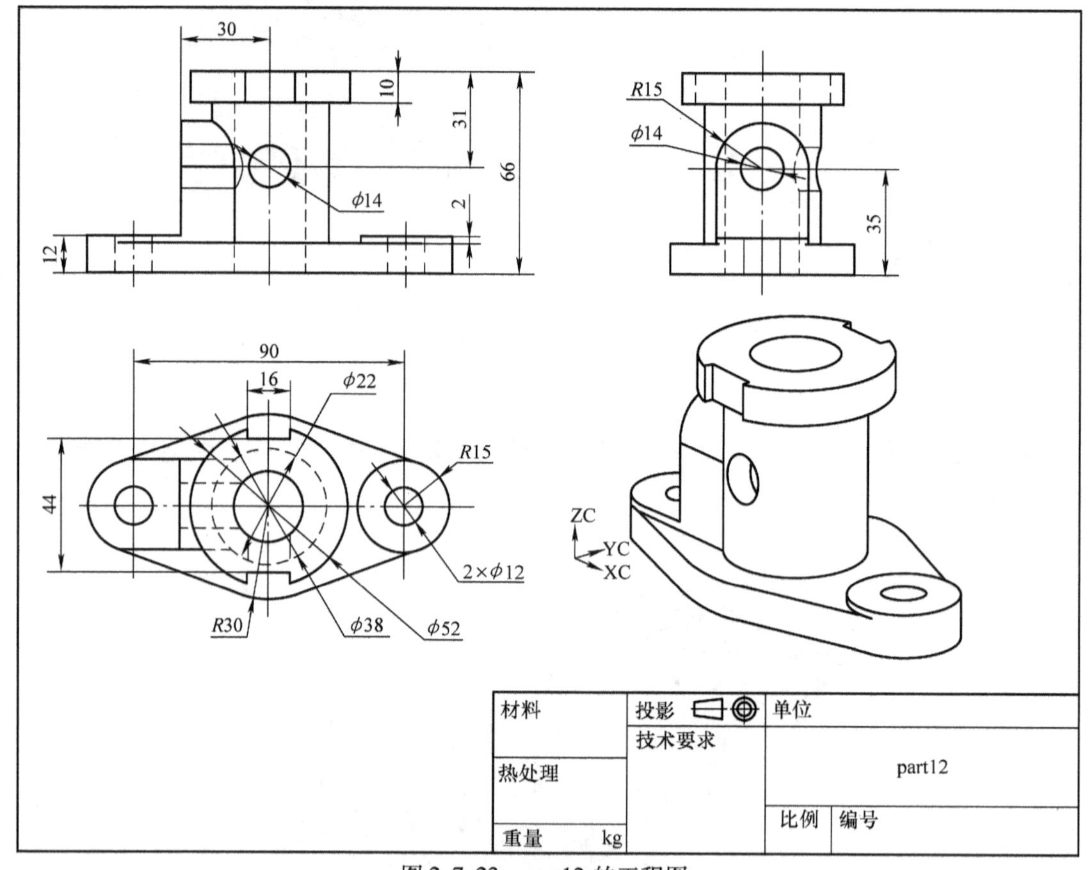

图 2-7-23　part12 的工程图

项目 2.8　端盖壳体的 NX CAD 应用案例

教学目标

- 掌握抽壳等特征的操作方法。
- 掌握偏置曲线的曲线操作方法。
- 掌握移动面、替换面等同步建模方法。
- 能完成端盖壳体的三维建模。

项目导读

本项目以端盖壳体的三维建模为案例，比较详细地演示了端盖壳体的绘制方法。案例中综合运用了 NX 中的草图、拉伸、边倒圆、抽壳、偏置曲线、修剪体、沉头孔、镜像、简单孔、布尔运算等建模功能。通过端盖壳体的三维建模项目的训练，读者可悟出复杂零件的三维建模技巧，可以感知到：灵活地运用这些技巧可以大大地提高绘图效率。

任务描述

以设计师的身份进入 NX 建模功能模块，按照产品图样和客户意图，完成端盖壳体的三维数字化建模。

工作任务

读懂图样，分析端盖壳体的结构、特征；制定端盖壳体的数字化建模方案；完成端盖壳体的三维造型建模。

一、分析端盖壳体的结构特征

端盖壳体的工程图样如图 2-8-1 所示，其形状主要由端盖的基体、腔体、凸台和孔等结构特征组成。

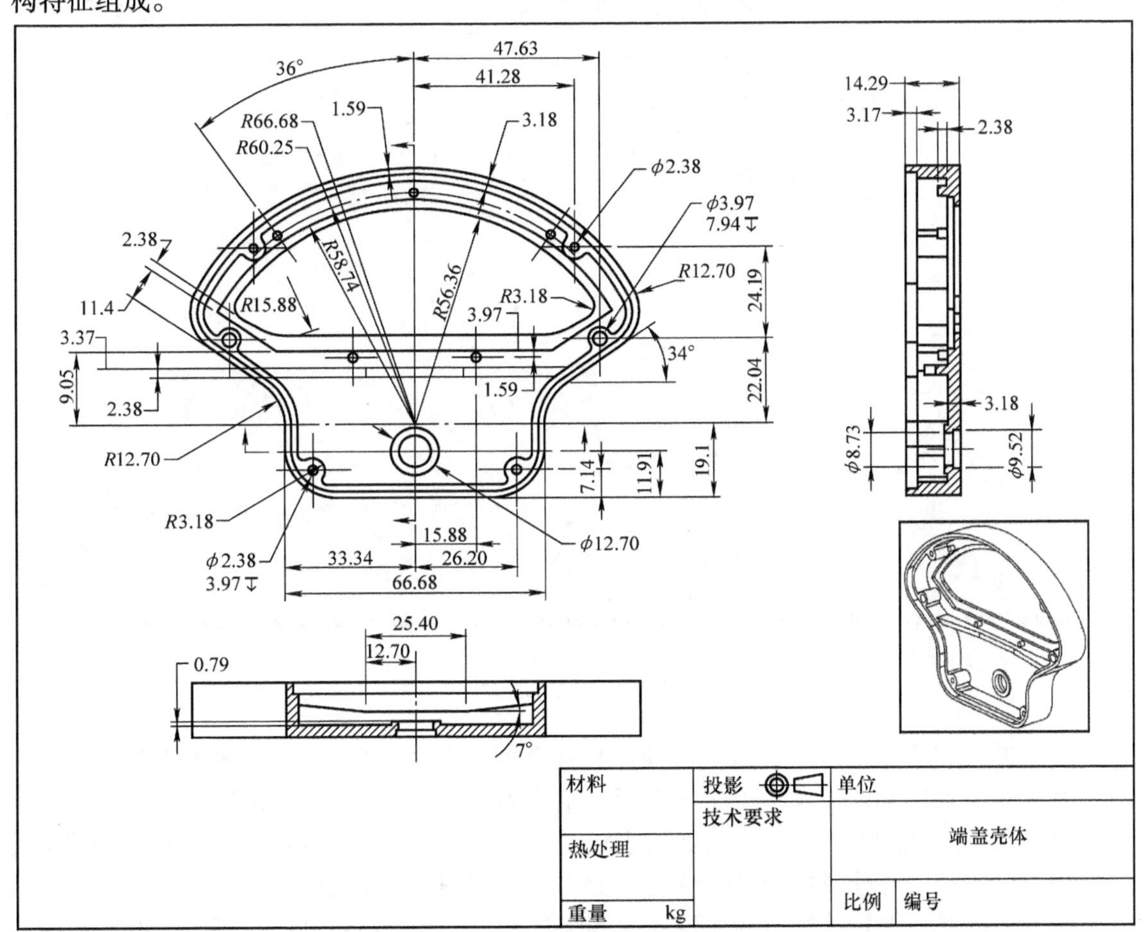

图 2-8-1　端盖壳体的工程图样

二、制定端盖壳体的建模方案

（1）绘制草图。

（2）绘制端盖壳体的基体。

（3）绘制腔体。

（4）绘制凸台和孔。

三、创建端盖壳体的三维模型

端盖壳体的三维建模操作步骤如下。操作录像见配套视频文件 Video \ 2 _ 8. avi；设置与操作结果文件见 Part \ 2 _ 8. prt。

（1）选择【文件】→【新建】命令，新建名称为 2 _ 8. prt 的部件文档，单位选择为毫米，单击【确定】按钮进入建模功能模块，如图 2-8-2 所示。

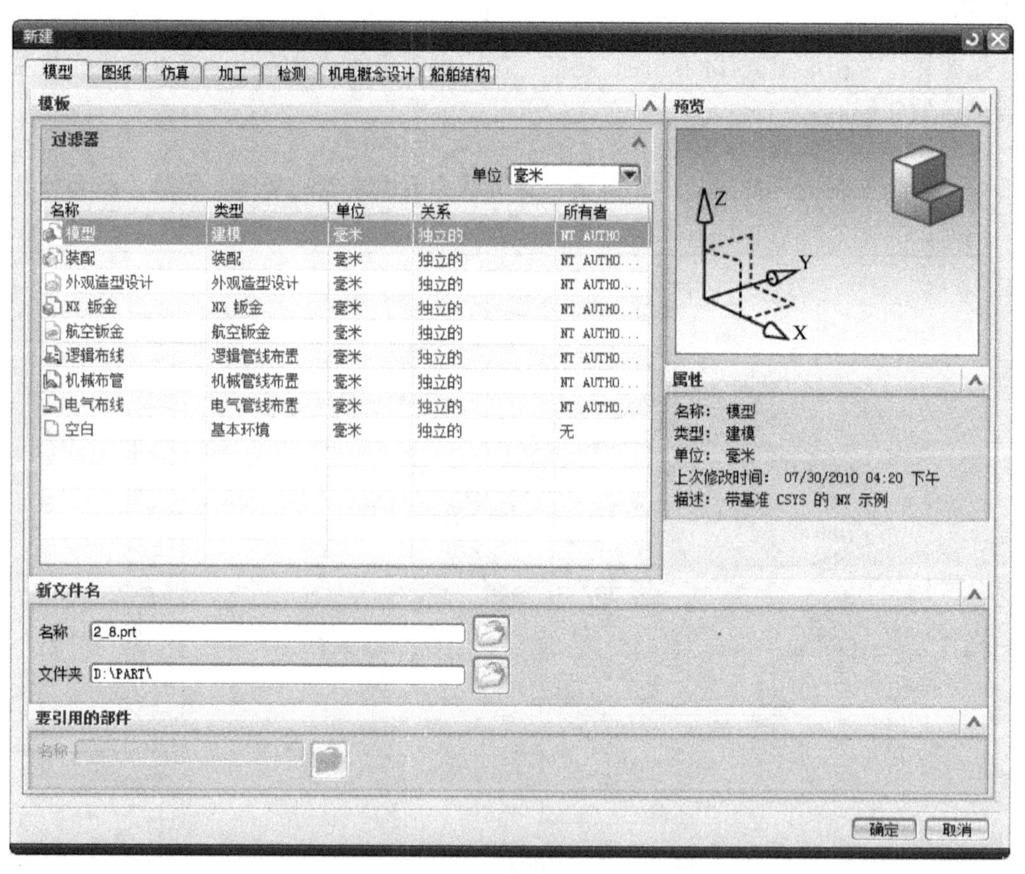

图 2-8-2 新建文件

（2）设置 21 层为工作层；选择【插入】→【草图】命令，在 X – Y 平面内绘制草图，草图名为“SKETCH _000”，如图 2-8-3 所示。草图的线框以及草图参数如图 2-8-4 所示。

（3）设置 1 层为工作层；选择【插入】→【设计特征】→【拉伸】命令，对草图“SKETCH _000”进行拉伸；拉伸距离为“14. 29”，如图 2-8-5 所示。

（4）选择【插入】→【细节特征】→【边倒圆】命令，选择边缘进行边倒圆；设置半径为“12. 7”，操作设置与操作结果如图 2-8-6 所示。

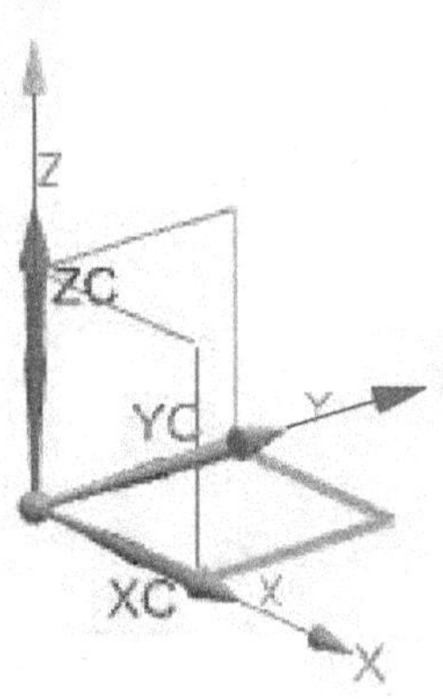

图 2-8-3　草图 SKETCH _ 000 的放置位置

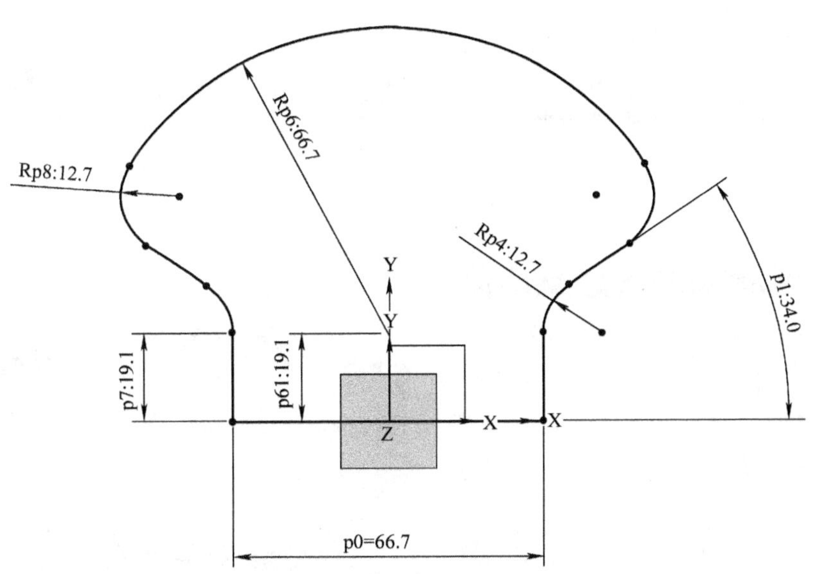

图 2-8-4　草图 SKETCH _ 000 的参数

（5）选择【插入】→【偏置/缩放】→【抽壳】命令，对实体模型进行抽壳；壳厚为“3. 18”，如图 2-8-7 所示。

（6）设置 41 层为工作层；选择【插入】→【来自曲线集的曲线】→【偏置】命令，对壳体的上边缘进行内轮廓的曲线偏置；偏置距离为“1. 59”，如图 2-8-8 所示。

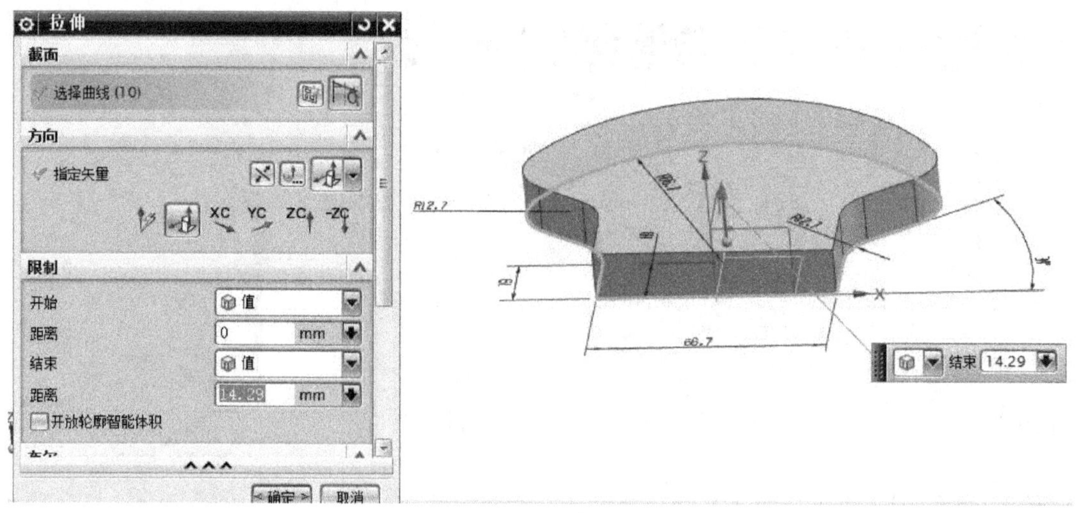

图 2-8-5 拉伸的参数

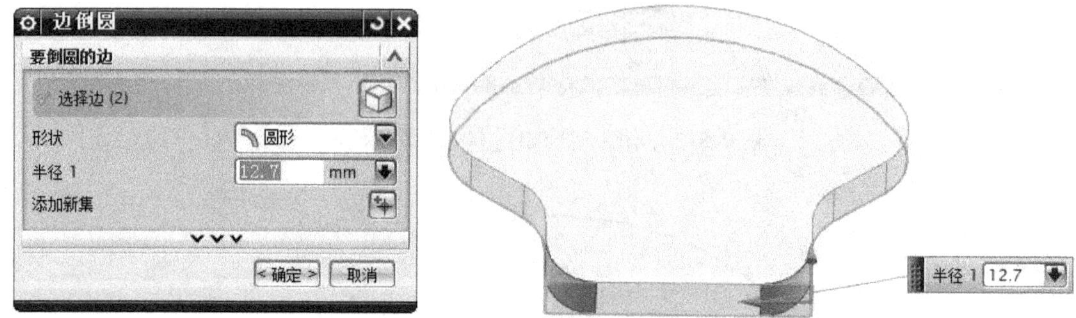

图 2-8-6 边倒圆的参数

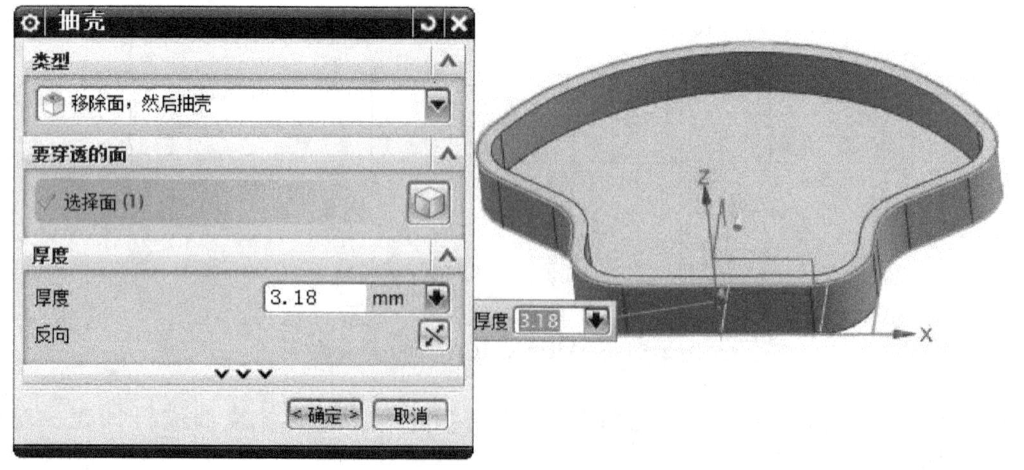

图 2-8-7 抽壳的参数

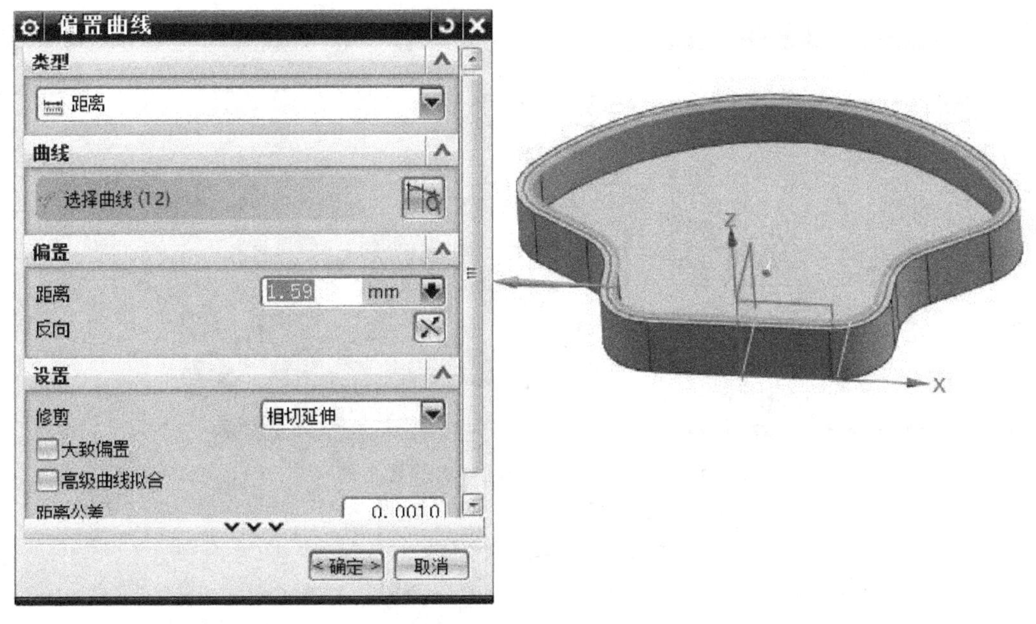

图 2-8-8　偏置曲线的参数模型

（7）设置 1 层为工作层；选择【插入】→【设计特征】→【拉伸】命令，选取步骤（6）中的偏置曲线和模型的内轮廓为截面线，进行拉伸，拉伸距离为“3.17”，如图 2-8-9 所示。

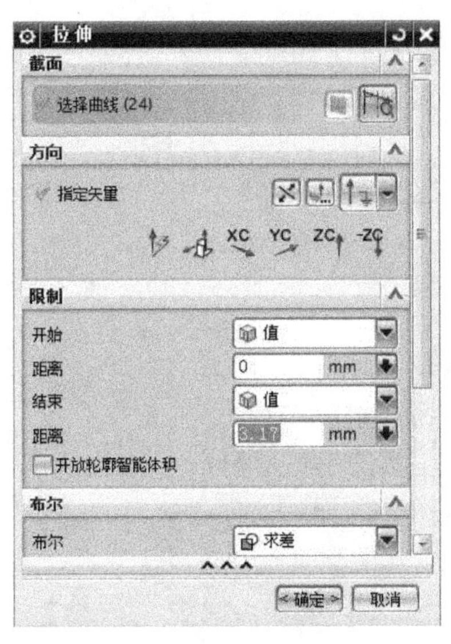

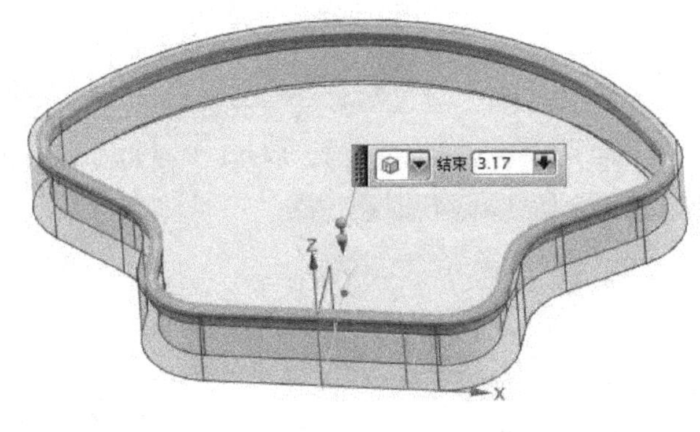

图 2-8-9　拉伸的参数模型

（8）设置 22 层为工作层；选择【插入】→【草图】命令，在模型的内部绘制草图，如图 2-8-10 所示，草图命名为“SKETCH _001”，草图参数如图 2-8-11 所示。

（9）设置 1 层为工作层；选择【插入】→【设计特征】→【拉伸】命令，选取步骤（8）中的草图曲线进行拉伸；拉伸距离为“1.59”，并进行布尔运算求差，如图 2-8-12 所示。

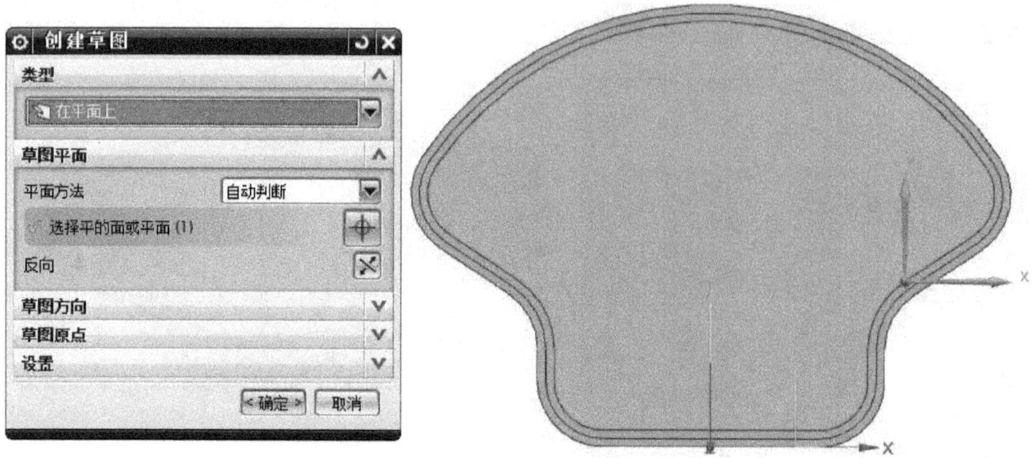

图 2-8-10 草图 SKETCH _001 放置平面

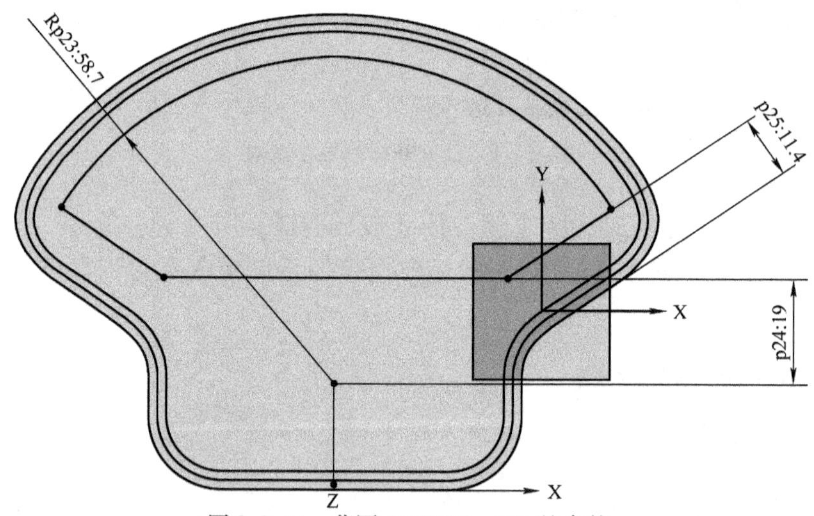

图 2-8-11 草图 SKETCH _001 的参数

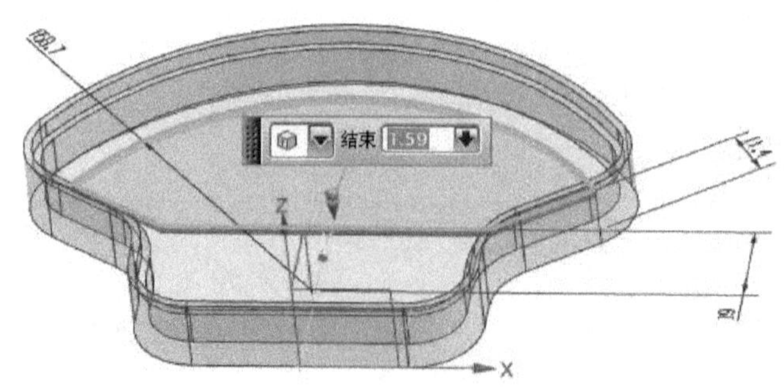

图 2-8-12 拉伸参数模型

（10）设置42层为工作层；选择【插入】→【来自曲线集的曲线】→【偏置】命令，对步骤（8）绘制的草图SKETCH _001进行偏置；偏置距离为“2. 38”，如图2-8-13所示。

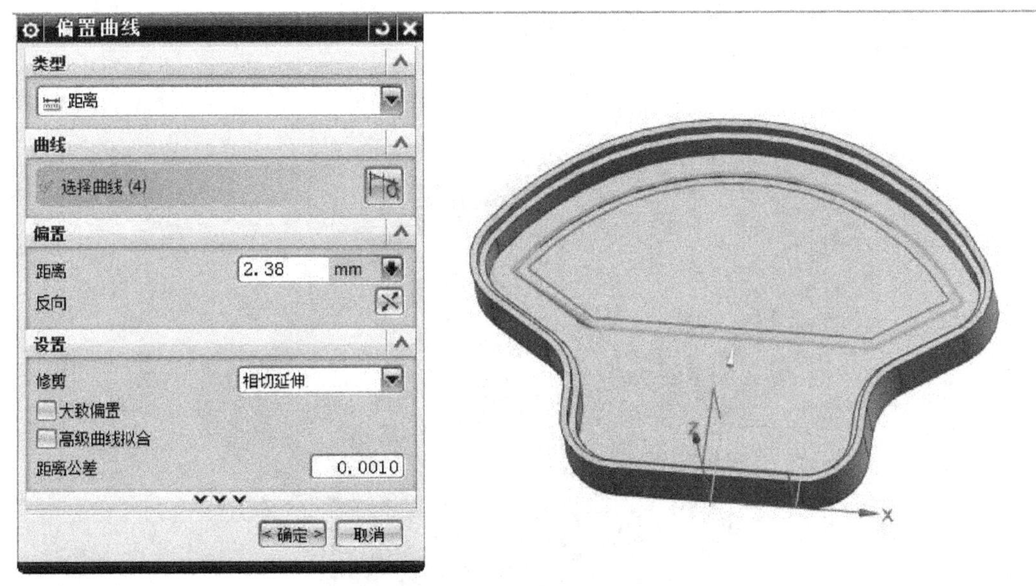

图2-8-13　偏置曲线的参数模型

（11）设置1层为工作层；选择【插入】→【设计特征】→【拉伸】命令，对步骤（10）生成的偏置曲线继续拉伸；拉伸结束为“直至下一个”，并进行求差，如图2-8-14所示。

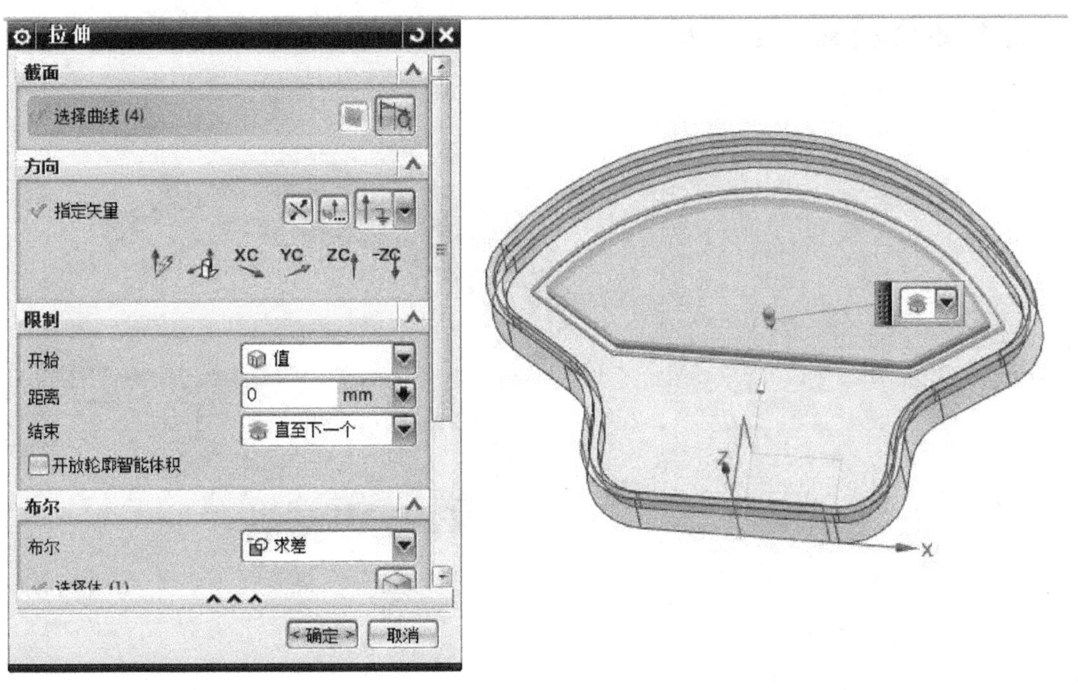

图2-8-14　拉伸参数模型

（12）选择【插入】→【同步建模】→【移动面】命令，选取步骤（11）生成的模型中的面1（图2-8-15）进行移动；移动距离为“1.59”，如图2-8-16所示。

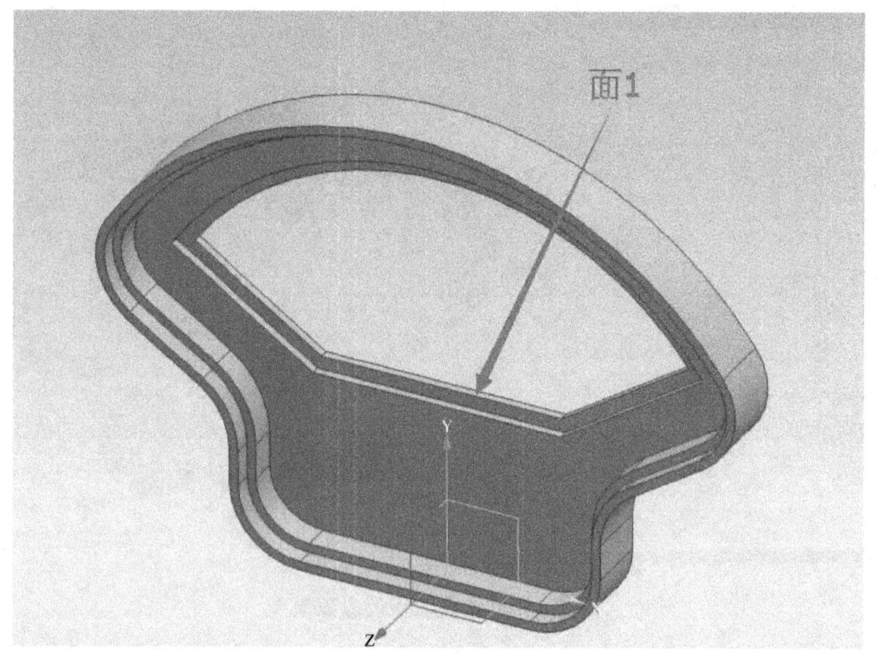

图2-8-15　面1

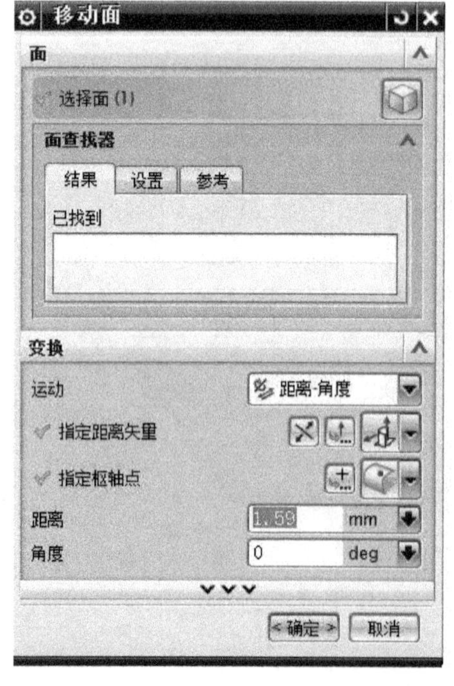

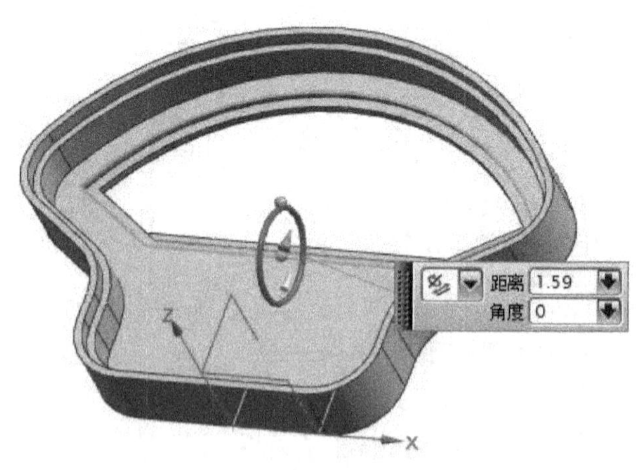

图2-8-16　移动面的参数模型

（13）选择【插入】→【细节特征】→【边倒圆】命令，对步骤（12）中生成的实体模型进行边倒圆，参数如图 2-8-17 所示。

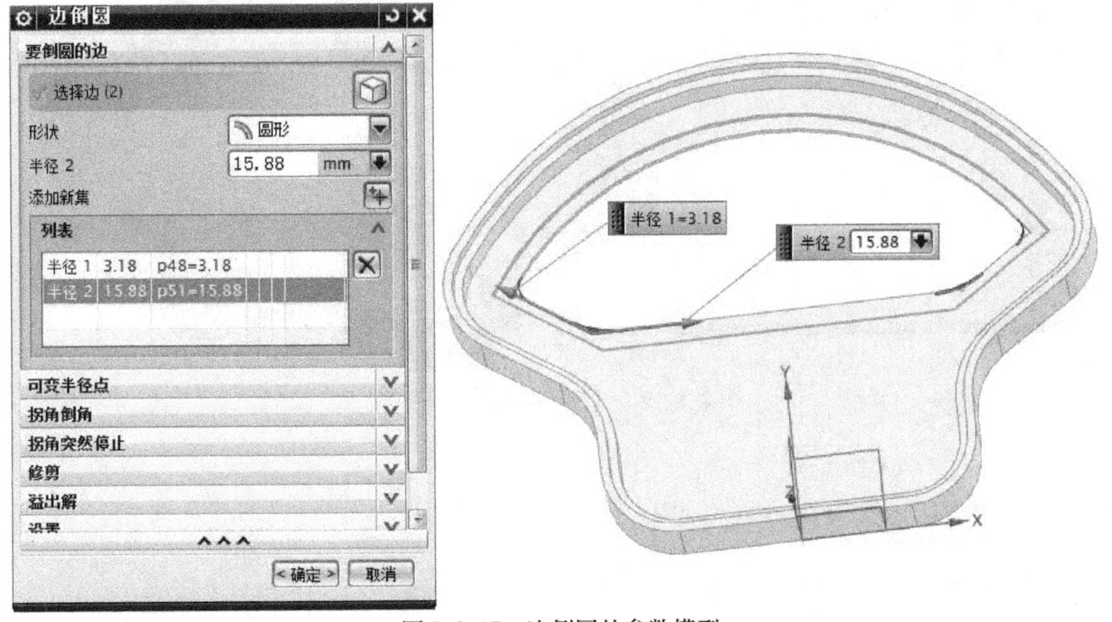

图 2-8-17　边倒圆的参数模型

（14）设置 62 层为工作层；选择【插入】→【基准/点】→【基准平面】命令，将面 2 平面沿 Y 正方向偏置“ -5. 37”，设置与操作结果如图 2-8-18 所示。

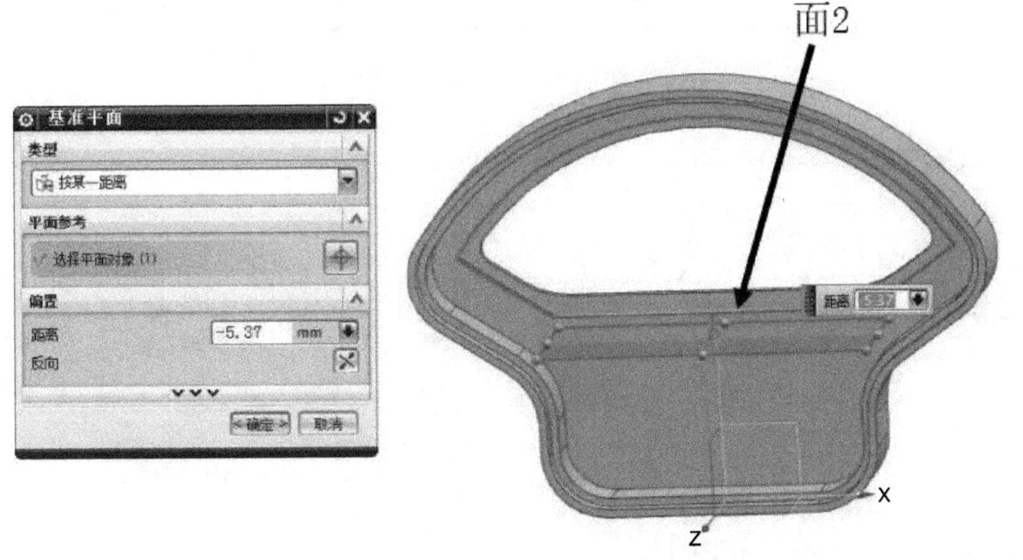

图 2-8-18　创建基准平面

（15）设置 23 层为工作层；选择【插入】→【草图】命令，在步骤（14）中创建的基准平面上建立草图，如图 2-8-19 所示，草图命名“SKETCH _ 002”；草图曲线参考图 2-8-20 所示。

（16）设置 1 层为工作层；选择【插入】→【设计特征】→【拉伸】命令，对步骤（15）绘制的草图“SKETCH _ 002”的曲线进行拉伸；拉伸距离为“2. 38”，并进行布尔运算求和，如图 2-8-21 所示。

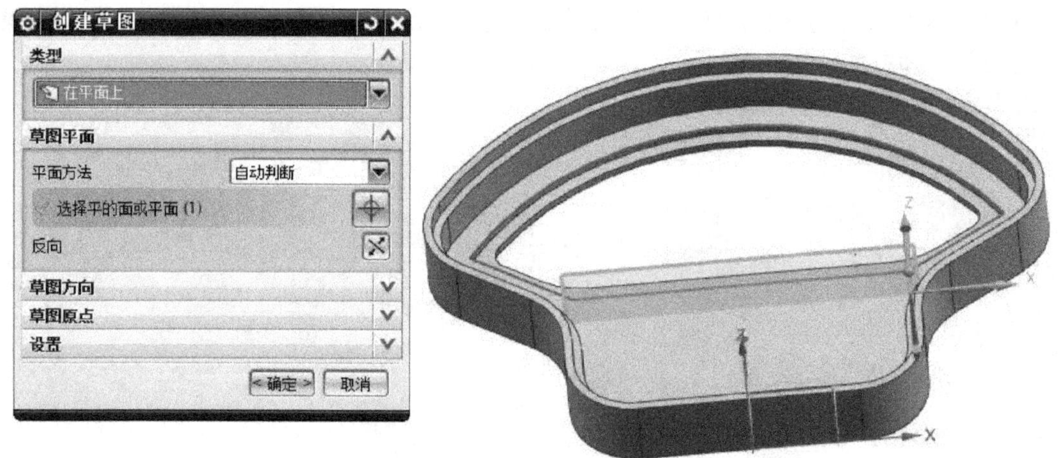

图 2-8-19 创建草图 SKETCH_002

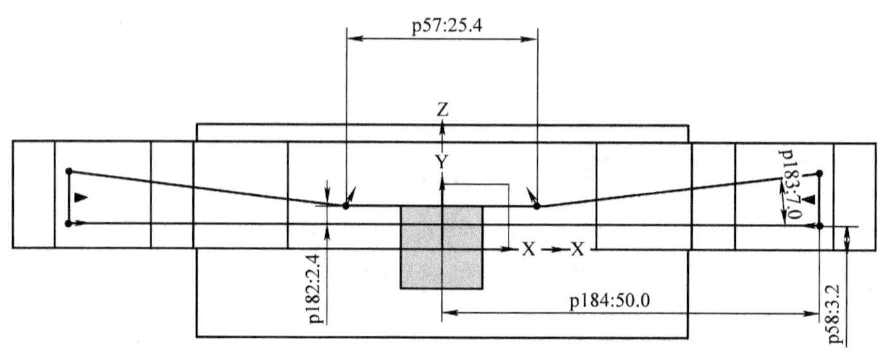

图 2-8-20 草图 SKETCH_002 的参数

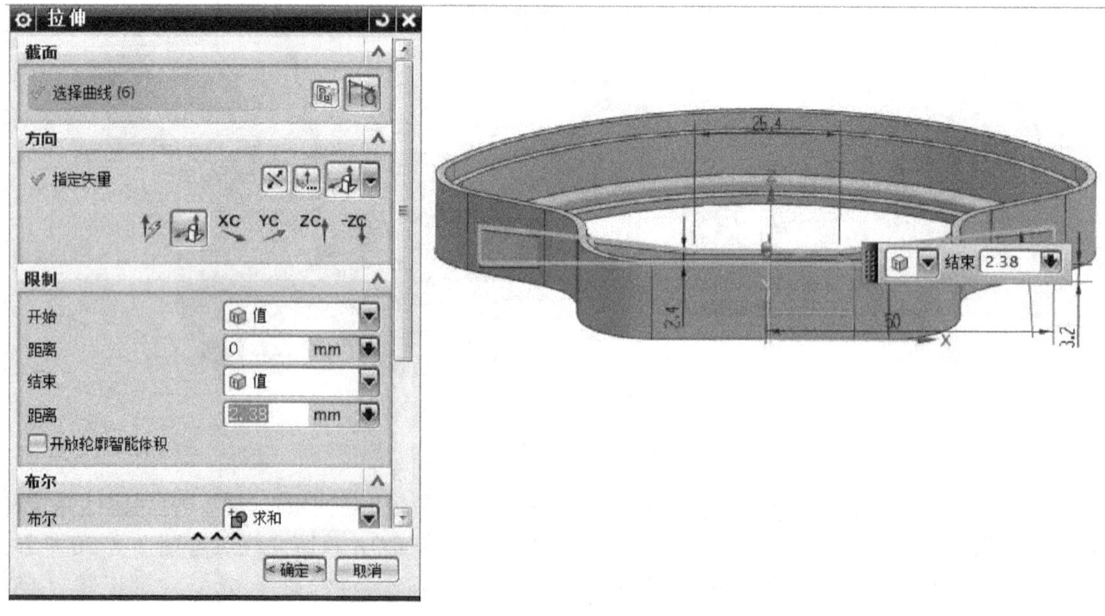

图 2-8-21 拉伸参数

（17）选择【插入】→【同步建模】→【替换面】命令，将步骤（16）拉伸出来的实体两侧面进行替换，如图 2-8-22 所示。

图 2-8-22　替换面参数模型

（18）选择【插入】→【设计特征】→【孔】命令，在模型反面确定点的位置，如图 2-8-23 所示，建立沉头孔，孔的参数如图 2-8-24 所示。

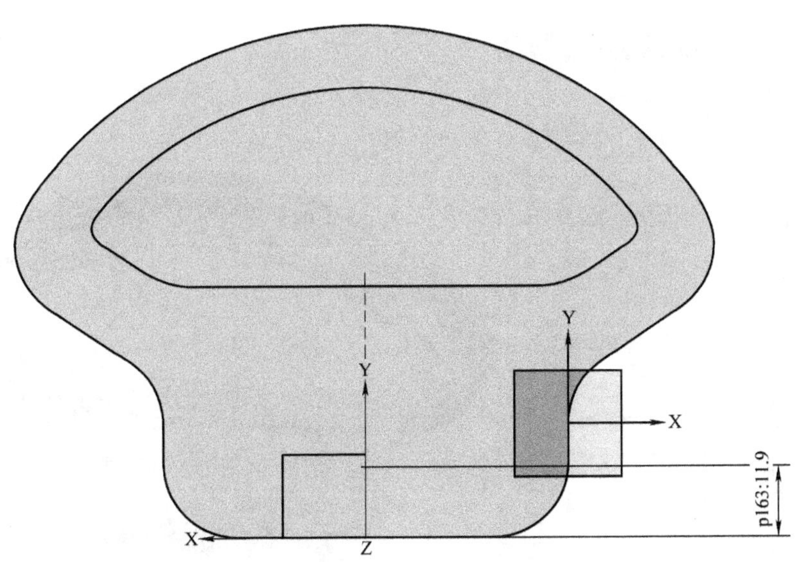

图 2-8-23　点的位置

（19）选择【插入】→【设计特征】→【拉伸】命令，对步骤（18）新建孔的内边缘进行拉伸，拉伸距离为“0.79”，并进行布尔运算求和，如图 2-8-25 所示。

（20）设置 24 层为工作层；选择【插入】→【草图】命令，在步骤（19）的基础上，选取模型的内平面进行绘制，草图命名 SKETCH _ 004，如图 2-8-26 所示；草图参数如图 2-8-27 所示。

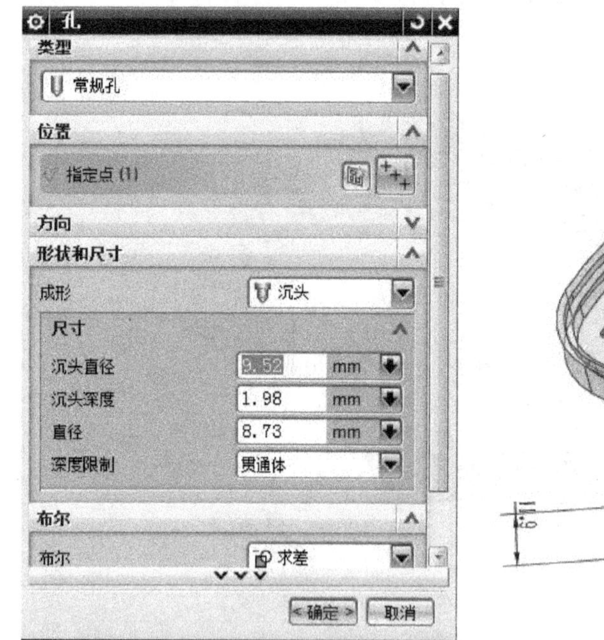

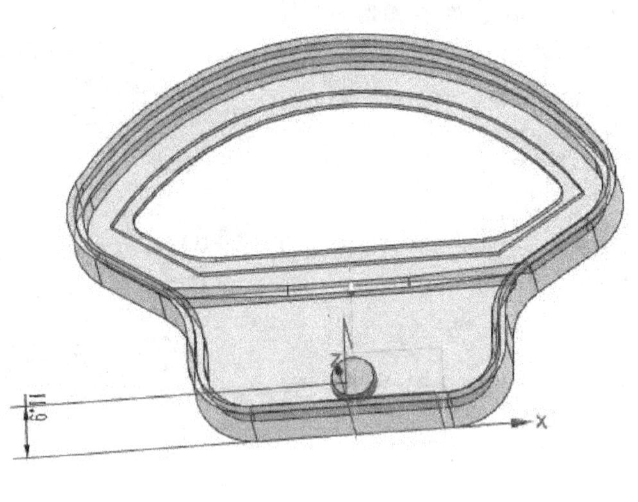

图 2-8-24 孔的参数

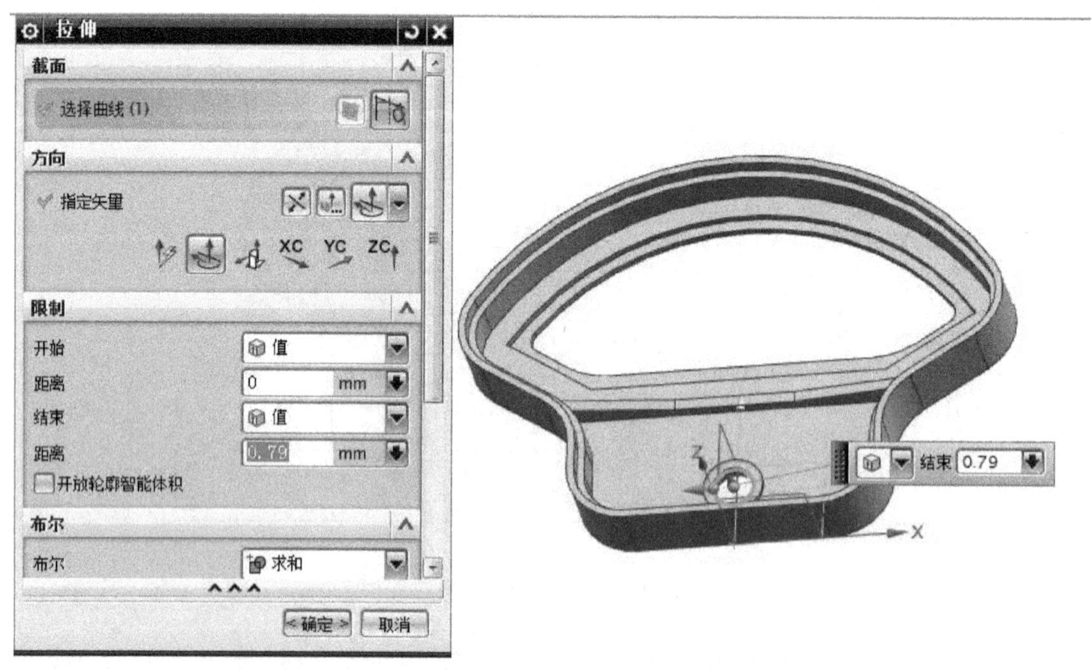

图 2-8-25 拉伸的参数

(21) 设置 1 层为工作层；选择【插入】→【设计特征】→【拉伸】命令，对步骤（20）绘制的草图 SKETCH _ 004 进行分别拉伸；拉伸 1 如图 2-8-28 所示，拉伸 2 如图 2-8-29 所

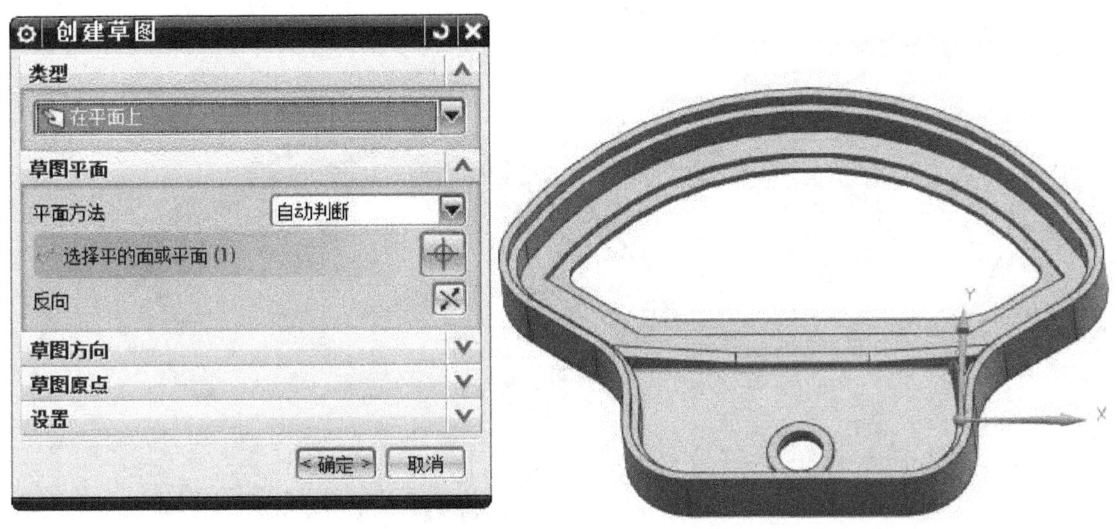

图 2-8-26　草图 SKETCH _ 004 平面的放置

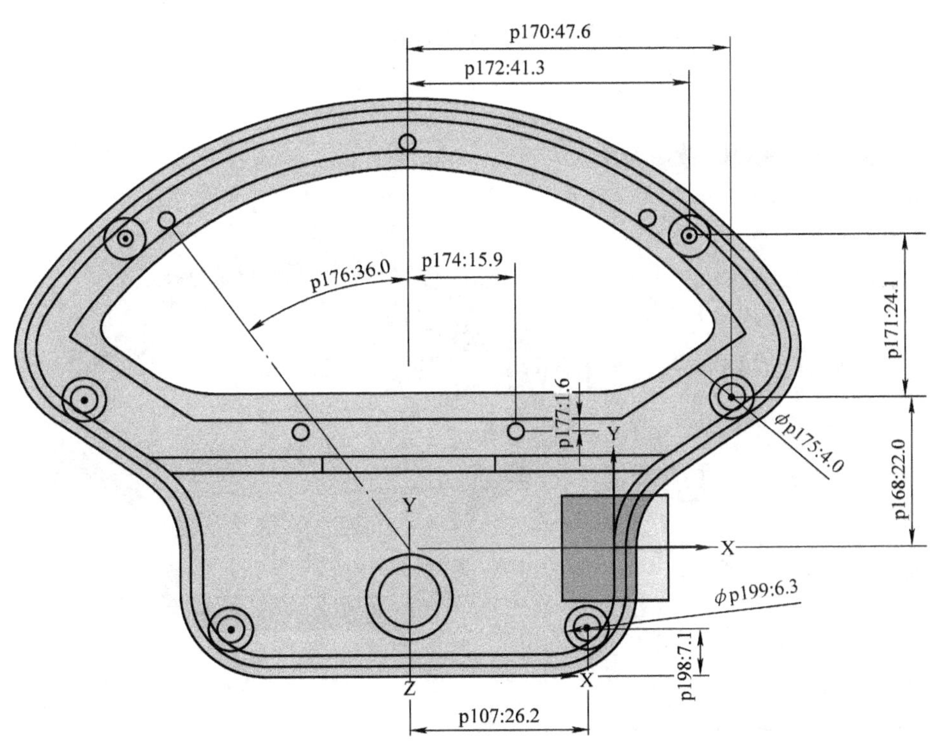

图 2-8-27　草图 SKETCH _ 004 的参数

示，拉伸 3 如图 2-8-30 所示。

（22）选择【插入】→【细节特征】→【边倒圆】命令，对模型进行边倒圆，参数如图

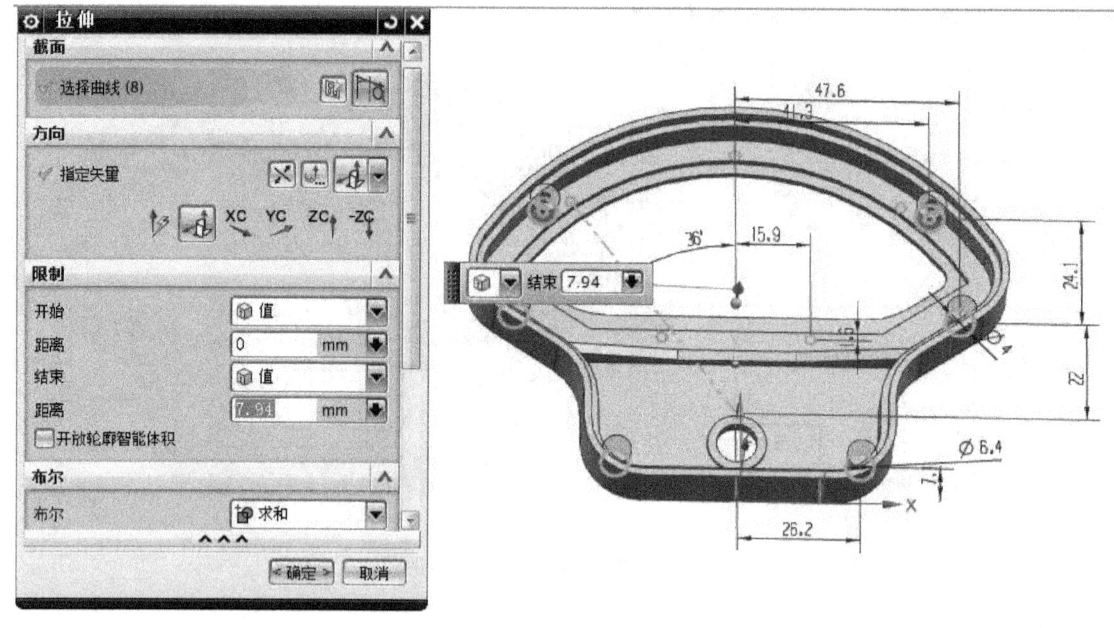

图 2-8-28 拉伸 1 的参数

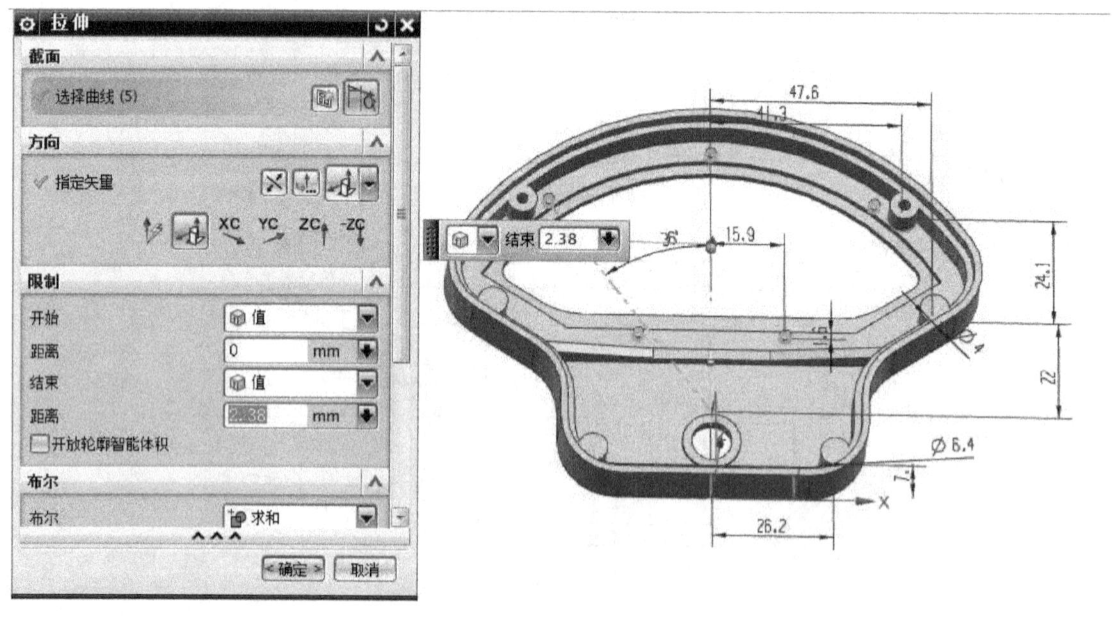

图 2-8-29 拉伸 2 的参数

2-8-31所示。

完成后的模型如图 2-8-32 所示。

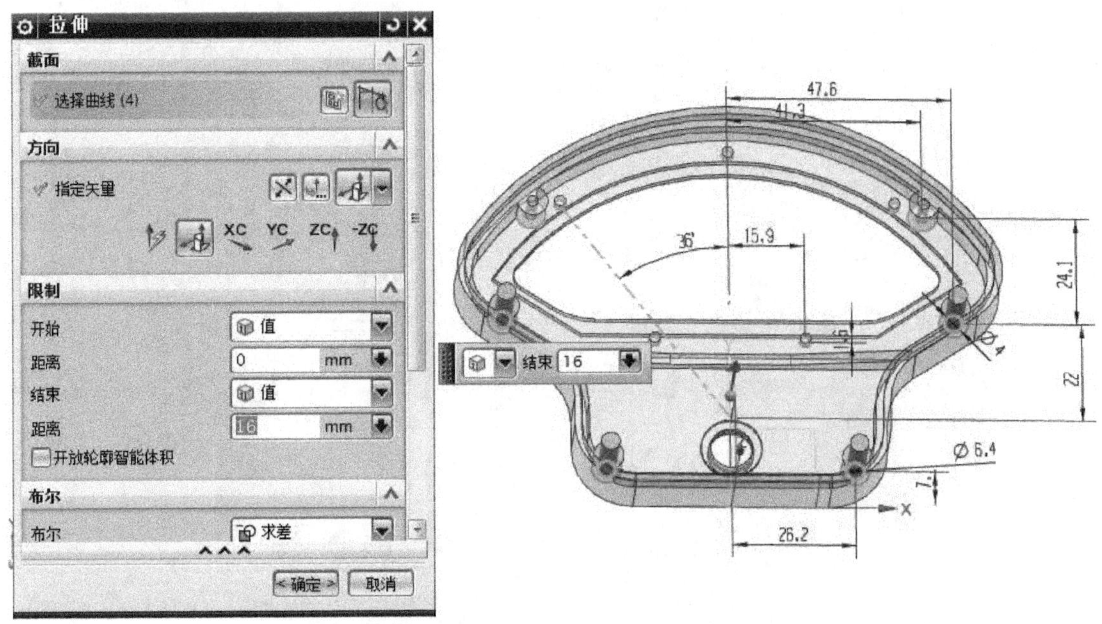

图 2-8-30　拉伸 3 的参数

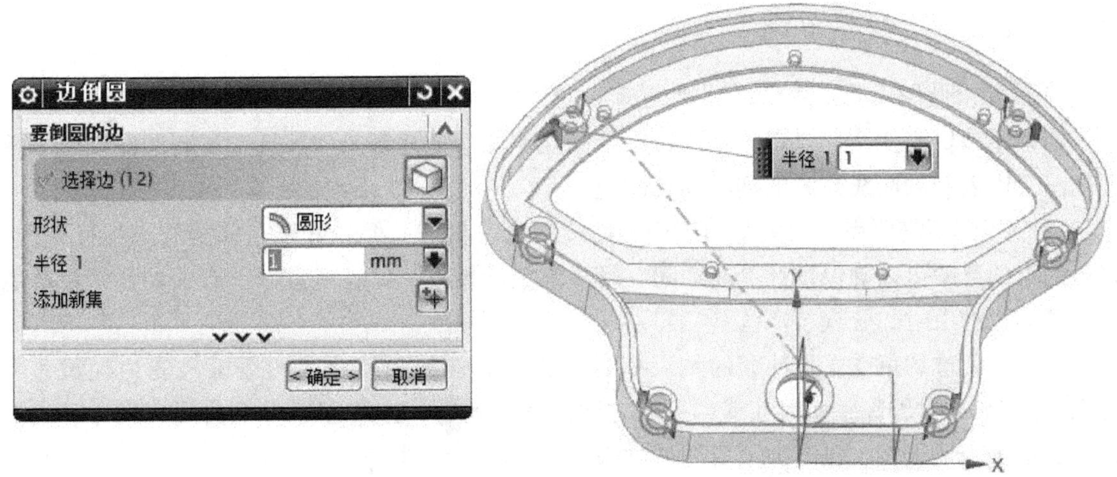

图 2-8-31　边倒圆的参数

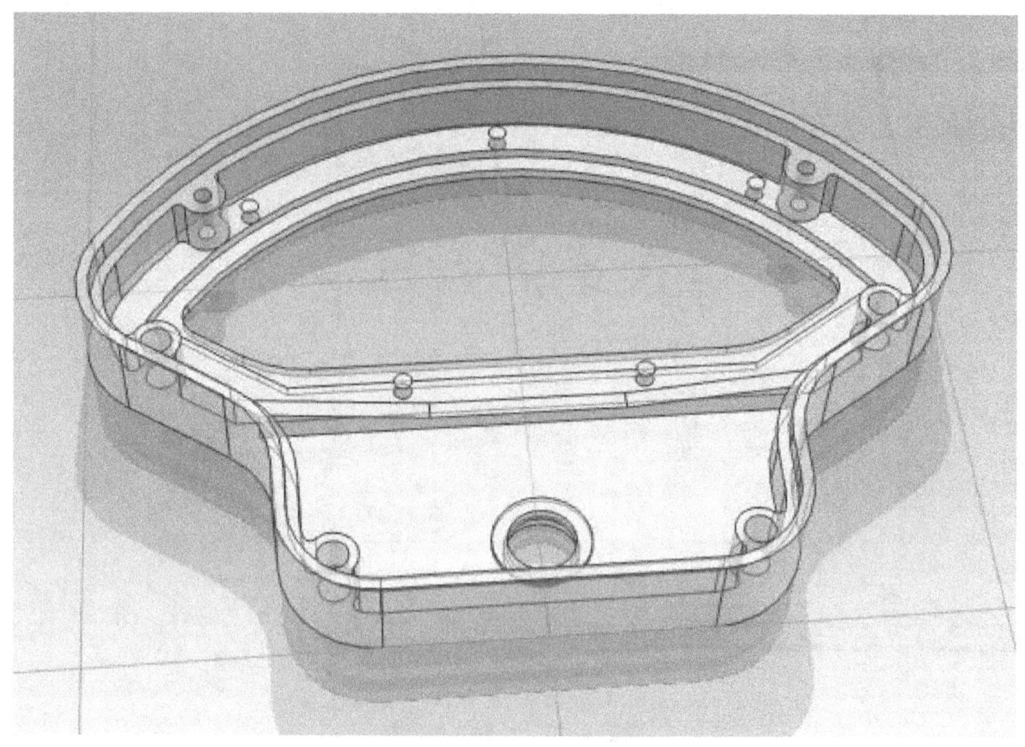

图 2-8-32 端盖壳体三维模型

专家点拨

（1）如果使用编辑→变换→移动处理活动草图上的几何图形，不会影响到草图几何图形。如果用编辑→变换→复制，则选定的草图几何图形被复制。如果选定复制的曲线属于活动草图，则复制的曲线被添加到活动草图上。

（2）尽管不需要完全约束草图以用于后续的特征创建，但最好还是完全约束特征草图。完全约束的草图可以确保设计更改期间，解决方案能始终一致。注意以下有关如何约束草图以及草图过约束时的处理技巧。

一旦遇到过约束或发生冲突的约束状态（例如，曲线、尺寸或约束符号变为纯黄色或粉色），应该通过删除某些尺寸或约束的方法以解决问题。连续创建多个曲线、尺寸、约束会增加草图的复杂性，也增加了后期尝试完全约束草图的难度。

通常可以应用多余但相容的几何约束，但是不能应用多余但相容的尺寸。

不要使用负值尺寸。在计算草图时，“草图生成器”仅使用尺寸的绝对值。

尽量避免零值尺寸。用零值尺寸会导致相对其他曲线位置不明确的问题。零值尺寸在更改为非零尺寸时，会引起意外的结果。

避免链式尺寸。尽可能尝试基于同一对象创建基准线尺寸。

（3）草图生成器中可用的两组可定制颜色有草图颜色和对象颜色。这两组颜色可用于：

组织和区分草图中的几何图形；识别和管理约束条件。

（4）草图颜色：一组默认的草图颜色标识活动曲线和参考曲线，活动尺寸和参考尺寸，过约束或部分约束的曲线，以及其他“草图生成器”实体。活动尺寸为蓝色；参考尺寸为灰色；完全约束的曲线在约束创建过程为浅绿色；部分约束的曲线在约束创建过程中为栗色。

（5）对象颜色：NX 对象显示颜色在“草图生成器”内也可用。在图 2-8-33 示例中，圆弧的对象颜色设置为红色，直线的对象颜色设置为蓝色。草图几何图形最初显示的默认颜色为绿色。切换到对象颜色显示时，几何图形的颜色会更改。

图 2-8-33　示例

（6）可以用以下方法指定对象颜色：

1）要为一组曲线/点指定颜色，可在部件导航器中右键单击该组，选择编辑显示，然后用颜色样本指定一种颜色。

2）要为某一实体类型指定颜色，可选择首选项→对象。在“对象”对话框上，可以选择直线、圆弧、二次曲线和/或样条类型，并指定一种颜色。请注意，无论“草图生成器”是否活动，都可以为草图实体指定对象颜色。

3）要为任意曲线/点指派一种颜色，则选择实体。可右键单击任意一个实体，选择编辑显示，并使用颜色切换指派一种颜色。

（7）请注意，通过激活或停用 （草图生成器工具条上的显示对象颜色）可以在草图颜色和对象颜色之间进行切换。

（8）定制草图颜色：可以用用户默认设置实用工具和草图生成器首选项定制草图颜色。

用户默认设置	1）选择文件→实用工具→用户默认设置 2）展开草图生成器组，选择颜色，单击任意样本更改颜色 注释： 对用户默认设置所做的更改只会在下次启动 NX 时生效，并仅应用于新的部件文件。NX 会保留现有文件中的颜色设置，除非要明确地更改它们
草图生成器首选项	1）选择首选项→草图 2）单击部件设置选项卡 3）单击任意样本更改颜色 4）单击确定 注释： NX 会立即将草图生成器首选项的颜色更改应用到当前部件文件中的所有草图

课后训练

根据图 2-8-34 要求，完成 part8 的三维建模。

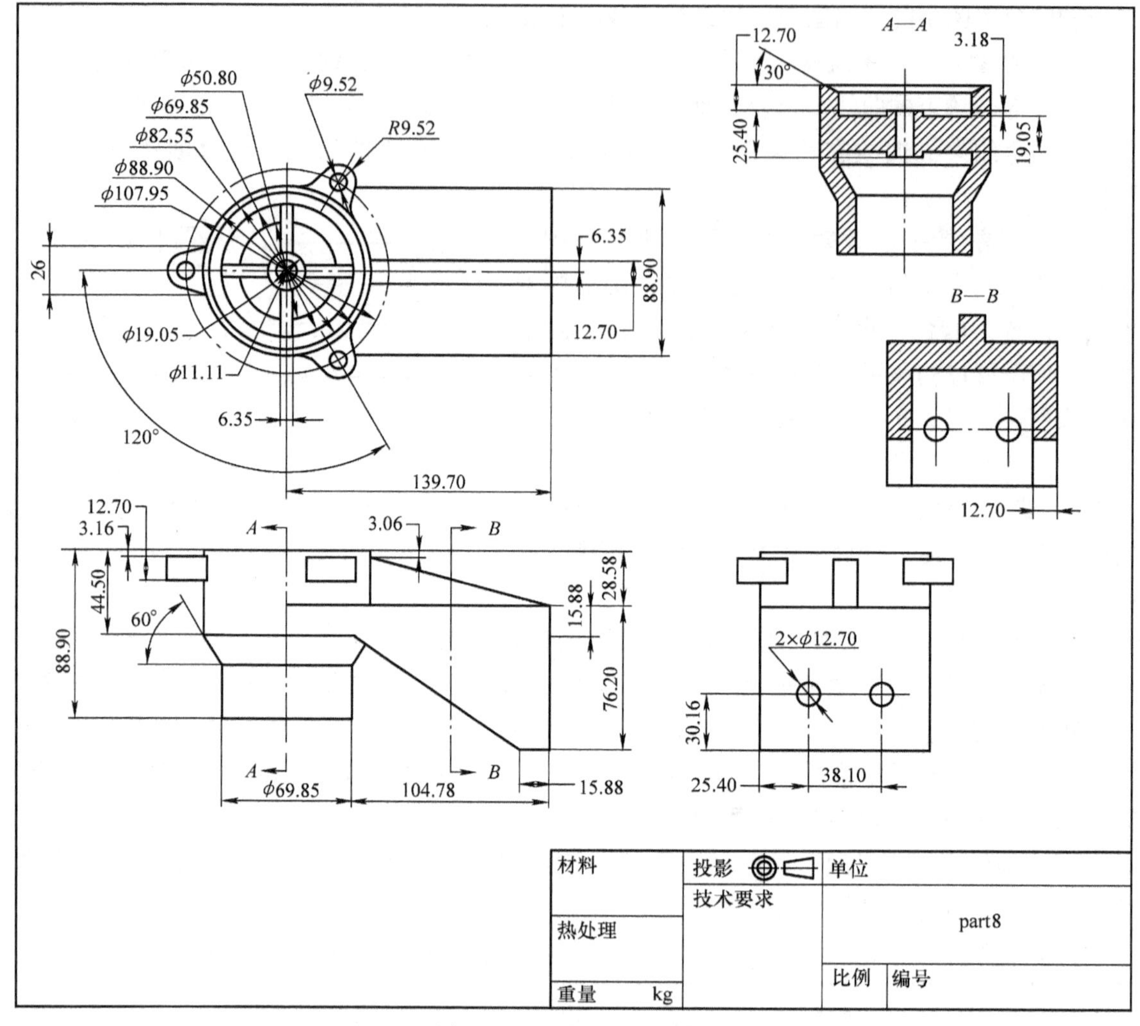

图 2-8-34 part8 工程图样

项目 2.9 勺子的 NX CAD 应用案例

教学目标

- 了解曲面造型的方法。
- 掌握修剪体的操作方法。
- 掌握相交曲线、桥接曲线等曲线的操作方法。
- 掌握通过曲线网格创建曲面的方法。
- 能完成勺子的三维建模。

项目导读

本项目以勺子的三维建模为案例，比较详细地演示了在 NX 中绘制曲线、抽取几何体、创建相交线、创建桥接线、通过网格曲线创建曲面、缝合曲面等的操作方法。灵活地运用这些方法可以大大地提高曲面造型设计效率。通过勺子的曲面造型设计项目训练，让读者熟悉在 NX 中进行曲面造型设计的基本思路与方法。

任务描述

以设计师的身份进入 NX 建模功能模块，按照产品图样要求和客户意图，完成勺子的三维数字化建模。

工作任务

分析勺子的曲面结构、特征；制定勺子的造型设计方案；完成勺子的三维造型建模。

一、分析勺子的结构特征

勺子的三维图如图 2-9-1 所示，其形状主要由头部、柄部、中间过渡面、工作部分等曲面结构特征组成。

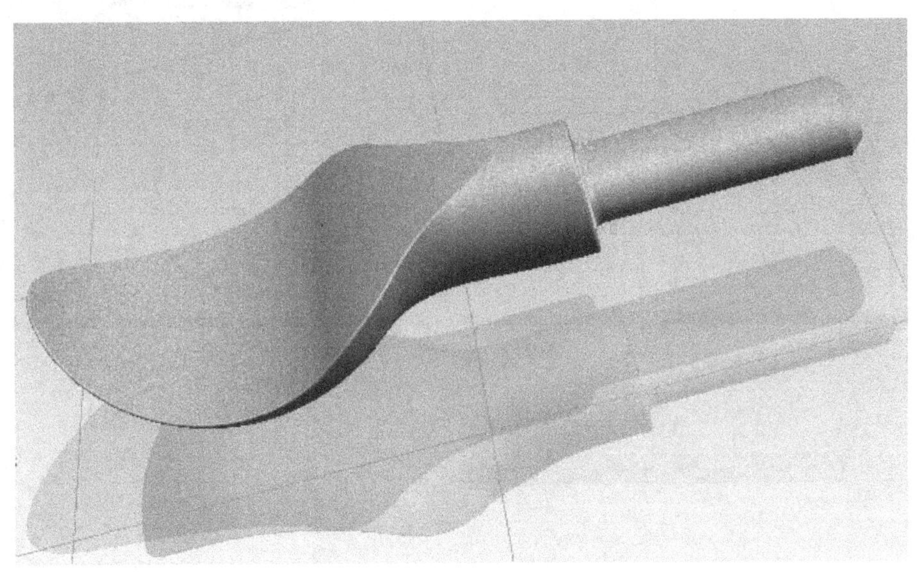

图 2-9-1　勺子的三维图

二、制定勺子的建模方案

（1）绘制勺子头部曲面。

（2）绘制勺子柄部曲面。

（3）绘制中间过渡面。

（4）绘制勺子工作部分曲面。

三、创建勺子的三维模型

勺子的三维建模操作步骤如下。操作录像见配套视频文件 Video \ 2_9. avi；结果文件见 Part \ 2_9. prt。

（1）选择【文件】→【新建】命令，新建名称为 2_9. prt 的部件文档，单位选择为毫米，如图 2-9-2 所示。单击【确定】按钮，进入建模功能模块。

（2）设置 21 层为工作层；选择【插入】→【草图】命令，系统弹出“创建草图”对话框；单击选择 X－Z 平面为草图平面，草图命名为“SKETCH _000”，结果如图 2-9-3 所示。

（3）选择【插入】→【草图曲线】→【圆弧】命令绘制草图，结果如图 2-9-4 所示。

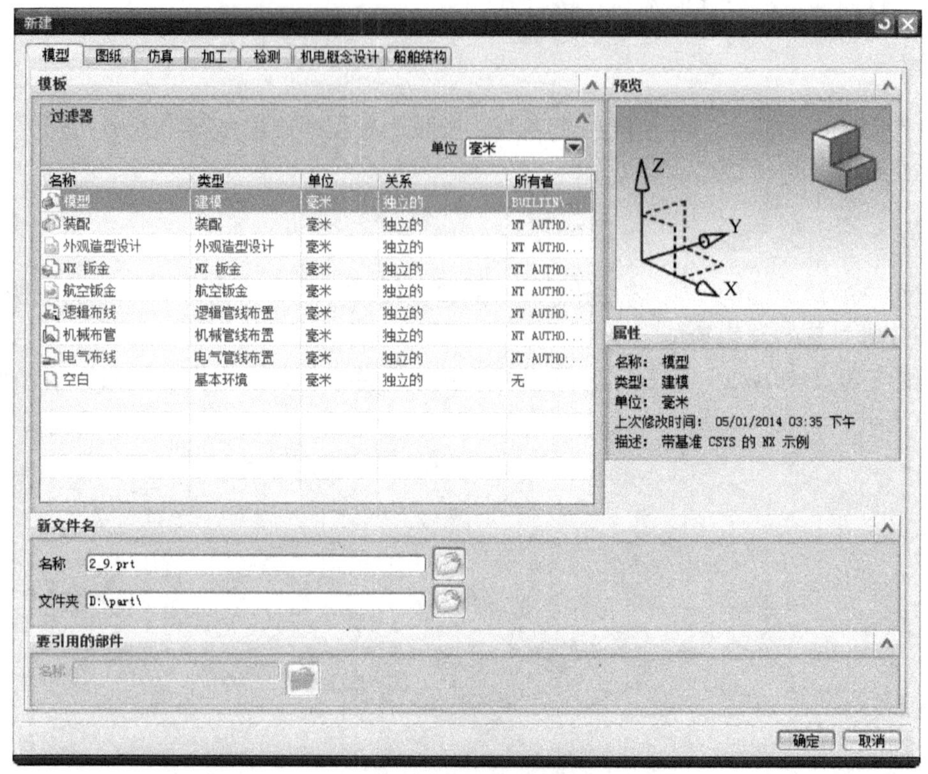

图 2-9-2 创建新的部件

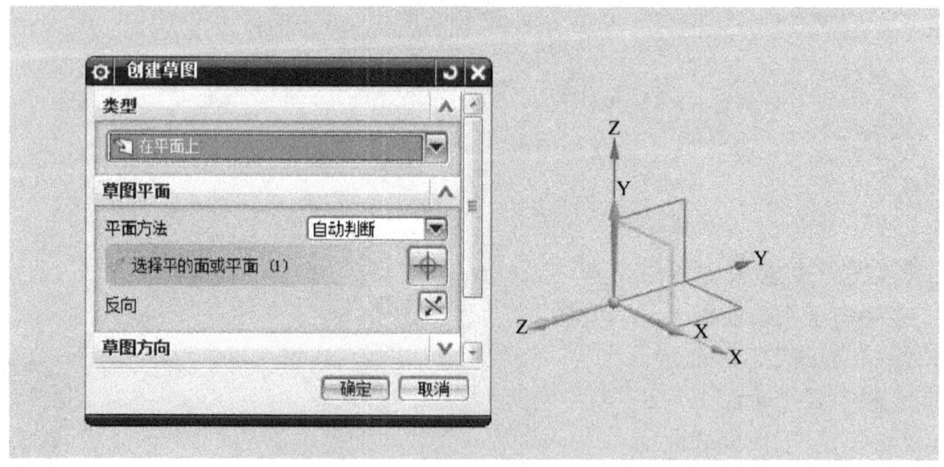

图 2-9-3 选择 X－Z 平面为草图平面

(4) 设置 1 层为工作层；选择【插入】→【设计特征】→【回转】命令，选择草图 SKETCH _ 000 的曲线为截面线，选择 Z 轴为旋转矢量，圆心为旋转中心，结果如图 2-9-5 所示。

(5) 设置 22 层为工作层；选择【插入】→【草图】命令，系统弹出“创建草图”对话框；单击选择 X－Z 平面为草图平面，草图命名为“SKETCH _ 001”，结果如图 2-9-6 所示。

(6) 选择【插入】→【草图曲线】→【直线】命令，如图 2-9-7 所示。

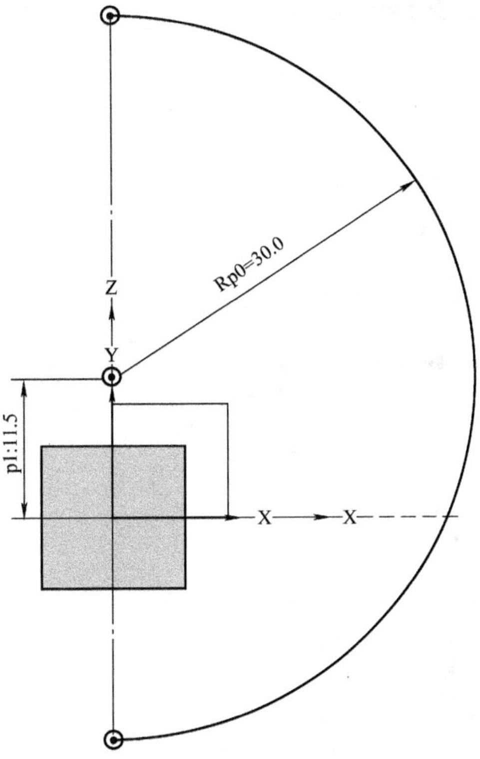

图 2-9-4　草图 SKETCH _ 000

图 2-9-5　回转

（7）设置 1 层为工作层；选择【插入】→【设计特征】→【拉伸】命令，选择草图 SKETCH _ 001 拉伸，方向为 Y 轴，对称值为“25”，如图 2-9-8 所示。

（8）选择【插入】→【修剪】→【修剪体】命令，目标体为步骤（4）中得到的实体，工具为步骤（7）中得到的片体；进行修剪，结果如图 2-9-9 所示。

（9）设置 23 层为工作层；选择【插入】→【草图】命令，系统弹出“创建草图”对话框；

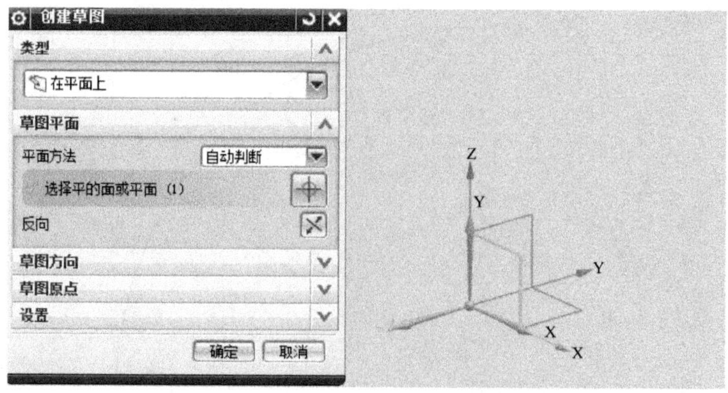

图 2-9-6 草图 SKETCH _ 001 放置位置

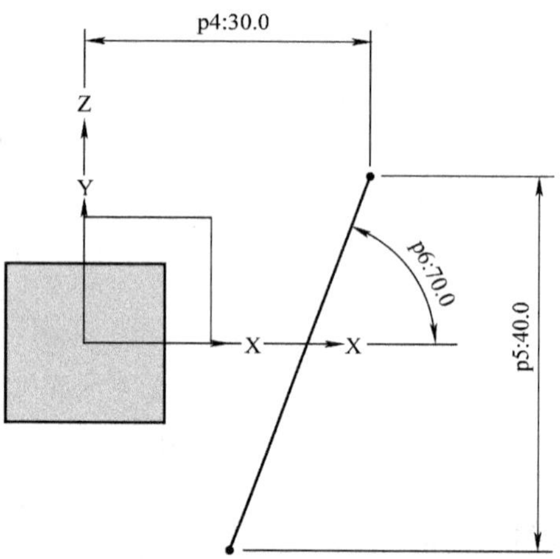

图 2-9-7 草图 SKETCH _ 001

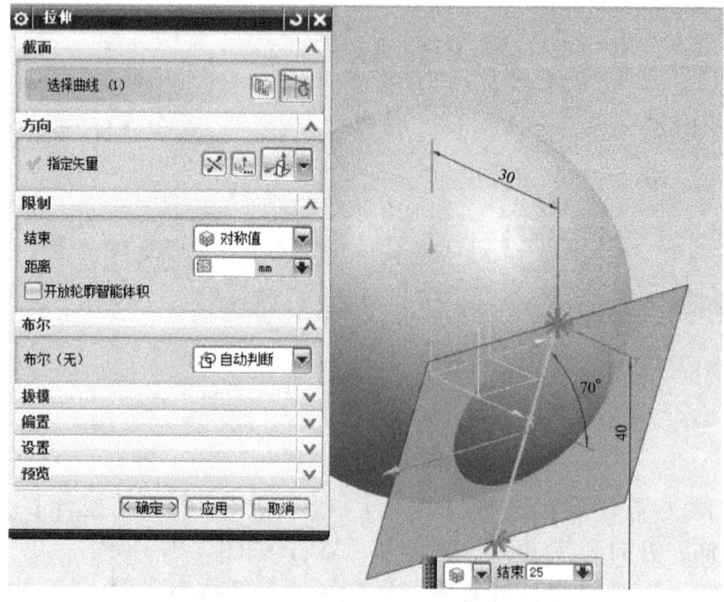

图 2-9-8 拉伸草图 SKETCH _ 001

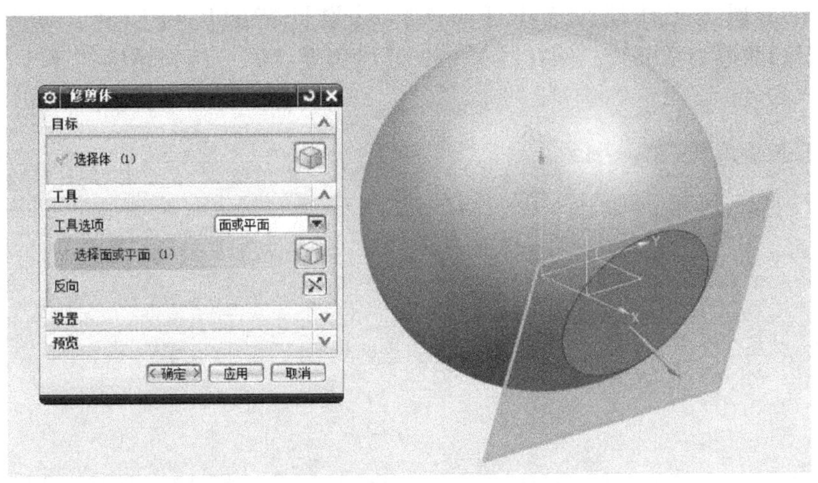

图 2-9-9　修剪体

单击选择 X－Z 平面为草图平面，草图命名为“SKETCH _ 002”，结果如图 2-9-10 所示。

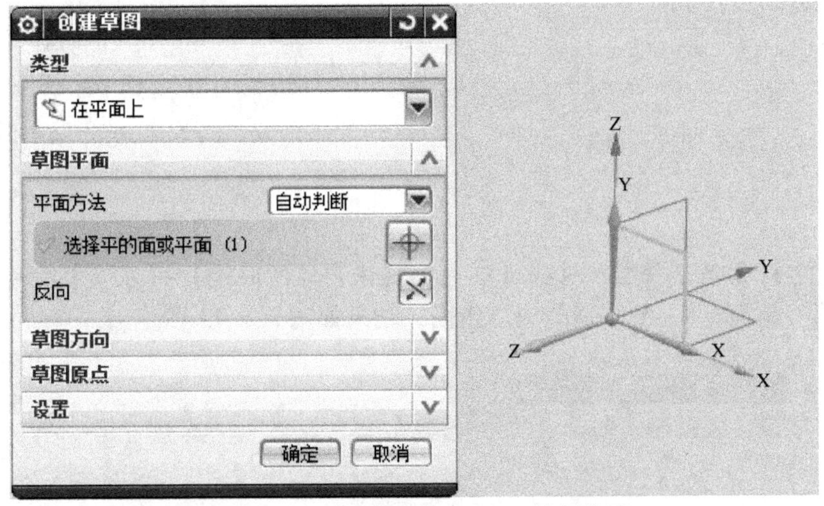

图 2-9-10　草图 SKETCH _ 002 放置位置

（10）选择【插入】→【草图曲线】→【轮廓】命令，绘制如图 2-9-11 所示的草图。

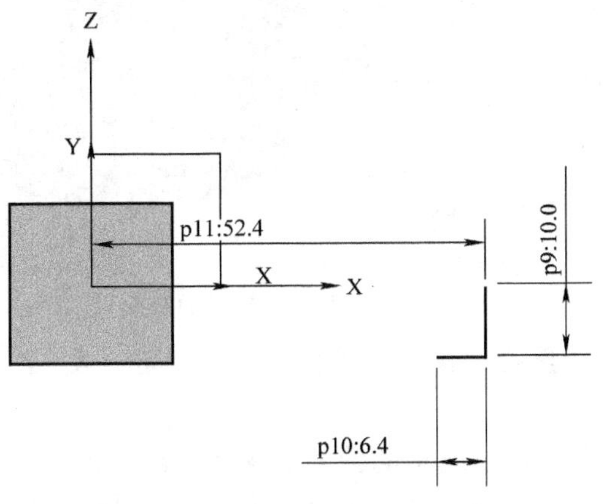

图 2-9-11　草图 SKETCH _ 002

（11）设置 1 层为工作层；选择【插入】→【设计特征】→【回转】命令；选择草图 SKETCH _002 的曲线为截面线，回转轴 X 轴，起始角度“0”，终止角度“360”，如图 2-9-12 所示。

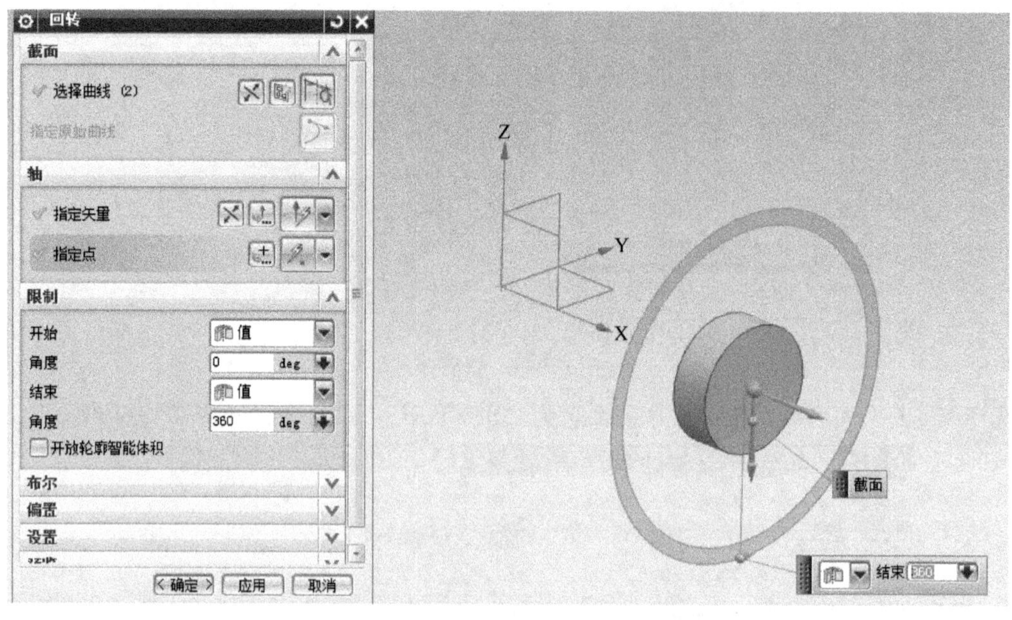

图 2-9-12 回转

（12）设置 41 层为工作层；选择【插入】→【来自体的曲线】→【求交】命令；选择球面与圆柱面为第一组面，X－Y 平面为第二组面，结果如图 2-9-13 所示。

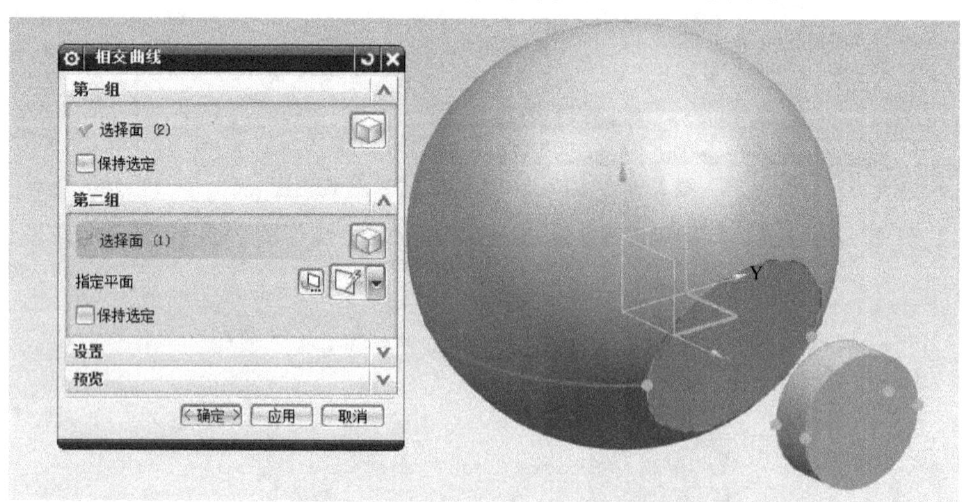

图 2-9-13 与 X－Y 平面求交

（13）重复步骤（12），选择球面与圆柱面为第一组面，X－Z 平面为第二组面，结果如图 2-9-14 所示。

（14）选择【插入】→【来自曲线集的曲线】→【桥接】命令；选择球面上任意一条求交线作为起始线，选择柱面对应位置的求交线为终止线，进行桥接，如图 2-9-15 所示；重复此操作，完成另外三条桥接线，结果如图 2-9-16 所示。

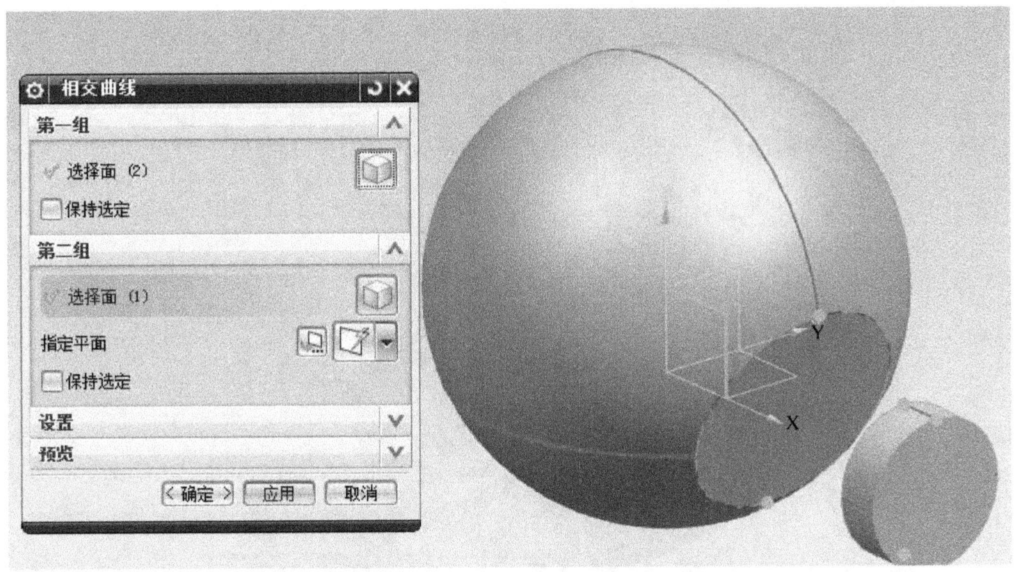

图 2-9-14　与 X－Z 平面求交

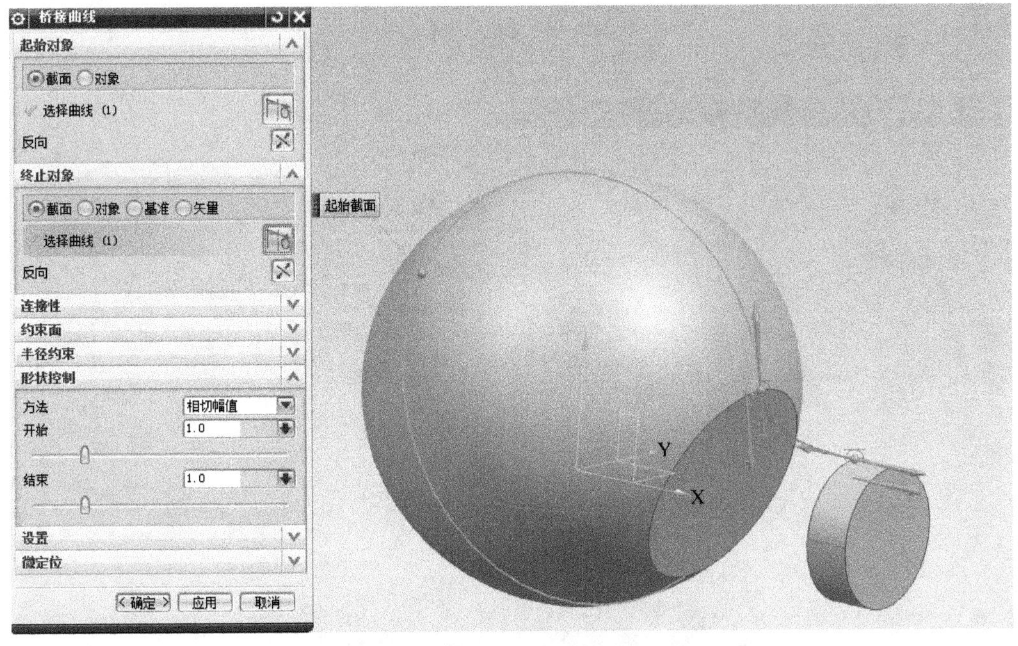

图 2-9-15　桥接一条曲线

（15）设置 1 层为工作层；选择【插入】→【网格曲面】→【通过曲线网格】命令，完成对步骤（14）桥接的四条曲线的曲面构建；选择球面的曲线与柱面的边界线为主曲线，桥接线为交叉曲线，进行构建曲面；选取完成后分别与球面、柱面进行相切，结果如图 2-9-17 与图 2-9-18 所示。

（16）设置 24 层为工作层；选择【插入】→【草图】命令，系统弹出“创建草图”对话框；单击选择 X－Z 平面为草图平面，草图命名为“SKETCH _ 003”，结果如图 2-9-19 所示。

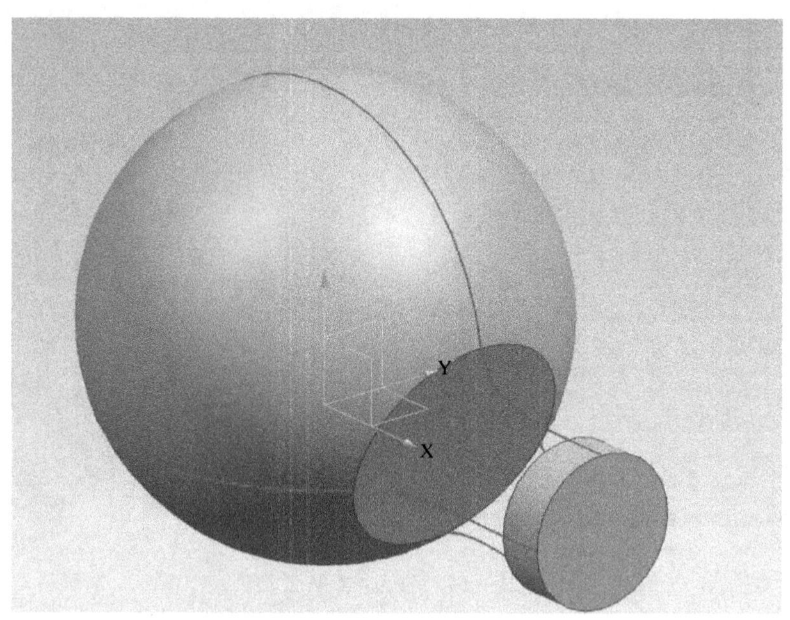

图 2-9-16 桥接四条曲线

图 2-9-17 通过网格构面的参数

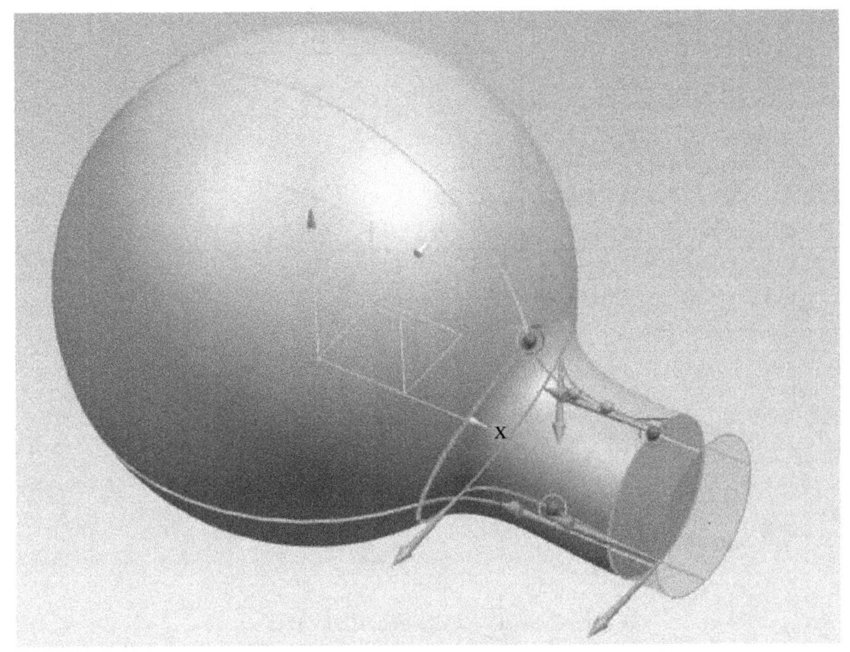

图 2-9-18　通过网格曲线构面效果

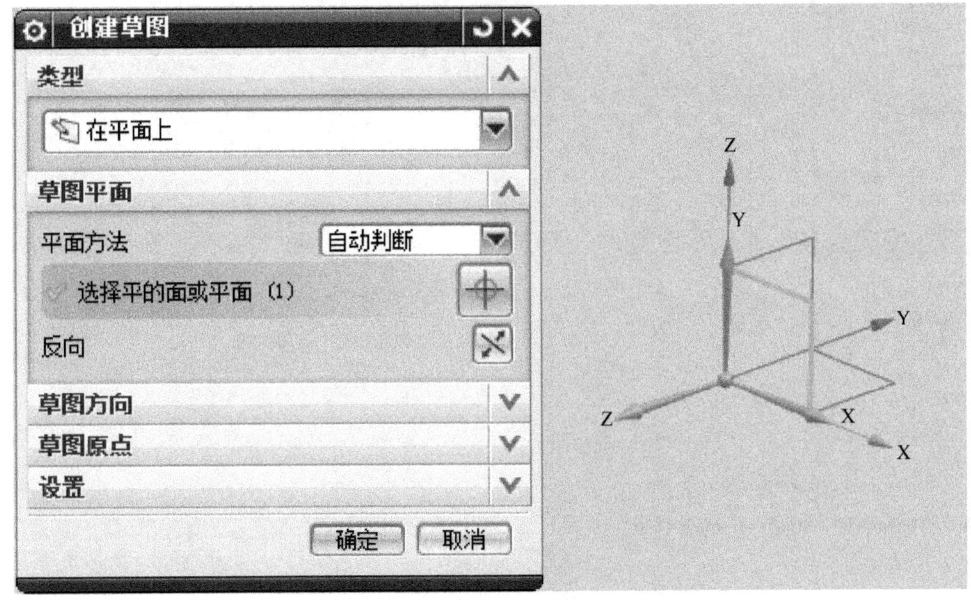

图 2-9-19　草图 SKETCH _ 003 放置位置

（17）选择【插入】→【草图曲线】→【轮廓】命令，绘制如图 2-9-20 所示的草图。

（18）设置 1 层为工作层，选择【插入】→【设计特征】→【拉伸】命令；选择草图 SKETCH _ 003 拉伸，方向为 Y 轴，对称值为“25”，如图 2-9-21 所示。

（19）选择【插入】→【组合】→【求和】命令。步骤（15）生成的实体与球体柱体求和，得到一个完整的实体，如图 2-9-22 所示。

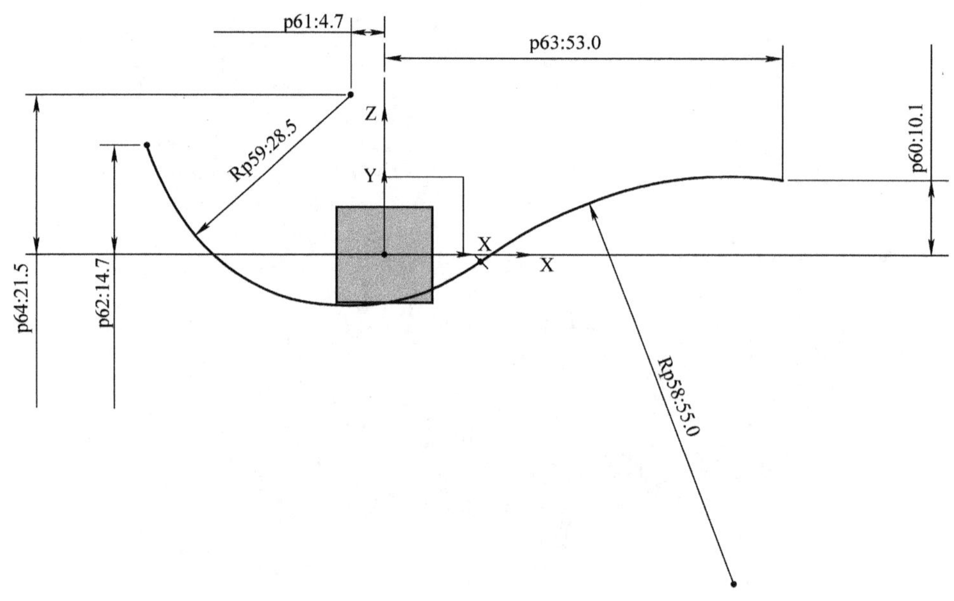

图 2-9-20　草图 SKETCH _ 003

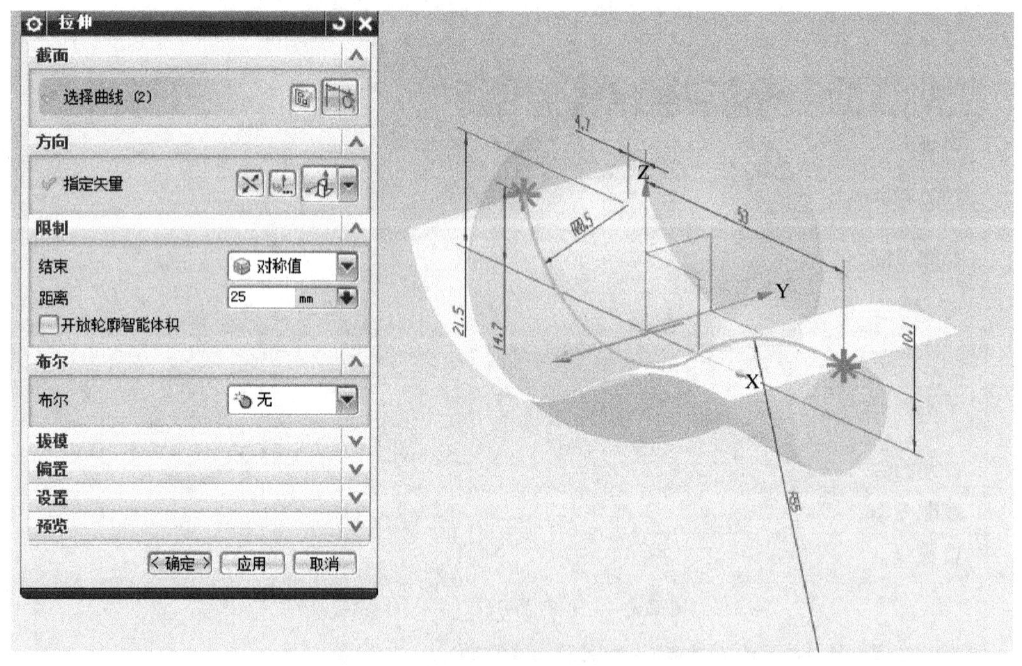

图 2-9-21　拉伸草图 SKETCH _ 003

（20）重复步骤（8）选择【插入】→【修剪】→【修剪体】，得到如图 2-9-23 所示的模型。

（21）设置 25 层为工作层；选择【插入】→【草图】，在如图 2-9-24 所示位置建立草图；命名为草图为“SKETCH _ 004”。

（22）选择【插入】→【草图曲线】→【椭圆】命令，绘制小半径为“5”，大半径为“7. 5”的椭圆，如图 2-9-25 所示。

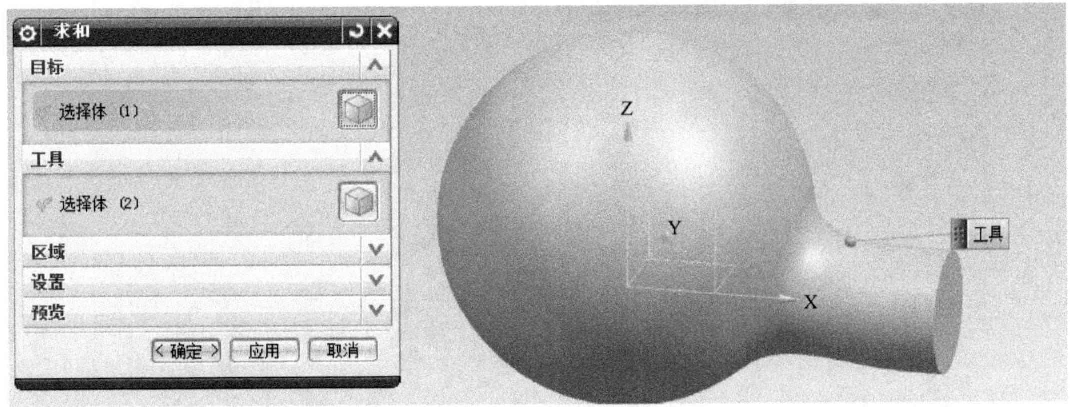

图 2-9-22　实体求和

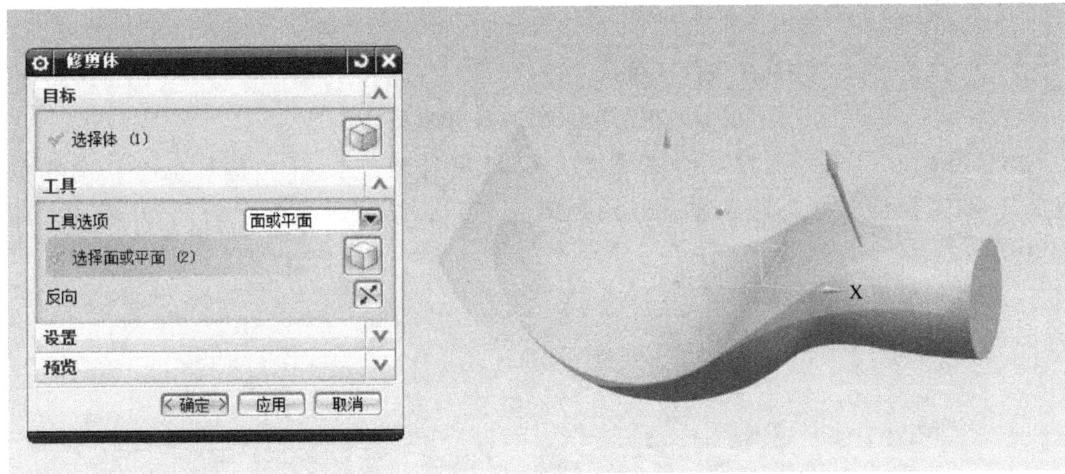

图 2-9-23　修剪体

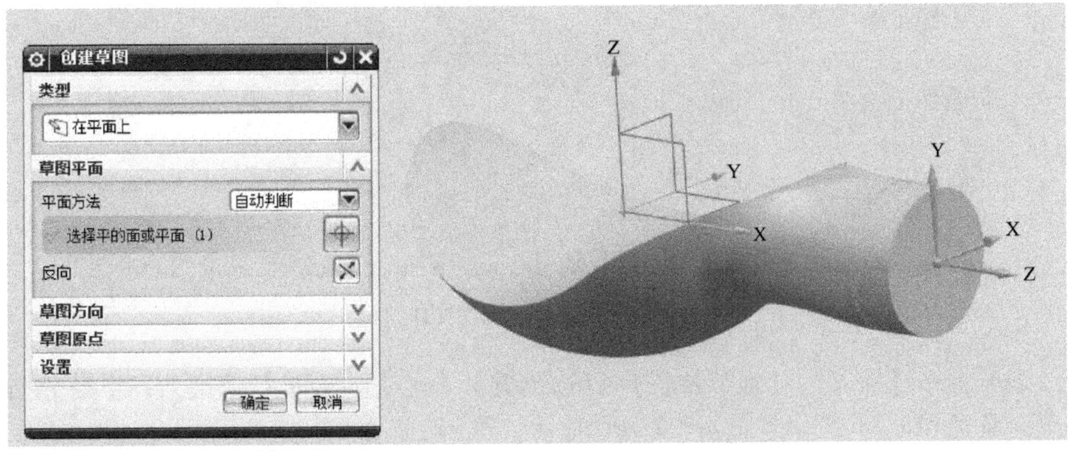

图 2-9-24　草图 SKETCH _ 004 放置位置

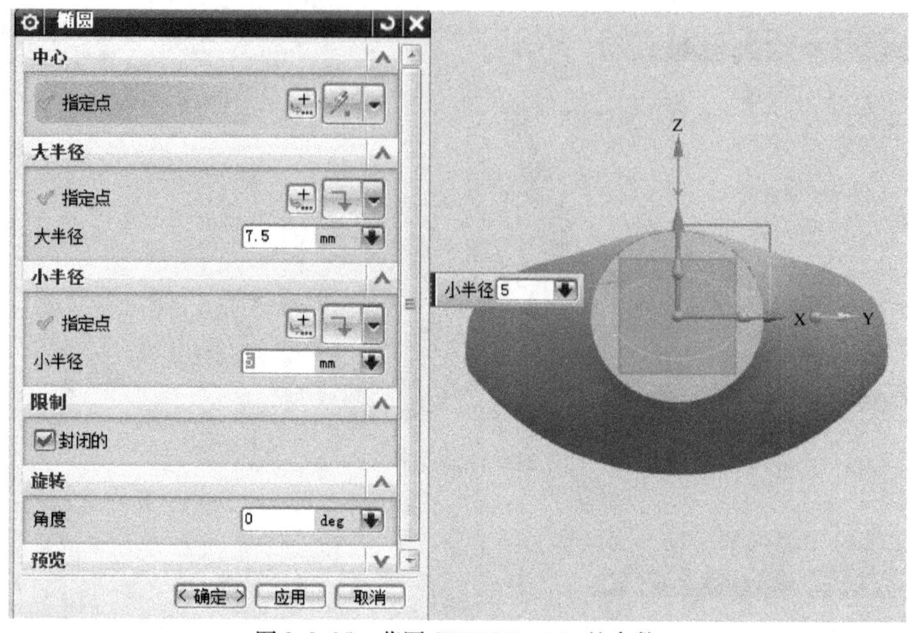

图 2-9-25 草图 SKETCH _ 004 的参数

（23）设置 1 层为工作层；选择【插入】→【设计特征】→【拉伸】命令；选择草图 SKETCH _ 004 拉伸，方向为 X 轴，开始距离为“0”，结束距离为“40”，并求和，如图 2-9-26所示。

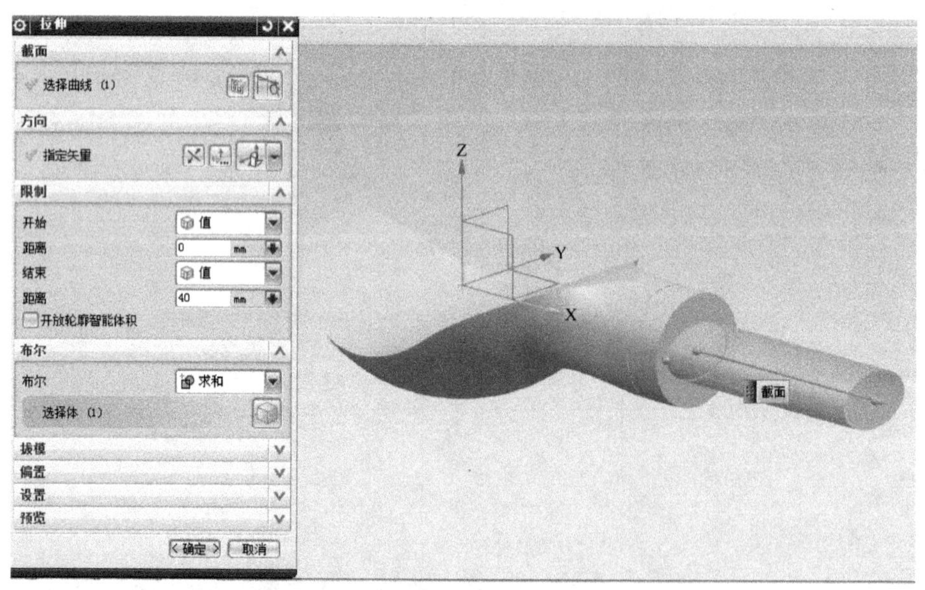

图 2-9-26 拉伸草图 SKETCH _ 004

（24）选择【插入】→【细节特征】→【边倒圆】命令，对边进行倒圆角；半径分别为“0.3”“0.5”和“1.5”，如图 2-9-27 所示。

（25）选择【插入】→【细节特征】→【倒斜角】命令，对边进行倒斜角；距离为“2”，如图 2-9-28 所示。

（26）隐藏除实体以外的所有对象，完成勺子的三维建模，如图 2-9-29 所示。

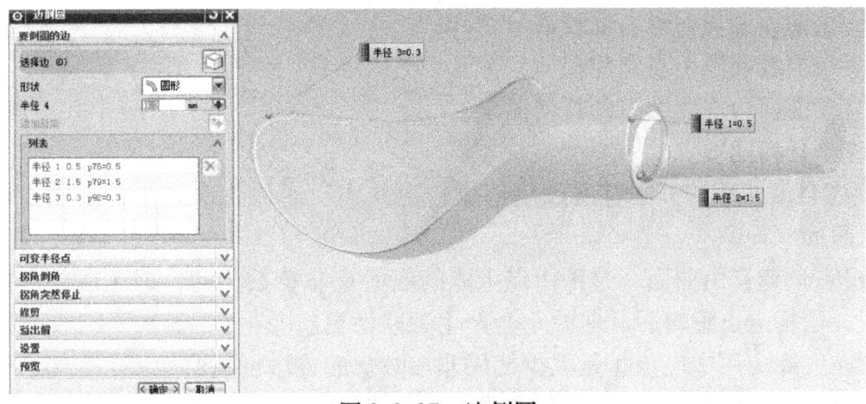

图 2-9-27 边倒圆

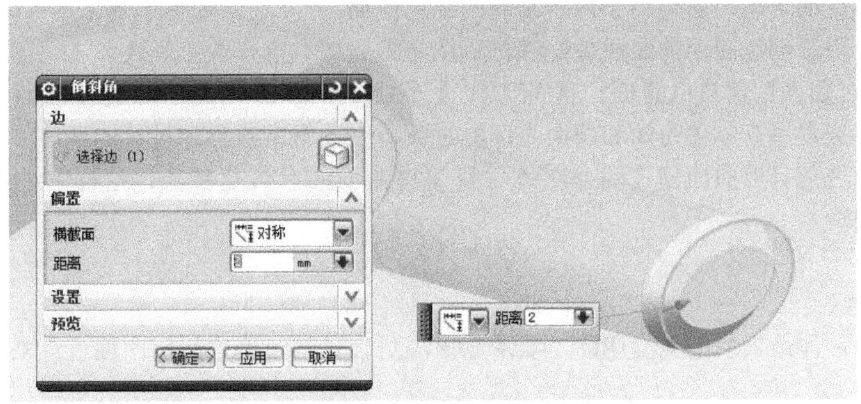

图 2-9-28 倒斜角

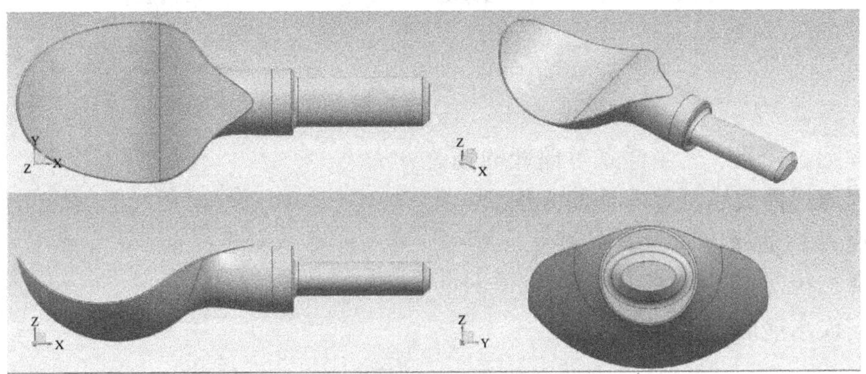

图 2-9-29 勺子的三维模型

专家点拨

（1）求交曲线命令可用于在两组对象之间创建相交曲线。相交曲线是关联的，会根据其定义对象的更改而更新。可以选择输入组中的多个对象来执行相交操作。选择插入→来自实体集的曲线→求交，或在曲线工具条上单击相交曲线以打开“相交曲线”对话框，即可使用此功能。

（2）曲线桥接命令可在现有几何体之间创建桥接曲线并对其进行约束。选择插入→来自曲线集的曲线→桥接即可使用此功能。可以在以下位置创建桥接曲线：

1）在两个曲面之间，在等参数或非等参数方向上；

2）在一个曲面和任何点、曲线或边之间；

3）在一个曲线和一个点之间；

4）垂直于曲面边或曲面上的任何曲线；

5）垂直于任何曲线。

（3）创建自由曲面的方法有通过点创建自由曲面、通过曲线创建自由曲面以及通过曲面创建自由曲面 3 种。

1）通过点创建自由曲面。这种由点生成的曲面是非参数化的，即生成的曲面与原始构造点不关联，当构造点编辑后，曲面不会产生关联性更新变化。

提示：在实际应用中应该尽量减少使用非参数化的方法创建曲面。

2）通过曲线创建自由曲面。这种方式大多数是全参数化的，当创建曲面的曲线被编辑后，曲面会自动更新，主要用于最后编辑的主要曲面。

提示：用于创建曲面的曲线最好通过草图方式生成，这样便于修改。

3）通过曲面创建自由曲面。这种方式大多数是全参数化的，如通过截面、桥接和偏置。这些方法常用于创建曲面和曲面之间的过渡，因此常常被称为过渡曲面。

提示：进行自由曲面创建时，应该尽量保持曲面的参数化特征，这样的曲面具有关联性，易于编辑。

课后训练

设计一种你最喜欢的生活用品，要求在该项目设计的过程中运用曲面设计功能。

项目 2.10 水壶的 NX CAD 应用案例

教学目标

- 掌握圆、圆弧、艺术样条等曲线的创建方法。
- 掌握通过曲线组创建曲面的方法。
- 掌握 N 边曲面等曲面操作方法。
- 掌握扫掠等操作方法。
- 能完成水壶的三维建模。

项目导读

本项目以水壶的三维建模为案例，比较详细地演示了在 NX 中绘制草图和样条线、通过网格曲线创建曲面、N 边曲面、扫掠、缝合曲面、抽壳等的操作方法。灵活地运用这些方法可以大大地提高曲面造型设计效率。通过水壶的曲面造型设计项目训练，让读者熟悉在 NX 中进行曲面造型设计的基本思路与方法。

任务描述

以设计师的身份进入 NX 建模功能模块，按照产品图样要求和客户意图，完成水壶的曲面三维数字化建模。

工作任务

分析水壶的曲面结构、特征；制定水壶的造型设计方案；完成水壶的三维造型建模。

一、分析水壶的结构特征

水壶的三维造型图如图 2-10-1 所示，其形状主要由侧面、顶面、底面、把手等曲面组成。

图 2-10-1　水壶三维造型图

二、制定水壶的建模方案

（1）绘制轮廓圆。

（2）绘制样条线。

（3）绘制把手曲线。

（4）创建水壶侧面、顶面、底面。

（5）缝合面生成实体。

（6）创建把手实体。

（7）抽壳。

三、创建水壶的三维模型

水壶的三维建模操作步骤如下。操作录像见配套视频文件 Video \ 2 _ 10. avi；结果文件见 Part \ 2 _ 10. prt。

（1）选择【文件】→【新建】命令，新建名称为 2 _ 10. prt 的部件文档，单位选择为毫米，如图 2-10-2 所示。单击【确定】按钮，进入建模功能模块。

（2）设置 41 层为工作层；选择【插入】→【曲线】→【直线和圆】→【圆（圆心 - 半径）】命令，在空间内绘制直径分别为“32”“152”“160”“180”“200”的圆，如图 2-10-3 所示。

（3）选择【插入】→【曲线】→【直线和圆】→【圆弧/相切 - 相切 - 半径】命令，给直径“180”圆与直径“32”圆之间倒圆角，圆角半径“15”，如图 2-10-4 所示。

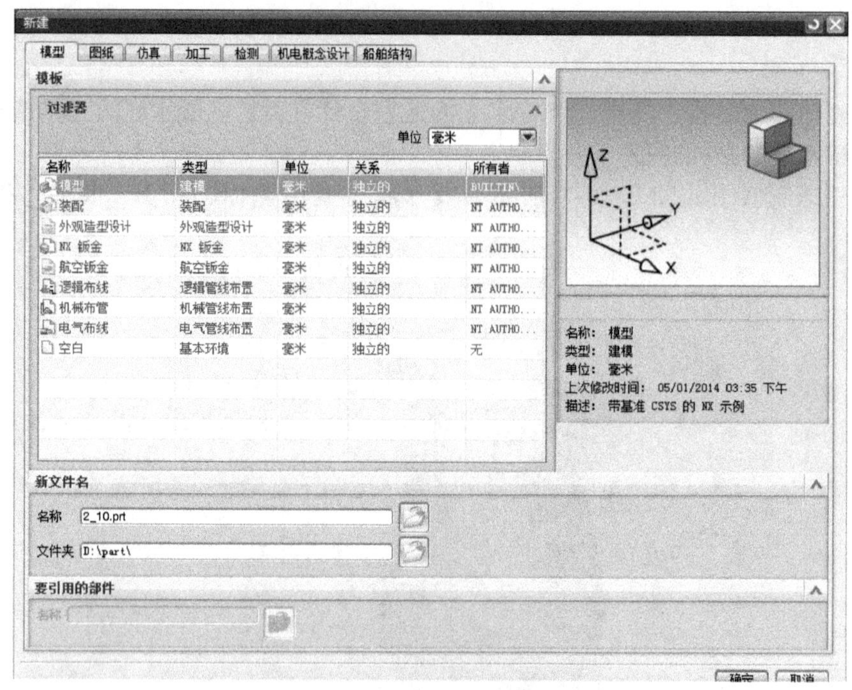

图 2-10-2　新建文件命名为 2 _ 10. prt

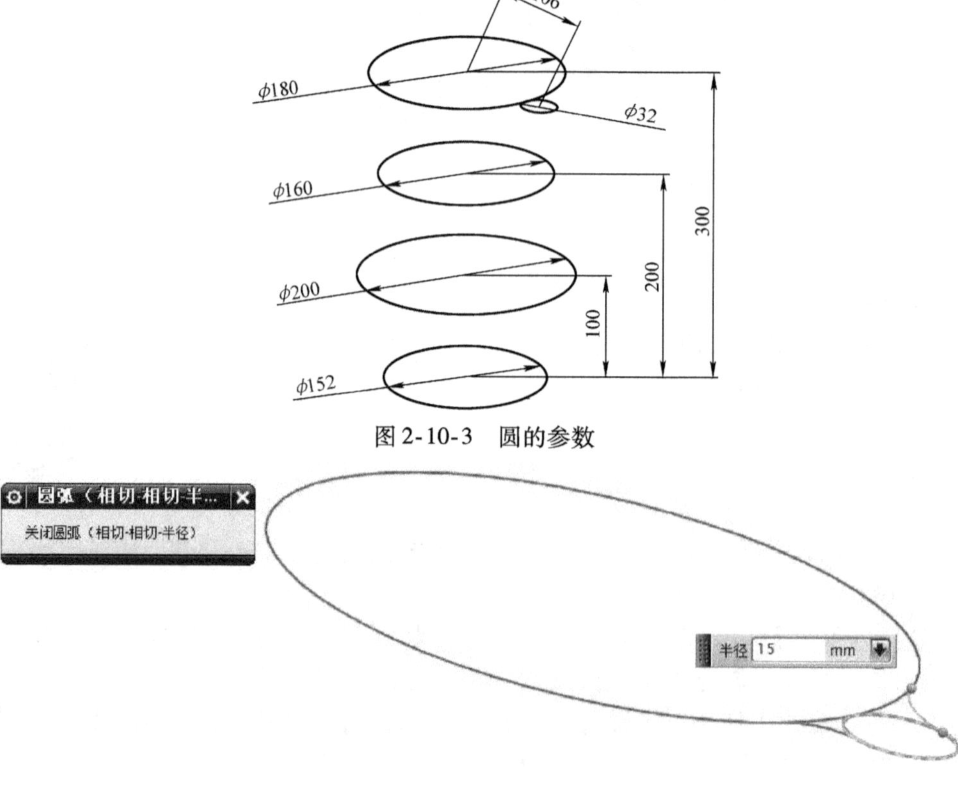

图 2-10-3　圆的参数

图 2-10-4　圆角 R15 的参数

（4）选择【插入】→【曲线】→【艺术样条】命令，用艺术样条命令绘制如图 2-10-5 所示样条线。

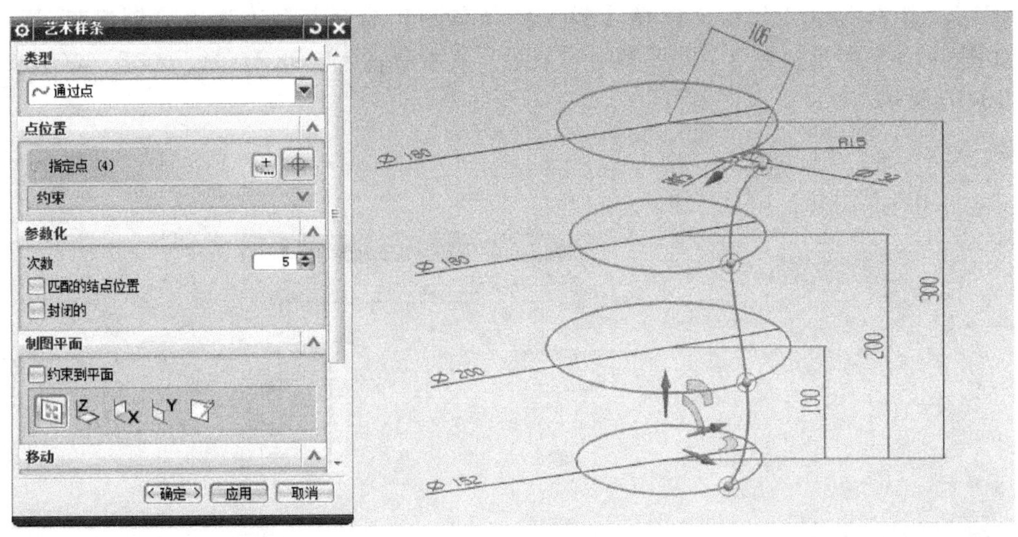

图 2-10-5　艺术样条的参数

（5）重复步骤（4）的操作，在相对应的位置绘制艺术样条，如图 2-10-6 所示。

（6）设置 1 层为工作层；选择【插入】→【网格曲面】→【通过曲线组】命令，在“通过曲线网格”对话框设置如图 2-10-7 所示参数，单击【确定】按钮，结果如图 2-10-8 所示。

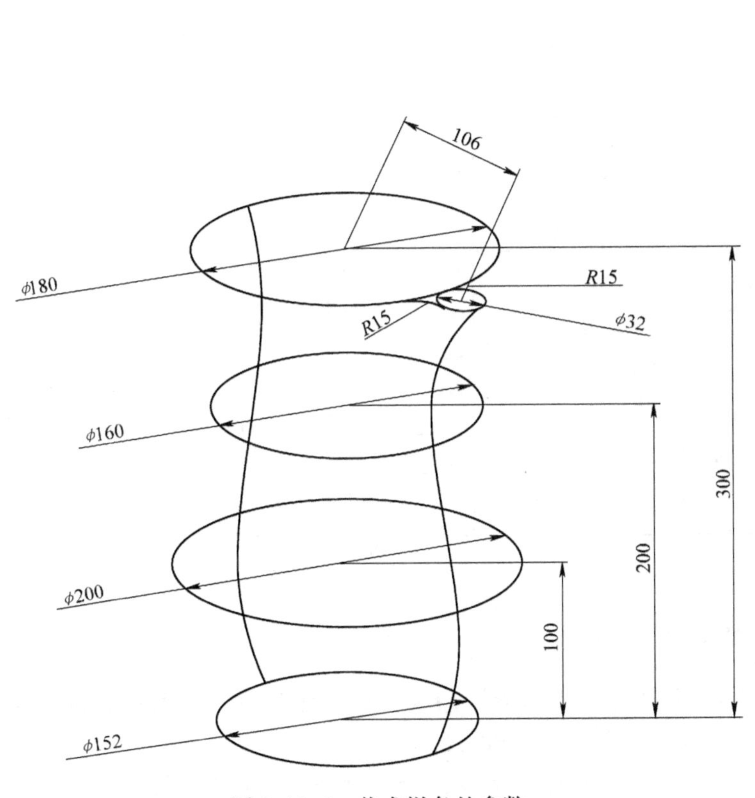

图 2-10-6　艺术样条的参数

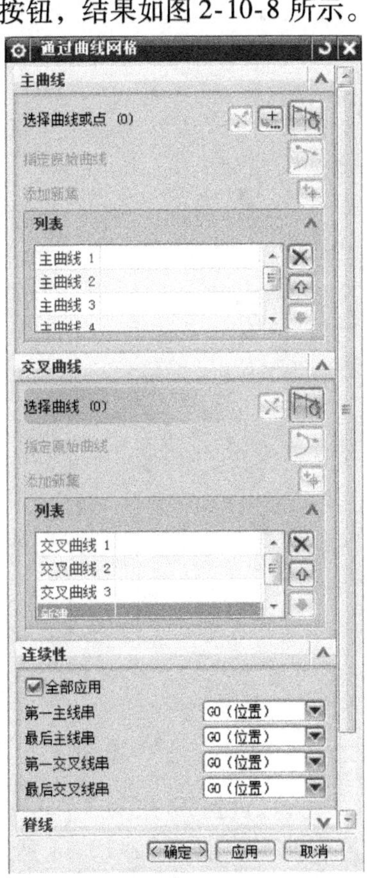

图 2-10-7　曲面参数

（7）设置 21 层为工作层；选择【插入】→【草图】命令，系统弹出“创建草图”对话框，如图 2-10-9 所示；在 X－Z 平面绘制草图，草图命名为“SKETCH _ 000”，草图参数如图 2-10-10 所示。

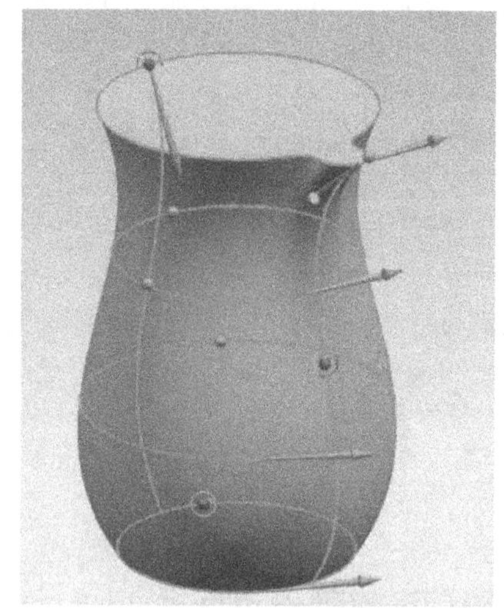

图 2-10-8　曲面模型

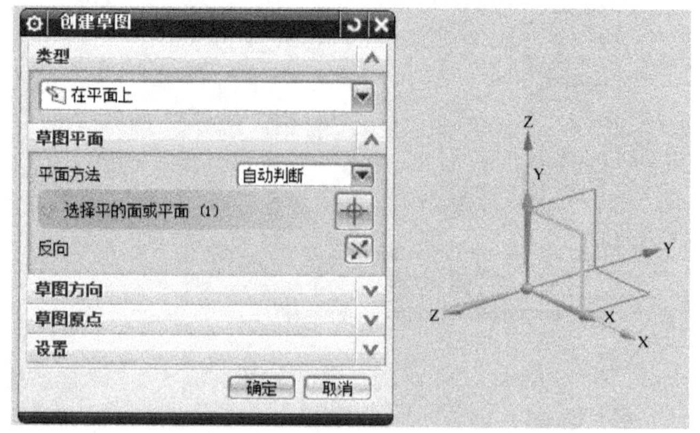

图 2-10-9　草图 SKETCH _ 000 位置

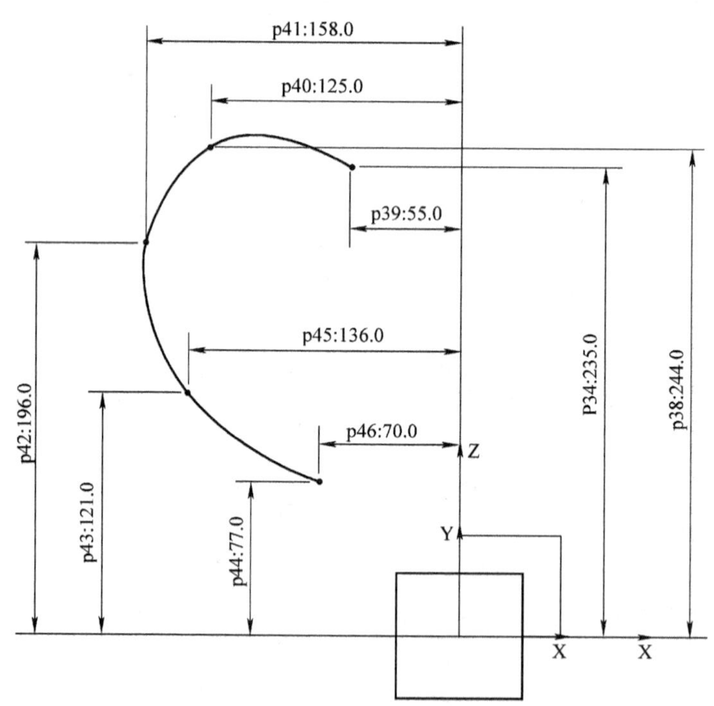

图 2-10-10　草图 SKETCH _ 000 参数

（8）设置 22 层为工作层；选择【插入】→【草图】命令，在步骤 7 中的艺术样条的端点位置创建草图如图 2-10-11 所示，草图命名为“SKETCH _ 001”。

（9）选择【插入】→【草图曲线】→【椭圆】命令，绘制大半径为“16”，小半径为“26”的椭圆，如图 2-10-12 所示。

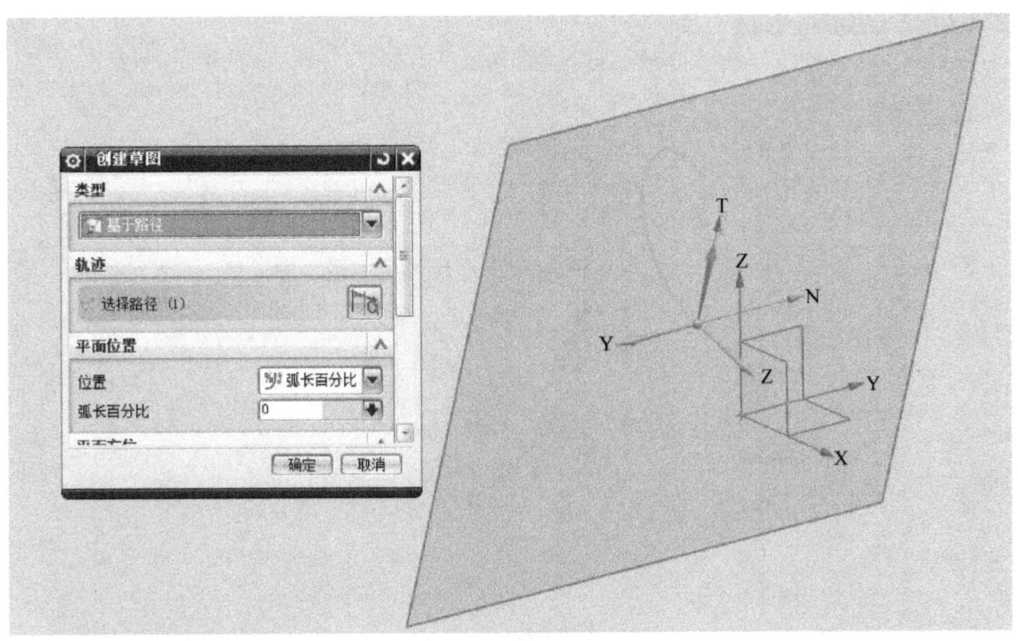

图 2-10-11　草图位置

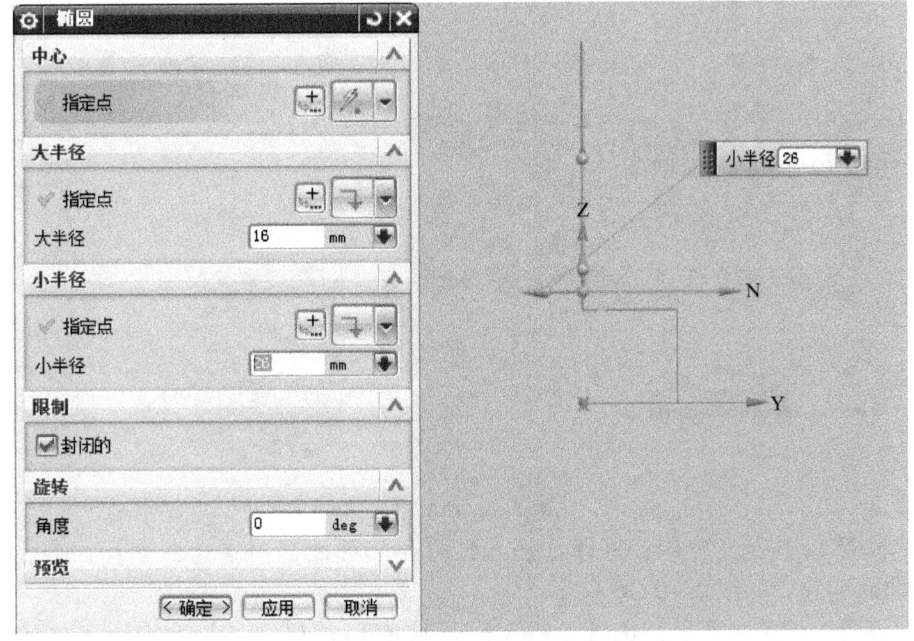

图 2-10-12　草图 SKETCH _001 的参数

（10）设置 1 层为工作层；选择【插入】→【扫掠】命令，将步骤（7）与步骤（9）中得到的曲线，利用扫掠进行曲面重构，如图 2-10-13 与图 2-10-14 所示。

（11）选择【插入】→【组合】→【求和】命令，将步骤（6）与步骤（10）形成的实体进行求和，如图 2-10-15 所示。

图 2-10-13 扫掠参数

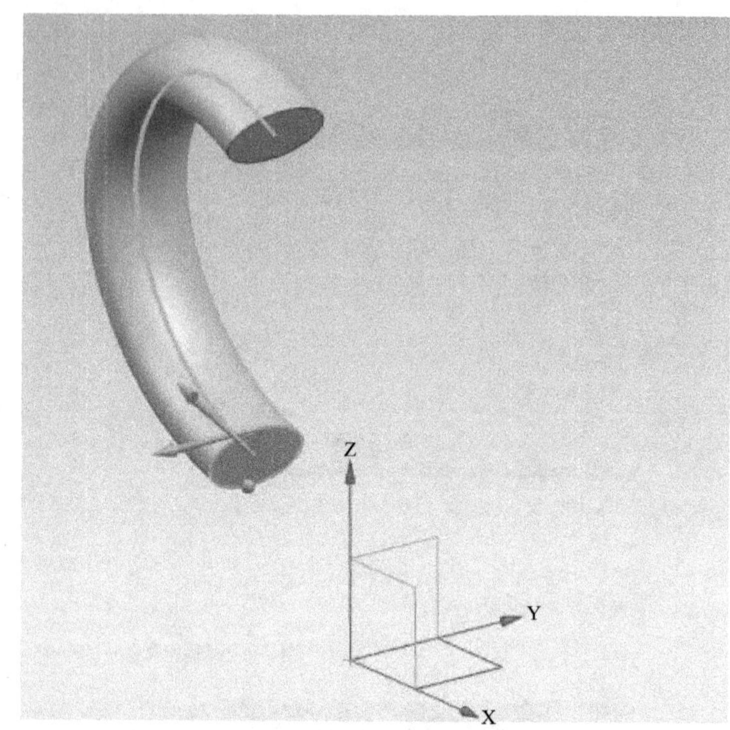

图 2-10-14 扫掠模型

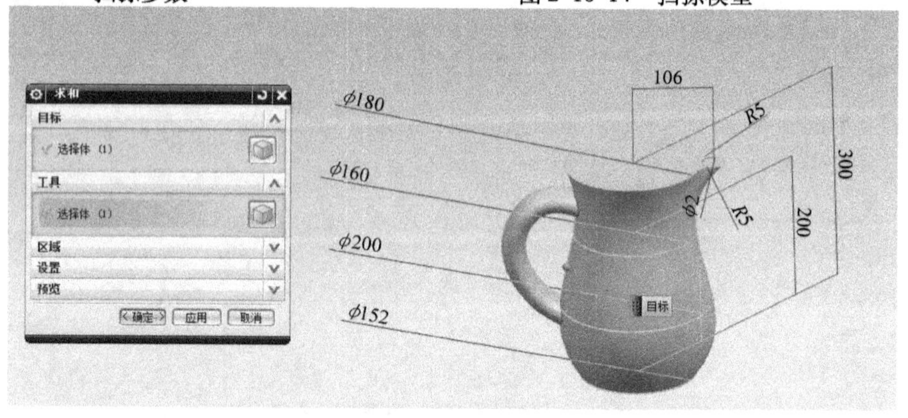

图 2-10-15 求和

（12）设置11层为工作层；选择【插入】→【网格曲面】→【N边曲面】命令；选取水壶底边进行曲面构建，如图2-10-16所示。

（13）设置1层为工作层；选择【插入】→【修剪】→【修剪体】命令，用步骤（12）中形成的曲面修剪步骤（11）的实体，如图2-10-17所示。

（14）选择【插入】→【细节特征】→【边倒圆】命令，在下面位置进行边倒圆，如图2-10-18所示。

（15）选择【插入】→【偏置/缩放】→【抽壳】命令，将步骤（14）完成的模型，进行抽壳，厚度为“1.5”，如图2-10-19所示。

（16）选择【插入】→【细节特征】→【边倒圆】命令，对水壶口进行倒圆角；外侧“0.5”，内侧“0.3”，如图2-10-20所示。

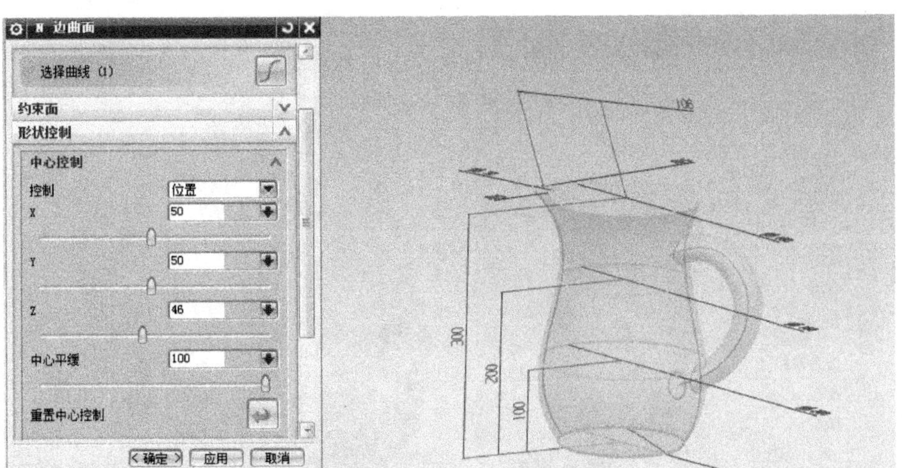

图 2-10-16　N 边曲面参数

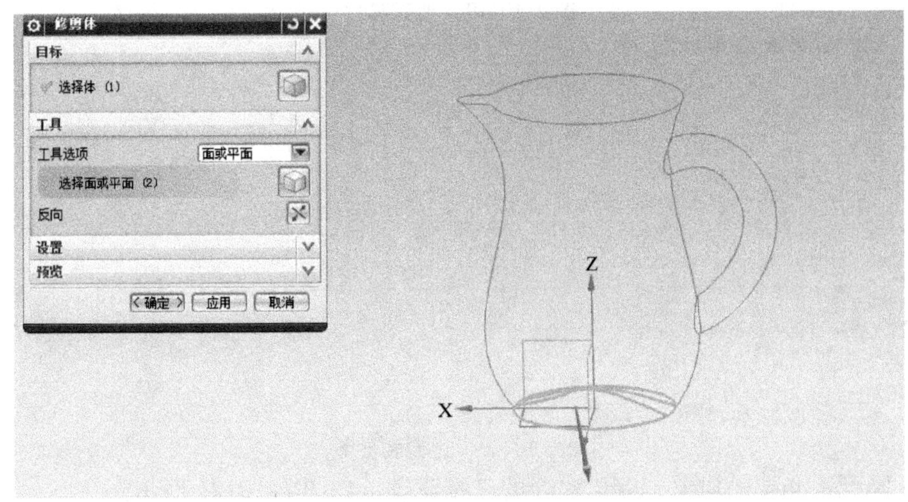

图 2-10-17　修剪体

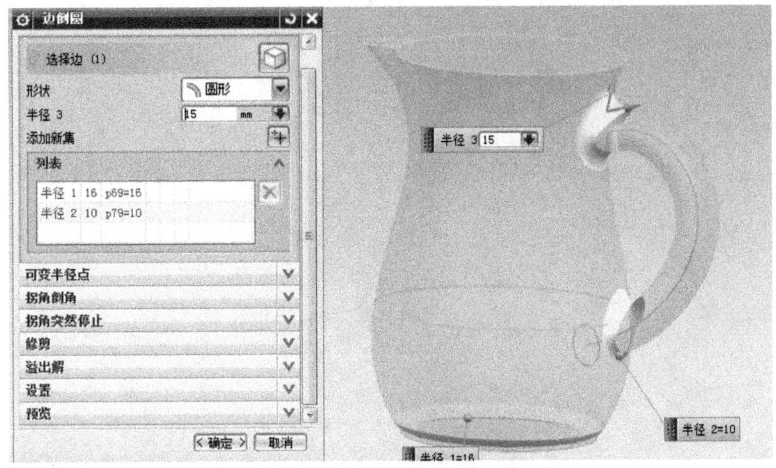

图 2-10-18　边倒圆的参数

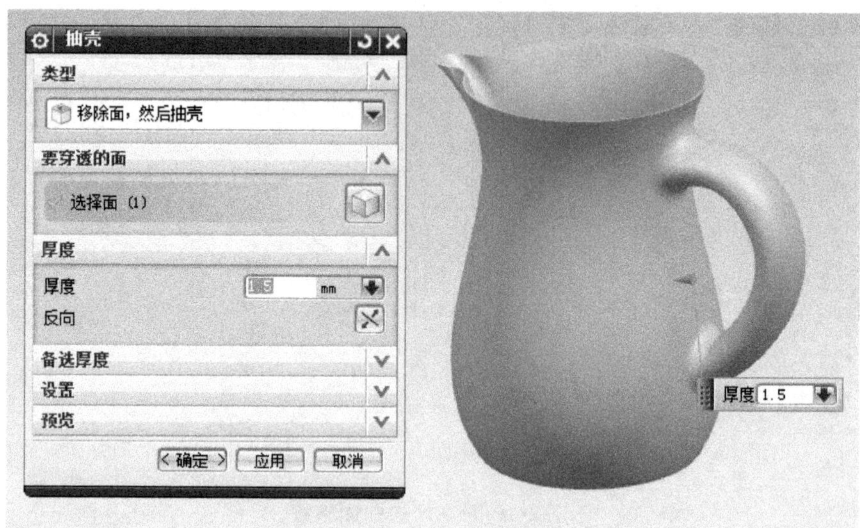

图 2-10-19　抽壳参数

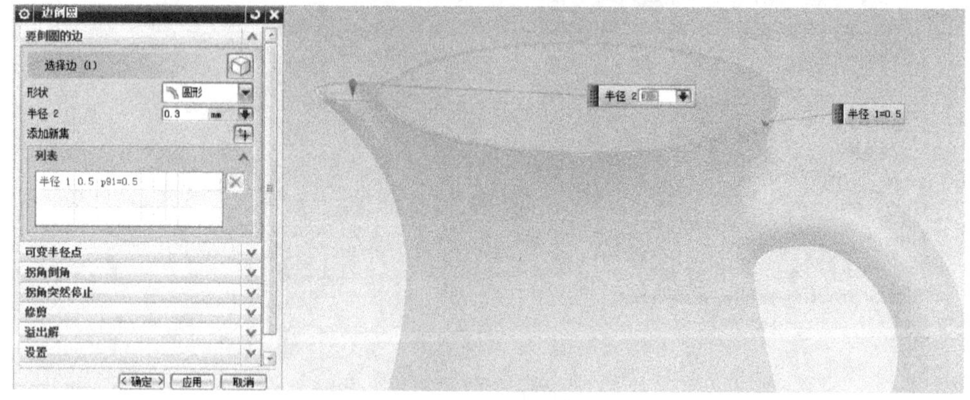

图 2-10-20　边倒圆参数

（17）隐藏不必要的对象，完成水壶的三维建模，如图 2-10-21 所示。

图 2-10-21　水壶的三维模型

专家点拨

（1）通过网格命令将从几个主线串和交叉线串集创建体。每个集中的线串必须互相大致平行，并且不相交。主线串必须大致垂直于交叉线串。选择插入→网格曲面→通过曲线网格既可以使用此命令。还可以执行以下操作：

1）将新曲面约束为与相切曲面 G0、G1 或 G2 连续；

2）控制针对脊线串的交叉线串参数化；

3）将曲面定位在主线串或交叉线串附近，或定位在这两个集的平均位置处。

（2）艺术样条命令可用交互方式创建关联或非关联样条。可以拖动定义点或极点创建样条。可以在给定的点处或者对结束极点指定斜率或曲率。使样条关联保留它们创建的参数，并用参数化方法将其链接到父特征。选择建模→插入→曲线→艺术样条即可使用此命令。

（3）使用 N 边曲面命令，可创建由一组端点相连的曲线组成的曲面。选择插入→网格曲面→N 边曲面即可使用此命令。使用此命令可以：

1）通过使用不限数目的曲线或边建立一个曲面，并指定其与外部面的连续性（所用的曲线或边组成一个简单的开放或封闭的环）。

2）移除非四个面的曲面上的洞或缝隙。

3）指定约束面和内部曲线以修改 N 边曲面的形状。

4）控制 N 边曲面的中心点的锐度，同时保持连续性约束。

（4）创建自由曲面的原则和技巧。

1）构造自由形状特征的边界曲线尽可能简单，曲线阶数（Degree）≤3；当需要曲率连续时，考虑使用 5 阶曲线，尽可能避免使用高阶自由形状特征。

2）构造自由形状特征的边界曲线要保证光滑连续，避免产生尖角、交叉和重叠。

3）曲率半径尽可能大，否则会造成加工困难和形状复杂。内圆角半径尽可能大，否则会造成加工困难和形状复杂。内圆角半径应略大于加工刀具的半径。

4）避免构造非参数化特征（Non - parametric Feature）。

5）如果有测量的数据点，可由数据点生成曲线，再利用曲线构造自由曲面（参数化特征）。

提示：根据不同部件的形状特点合理使用各种自由形状特征构造的方法；尽可能采用实体裁减，再抽壳的方法去创建自由曲面；自由曲面之间的倒圆操作尽可能在实体上进行。

课后训练

设计一种你最喜欢的笔记本式计算机外壳，要求在该项目设计的过程中运用曲面设计功能。

项目 2.11　充电器外壳的 NX CAD 应用案例

教学目标

- 初步掌握曲面造型设计的方法与技巧。

- 掌握直纹曲面、有界平面等曲面的创建方法。
- 掌握缝合的操作方法。
- 掌握变半径倒圆角等细节特征的操作方法。
- 掌握实例几何特征、加厚几何体、修剪片体的操作方法。
- 能完成充电器外壳的三维建模。

项目导读

本项目以充电器外壳的三维建模为案例，比较详细地演示了在 NX 中抽取几何体、回转、通过网格曲线创建曲面和直纹面、修剪、缝合曲面等的操作方法。灵活地运用这些方法可以大大地提高曲面造型设计效率。通过充电器外壳的曲面造型设计项目训练，让读者熟悉在 NX 中进行曲面造型设计的基本思路与方法。

任务描述

以设计师的身份进入 NX 建模功能模块，按照产品图样和客户意图，完成充电器外壳的造型设计。

工作任务

分析充电器外壳的曲面结构、特征；制定充电器外壳的造型设计方案；完成充电器外壳的造型设计。

一、分析充电器外壳的结构特征

充电器外壳的外形如图 2-11-1 所示，其形状主要由外壳面、内凹面、凸台、孔等曲面结构特征组成。

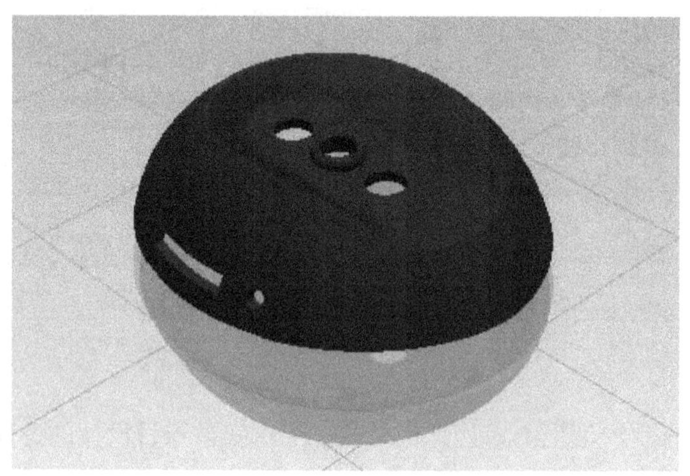

图 2-11-1　充电器外壳外形图

二、制定充电器外壳的建模方案

（1）创建外壳面。

（2）创建内凹面。

（3）缝合面生成实体。

(4) 创建凸台、孔。

(5) 创建腔。

(6) 抽壳。

三、创建充电器外壳的三维模型

充电器外壳的三维建模操作步骤如下。操作录像见配套视频文件 Video \ 2 _ 11. avi；结果文件见 Part \ 2 _ 11. prt。

(1) 选择【文件】→【新建】命令，新建名称为 2 _ 11. prt 的部件文档，单位选择为毫米，如图 2-11-2 所示。单击【确定】按钮，进入建模功能模块。

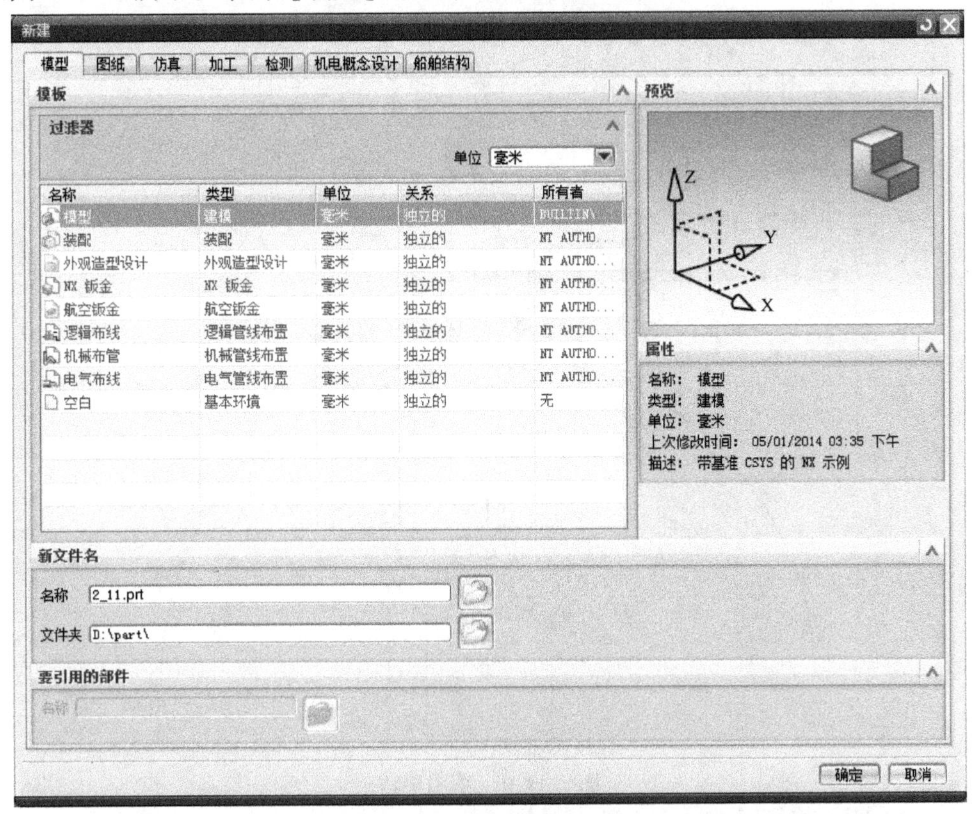

图 2-11-2　新建文件

(2) 设置 21 层为工作层；选择【插入】→【草图】命令，系统弹出"创建草图"对话框，如图 2-11-3 所示；在 X – Z 平面绘制轮廓，草图命名为"SKETCH _ 000"，草图的参数如图 2-11-4 所示。

(3) 设置 11 层为工作层；选择【插入】→【设计特征】→【回转】命令，对步骤（2）形成的曲线轮廓进行回转；回转轴为 X 轴，中心为半径 42. 3mm 的圆的圆心，回转角度为" –90""90"，体类型为片体，如图 2-11-5 所示，回转后模型如图 2-11-6 所示。

(4) 设置 62 层为工作层；选择【插入】→【基准/点】→【基准平面】命令，将 X – Y 平面向 Z 轴正方向偏置"21"，如图 2-11-7 所示。

(5) 设置 22 层为工作层；选择【插入】→【草图】命令，在步骤（4）中创建的基准平面上绘制草图，草图命名为"SKETCH _ 001"，如图 2-11-8 所示，草图的参数如图 2-11-9 所示。

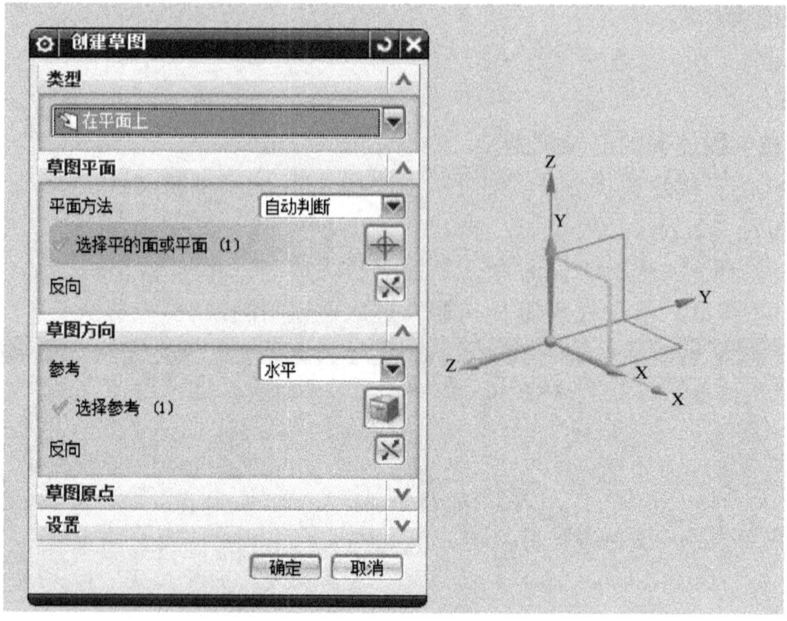

图 2-11-3 草图 SKETCH _ 000 的放置位置

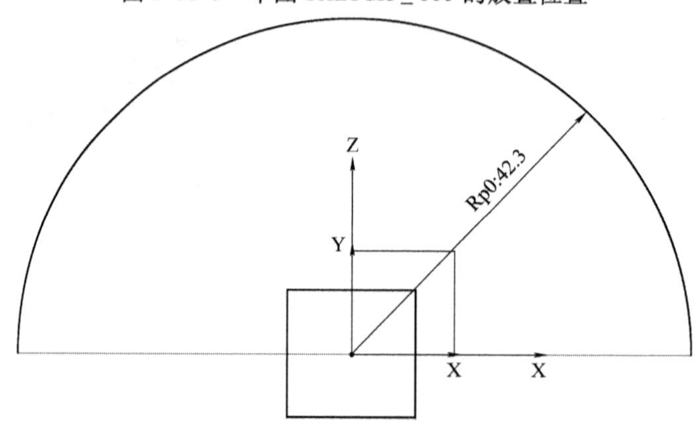

图 2-11-4 草图参数

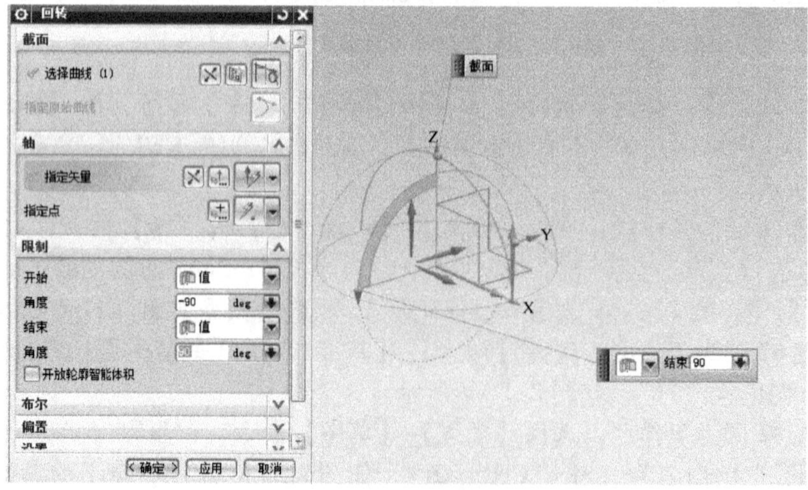

图 2-11-5 回转参数

图 2-11-6　回转后模型

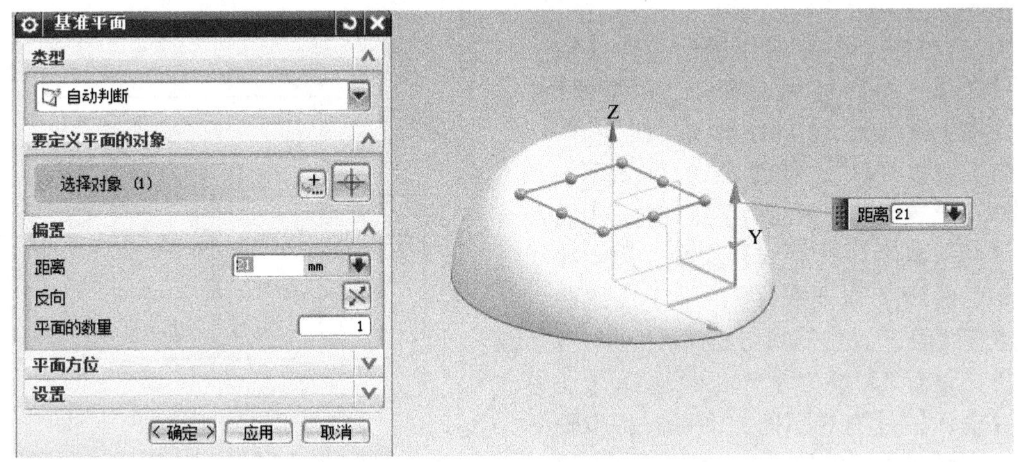

图 2-11-7　基准平面偏置参数

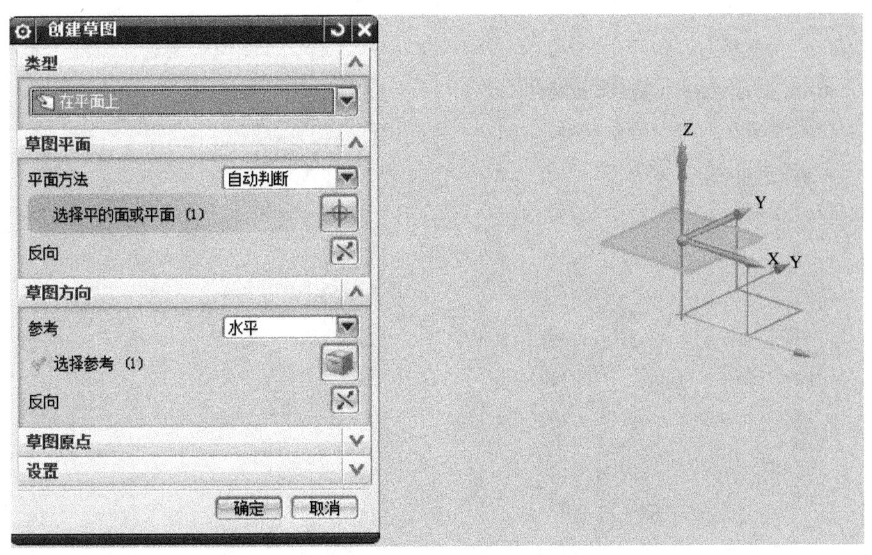

图 2-11-8　草图 SKETCH _001 放置位置

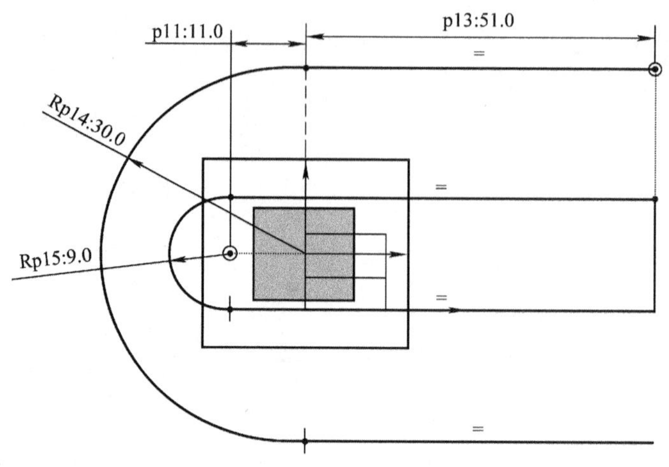

图 2-11-9 草图 SKETCH _ 001 的参数

（6）设置 41 层为工作层；选择【插入】→【关联复制】→【生成实例几何特征】命令，将步骤（5）中的曲线 1（图 2-11-10）向上偏移“21”，如图 2-11-11 所示。

（7）设置 12 层为工作层；选择【插入】→【网格曲面】→【直纹】命令，用步骤（5）中的曲线 2 与步骤（6）中生成的曲线创建直纹面，如图 2-11-12 所示。

（8）设置 13 层为工作层；选择【插入】→【曲面】→【有界平面】命令，将步骤（7）的底面补成完整的平面，如图2-11-13 所示。

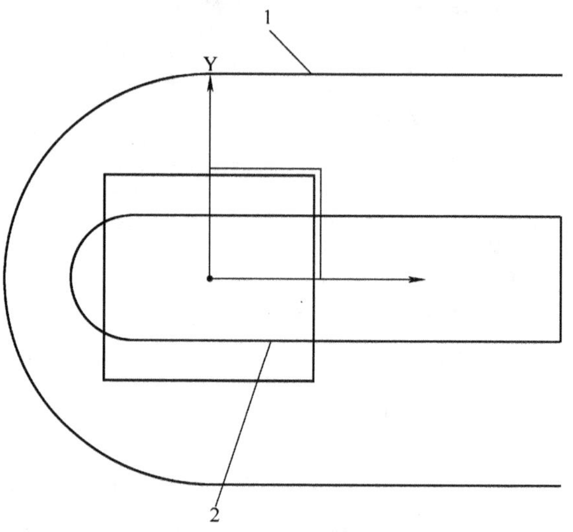

图 2-11-10 偏置曲线的位置

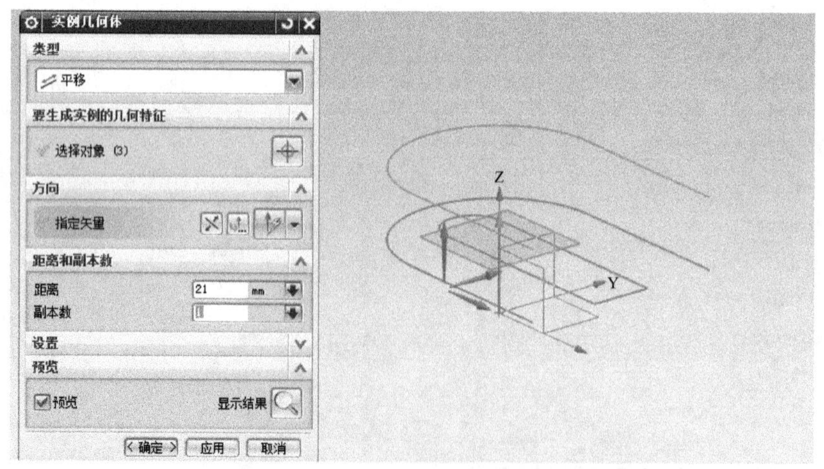

图 2-11-11 偏置曲线的参数

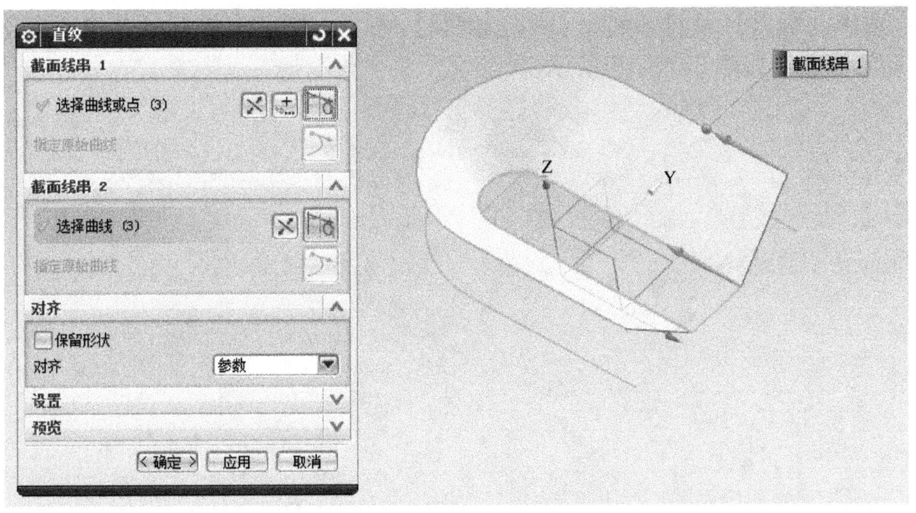

图 2-11-12 直纹面的创建

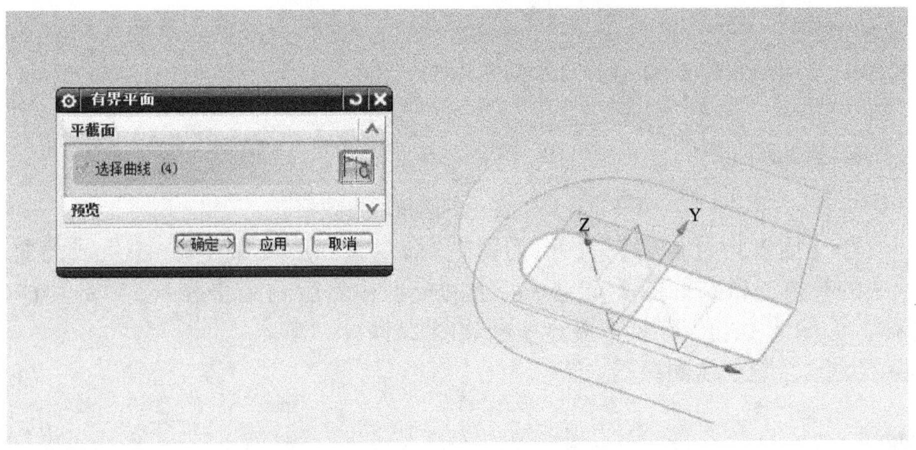

图 2-11-13 有界平面的参数模型

（9）选择【插入】→【组合】→【缝合】命令，将步骤（7）与步骤（8）生成的面缝合为一个曲面，如图 2-11-14 所示。

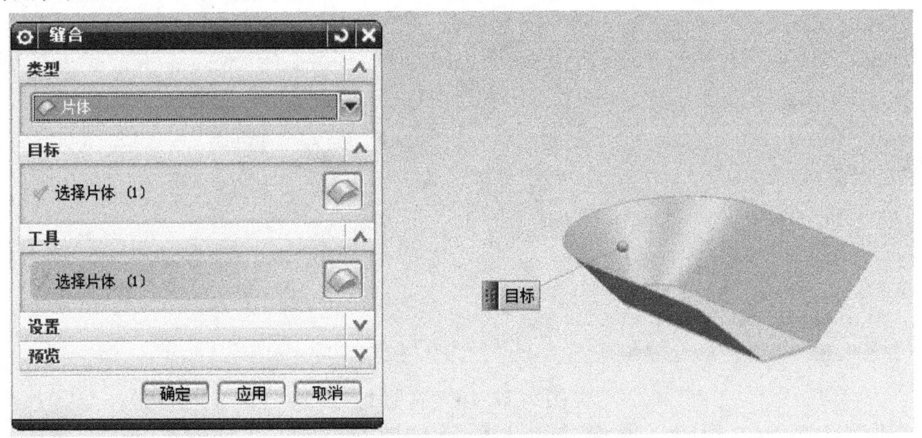

图 2-11-14 缝合模型

（10）选择【插入】→【细节特征】→【边倒圆】命令，借助边倒圆命令中的变化倒圆角，倒不同半径的圆角，如图 2-11-15 所示。

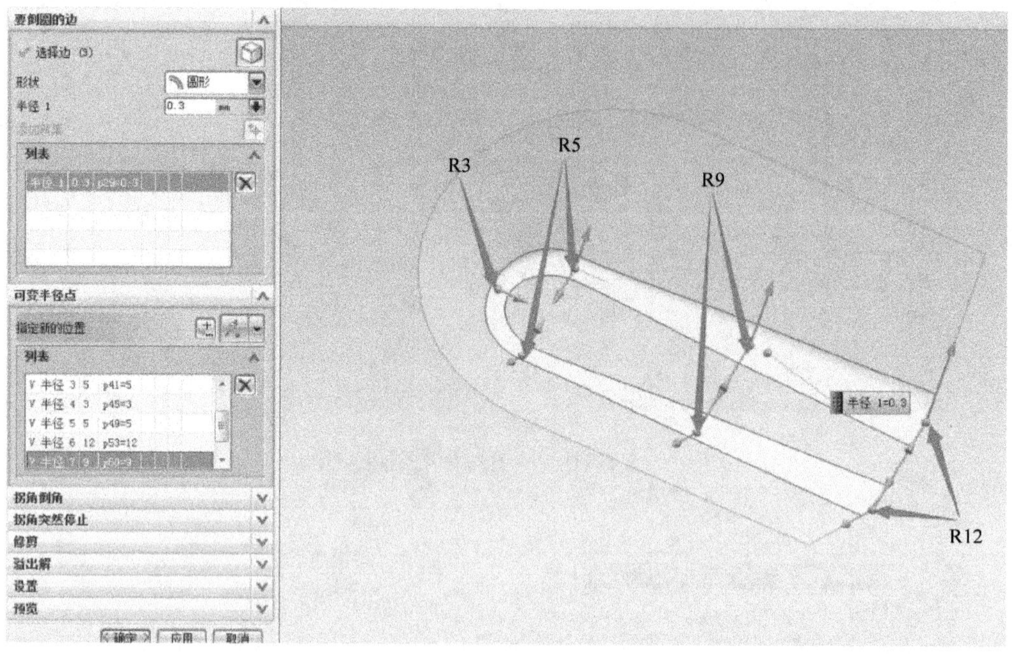

图 2-11-15 变化倒圆角的参数模型

（11）选择【插入】→【修剪】→【修剪片体】命令，利用步骤（9）中生成的曲面，修剪步骤（3）中的片体，得到如图 2-11-16 所示的模型；然后利用步骤（3）的片体修剪步骤（9）的片体，如图 2-11-17 所示。最终模型如图 2-11-18 所示。

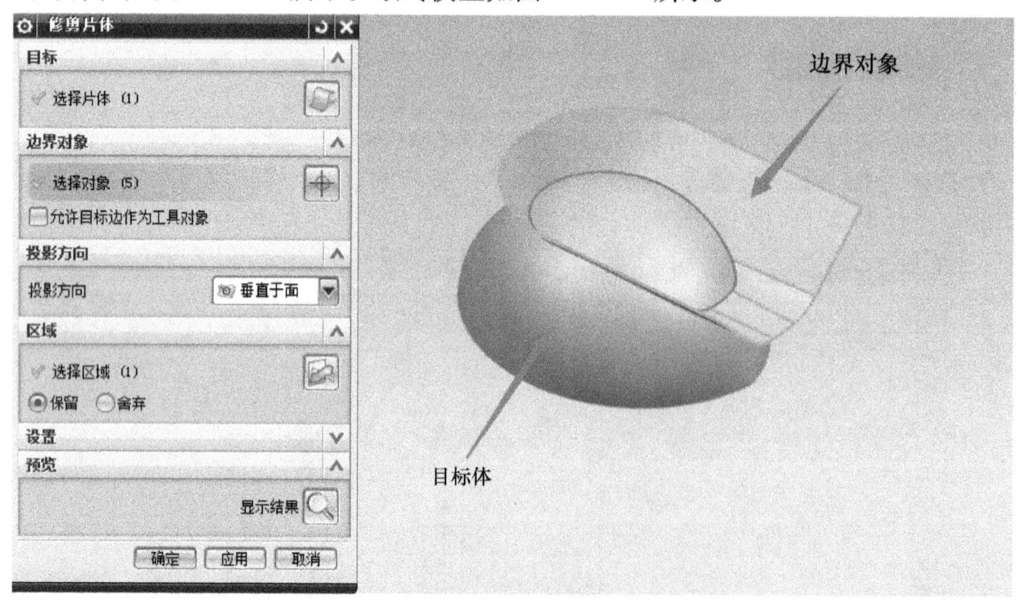

图 2-11-16 修剪 1

（12）设置 1 层为工作层；选择【插入】→【偏置/缩放】→【加厚】命令，对步骤（11）生成的片体进行加厚，加厚值为“2”，如图 2-11-19 所示。

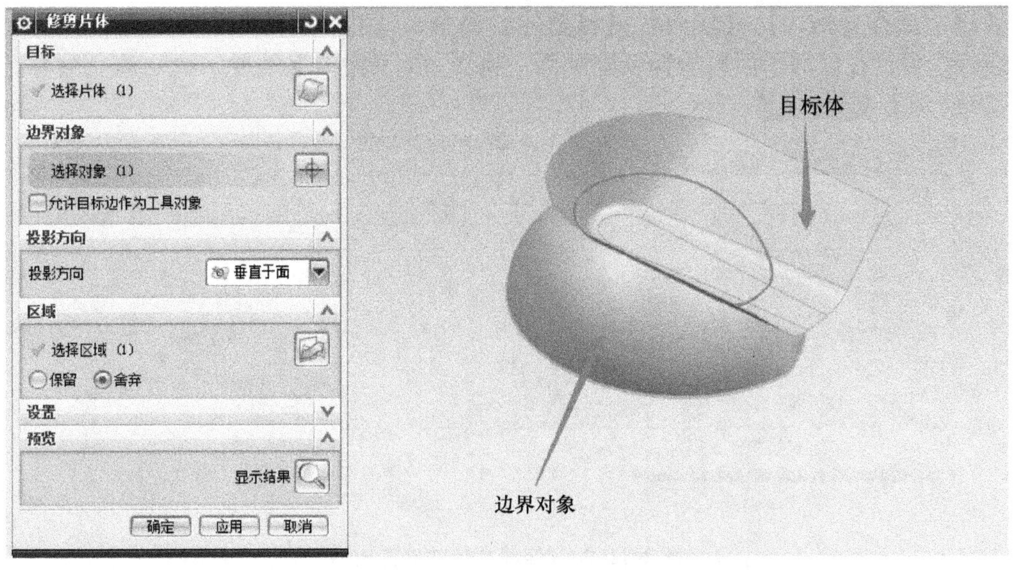

图 2-11-17　修剪 2

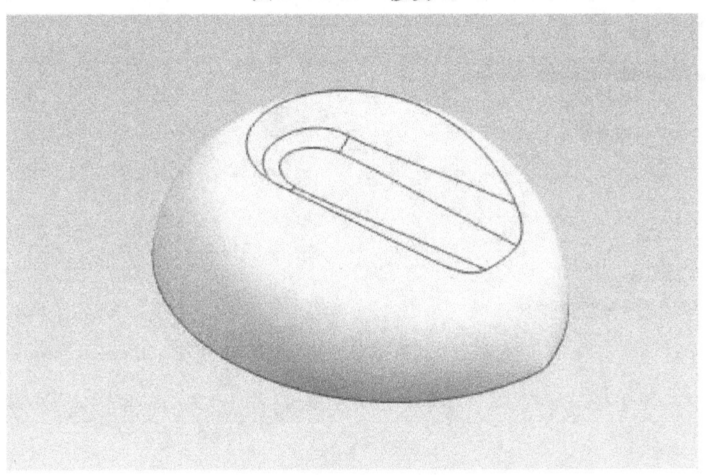

图 2-11-18　修剪结束后的模型

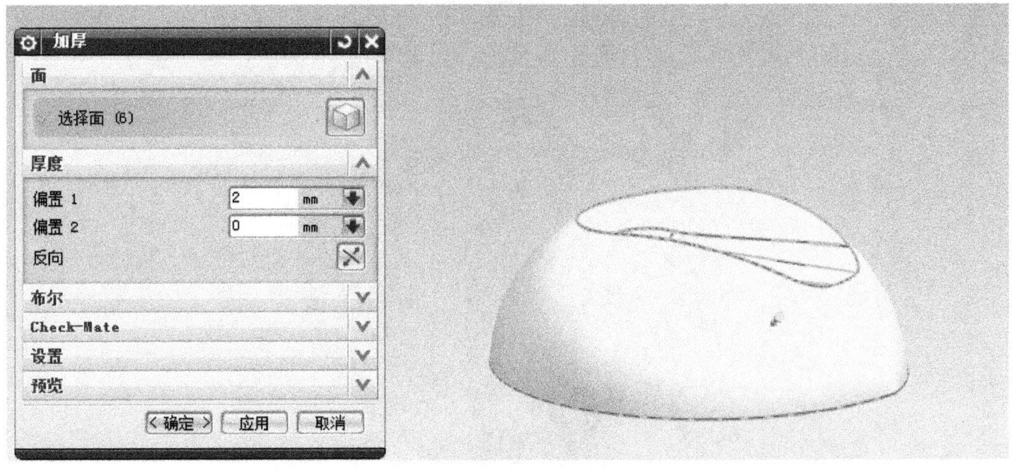

图 2-11-19　加厚参数模型

（13）选择【插入】→【修剪】→【修剪体】命令，借助修剪体命令对步骤（12）生成的实体进行修剪；在修剪平面内选择新建平面，将 X－Y 平面向上偏置“8”，进行修剪，如图 2-11-20 所示。

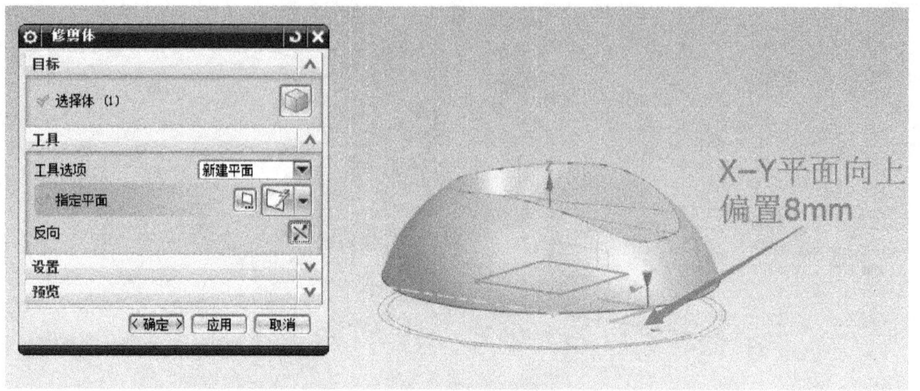

图 2-11-20　修剪片体的参数模型

（14）选择【插入】→【设计特征】→【凸台】命令，如图 2-11-21 所示；定位在坐标系的中心位置，如图 2-11-22 所示。

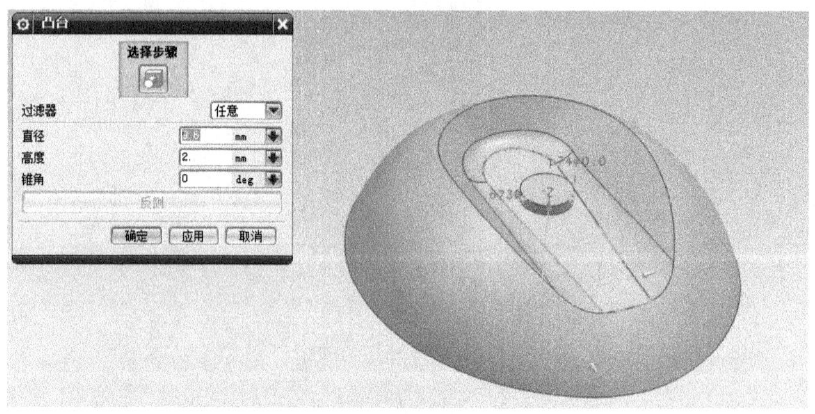

图 2-11-21　凸台的参数

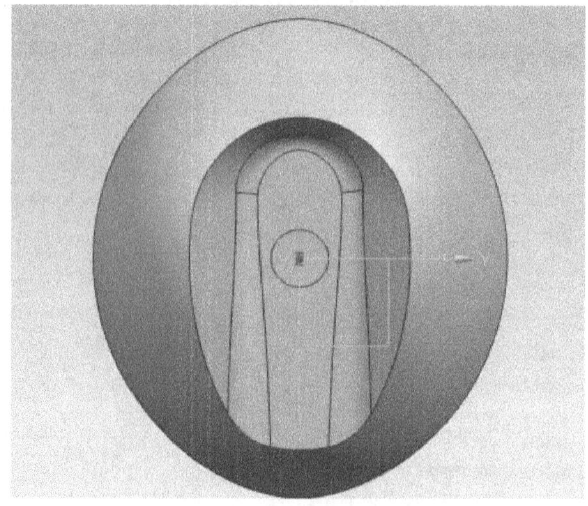

图 2-11-22　凸台的定位

（15）选择【插入】→【设计特征】→【腔体】命令，如图 2-11-23 所示；定位在凸台的中心位置，如图 2-11-24 所示。完成后的模型如图 2-11-25 所示。

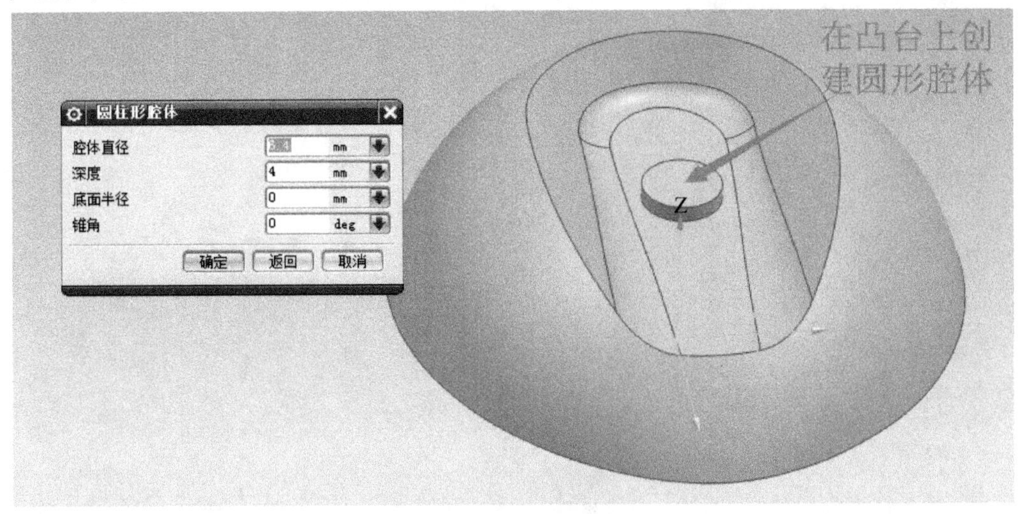

图 2-11-23　创建腔体

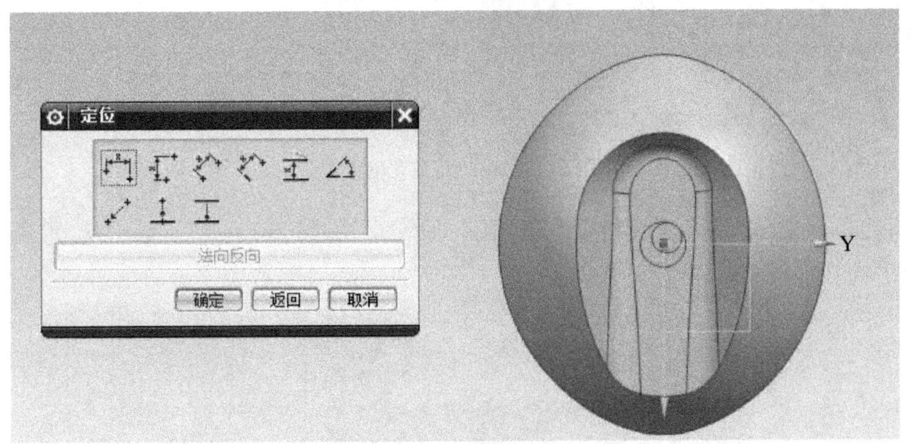

图 2-11-24　腔体的定位

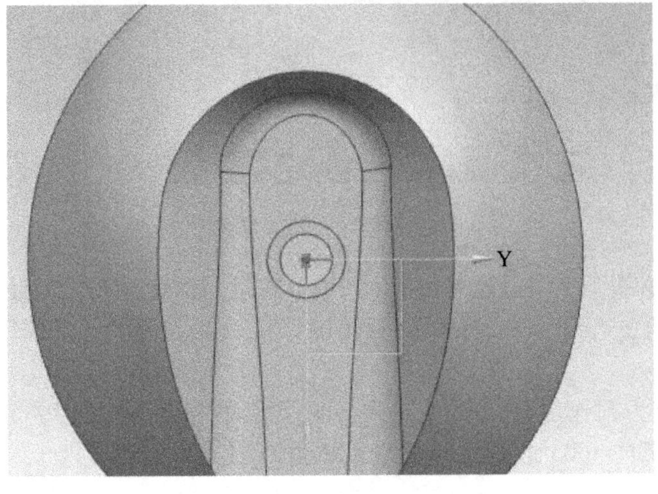

图 2-11-25　创建腔体的结果

（16）选择【插入】→【设计特征】→【拉伸】命令，对步骤（15）中完成的模型进行创建沉头孔的操作，如图 2-11-26 所示。

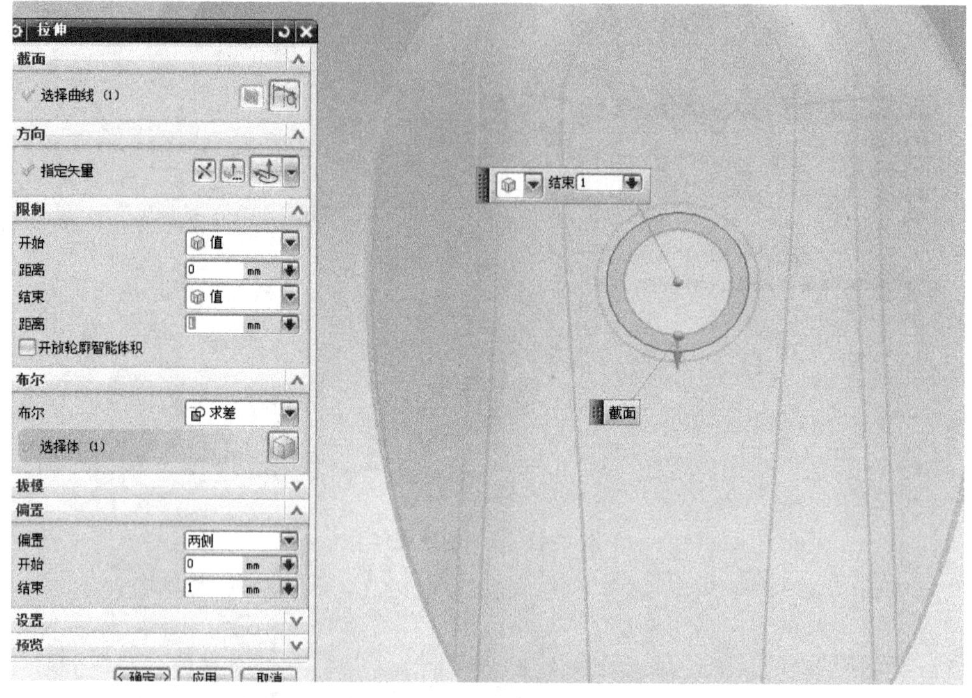

图 2-11-26　沉头孔的参数

（17）选择【插入】→【设计特征】→【孔】命令，在图 2-11-27 所示的位置创建孔径为 7mm 的简单孔，结果如图 2-11-28 所示。

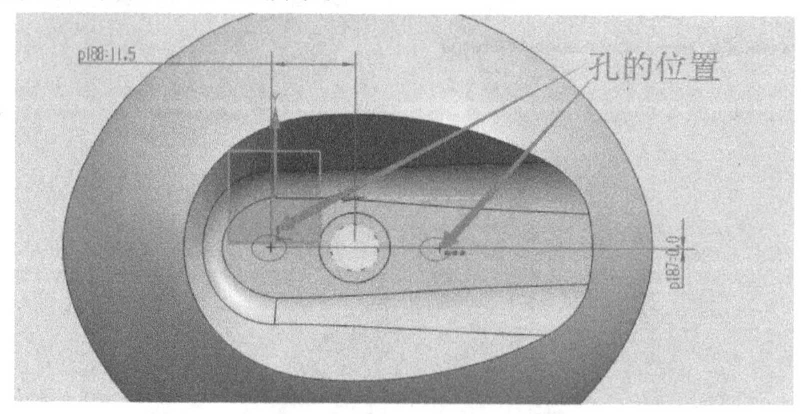

图 2-11-27　孔的位置

（18）设置 24 层为工作层；选择【插入】→【草图】命令，系统弹出“创建草图”对话框，如图 2-11-29 所示；在 X－Z 平面绘制轮廓，草图命名为“SKETCH _ 003”，草图的参数如图 2-11-30 所示。

（19）设置 1 层为工作层；选择【插入】→【设计特征】→【拉伸】命令，对步骤（18）中完成的草图 SKETCH _ 003 进行拉伸求差，如图 2-11-31 所示。

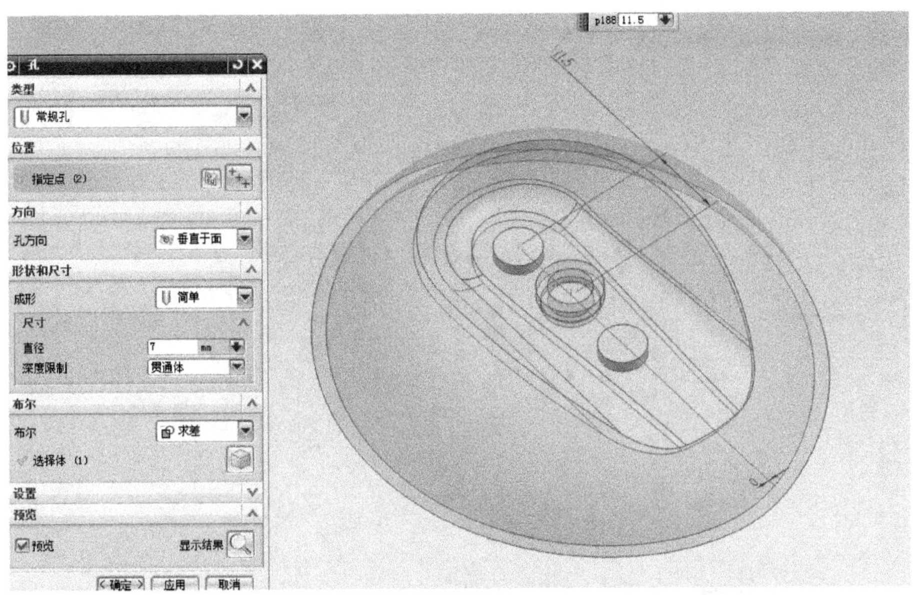

图 2-11-28　孔的参数

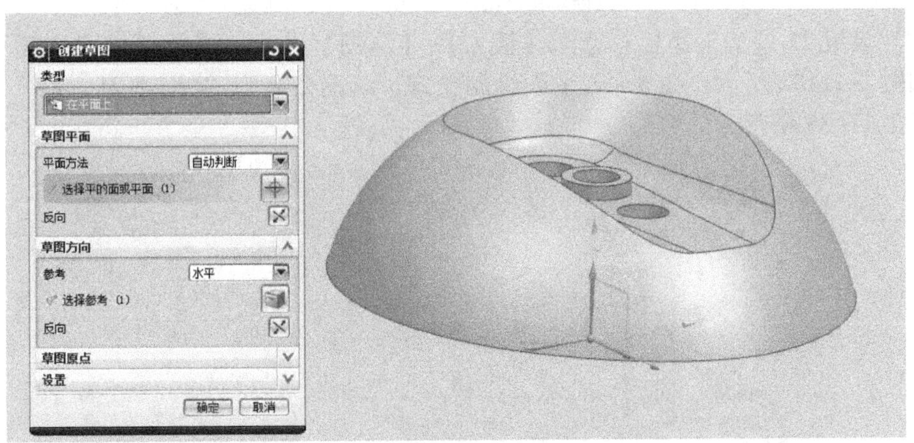

图 2-11-29　草图 SKETCH _ 003 的位置

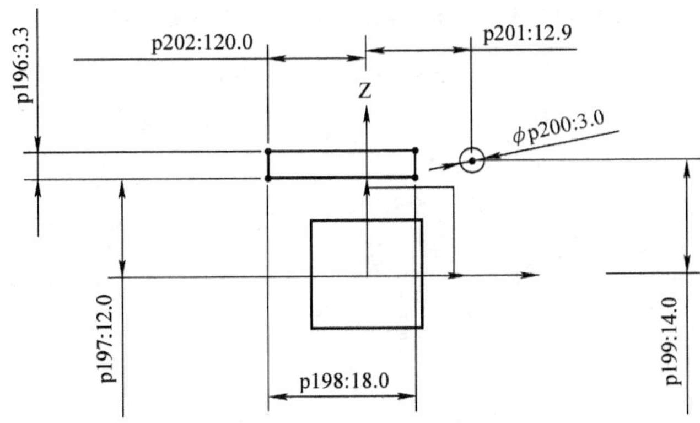

图 2-11-30　草图参数

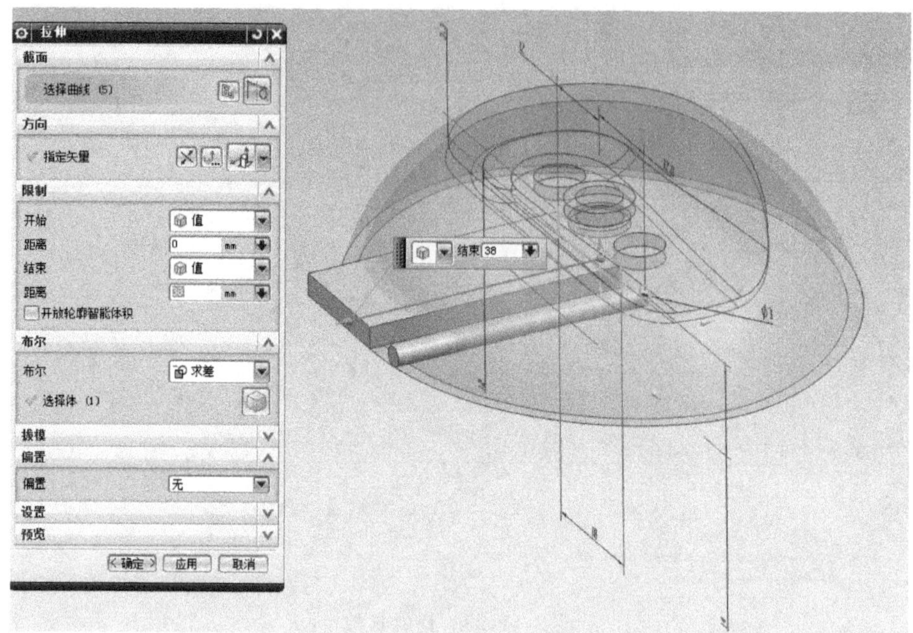

图 2-11-31 拉伸草图 SKETCH _ 003 与模型求差的参数

（20）设置 25 层为工作层；选择【插入】→【草图】命令，系统弹出“创建草图”对话框，如图 2-11-32 所示；在 X - Z 平面绘制轮廓，草图命名为“SKETCH _ 004”，草图的参数如图 2-11-33 所示。

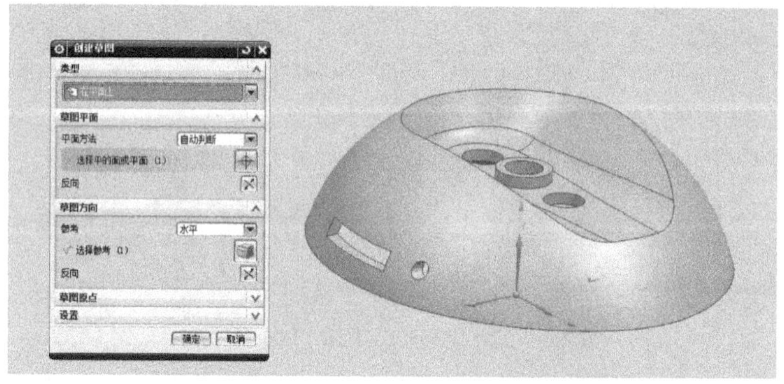

图 2-11-32 草图 SKETCH _ 004 的放置位置

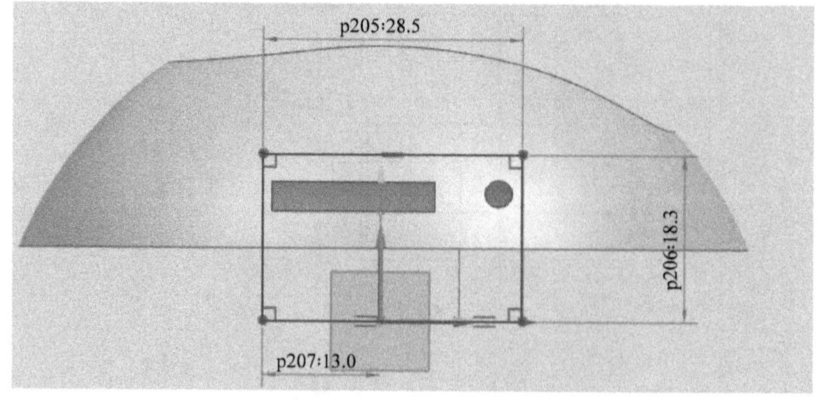

图 2-11-33 草图 SKETCH _ 004 的参数

（21）设置42层为工作层；选择【插入】→【来自曲线集的曲线】→【投影】命令，对步骤（20）中的草图进行投影；投影沿着 -Y 轴方向，投影到曲面外轮廓上，如图2-11-34所示。

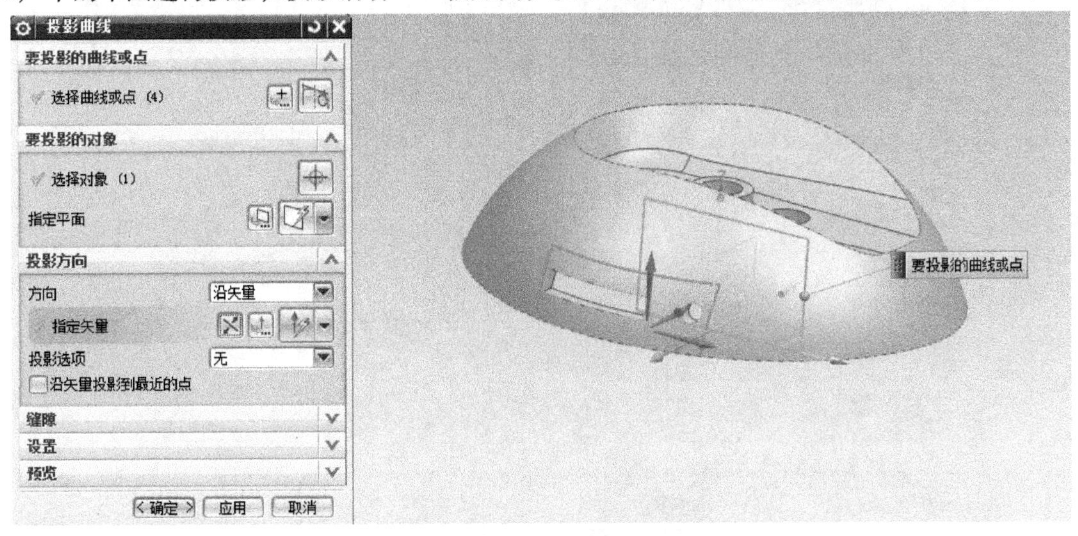

图2-11-34　投影曲线的参数模型

（22）设置14层为工作层；选择【插入】→【曲线网格】→【通过曲线组】命令，对步骤（21）中投影到外轮廓的曲线进行构面，如图2-11-35所示。

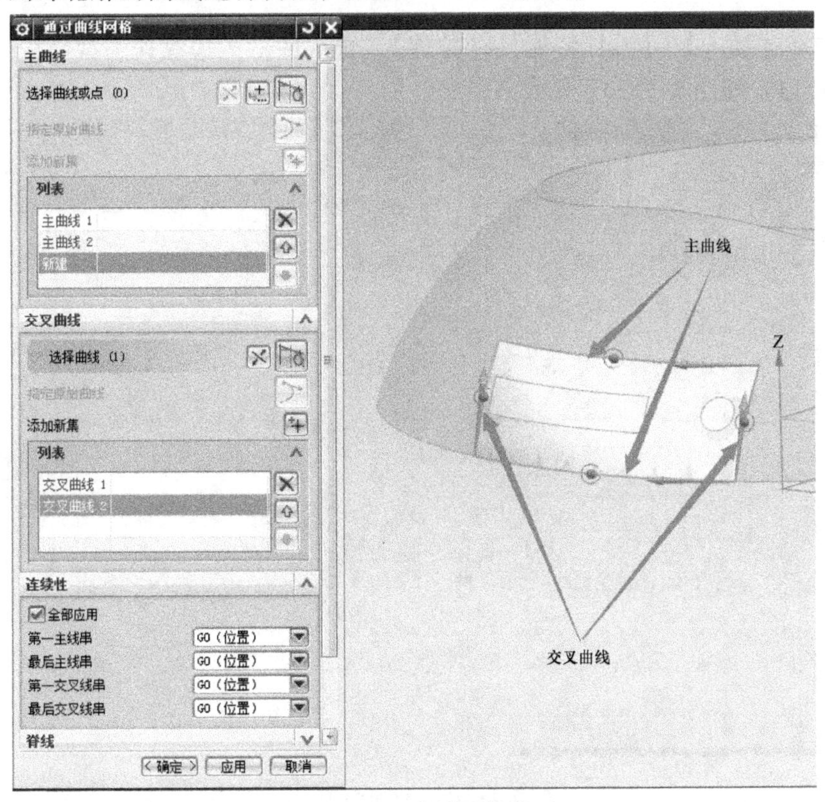

图2-11-35　曲线网格构面

（23）设置1层为工作层；选择【插入】→【偏置/缩放】→【加厚】命令，对步骤（22）生成的片体进行加厚，加厚值分别为“1”与“-0.5”，并进行布尔求差运算，如图

2-11-36所示。

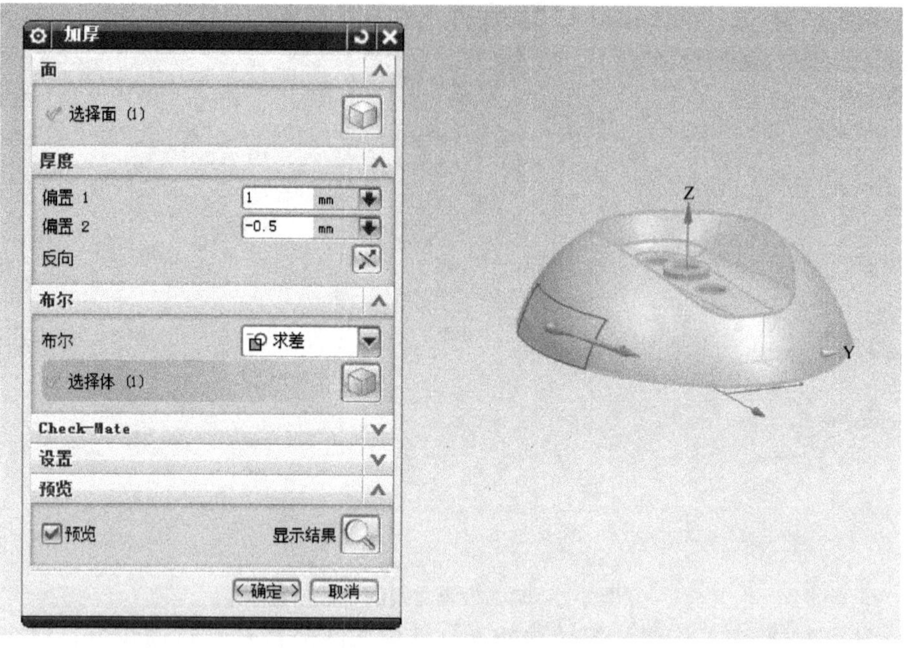

图 2-11-36 片体加厚以及布尔运算

（24）选择【插入】→【设计特征】→【拉伸】，选取底部内边缘作为截面线，并与实体做求差，创建止口，如图 2-11-37 所示。

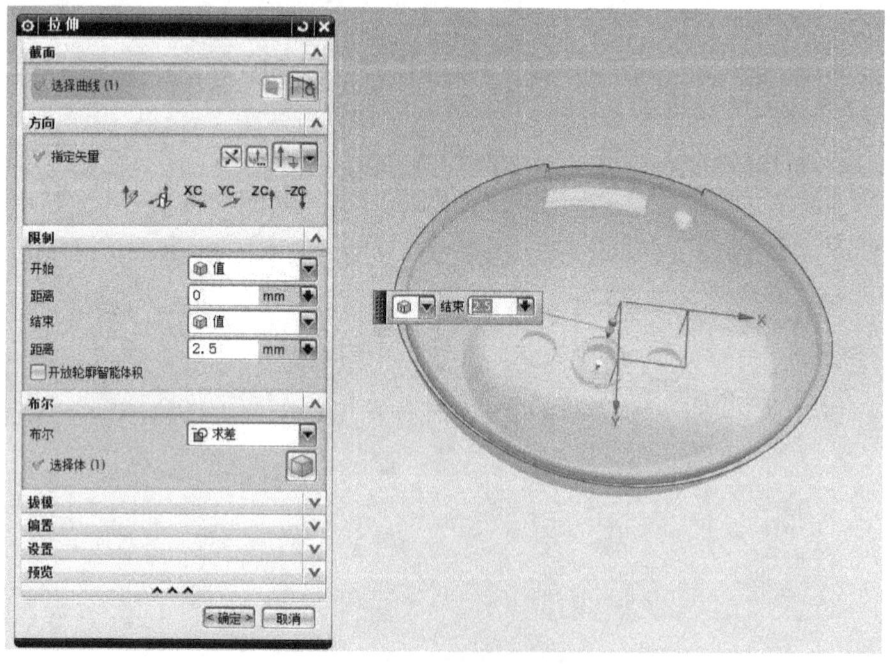

图 2-11-37 拉伸制作止口

（25）选择【插入】→【设计特征】→【拉伸】，在 X－Y 平面上创建草图如图 2-11-38 所示，草图参数如图 2-11-39 所示，并进行拉伸，如图 2-11-40 所示。

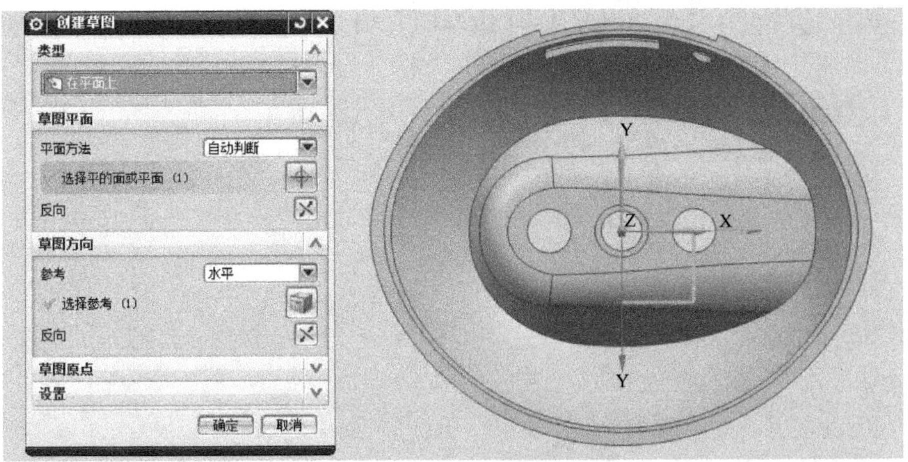

图 2-11-38　草图位置

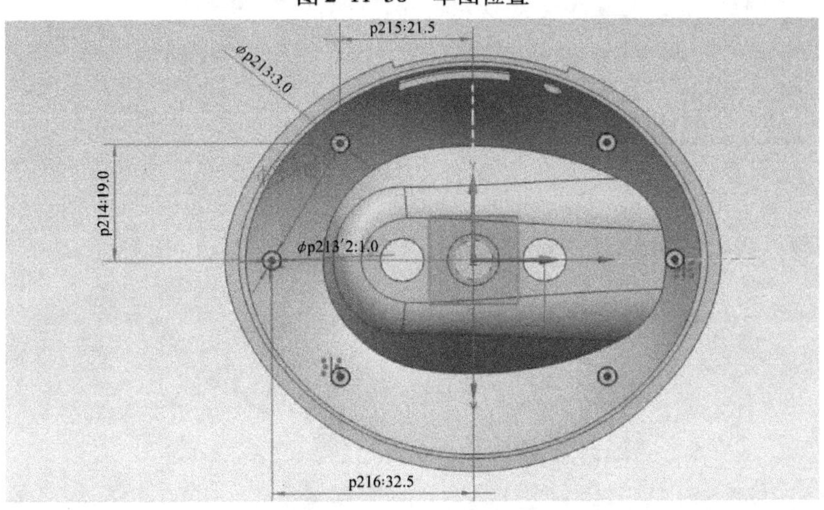

图 2-11-39　草图参数

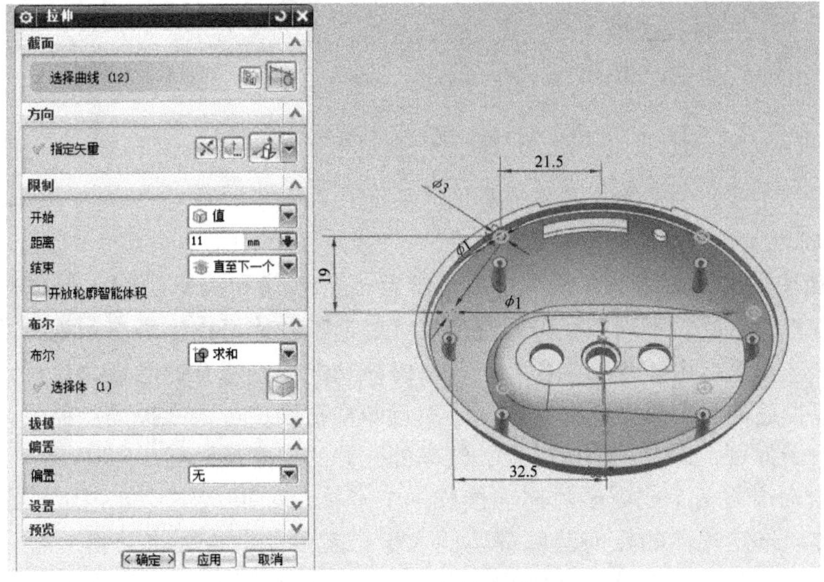

图 2-11-40　拉伸参数

（26）选择【插入】→【细节特征】→【边倒圆】命令，对如图 2-11-41 所示位置进行边倒圆。

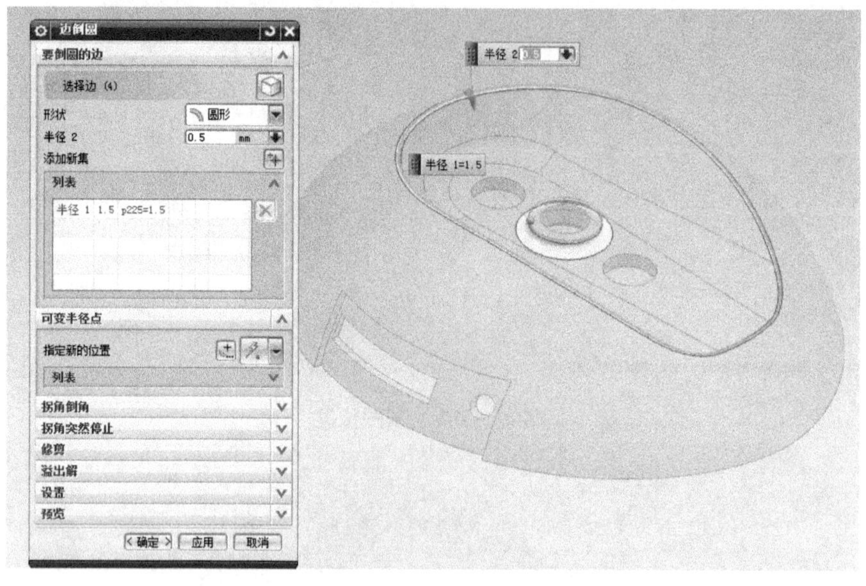

图 2-11-41 边倒圆

（27）隐藏不必要的对象，完成充电器外壳建模，如图 2-11-42 所示。

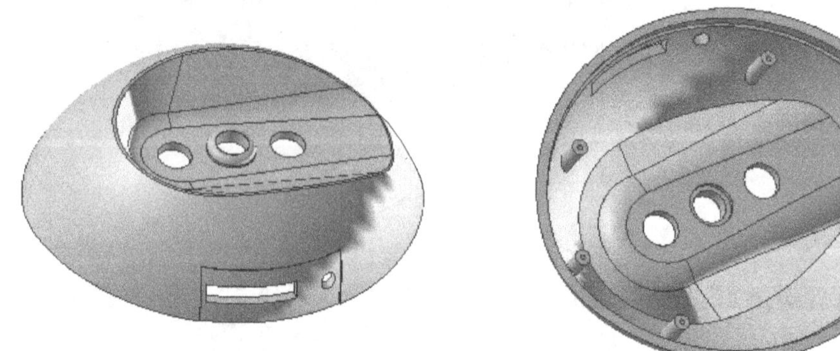

图 2-11-42 充电器外壳三维模型

专家点拨

（1）外观造型设计功能是一系列自由形状特征的创建和编辑功能。外观造型设计和曲面造型功能有相似之处，不同的是外观造型设计的造型功能可以实现自由拖拉的动态操作方式，更加符合艺术家自由随意的工作特点，所以该功能特别适合产品概念设计。外观造型设计可以将难以描述的复杂模型变得直观明了而且非常精确，可大大提高产品设计的效率与质量，广泛应用于弹簧、螺纹、手机外壳、汽车外壳等的概念设计。

（2）缝合命令将两个或更多片体连接成一个片体。如果这组片体包围一定的体积，则创建一个实体。选定片体的任何缝隙都不能大于指定公差，否则将获得一个片体，而非实体。如果两个实体共享一个或多个公共（重合）面，还可以缝合这两个实体，选择插入→

组合体→缝合即可使用此命令。

（3）修剪的片体命令可同时修剪多个片体。此命令的输出可以是分段的，并且允许创建多个最终的片体。修剪的片体命令可跟踪有标记的对象而不是屏幕位置点的基于修剪区域的选择。如果变换（平移、旋转）片体或更改工具位置，可避免修剪片体失败。可以使用修剪的片体命令的多个输入或输出功能来获得相同的结果，而无需重复执行修剪操作。可使用选择意图选项的支持来选择多个目标片体和修剪边界。可在运行时执行共用同一组边界对象的片体修剪操作，而不是保留边界对象用于下次片体修剪操作。

课后训练

设计一种你最喜欢的 MP4 外壳，要求在该项目设计的过程中运用曲面设计功能。

项目 2.12　电话机外壳体的 NX CAD 应用案例

教学目标

- 掌握曲面造型设计的方法与技巧。
- 掌握基准特征的创建技巧。
- 掌握基本曲线、相交曲线、偏置曲线的操作方法与技巧。
- 掌握阵列特征的操作方法。
- 能完成电话机外壳体的三维建模。

项目导读

本项目以电话机外壳体的三维建模为案例，比较详细地演示了电话机外壳体的绘制方法。案例中综合运用了 NX 中的拔模、变半径圆角、相交曲线、修剪曲线、扫略、偏置曲线、剖面曲线、抽壳、投影、腔体定位、实例（环形阵列、矩形阵列）及螺纹等建模功能。灵活地运用这些方法可以大大地提高绘图效率。通过电话机外壳体的三维建模项目训练，让读者熟悉在 NX 中进行塑料壳类零件的数字化设计的基本思路与方法。

任务描述

以设计师的身份进入 NX 建模功能模块，按照产品图样和客户意图，完成电话机外壳体的三维建模。

工作任务

读懂图样，分析电话机外壳体的结构、特征；制定电话机外壳体的数字化建模方案；完成电话机外壳体的三维造型建模。

一、分析电话机外壳体的结构特征

电话机外壳体的结构尺寸图如图 2-12-1 所示，其形状主要由电话机外壳体主体、筒放置槽、显示面板的槽、扬声器孔、数字键槽、螺纹安装孔等结构特征组成。

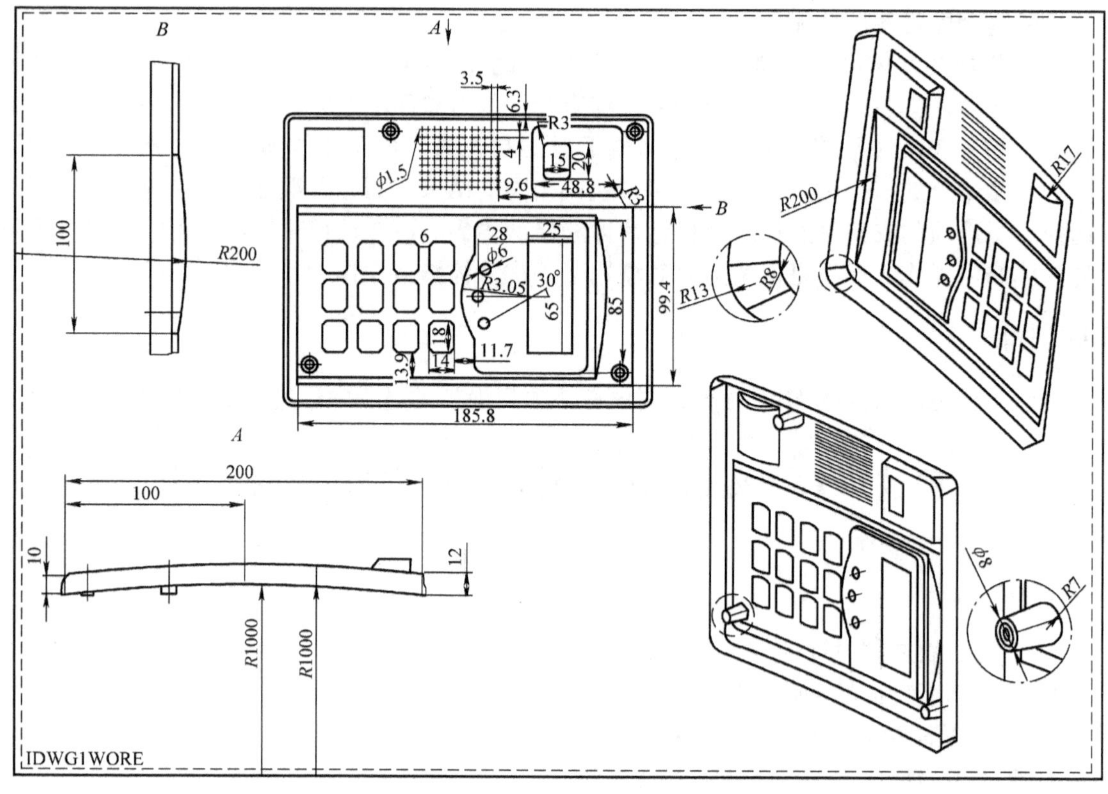

图 2-12-1 电话机外壳体的结构尺寸图

二、制定电话机外壳体的建模方案

（1）绘制电话机外壳体主体。

（2）绘制面平台。

（3）绘制话筒放置槽。

（4）抽壳。

（5）绘制显示面板的槽。

（6）绘制扬声器孔。

（7）绘制数字键槽。

（8）绘制螺纹安装孔。

（9）绘制定位凸台。

三、创建电话机外壳体的三维模型

电话机外壳体的三维建模操作步骤如下。操作录像见配套视频文件 Video \ 2_12. avi；结果文件见 Part \ 2_12. prt。

（1）选择【文件】→【新建】命令，新建名称为 2 _ 12. prt 的部件文档，单位选择为毫米，如图 2-12-2 所示。单击【确定】按钮，进入建模功能模块。

（2）设置 21 层为工作层，选择【插入】→【草图】，在 XC－YC 平面上建立草图平面，默认名为“SKETCH－000”，绘制如图 2-12-3 所示草图曲线。

（3）设置 1 层为工作层，选择【插入】→【设计特征】→【拉伸】功能；开始值为“0”，结束值为“160”。设置与操作如图 2-12-4 所示。

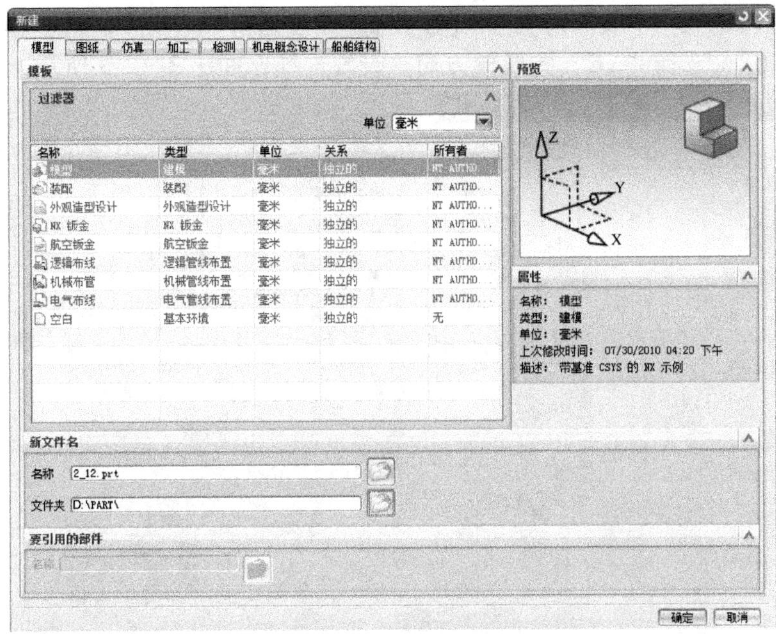

图 2-12-2　创建新的部件

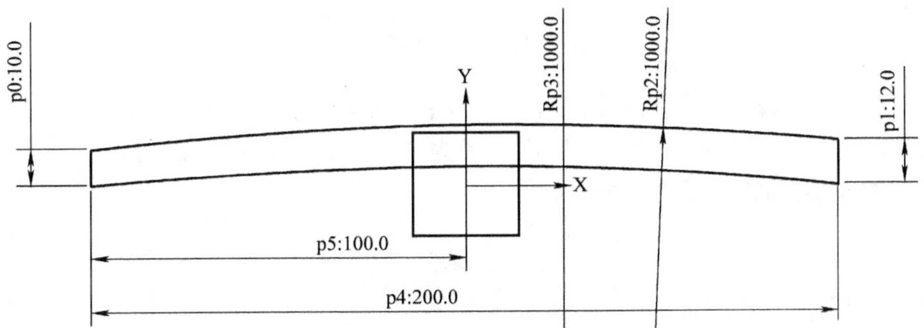

图 2-12-3　绘制草图

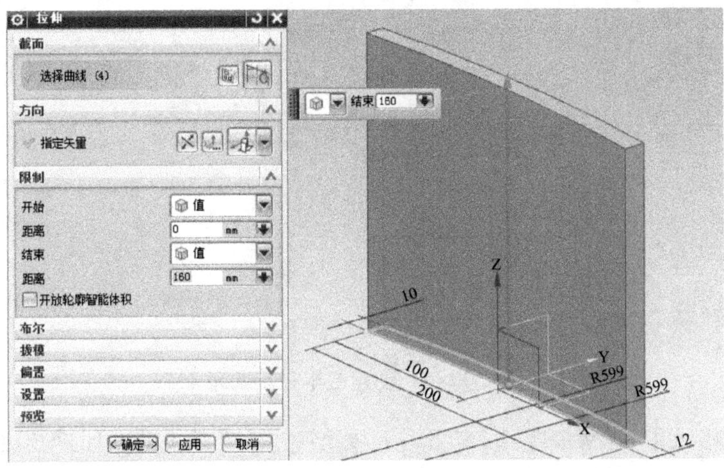

图 2-12-4　拉伸草图

（4）选择【插入】→【细节特征】→【拔模】；类型选择“从边”，选择模型底部的四条边，角度为“10”，选择“YC”为脱模方向。设置与操作如图 2-12-5 所示。

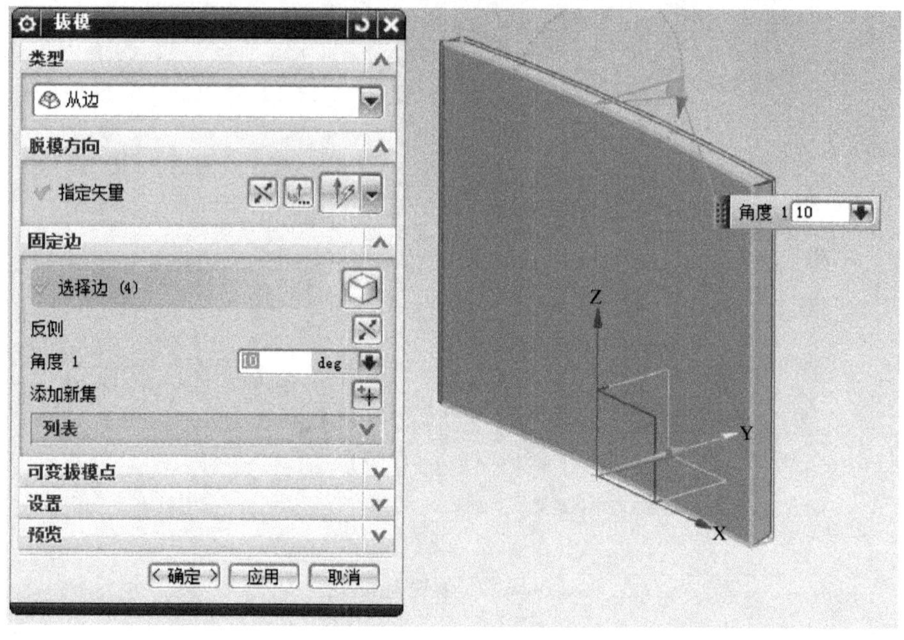

图 2-12-5　创建拔模角

（5）选择【插入】→【细节特征】→【边倒圆】；选择“变半径倒圆角”功能，编辑实体的四条竖直短边，顶面半径为“5”，底面半径为“8”。设置与操作如图 2-12-6 所示。

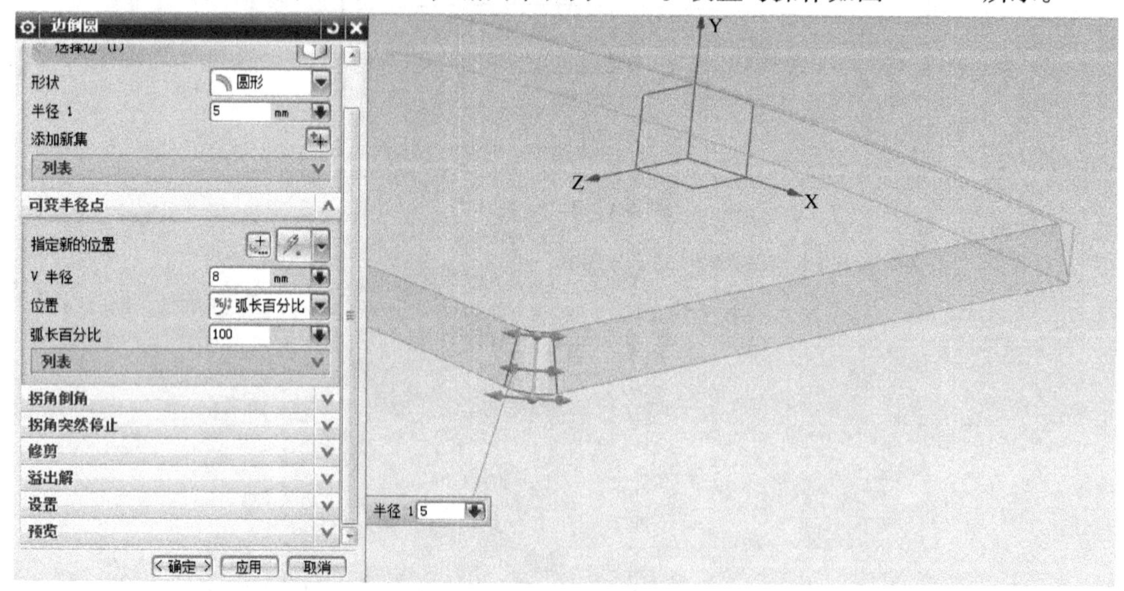

图 2-12-6　创建变半径倒圆角

（6）选择【格式】→【WCS】→【定向】；类型选择“动态”，如图 2-12-7 所示；单击【点构造器】，移动坐标系到坐标点“－95”“10.5”“10”，如图 2-12-8 所示。

图 2-12-7　"CSYS" 对话框

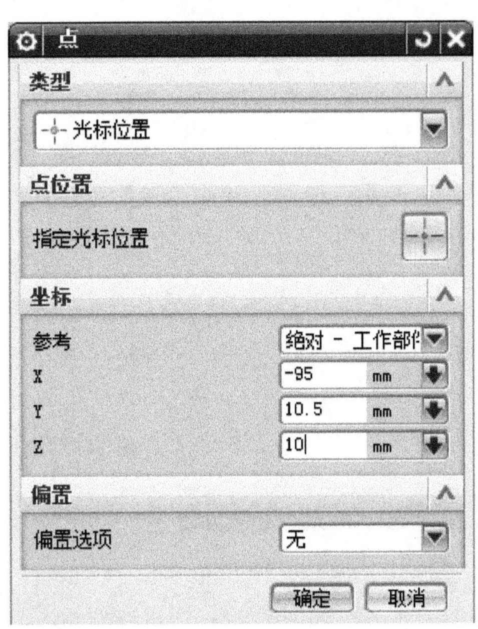

图 2-12-8　"点" 对话框

（7）设置 41 层为工作层，隐藏 21 图层；选择【插入】→【来自体的曲线】→【求交】；去除"关联"选项，求上表面与 XC－YC 平面的相交曲线。设置与操作如图 2-12-9 所示。设置 42 层为工作层，采用同样的方法求上表面与 YC－ZC 平面的相交曲线，结果如图 2-12-10所示。

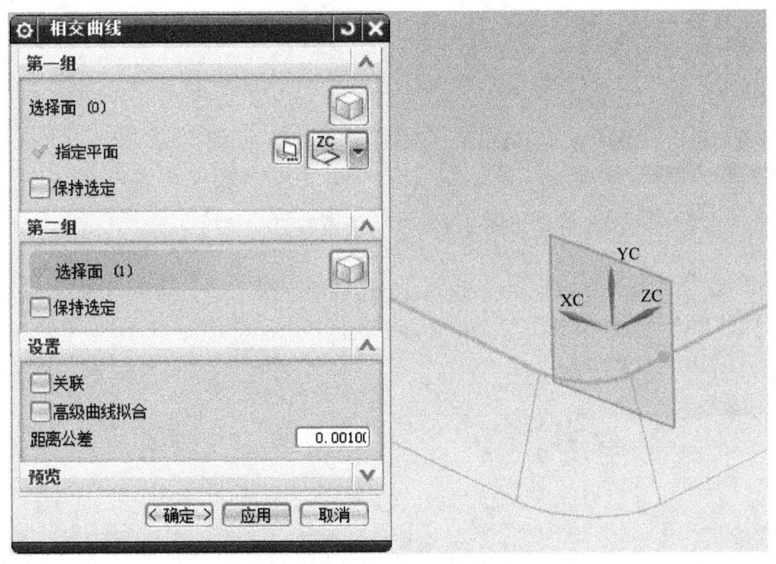

图 2-12-9　创建相交曲线

（8）设置 43 层为工作层；选择【插入】→【曲线】→【圆弧/圆】，类型为"三点画圆弧"，利用【基本曲线】中的【圆和圆弧】过点（0，0，0）和（0，0，100）在 YC－ZC 平面内绘制半径为"200"的圆弧。设置与操作如图 2-12-11 所示。

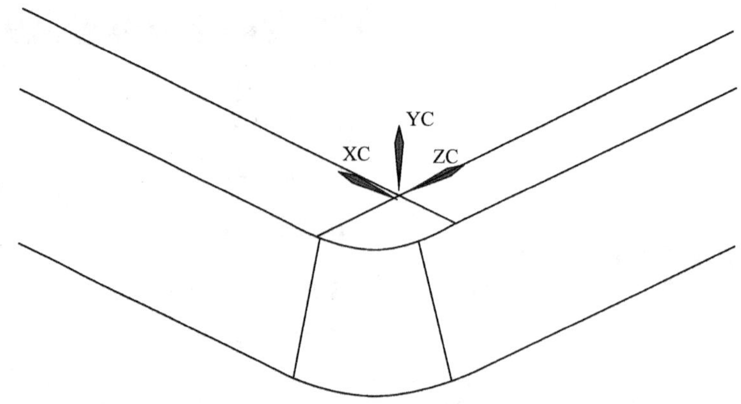

图 2-12-10 创建相交曲线

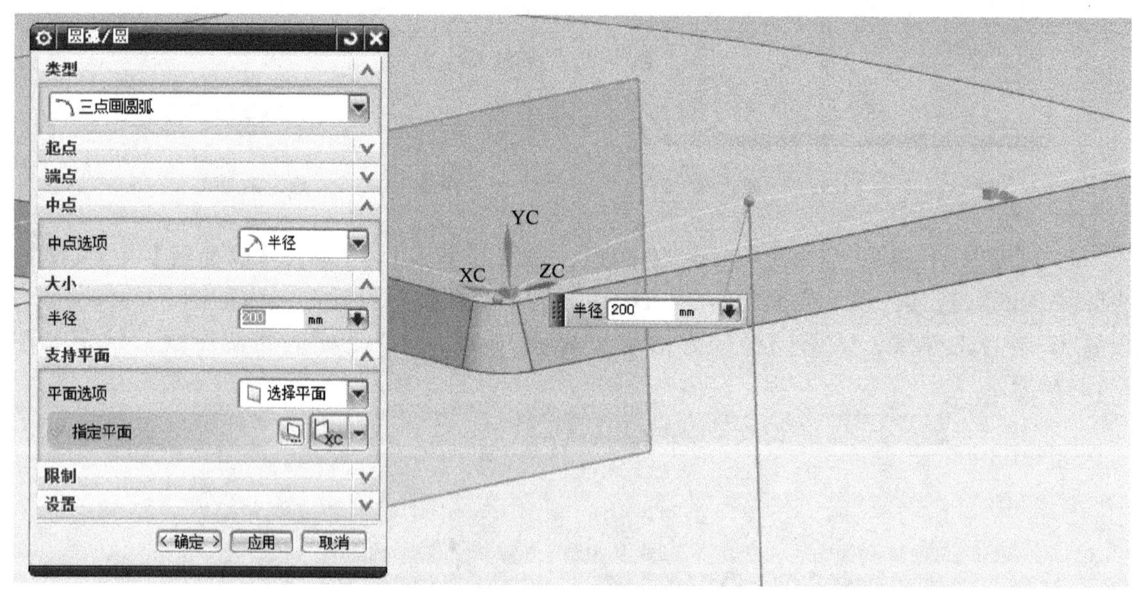

图 2-12-11 创建圆弧

(9) 设置 62 层为工作层；选择【插入】→【基准/点】→【基准平面】，形成与 YC－ZC 平面偏置距离为“188”的基准平面，如图 2-12-12 所示。

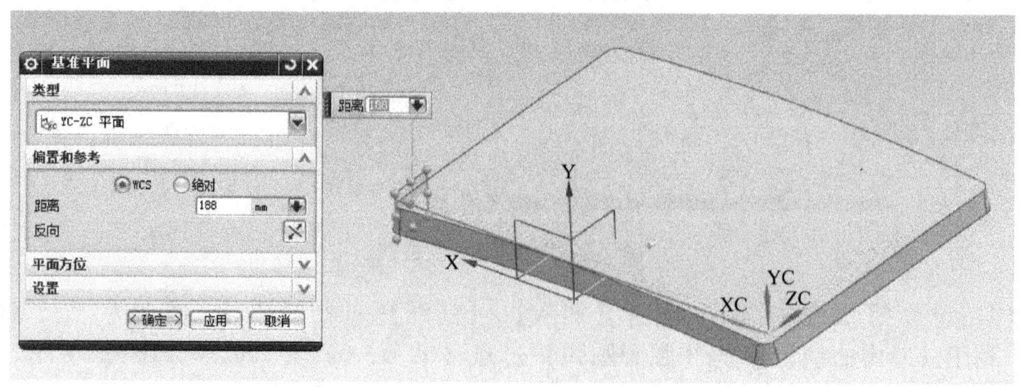

图 2-12-12 创建基准平面

（10）设置44层为工作层；选择【插入】→【来自体的曲线】→【求交】，去除“关联”选项，求上表面与62层中的基准平面的相交曲线。设置与操作如图2-12-13所示。

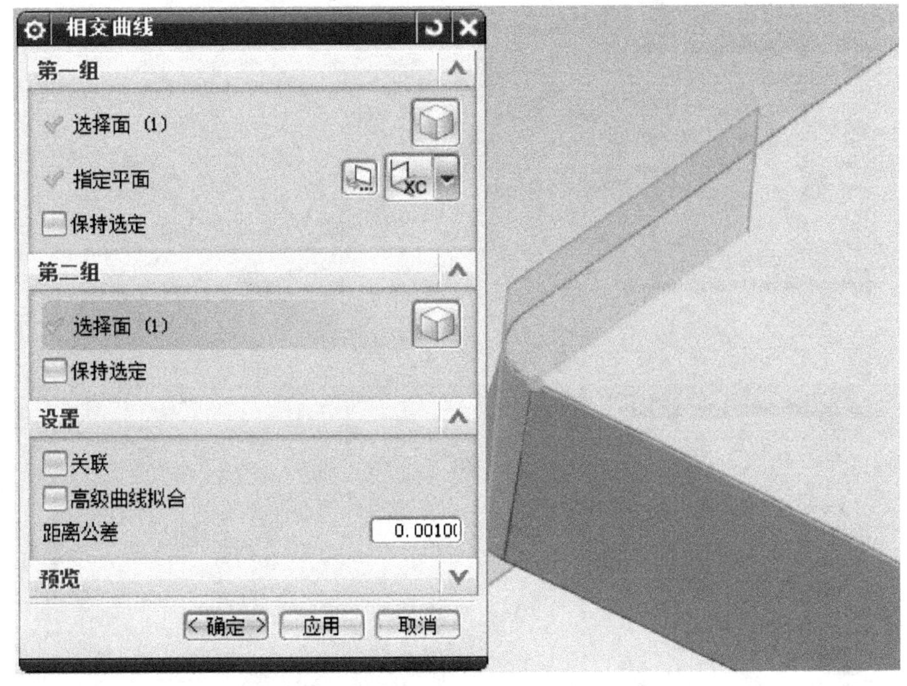

图2-12-13　创建相交线

（11）设置1层为工作层；隐藏62图层，选择【插入】→【扫掠】→【沿引导线扫掠】；选择【在相交处停止】按钮，截面选择43、44图层中的曲线；单击鼠标中键，选择【在相交处停止】按钮，引导线选择41层中的曲线，布尔操作为“求和”。设置与操作如图2-12-14所示。

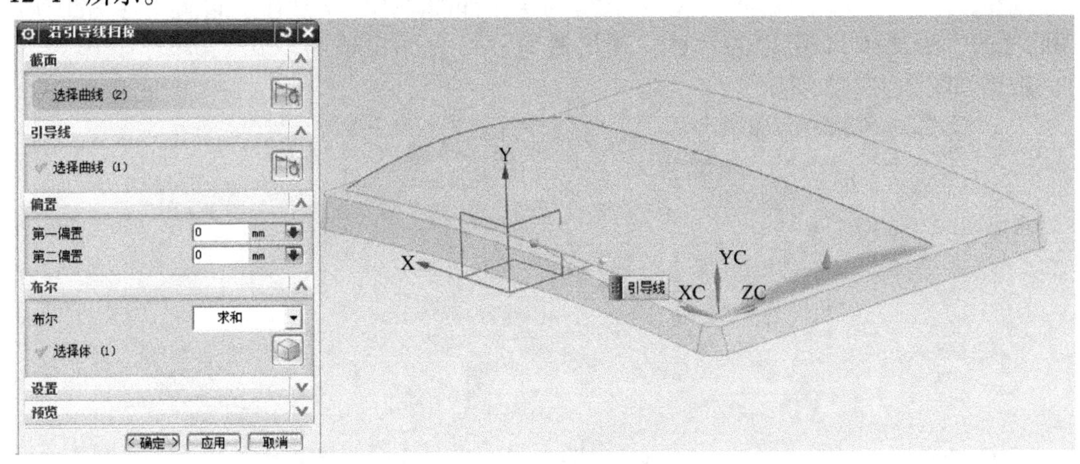

图2-12-14　创建扫掠特征

（12）设置63层为工作层，隐藏41、42、43、44图层；选择【插入】→【基准/点】→【基准平面】，形成与YC－ZC平面偏置距离为“167”的基准平面，如图2-12-15所示。

（13）设置45层为工作层；选择【插入】→【来自体的曲线】→【求交】；去除“关联”选项，求上表面与63层中的基准平面的相交曲线。设置与操作如图2-12-16所示。

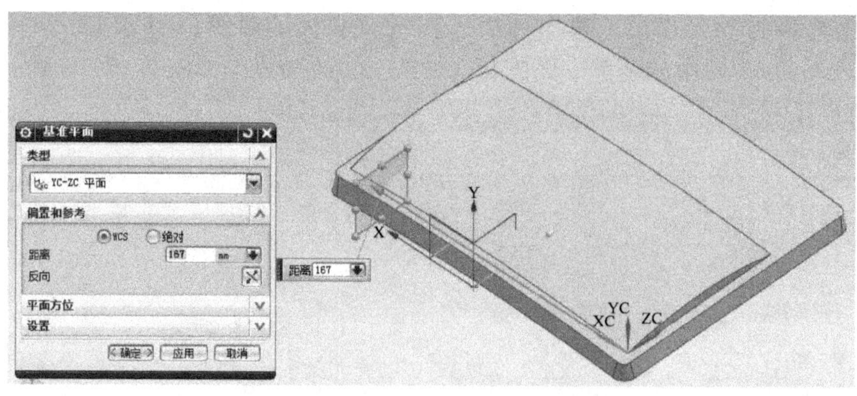

图 2-12-15　创建基准平面

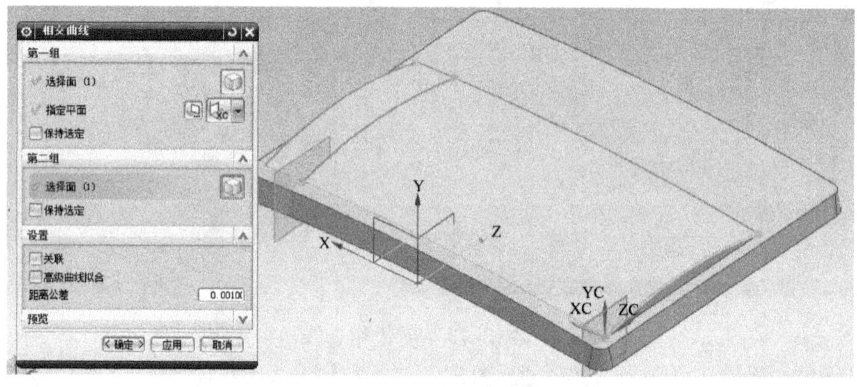

图 2-12-16　创建相交曲线

（14）设置 11 层为工作层，隐藏 63 图层；选择【插入】→【设计特征】→【拉伸】功能；开始值为“0”，结束值为“160”。设置与操作如图 2-12-17 所示。设置 1 层为工作层，采用同样的方法拉伸 11 层中的片体，开始值为“1”，结束值为“20”，布尔操作为“求差”，结果如图 2-12-18 所示

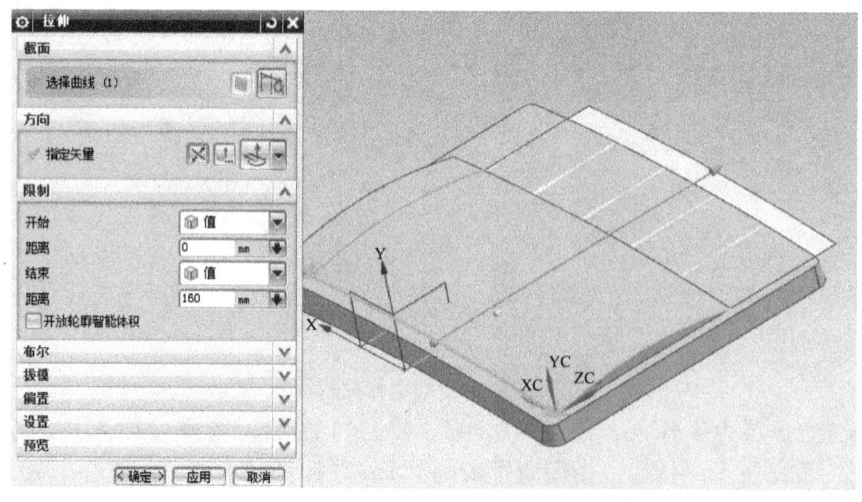

图 2-12-17　拉伸

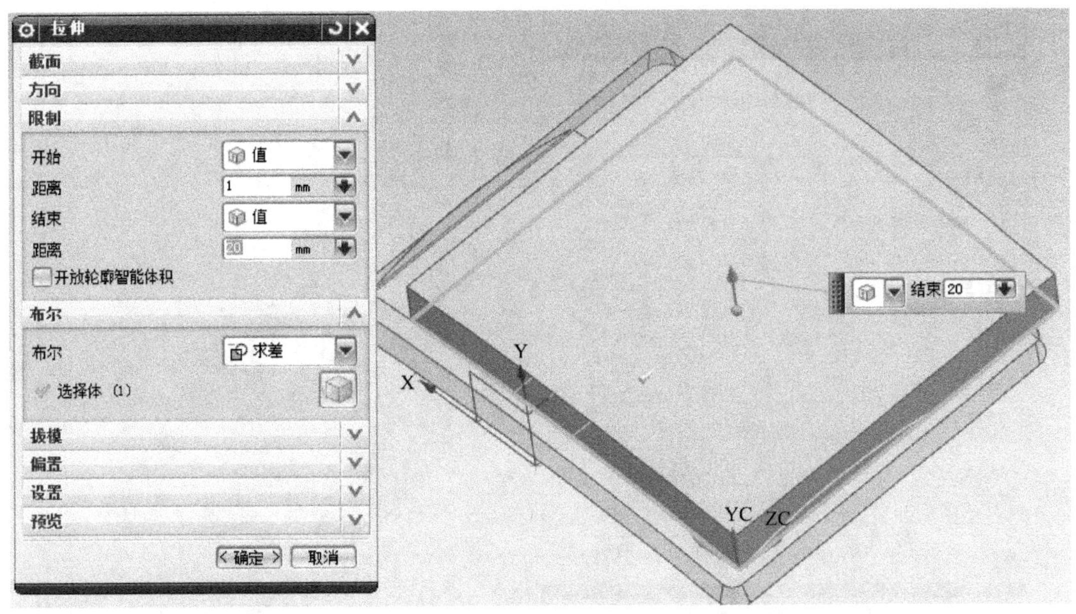

图 2-12-18　拉伸

(15) 隐藏 11、45 图层；选择【插入】→【细节特征】→【拔模】；类型选择“从边”，选择边，角度为“45”，选择“YC”为脱模方向。设置与操作如图 2-12-19 所示。

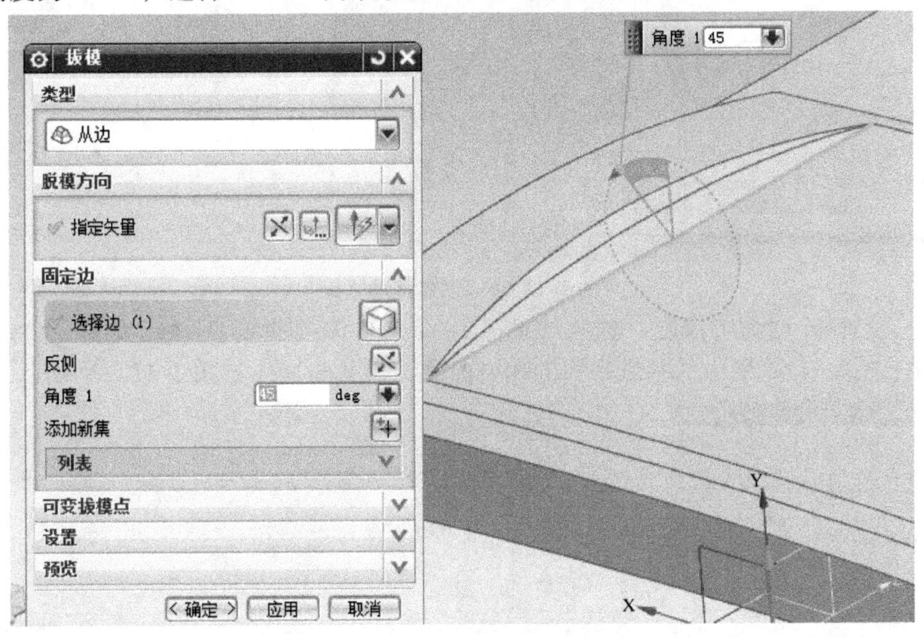

图 2-12-19　创建拔模角

(16) 选择【插入】→【同步建模】→【移动面】，选择需要移动的面；运动类型选择“角度”，选择边作为矢量，角度为“10.8”，如图 2-12-20 所示。

(17) 设置 64 层为工作层；选择【插入】→【基准/点】→【基准平面】，形成与 YC－ZC 平面偏置距离为“100”的基准平面，如图 2-12-21 所示。

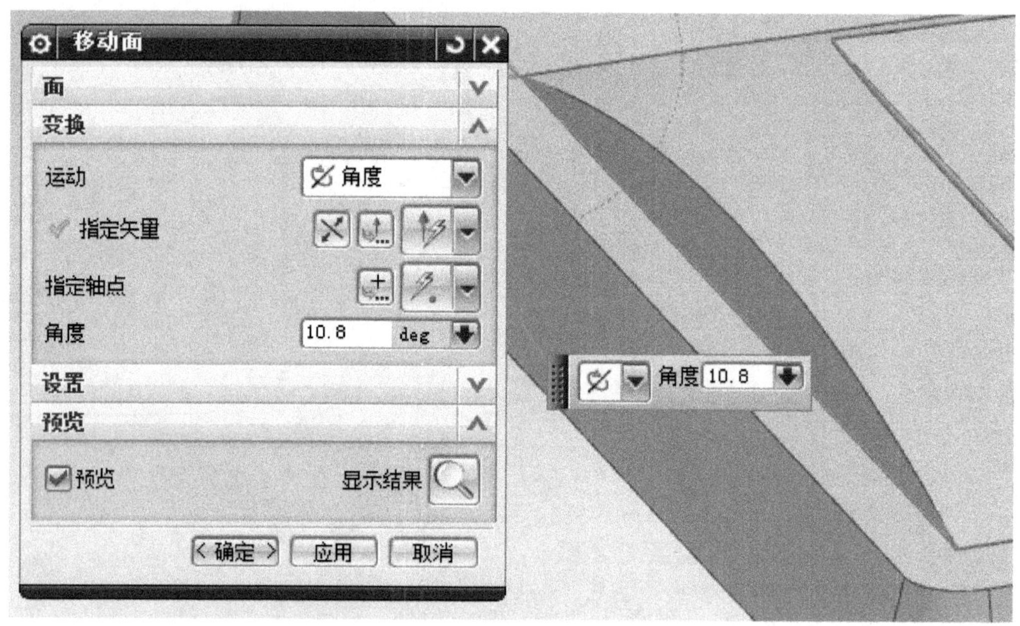

图 2-12-20　旋转面

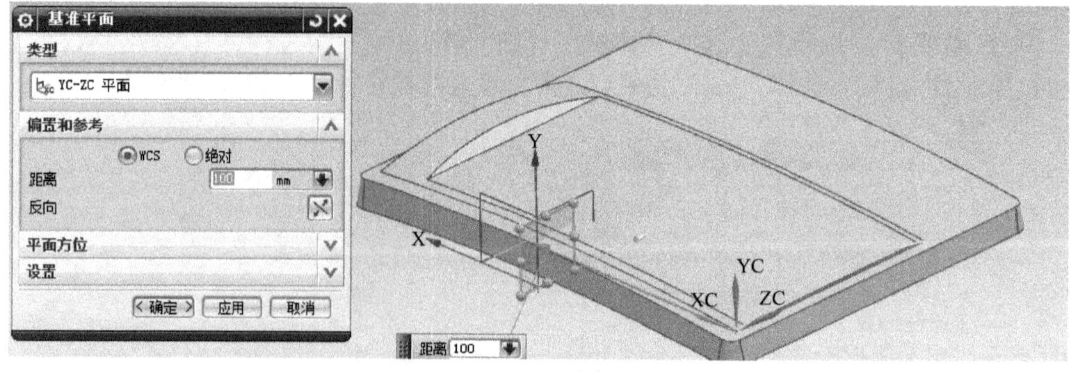

图 2-12-21　创建基准平面

（18）设置 46 层为工作层；选择【插入】→【来自体的曲线】→【求交】；去除“关联”选项，求上表面与 64 层中的基准平面的相交曲线。设置与操作如图 2-12-22 所示。

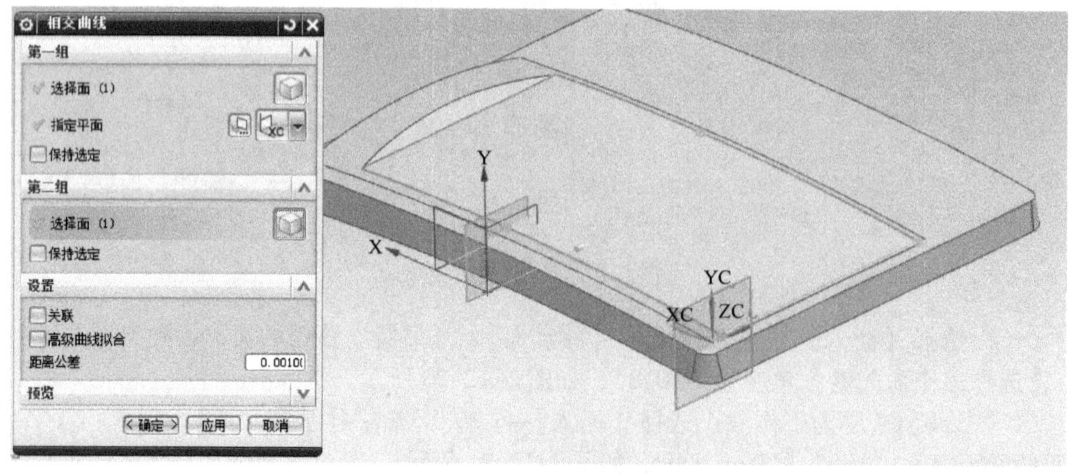

图 2-12-22　创建相交曲线

（19）设置 65 层为工作层；选择【插入】→【基准/点】→【基准平面】；类型为“自动判断”，分别选择边和 46 层中曲线端点生成基准平面，如图 2-12-23 所示。

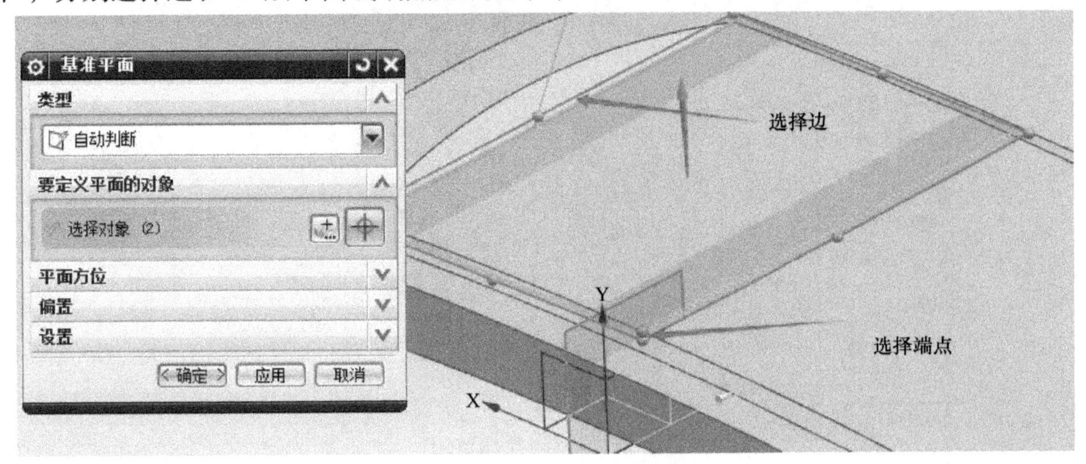

图 2-12-23　创建基准平面

（20）设置 22 层为工作层，隐藏 46、64 图层；选择【插入】→【草图】；选择 65 层中的基准平面作为草图放置面，Z 轴为水平方向，绘制如图 2-12-24 所示的草图。

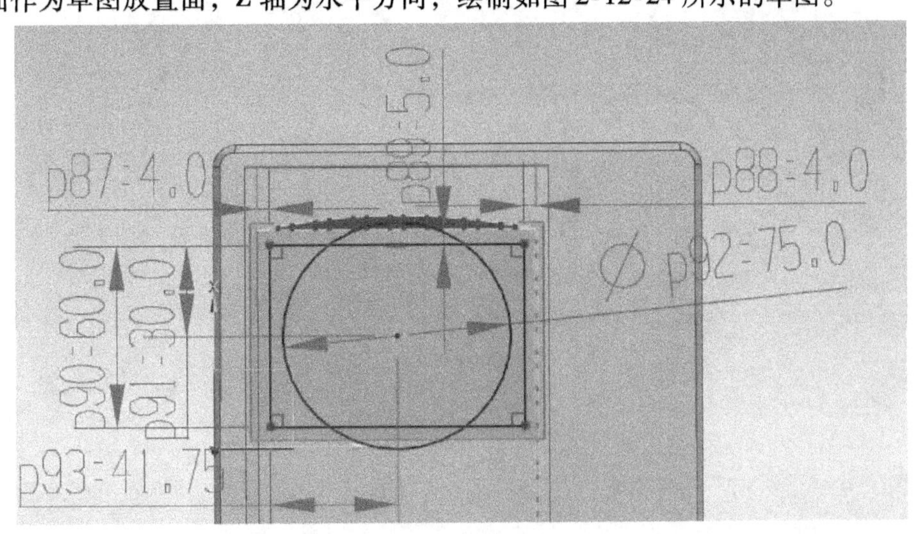

图 2-12-24　绘制草图

（21）设置 1 层为工作层，隐藏 65 图层；选择【插入】→【设计特征】→【拉伸】功能，单击【在相交处停止】按钮，选择 22 层中的草图，开始值为“－2”，结束值为“3”，方向为“－YC”，布尔操作为“求差”。设置与操作如图 2-12-25 所示。

（22）选择【插入】→【细节特征】→【边倒圆】，分别倒 $R3$ 和 $R12$ 的圆角，如图 2-12-26 所示。

（23）设置 66 层为工作层；选择【插入】→【基准/点】→【基准平面】，形成与 YC－ZC 平面偏置距离为“140”的基准平面，如图 2-12-27 所示。

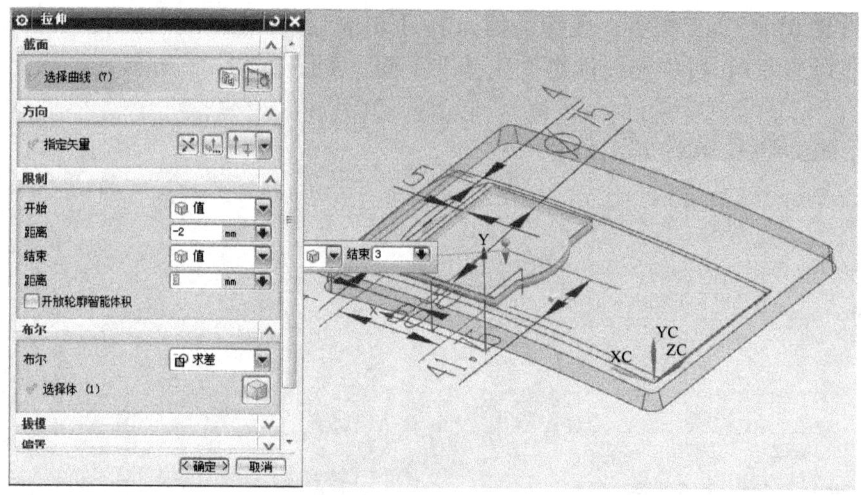

图 2-12-25 拉伸草图

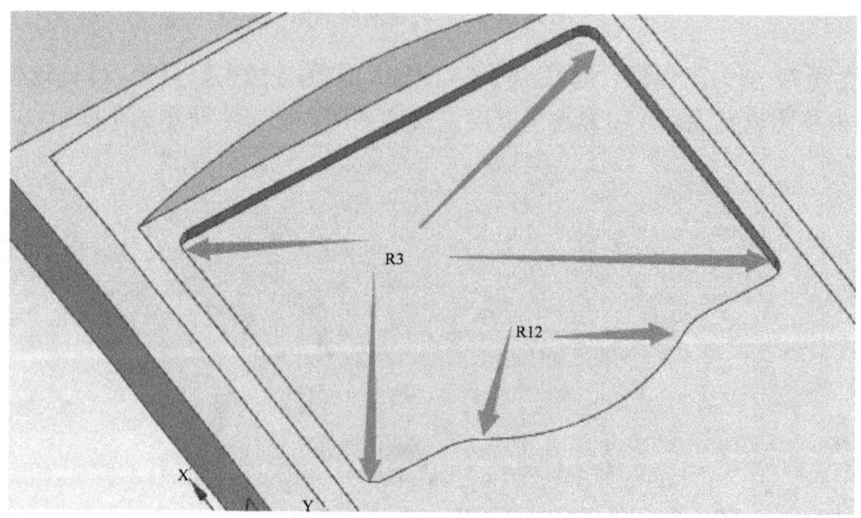

图 2-12-26 创建倒圆角

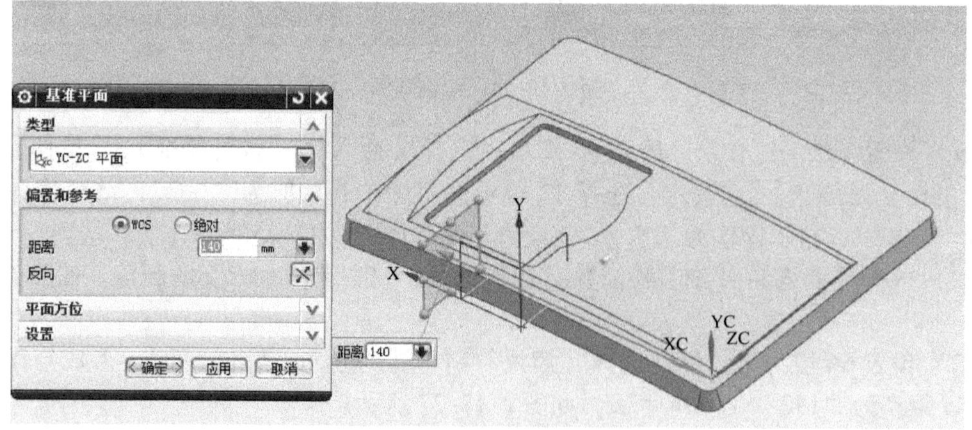

图 2-12-27 创建基准平面

（24）设置 47 层为工作层；选择【插入】→【来自体的曲线】→【求交】；去除“关联”选项，求上表面与 66 层中的基准平面的相交曲线。设置与操作如图 2-12-28 所示。

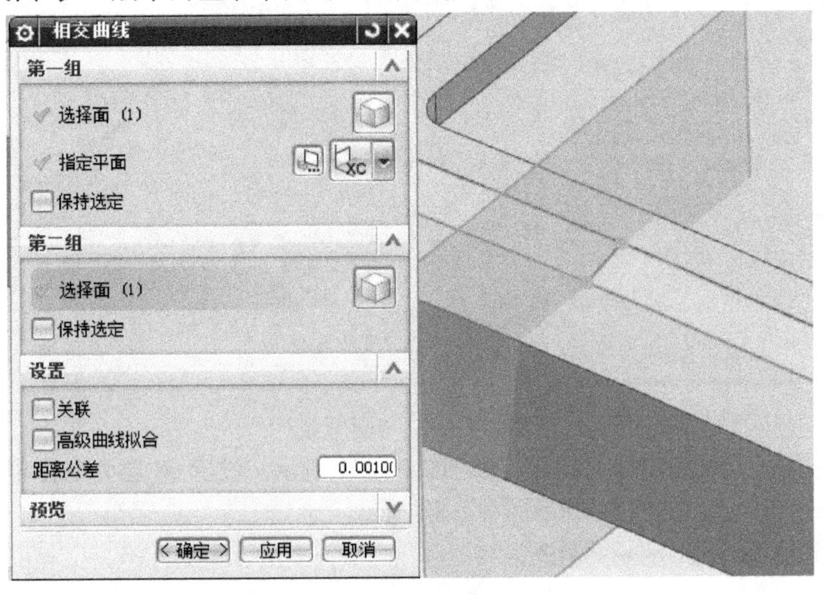

图 2-12-28　创建相交曲线

（25）设置 48 层为工作层；选择【插入】→【来自曲线集的曲线】→【偏置】；类型选择“3D 轴向”，选择 47 层中的曲线，偏置距离为“1”，方向为“YC”，如图 2-12-29 所示。

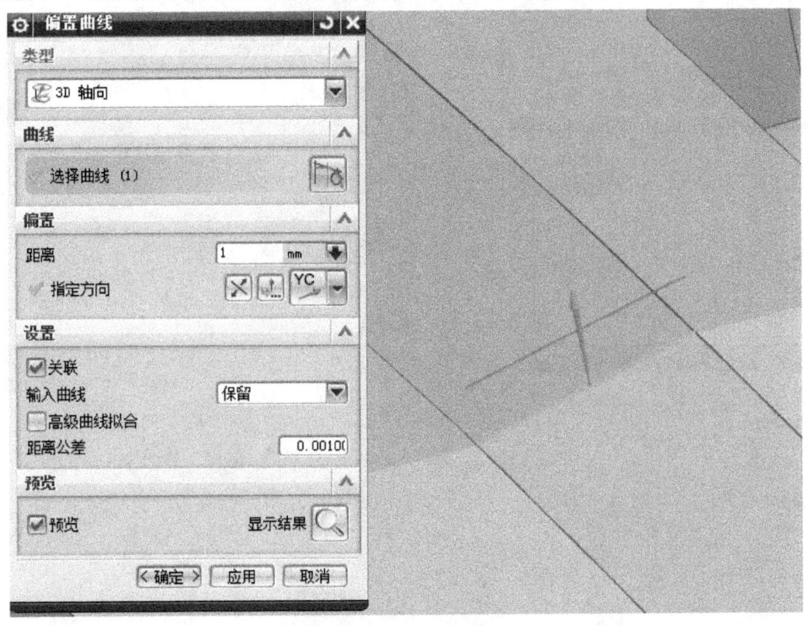

图 2-12-29　偏置曲线

（26）设置 49 层为工作层；选择【插入】→【曲线】；起点选择 49 层中曲线的端点，终点选项为“ZC 沿 ZC”，距离为“100”，如图 2-12-30 所示。

（27）设置 67 层为工作层；选择【插入】→【基准/点】→【基准平面】；类型为“自动判

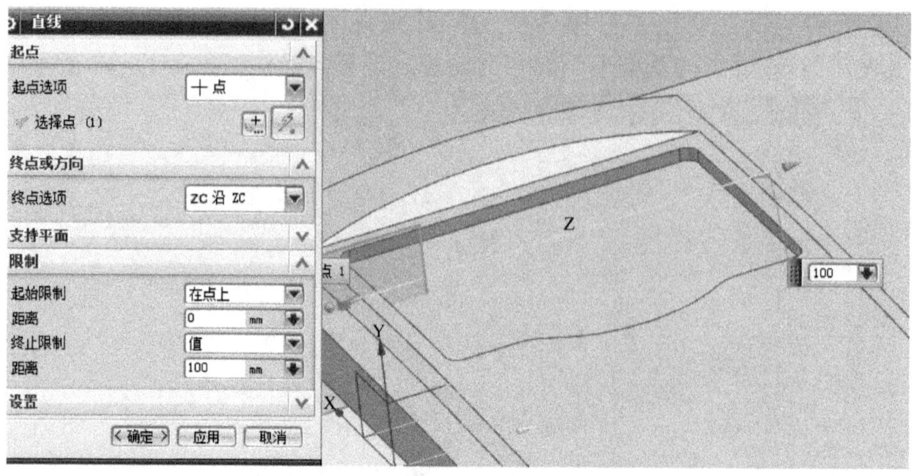

图 2-12-30 创建直线

断”，选择 49 层的直线和实体上的点，如图 2-12-31 所示。设置 68 层为工作层；选择 67 层中的基准平面，向上偏置“1”，如图 2-12-32 所示。

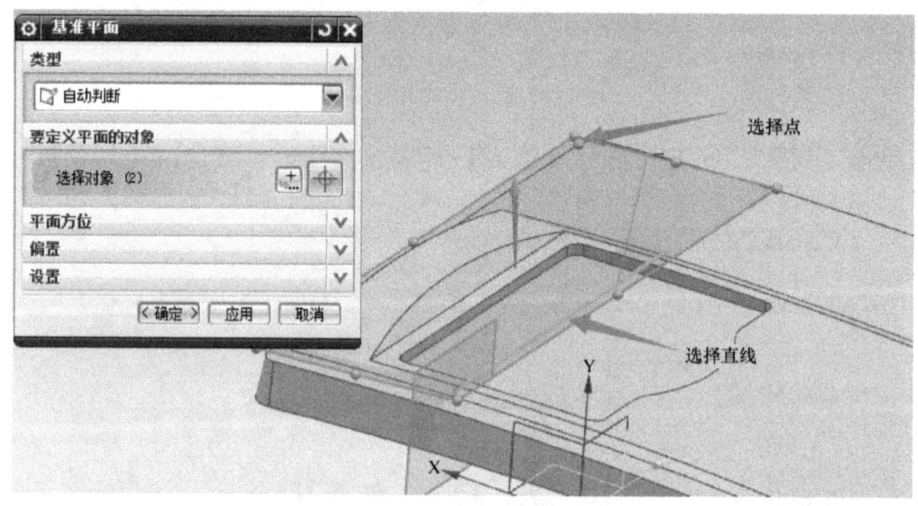

图 2-12-31 创建基准平面

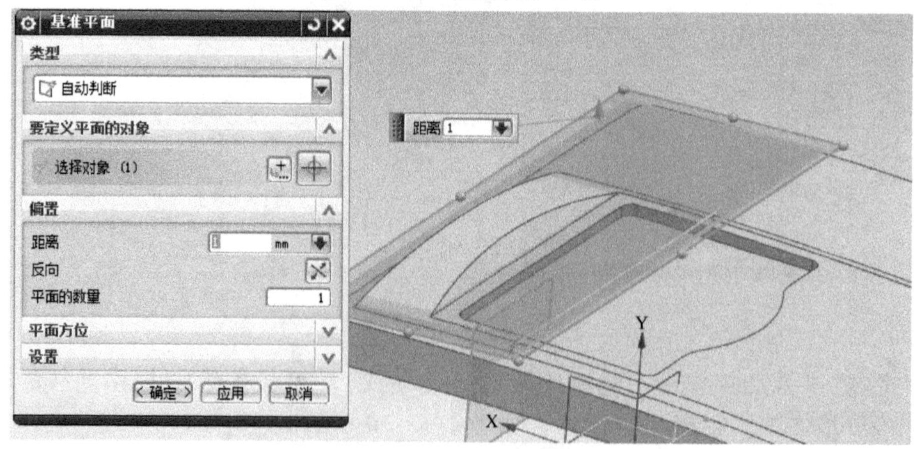

图 2-12-32 创建基准平面

（28）设置1层为工作层，隐藏47、48、49、66、67图层；选择【插入】→【设计特征】→【腔体】；腔体类型为“矩形”，选择68层中的基准平面为放置面，水平参考方向为Z轴，设置腔体的具体尺寸如图2-12-33所示；水平距离为“25”，垂直距离为“38”，选择实体轮廓边为目标边，具体尺寸及设置如图2-12-34所示。

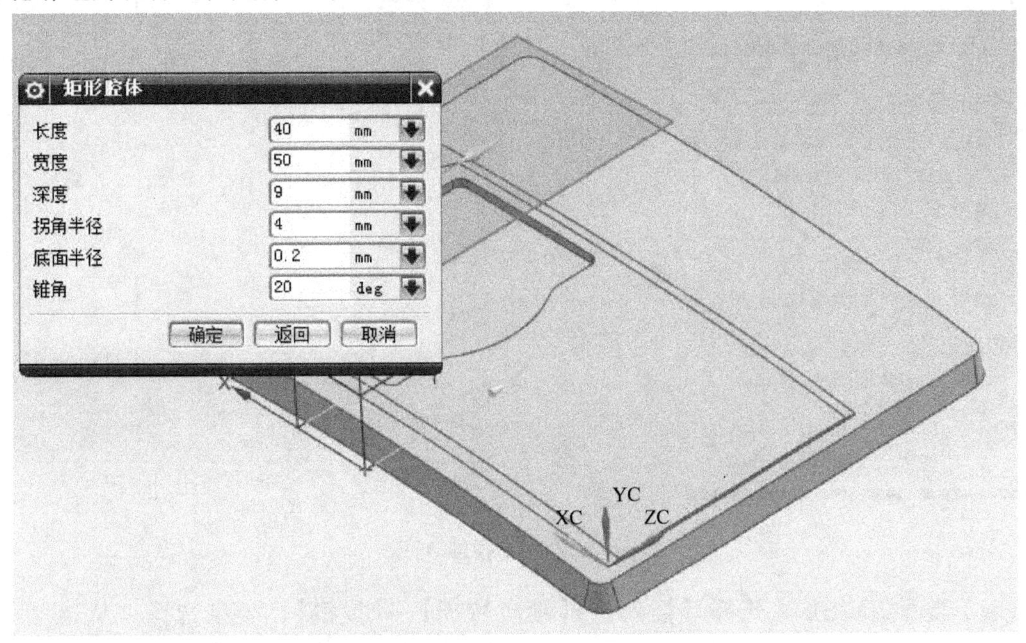

图2-12-33 创建矩形腔体

图2-12-34 腔体定位

（29）设置23层为工作层；选择【插入】→【草图】，在XC－YC平面上建立草图平面；默认名为“SKETCH－003”，绘制如图2-12-35所示草图。

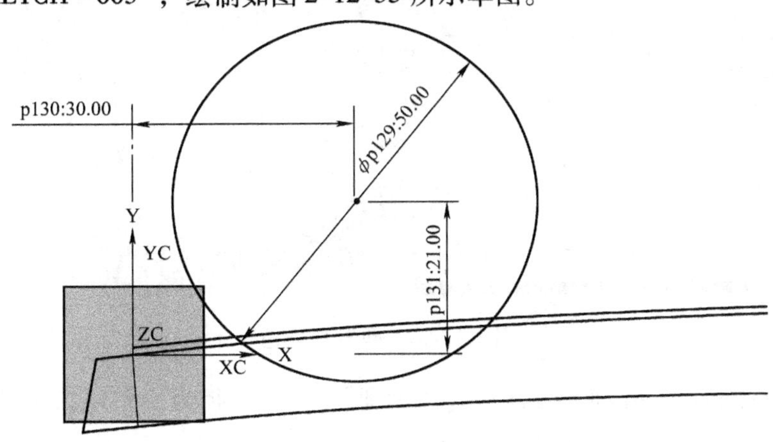

图2-12-35 绘制草图

（30）设置 1 层为工作层；选择【插入】→【设计特征】→【拉伸】功能；开始值为“106.5”，结束值为“141.5”。设置与操作如图 2-12-36 所示。

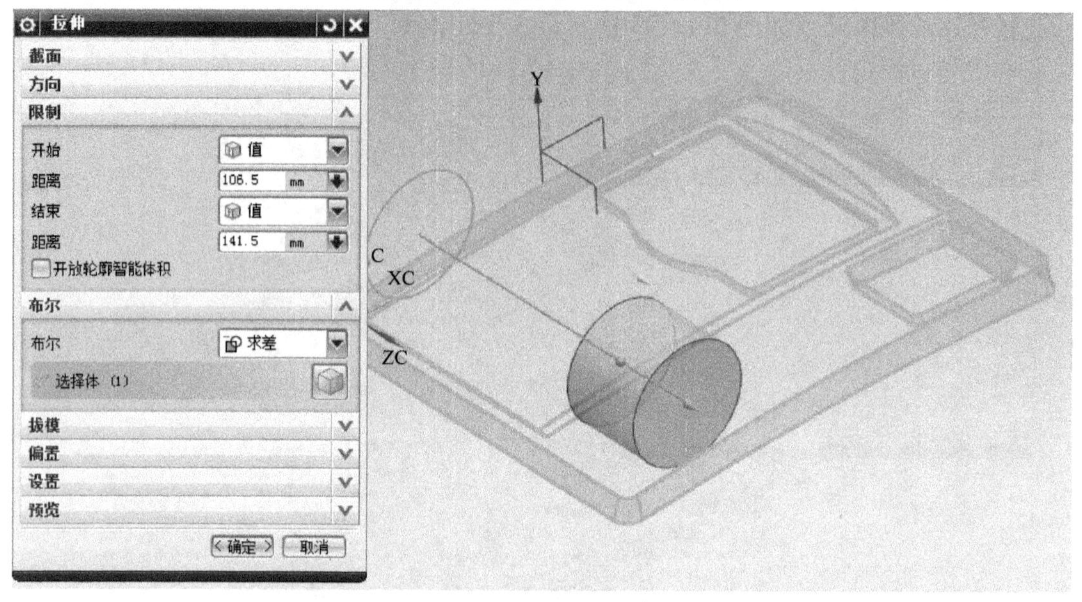

图 2-12-36 拉伸草图

（31）隐藏 23 图层；选择【插入】→【细节特征】→【拔模】；类型选择“从边”，选择边，角度为“20”，选择“YC”为脱模方向。设置与操作如图 2-12-37 所示。

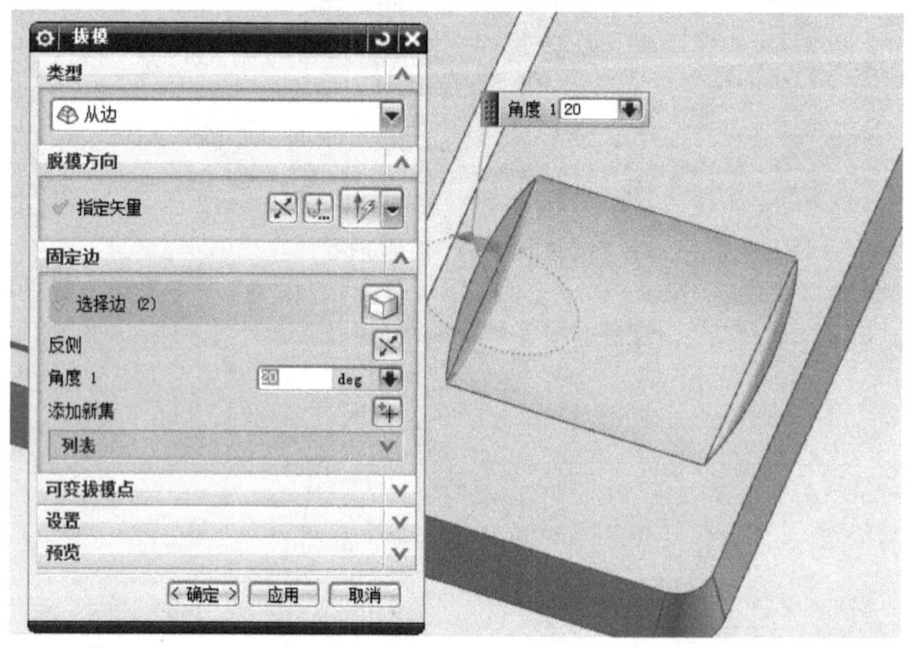

图 2-12-37 创建拔模角

（32）选择【插入】→【细节特征】→【边倒圆】；圆角半径为“0.5”；选择凹腔边缘，结果如图 2-12-38 所示。

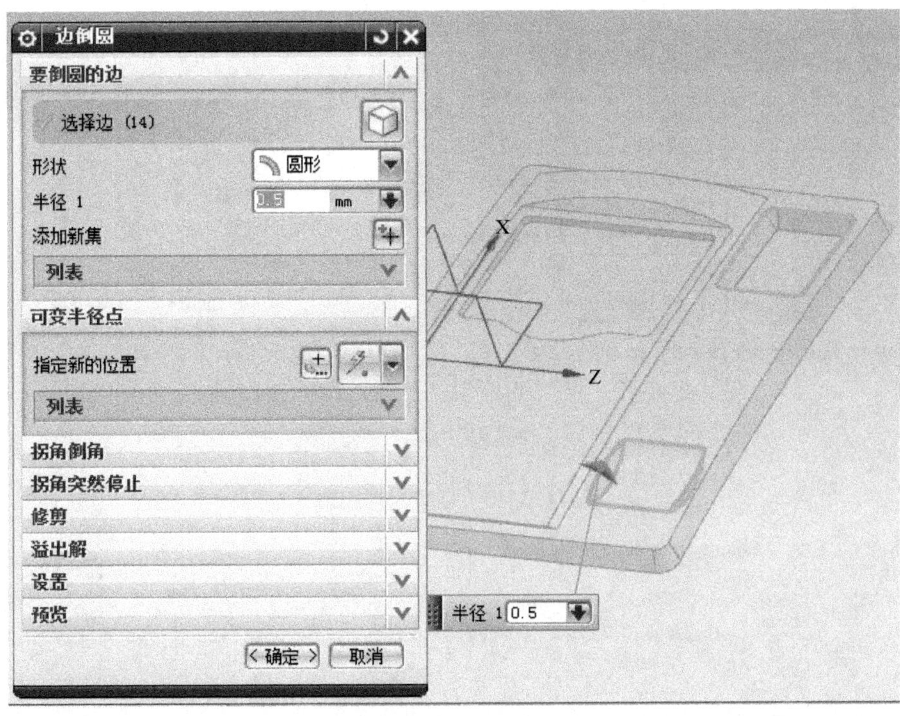

图 2-12-38　边倒圆

(33) 选择【插入】→【偏置/缩放】→【抽壳】；选择模型底部面为要穿透的面，厚度为“1”，结果如图 2-12-39 所示。

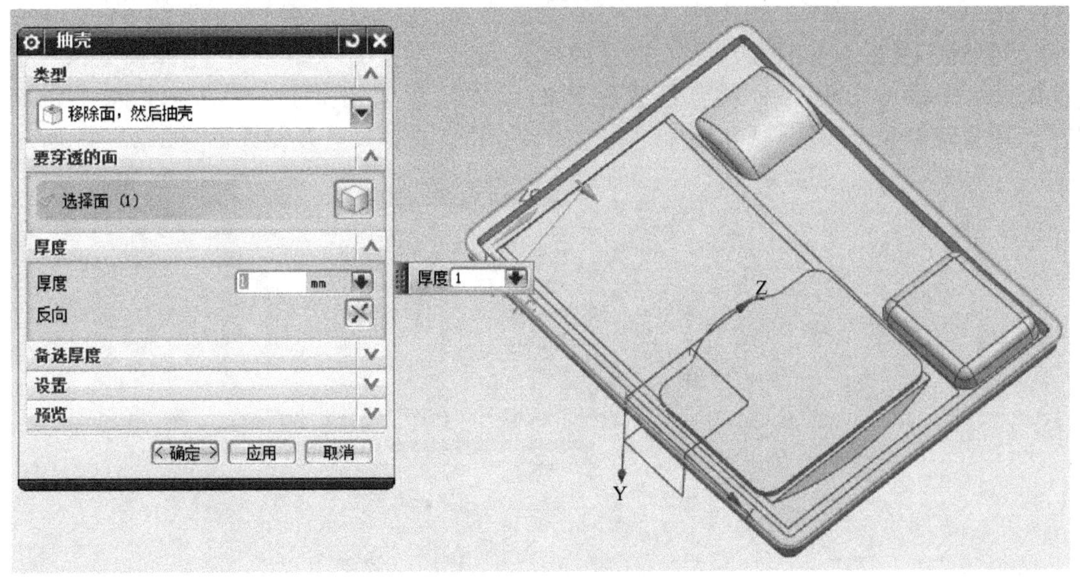

图 2-12-39　抽壳

(34) 选择【插入】→【设计特征】→【腔体】；腔体类型为“矩形”；选择模型槽底面为放置面，水平参考方向为 Z 轴，设置腔体的具体尺寸如图 2-12-40 所示；水平距离为“41”，垂直距离为“20”，选择实体轮廓边为目标边，具体尺寸及设置如图 2-12-41 所示。

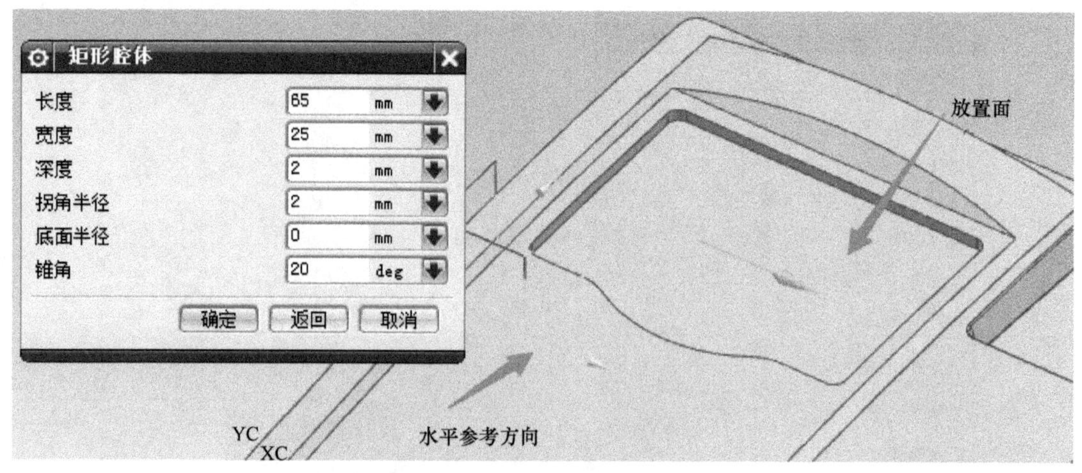

图 2-12-40　创建矩形腔体

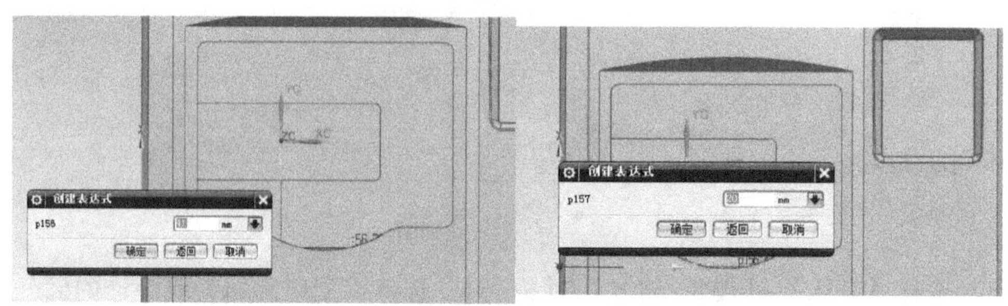

图 2-12-41　腔体定位

（35）选择【插入】→【设计特征】→【腔体】；腔体类型为“矩形”；选择模型槽底面为放置面，水平参考方向为 Z 轴，设置腔体的具体尺寸如图 2-12-42 所示；水平距离为“17”，垂直距离为“10”，选择实体轮廓边为目标边，具体尺寸及设置如图 2-12-43 所示。

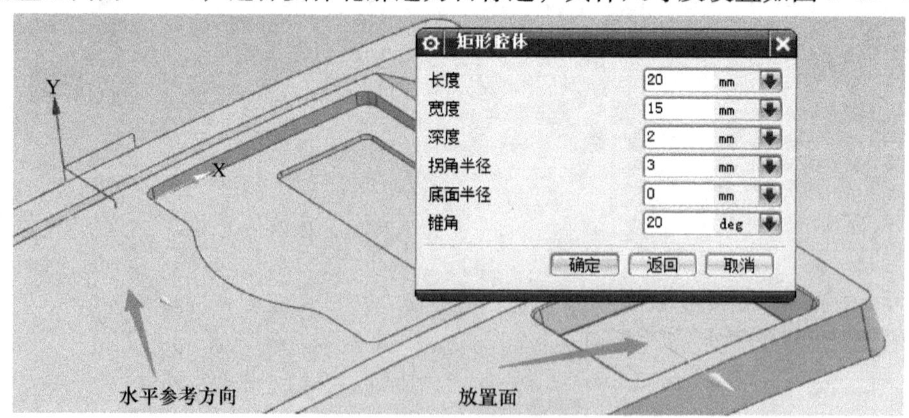

图 2-12-42　创建矩形腔体

（36）选择【插入】→【设计特征】→【腔体】；腔体类型为“圆柱坐标系”；选择模型槽底面为放置面，水平参考方向为 Z 轴，设置腔体的具体尺寸如图 2-12-44 所示；水平距离为“41”，垂直距离为“0”，选择实体轮廓边为目标边，具体尺寸及设置如图 2-12-45 所示。

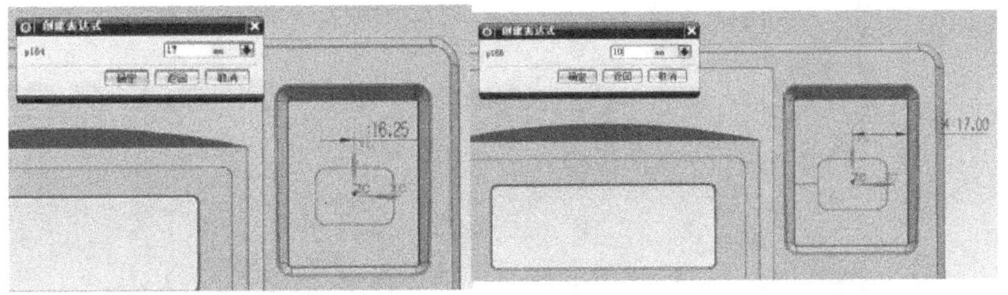

图 2-12-43 腔体定位

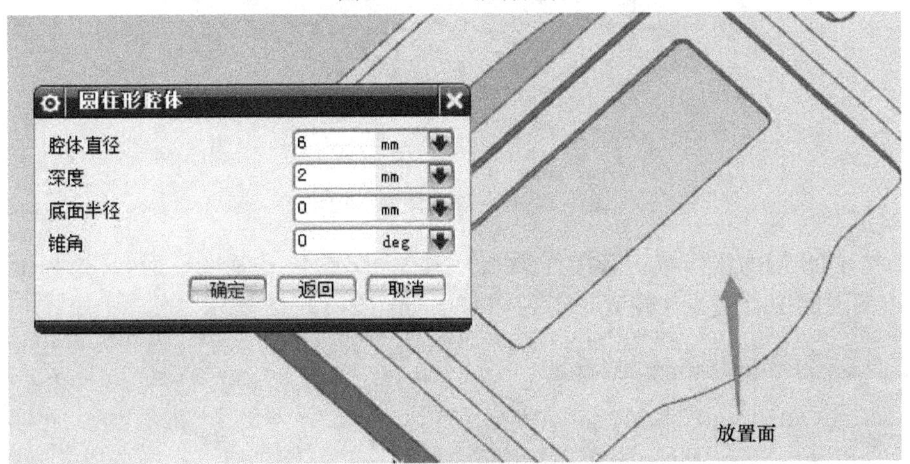

图 2-12-44 创建矩形腔体

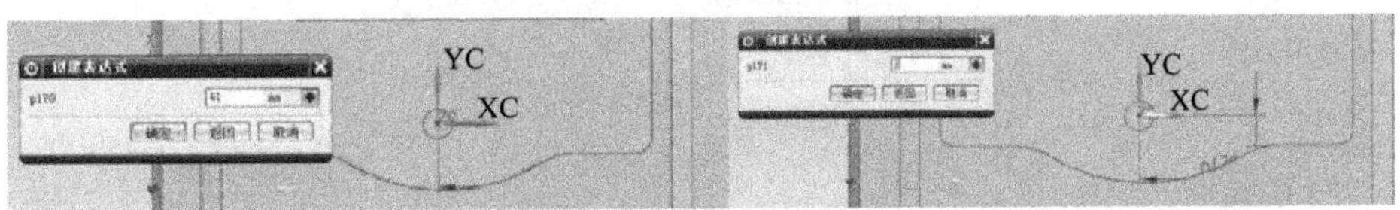

图 2-12-45 腔体定位

（37）选择【插入】→【关联复制】→【阵列特征】；阵列特征选择圆柱形腔体，布局类型为“圆形”，旋转矢量为Y轴，旋转点为底面圆弧中心，数量为“2”，节距角为“30”，如图 2-12-46 所示；采用同样的方法阵列另一个圆柱形腔体，结果如图 2-12-47 所示。

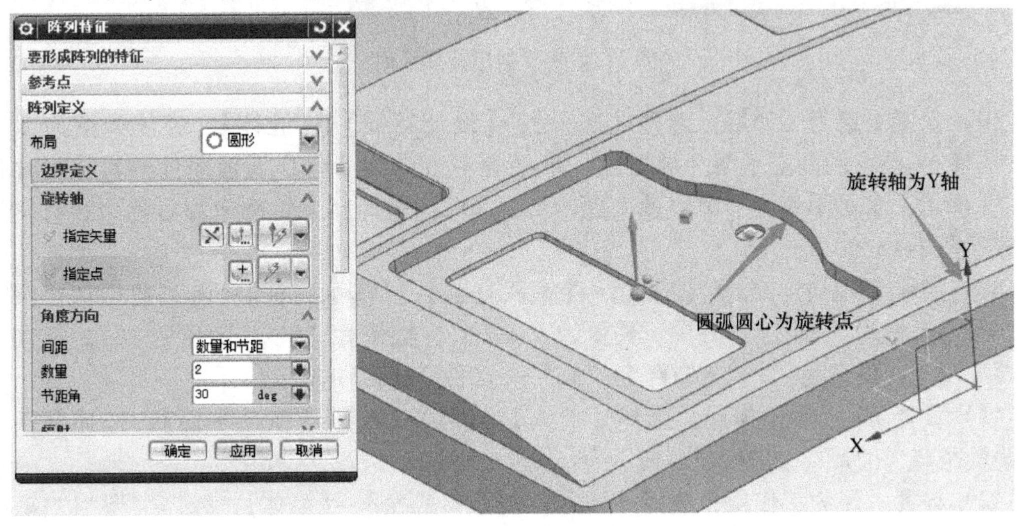

图 2-12-46 阵列圆柱形腔体

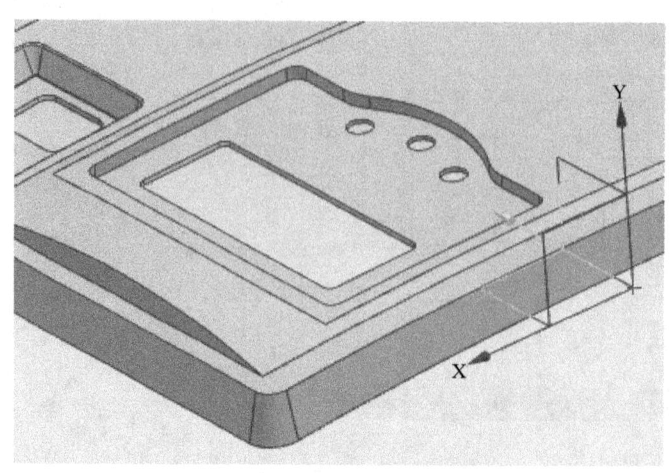

图 2-12-47　阵列圆柱形腔体

（38）设置 69 层为工作层；选择【插入】→【基准/点】→【基准平面】；选择上、下听筒放置槽的边倒圆的中心轴线，偏置距离为“2”，如图 2-12-48 所示。

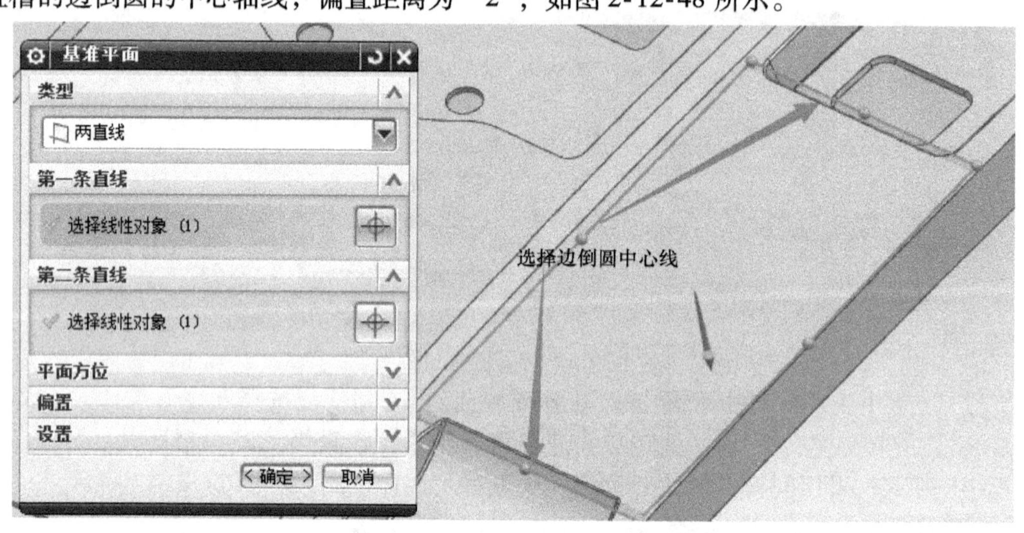

图 2-12-48　创建基准平面

（39）设置 1 层为工作层；选择【插入】→【设计特征】→【腔体】；腔体类型为“圆柱形”；选择 69 层中的基准平面为放置面，水平参考方向为 Z 轴，设置腔体的具体尺寸如图 2-12-49 所示；水平距离为“0”，垂直距离为“20”，选择实体轮廓边为目标边，具体尺寸及设置如图 2-12-50 所示。

（40）隐藏 69 图层；选择【插入】→【关联复制】→【阵列特征】；阵列特征选择圆柱形腔体，布局类型为“线性”，方向 1 矢量为“-ZC”，数量为“9”，节距为“4”，方向 2 矢量为“-XC”，数量为“13”，节距为“3.5”，如图 2-12-51 所示。

（41）设置 70 层为工作层；选择【插入】→【基准/点】→【基准平面】；选择两条模型边，偏置距离为“2”，如图 2-12-52 所示。

（42）设置 1 层为工作层；选择【插入】→【设计特征】→【腔体】；腔体类型为“矩形”；选择 70 层中的基准平面为放置面，水平参考方向为 Z 轴，设置腔体的具体尺寸如图2-12-53

所示；水平距离为“19”，垂直距离为“20”，选择实体轮廓边为目标边，具体尺寸及设置如图 2-12-54 所示。

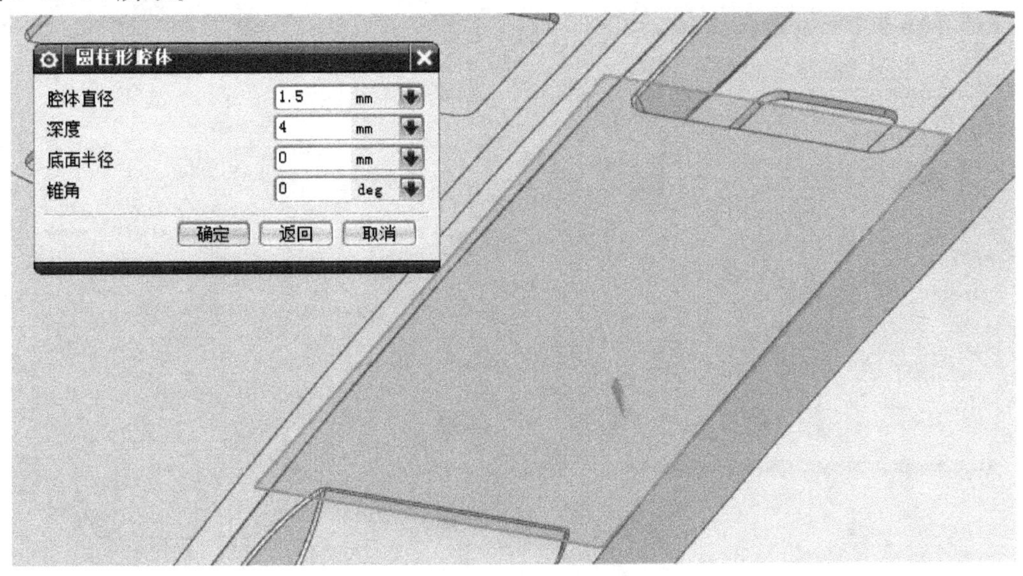

图 2-12-49　创建圆柱形腔体

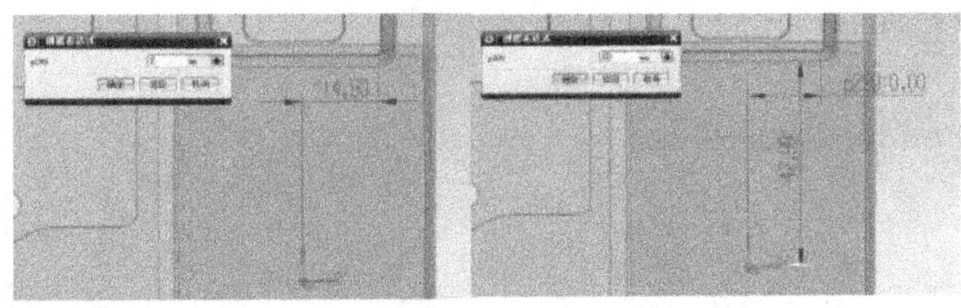

图 2-12-50　腔体定位

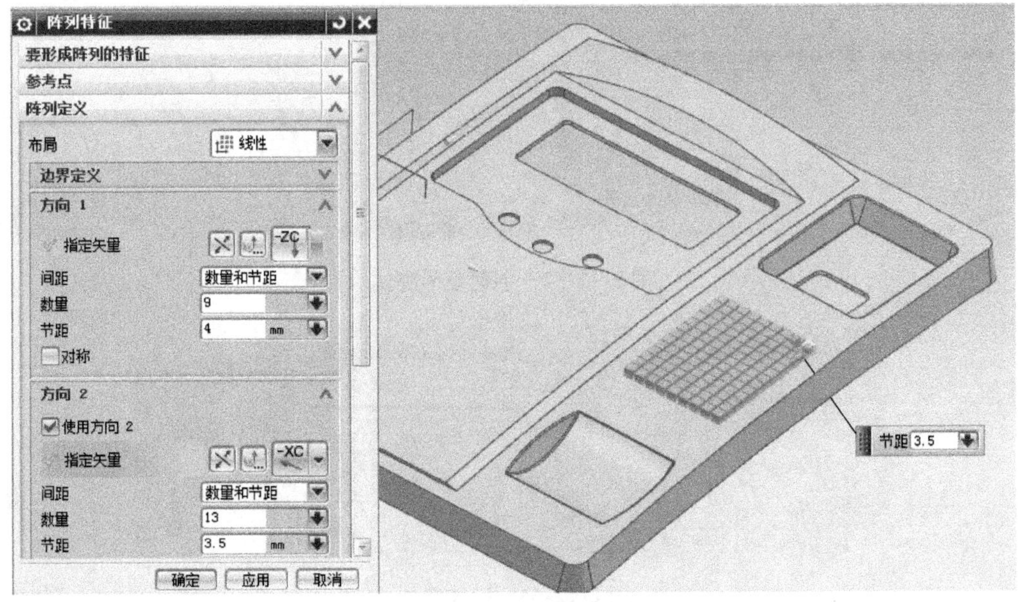

图 2-12-51　阵列圆柱形腔体

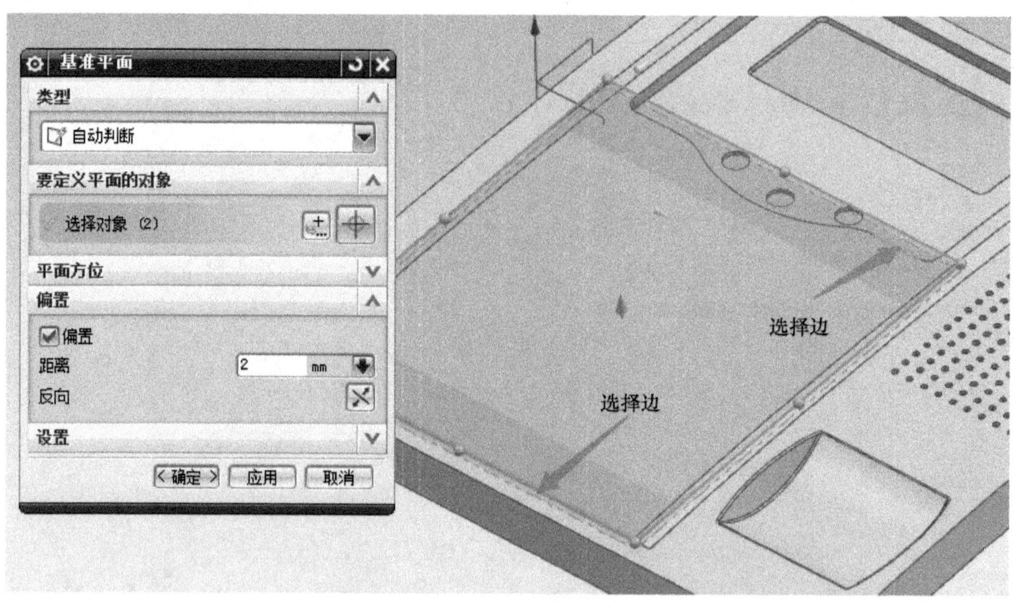

图 2-12-52 创建基准平面

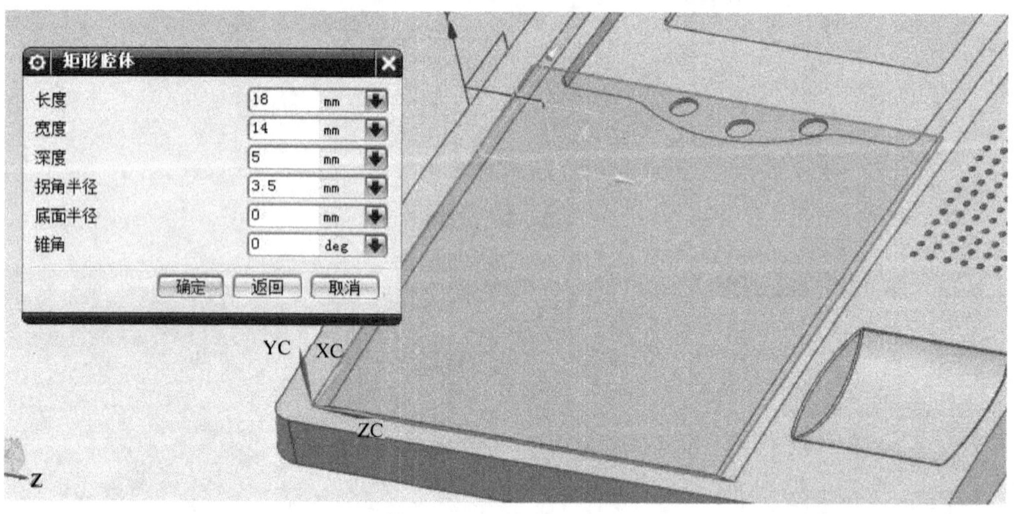

图 2-12-53 创建矩形腔体

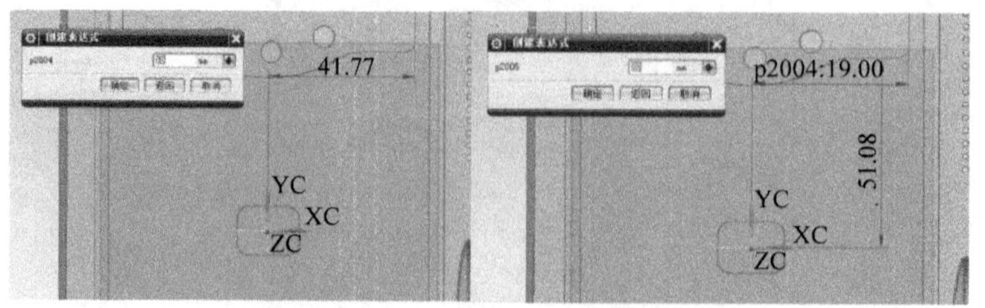

图 2-12-54 腔体定位

（43）隐藏 69 层；选择【插入】→【关联复制】→【阵列特征】；阵列特征选择矩形腔体，布局类型为“线性”，方向 1 矢量为“ - ZC”，数量为“3”，节距为“22”，方向 2 矢量为“ - XC”，数量为“4”，节距为“20”，如图 2-12-55 所示。

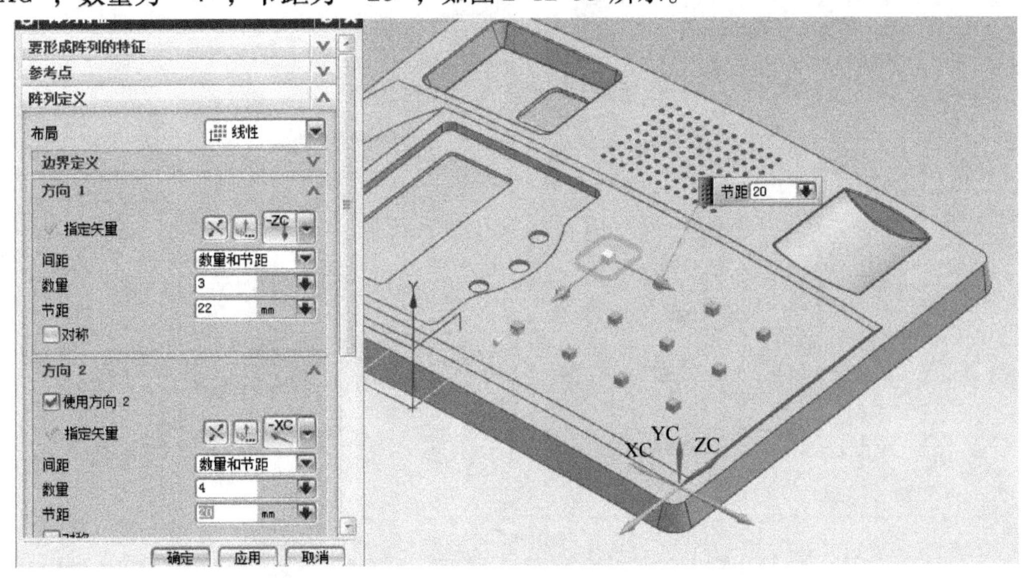

图 2-12-55　阵列矩形腔体

（44）选择【插入】→【设计特征】→【拉伸】功能；选择模型的底面的 4 个圆角边，开始值为“0”，结束值为“1”，偏置为“0.5”。设置与操作如图 2-12-56 所示。

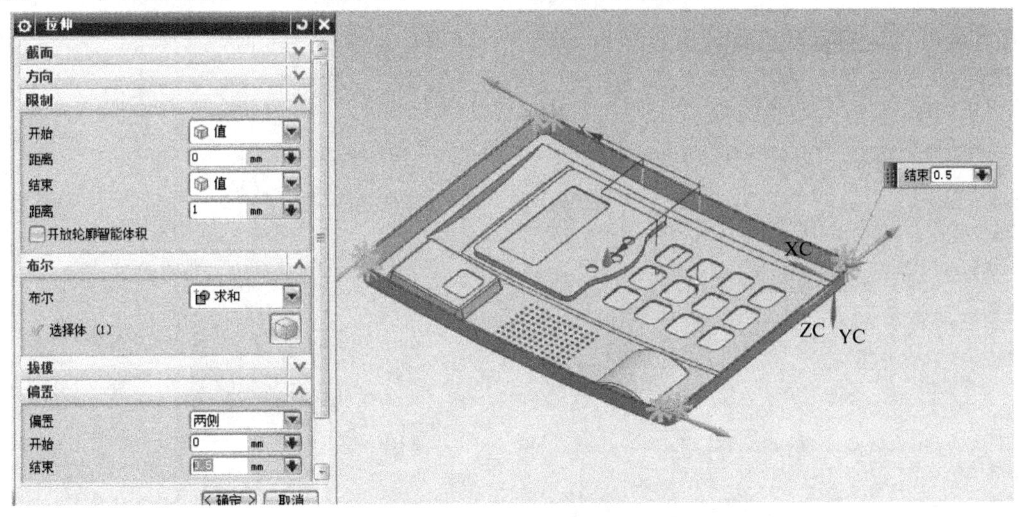

图 2-12-56　拉伸

（45）设置 24 层为工作层；选择【插入】→【草图】；在“基准坐标系（0）”中选择“XZ”平面上建立草图平面，默认名为“SKETCH - 004”，绘制如图 2-12-57 所示草图。

（46）设置 1 层为工作层；选择【插入】→【设计特征】→【拉伸】；开始值为“0”，结束值为“直至下一个”，拔模角度为“ - 5”。设置与操作如图 2-12-58 所示。

（47）选择【插入】→【设计特征】→【孔】；类型为“螺纹孔”，放置位置为 4 个支撑柱

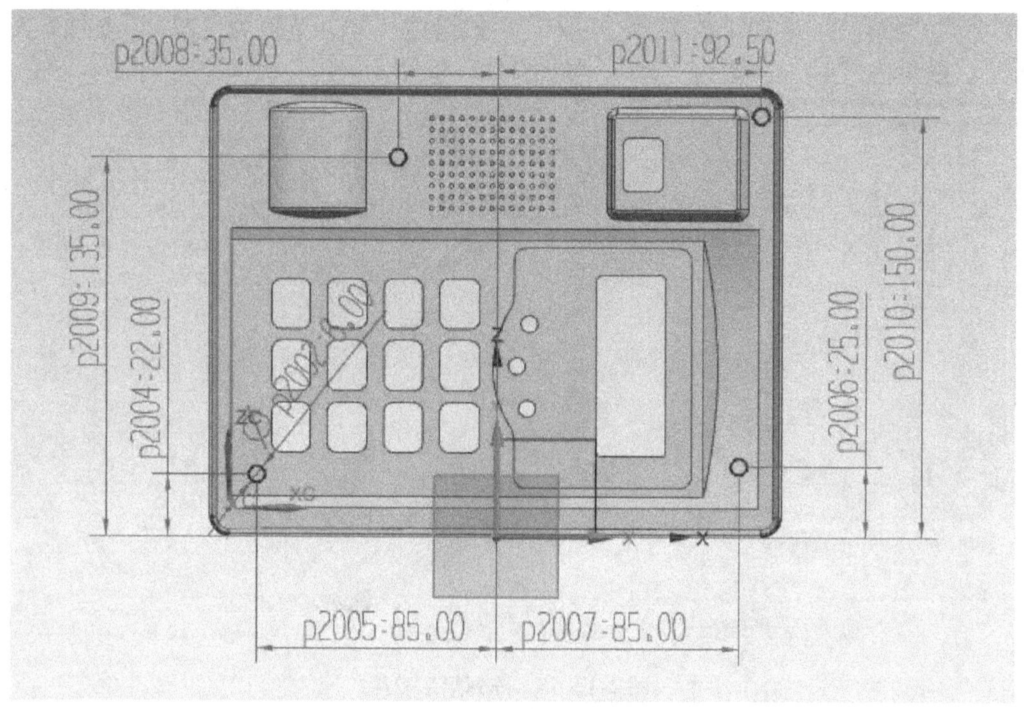

图 2-12-57 绘制草图

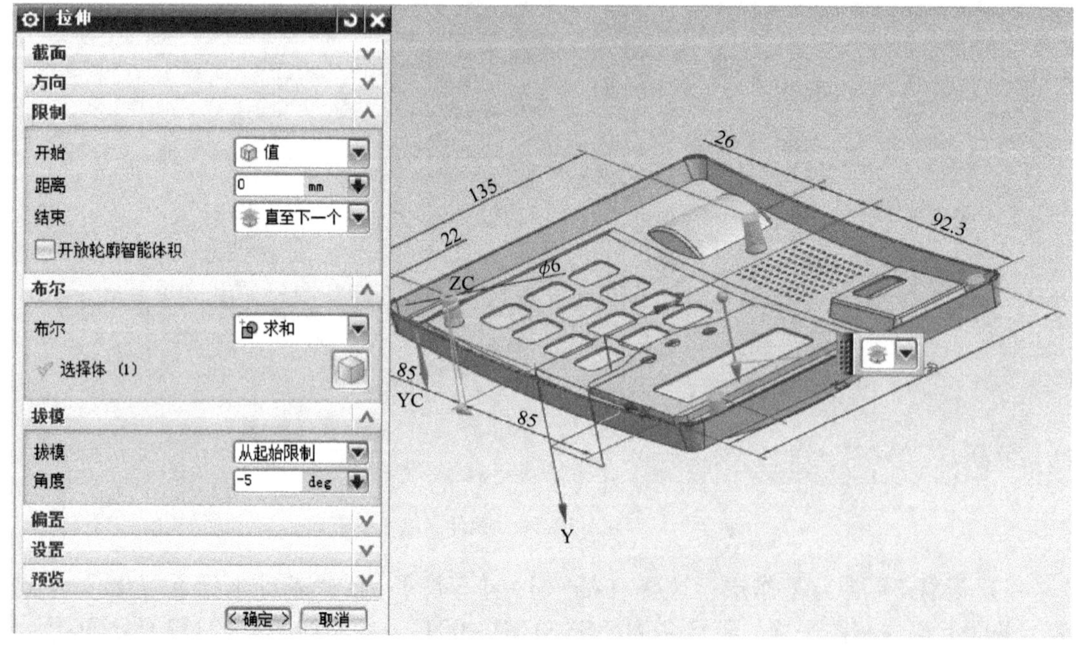

图 2-12-58 拉伸草图

的底面圆心，螺纹尺寸为“M5 ×0. 8”，深度为“8”，结果如图 2-12-59 所示。

（48）利用【倒圆角】功能对整个壳体外边缘倒半径为“1”的圆角，上表面存在锐角的边倒半径为“0.2”的圆角。操作结果如图 2-12-60 所示。

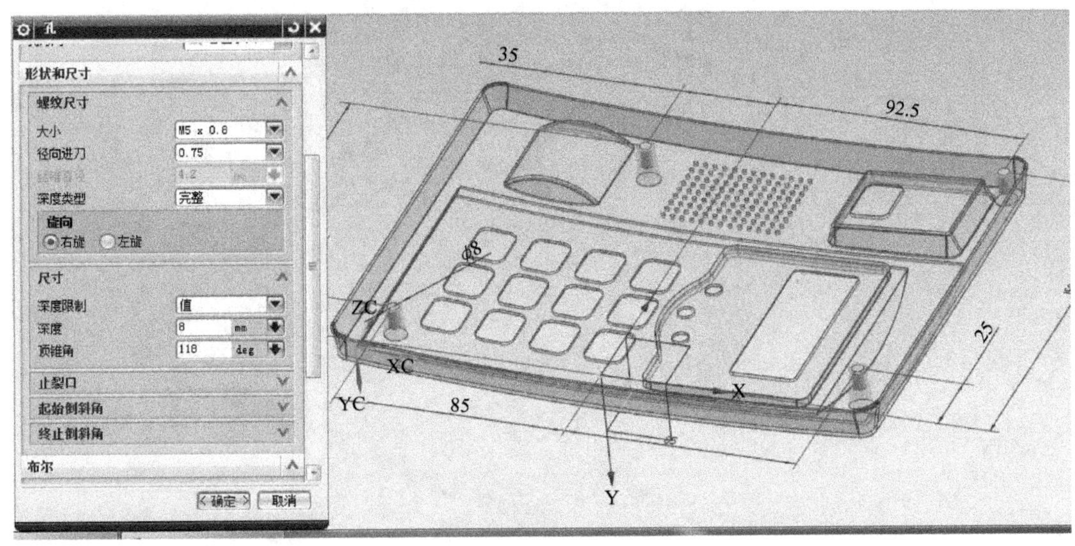

图 2-12-59　创建螺纹孔

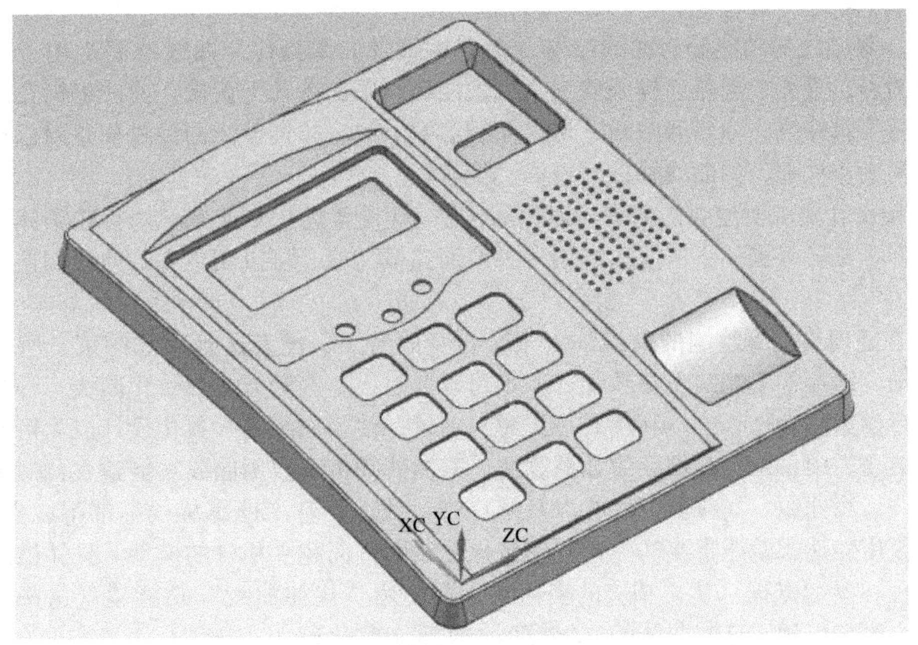

图 2-12-60　创建边倒圆

（49）最终完成整个电话机外壳的绘制，结果如图 2-12-61 所示。

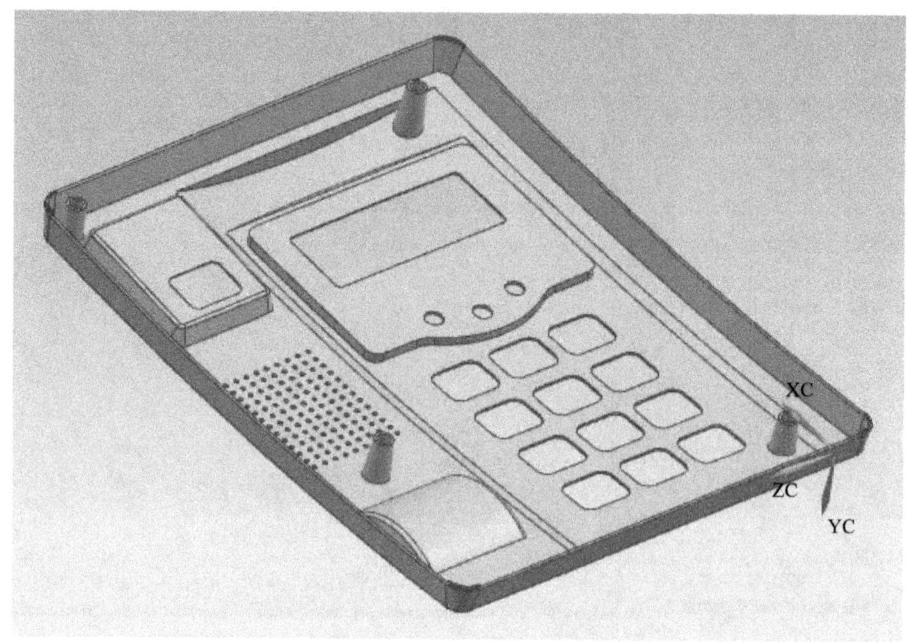

图 2-12-61　电话机外壳的三维模型

专家点拨

（1）一般曲线的功能分为曲线绘制、曲线编辑及曲线操作。曲线绘制是用于建立遵循设计要求的点、直线、圆弧、样条曲线、二次曲线、平面等几何要素。曲线编辑是对这些几何要素进行编辑修改，如修剪曲线、编辑曲线参数、曲线拉伸等。曲线操作是对已存在的曲线进行几何操作处理，如曲线桥接、投影、接合等。

（2）按设计要求所建立的曲线可以作为构造 3D 模型的初始条件，如有些实体可以通过曲线的拉伸，旋转等操作去构造。利用自由曲面建模功能，可以用建立的曲线构造曲线，如扫描等。

（3）在建模模式下绘制的曲线，由于其自身的特点，没有进行尺寸约束，所以无法实现尺寸驱动，即通常不能实现参数化。但是可以通过以下两种方式参数化曲线：一是添加到草图中进行参数化设计；二是利用表达式建立曲线，使得曲线的参数化设计成为可能。

（4）在 NX 中，二次圆锥曲线如抛物线、双曲线等可直接用曲线功能建立；但有一些曲线如渐开线齿廓曲线、摆线齿廓曲线以及蜗杆螺旋线、阿基米德螺旋线等都不能直接建立，然而通过使用表达式就能直接构建这些参数化曲线，进而建立相应的模型。具体做法是先根据曲线方程（参数方程）建立相应的表达式，再使用“规律曲线”功能建立这些曲线，最后就可建立完全依赖于这些曲线的实体模型，实现参数化设计。

课后训练

1. 分析你使用的手机的外形结构特征，制定手机外形的设计方案，完成手机外形三维建模。

2. 根据图 2-12-62 要求，完成滚轮支架的三维建模。

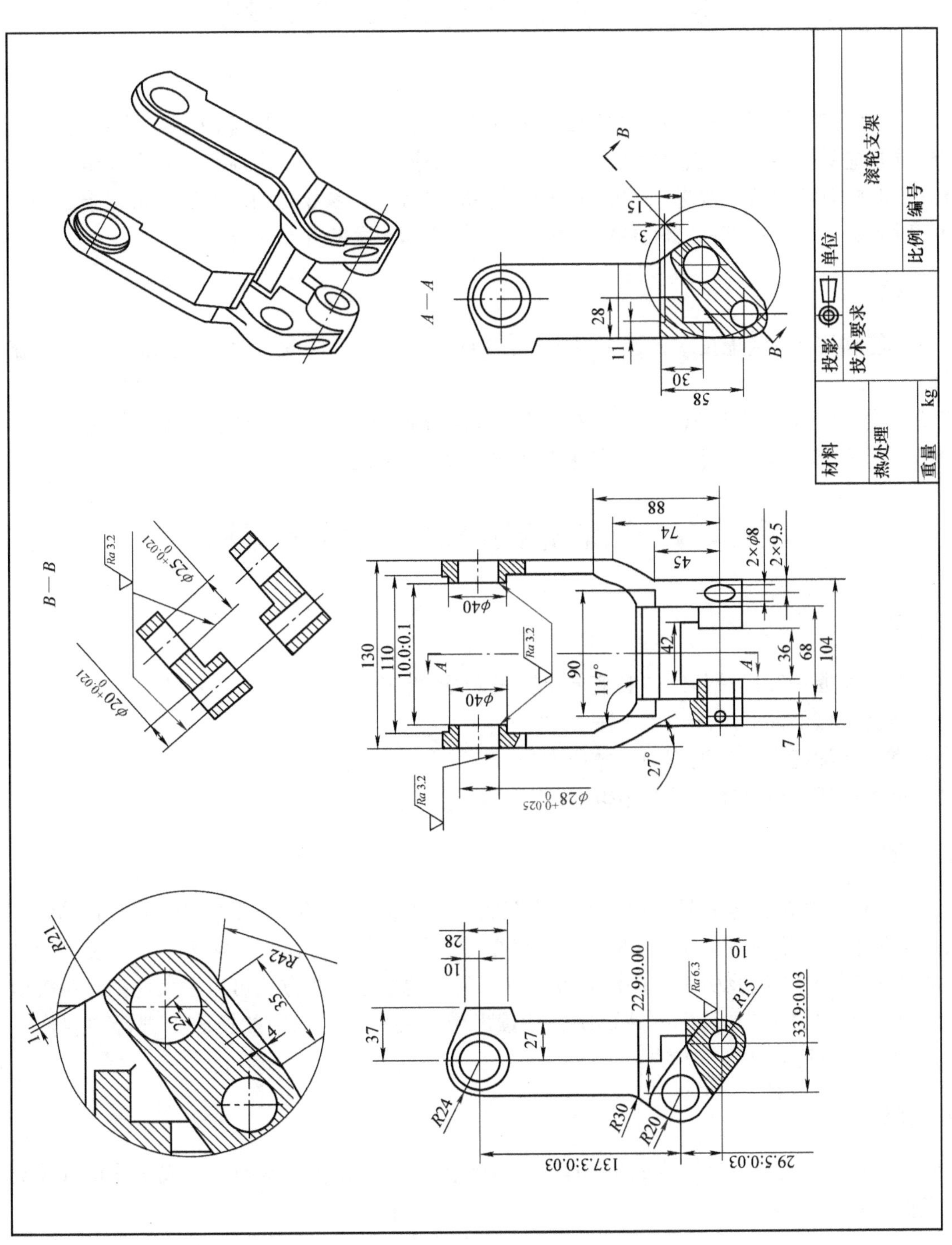

图 2-12-62　滚轮支架

模块三　机械部件的虚拟装配

装配建模主要用于产品的虚拟装配，支持“自底向上”和“自顶向下”的装配方法。装配建模的主要模型可以在总装配的环境中设计和编辑，组件以逻辑对齐、贴合和偏移等方式被灵活地配对和定位，改进了性能并减少了存储的需求。参数化的装配建模可以描述组件间的配对关系，以及在部件之间共享建模参数，是产品开发的并行工作。

学习目标

（1）能利用 NX 装配技术，运用引用集、“自底向上”的装配方法，完成机械部件的虚拟装配。

（2）能对虚拟装配件进行干涉检查、绘制轴测分解图（爆炸视图）、装配仿真等。

（3）能运用“自顶向下”的数字化设计方法设计产品装配。

项目 3.1　压缩机缸体夹具虚拟装配案例

教学目标

- 初步掌握一般机械部件“自底向上”的装配方法。
- 掌握机械部件的装配约束方法。
- 掌握装配镜像、装配阵列等操作方法。
- 能完成压缩机缸体夹具的虚拟装配。

项目导读

本项目以压缩机缸体夹具的虚拟装配为案例，比较详细地演示了压缩机缸体夹具的装配方法。案例主要介绍在 NX 装配功能模块中装配导航器的操作方法、“自底向上”装配设计的配对条件的操作方法及引用集的建立方法等。灵活地运用这些方法可以大大地提高装配效率。通过压缩机缸体夹具装配项目训练，让读者熟悉在 NX 装配功能模块中进行“自底向上”装配设计的基本思路与方法。

任务描述

以设计师的身份进入 NX 装配功能模块，按照产品图样和客户意图，完成压缩机缸体夹具的虚拟装配。

工作任务

读懂图样，分析压缩机缸体夹具结构、各组件间连接关系；制定压缩机缸体夹具装配方案；完成压缩机缸体夹具的虚拟装配。

一、分析压缩机缸体夹具的结构特征

压缩机缸体夹具如图 3-1-1 所示，其主要由底板、支撑板、定位板、压板、定位销、紧固螺钉、支撑钉和压板螺钉等组成，其轴测分解图如图 3-1-2 所示。

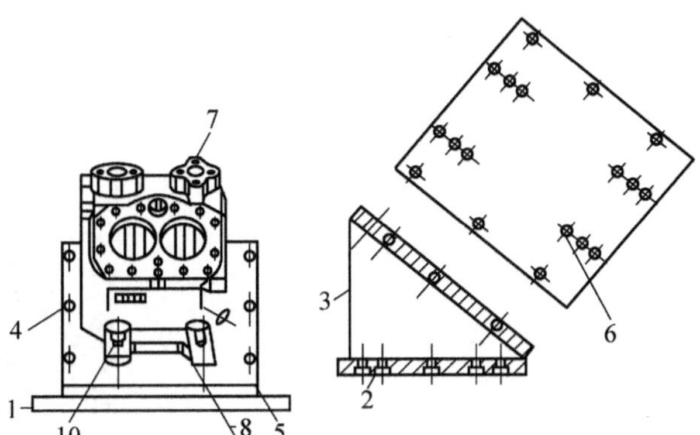

零件号	零件名称	数量
10	压板螺钉	2
9	压板	2
8	支撑钉	2
7	缸体零件	1
6	d18定位销	2
5	定位板	1
4	紧固螺钉	6
3	支撑板	2
2	d10定位销	4
1	底板	1

图 3-1-1　压缩机缸体夹具

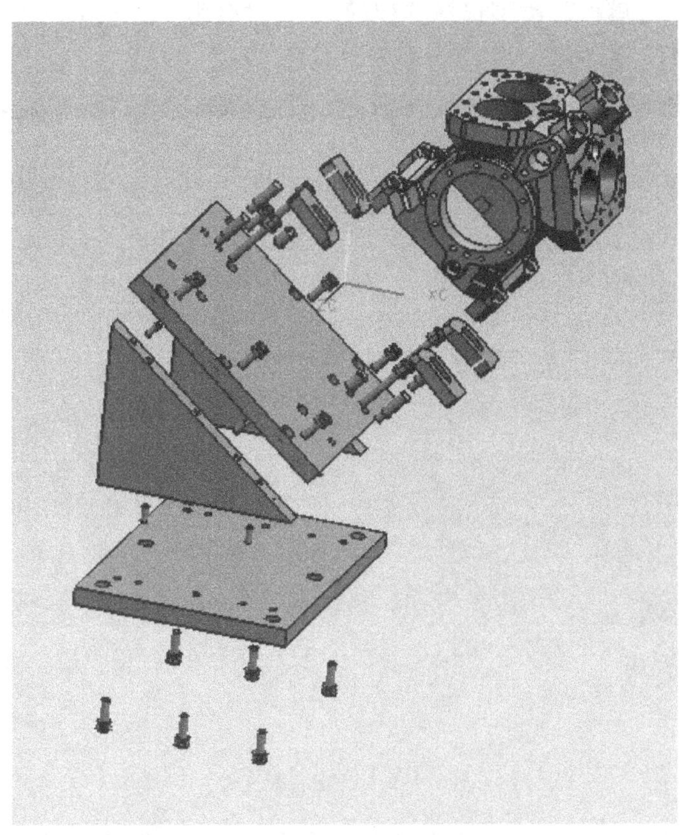

图 3-1-2　压缩机缸体夹具的轴测分解图

二、制定压缩机缸体夹具的装配方案

（1）添加组件——底板。

（2）添加组件——d10 定位销（2 个）。

（3）添加组件——支撑板（2 个）。

（4）添加组件——紧固螺钉（3个）。
（5）添加组件——d10定位销（2个）。
（6）添加组件——定位板。
（7）添加组件——紧固螺钉（3个）。
（8）镜像装配。
（9）添加组件——d18定位销（2个）。
（10）添加组件——压缩机缸体零件。
（11）添加组件——支撑钉（2个）。
（12）添加组件——压板（2个）。
（13）添加组件——压板螺钉（2个）。
（14）镜像装配。

三、装配压缩机缸体夹具

压缩机缸体夹具装配过程如下。操作录像见配套视频文件 Video \ 3 _ 1. avi，结果文件见 Part \ 3 _ 1 _ assm. prt。

（1）新建文件，“模板”类型选择“装配”，文件名为3 _ 1assm. prt，如图3-1-3所示。系统弹出“添加组件”对话框，如图3-1-4所示。

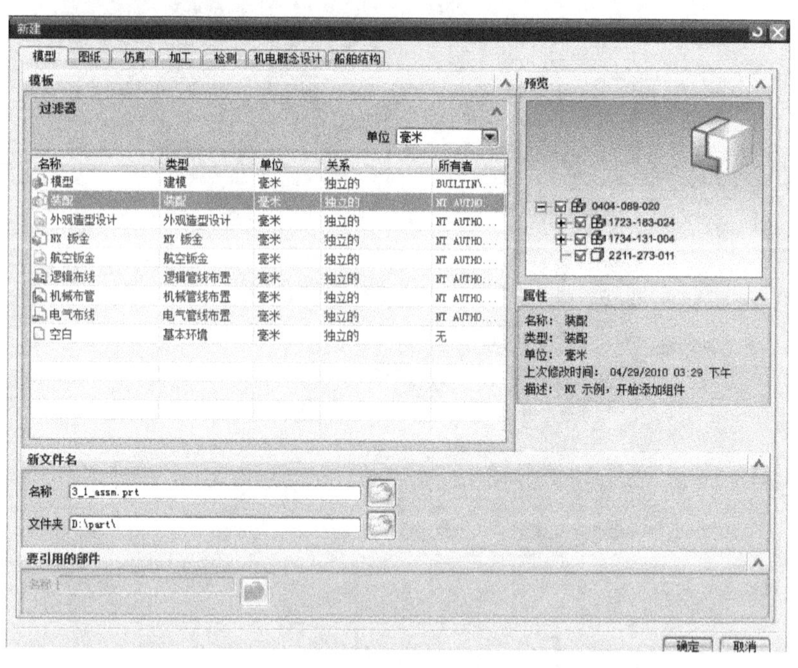

图3-1-3 新建装配文件

（2）选择【装配】→【组件】→【添加组件】命令；选择底板组件（“diban. prt”）文件，定位类型为“通过约束”，如图3-1-5所示；单击【确定】按钮，系统弹出“装配约束”对话框；类型选择“固定”，如图3-1-6所示；单击【确定】按钮完成底板的装配。

（3）重复步骤（2）操作，添加组件d10定位销（“d10dingweixiao. prt”），定位方式为“通过约束”，如图3-1-7所示，添加自动判断中心和接触约束，完成d10定位销的位置确定，如图3-1-8与图3-1-9所示。

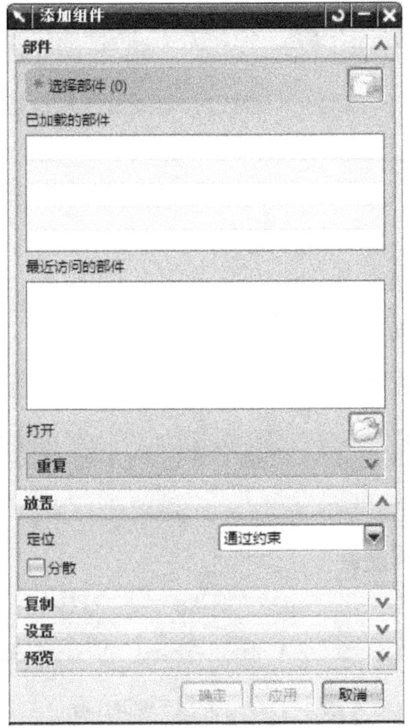

图 3-1-4　添加组件

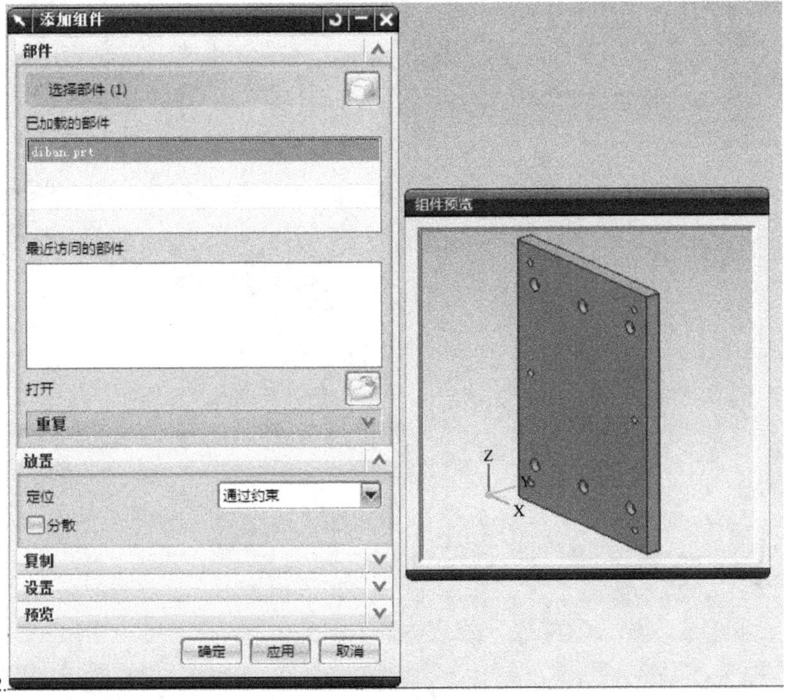

图 3-1-5　添加底板组件

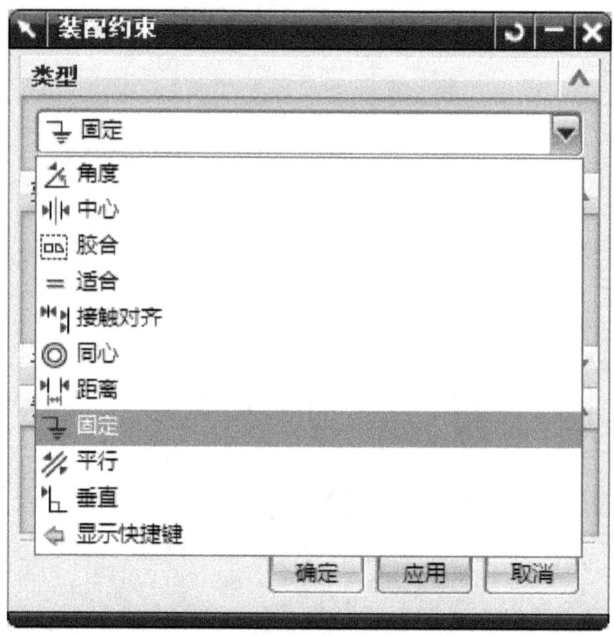

图 3-1-6 底板添加结果

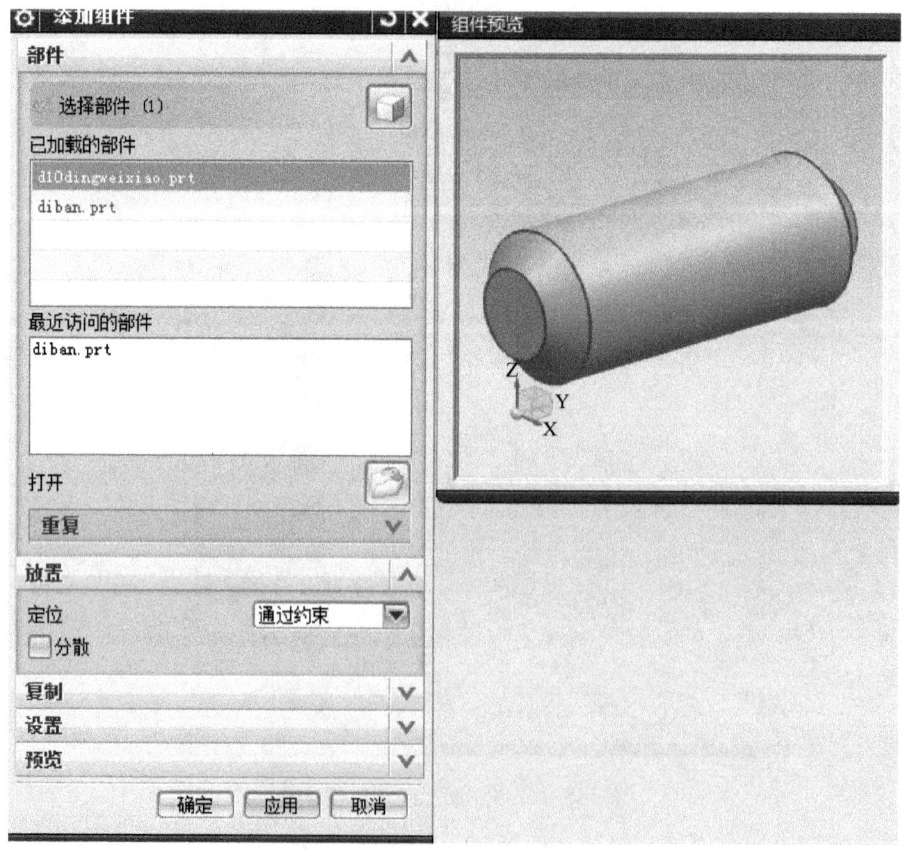

图 3-1-7 添加 d10 定位销组件

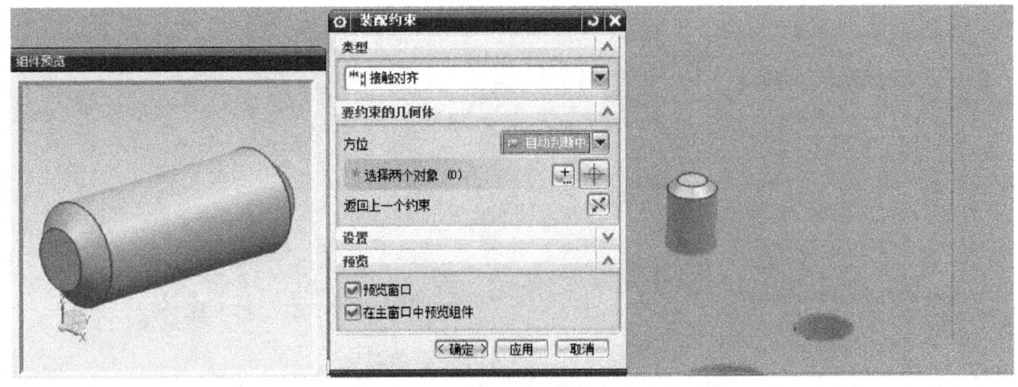

图 3-1-8　添加自动判断中心约束

图 3-1-9　添加接触约束

（4）选择【装配】→【组件】→【创建组件阵列】命令，利用装配中的阵列命令（见图 3-1-10）对步骤（3）的结果进行组件的阵列，参数以及位置如图 3-1-11 与图 3-1-12 所示。

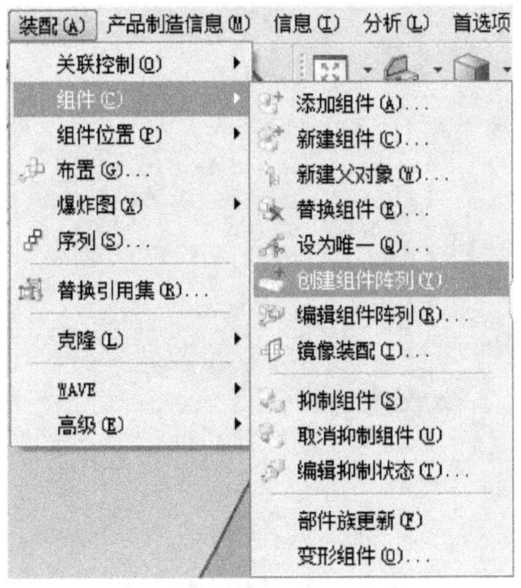

图 3-1-10　【创建组件阵列】命令

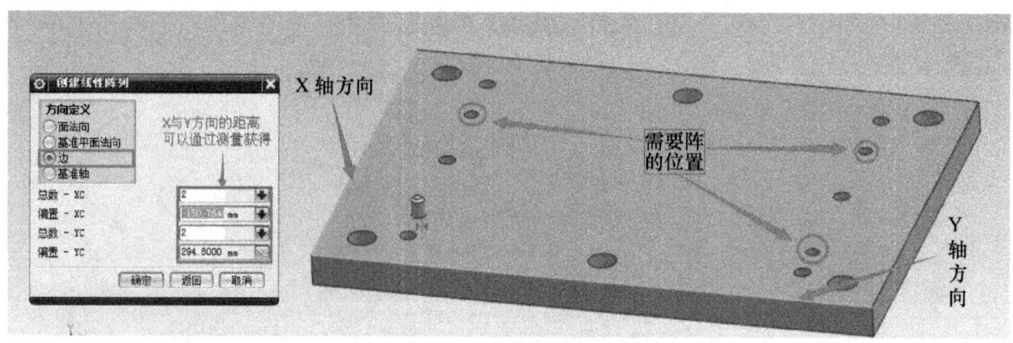

图 3-1-11 组件阵列的参数

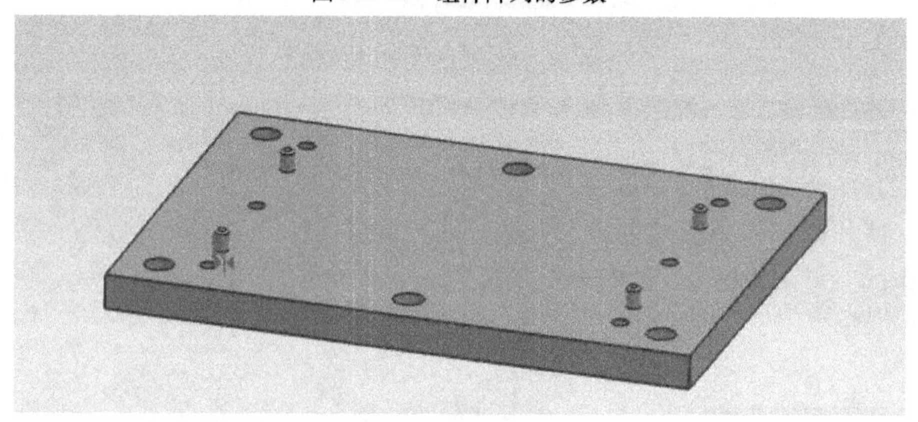

图 3-1-12 阵列完成后的模型

（5）重复步骤（2）添加组件支撑板。选择【装配】→【组件】→【添加组件】命令，选择“zhichengban. prt”文件，如图 3-1-13 所示；通过添加“自动判断中心”约束对 1 号与 2 号位置对应装配，如图 3-1-14 所示；通过添加“接触”约束完成组件与装配主体的配合，如图 3-1-15 所示。

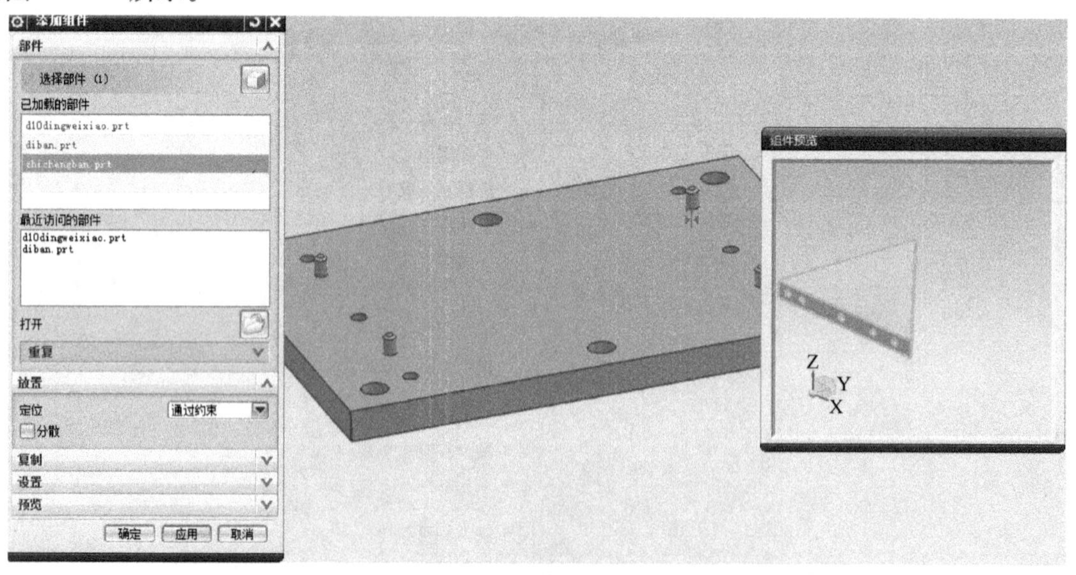

图 3-1-13 添加组件支撑板

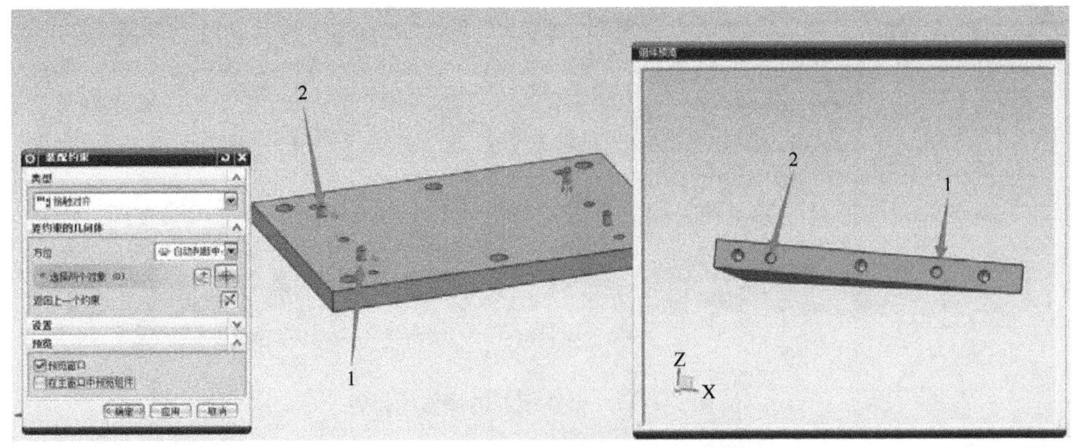

图 3-1-14 添加“自动判断中心”约束

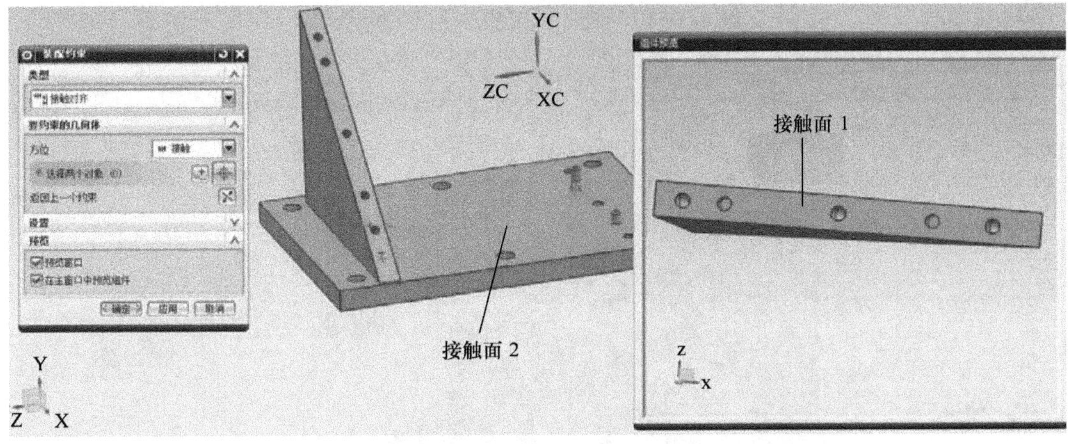

图 3-1-15 添加“接触”约束

（6）选择【装配】→【组件】→【镜像装配】命令，在对应的位置进行装配，如图 3-1-16 与图 3-1-17 所示。

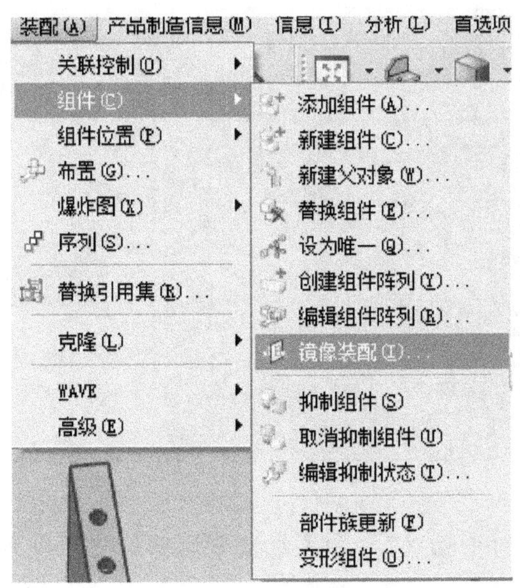

图 3-1-16 【镜像装配】命令

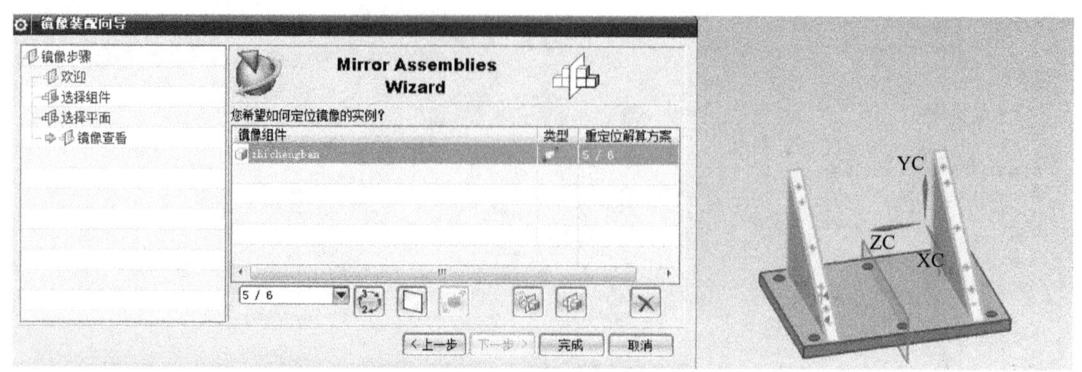

图 3-1-17 镜像装配的操作结果

（7）重复步骤（2），添加组件紧固螺钉(“jinguluoding. prt”)，如图 3-1-18 所示；通过“自动判断中心”和“接触”约束进行装配，如图 3-1-19 所示。

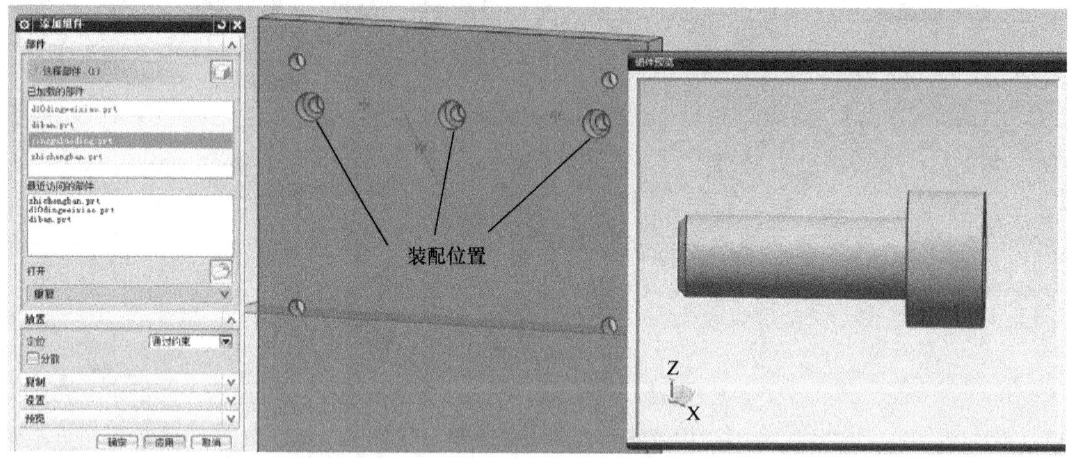

图 3-1-18 添加组件以及装配位置

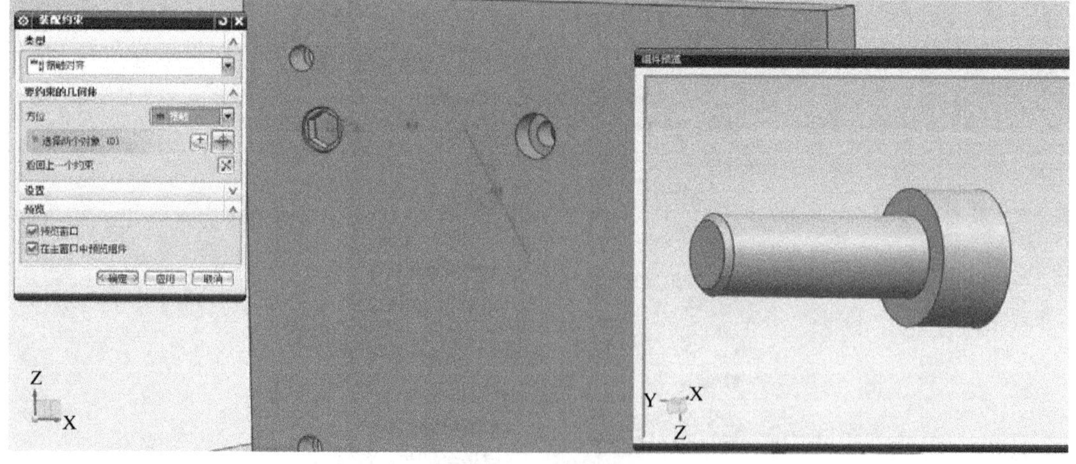

图 3-1-19 装配结果

（8）重复步骤（4）对步骤（7）中添加的紧固螺钉进行阵列，阵列结果如图 3-1-20 所示。

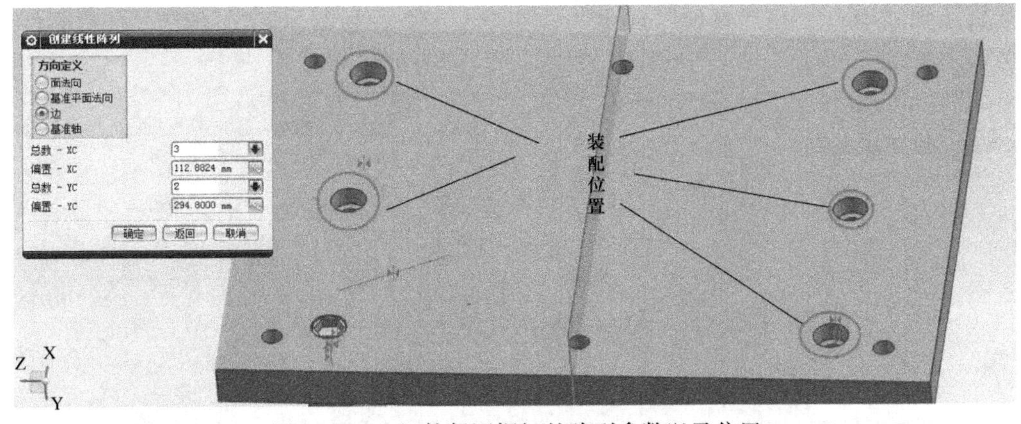

图 3-1-20　组件紧固螺钉的阵列参数以及位置

（9）继续添加组件 d10 定位销（“d10dingweixiao. prt”），装配位置如图 3-1-21 所示，具体步骤参照步骤（3）。

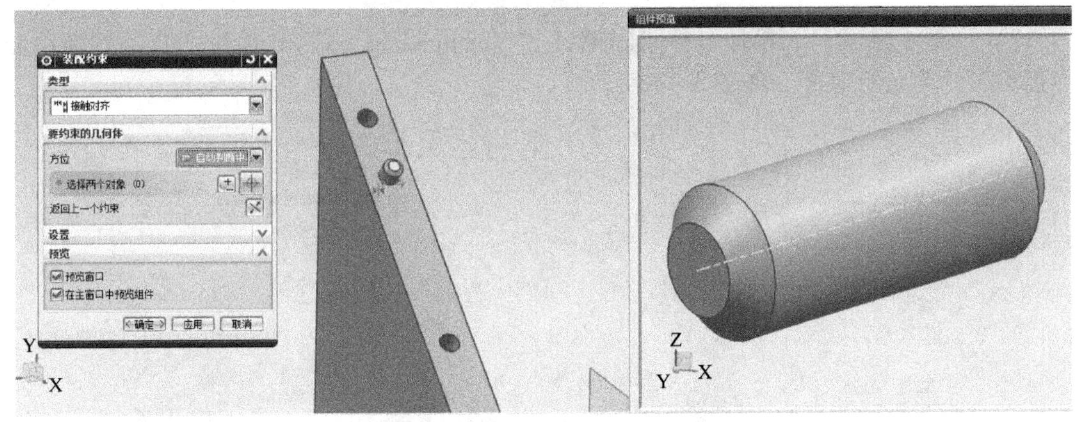

图 3-1-21　d10 定位销的装配位置

（10）重复步骤（4）对 d10 定位销进行阵列，详细步骤参考步骤（4），装配结果如图 3-1-22所示。

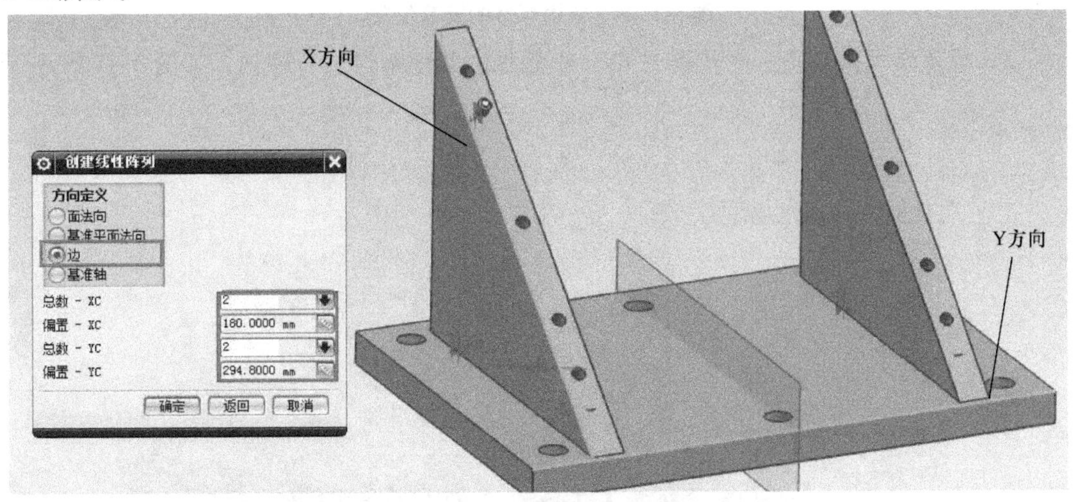

图 3-1-22　阵列组件 d10 定位销的参数模型

（11）选择【装配】→【组件】→【添加组件】命令，添加组件定位板（“dingweiban. prt”）；

通过“自动判断中心”和“接触”约束与装配模型配合，如图 3-1-23 所示。

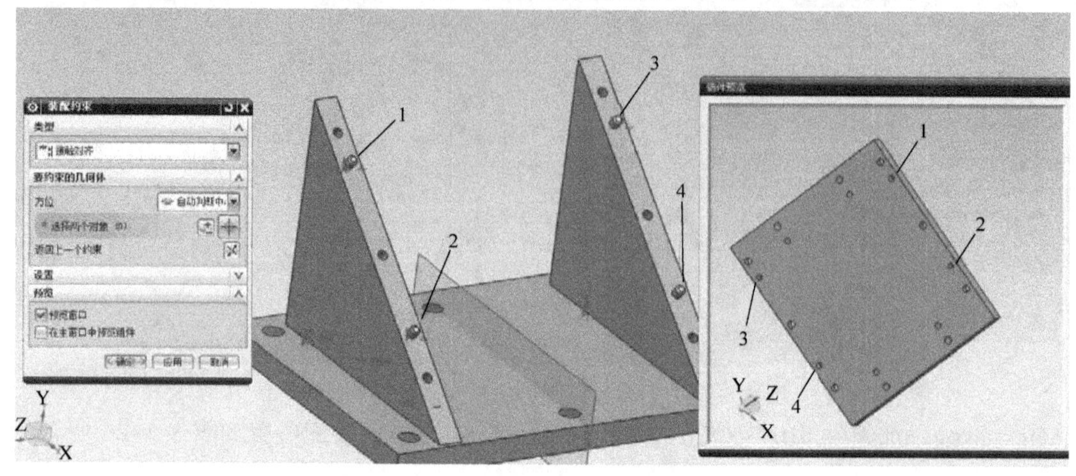

图 3-1-23 组件定位板的装配位置

（12）重复步骤（7），添加组件紧固螺钉（“jinguluoding. prt”）；通过“自动判断中心”和“接触”约束进行装配，如图 3-1-24 所示。

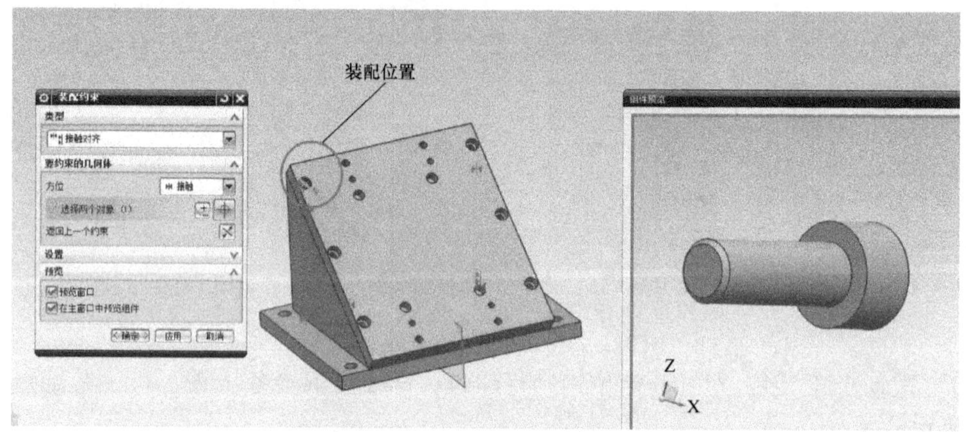

图 3-1-24 紧固螺钉的安装位置

（13）重复装配阵列命令对步骤（12）中添加的紧固螺钉进行阵列，如图 3-1-25 所示。

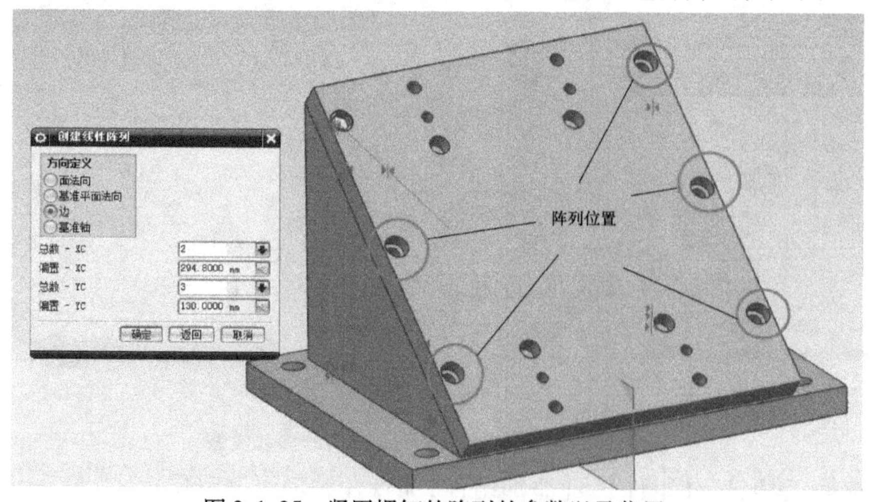

图 3-1-25 紧固螺钉的阵列的参数以及位置

（14）选择【装配】→【组件】→【添加组件】命令，添加组件 d18 定位销（“d18dingweixiao. prt”），如图 3-1-26 所示。

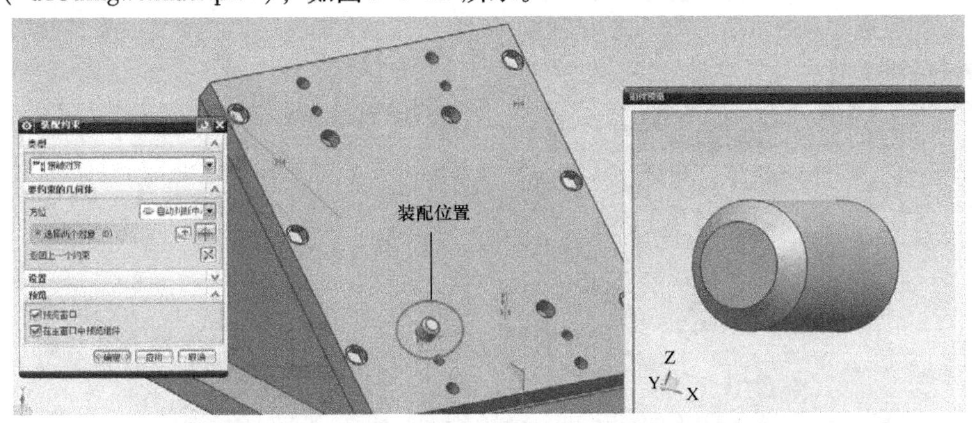

图 3-1-26　组件 d18 定位销的装配位置

（15）重复装配阵列命令，对步骤（14）中添加的 d18 定位销进行阵列，如图 3-1-27 所示。

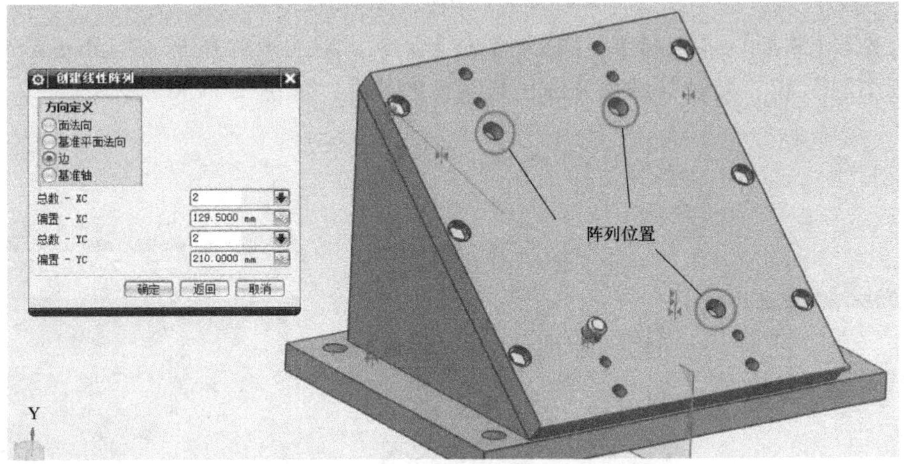

图 3-1-27　d18 定位销的阵列参数位置

（16）选择【装配】→【组件】→【添加组件】命令，添加组件缸体零件（lingjian. prt”）；选择“自动判断中心”和“接触”约束完成缸体零件组件的装配，如图 3-1-28 所示。

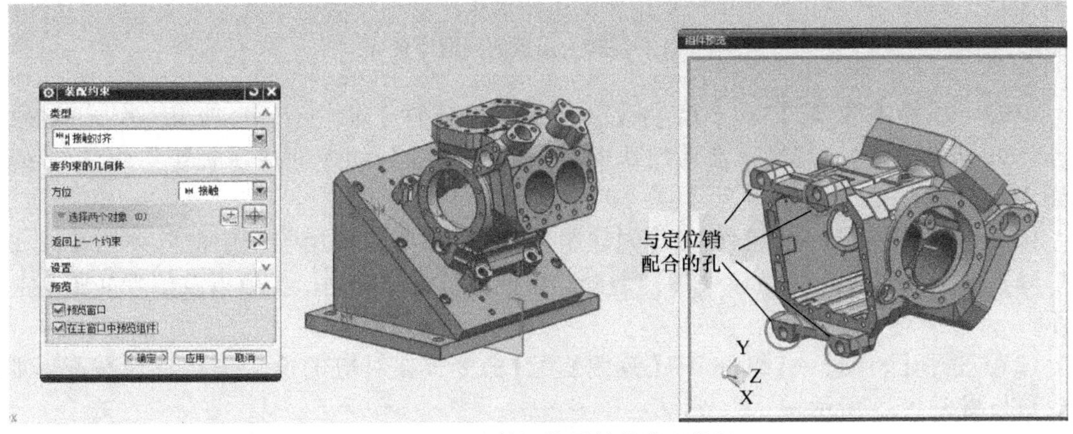

图 3-1-28　组件缸体零件的装配位置

（17）选择【装配】→【组件】→【添加组件】命令，添加组件支撑钉（“zhichengding.prt”）；选择“自动判断中心”和“接触”约束完成支撑钉组件的装配，如图3-1-29所示。

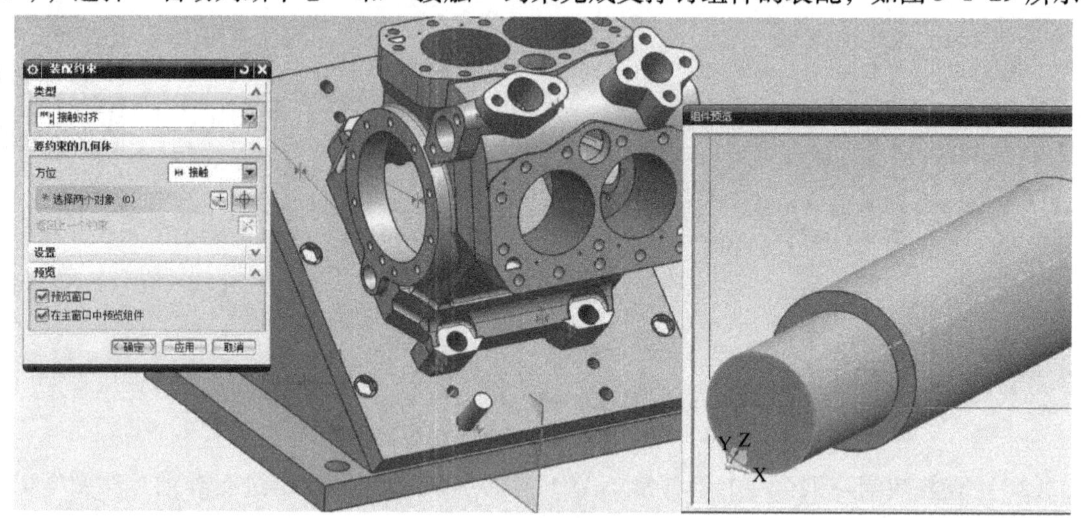

图3-1-29　添加支撑钉组件

（18）选择【装配】→【组件】→【添加组件】命令，添加组件压板（“yaban.prt”）；选择“自动判断中心”和“接触”约束完成压板组件的装配，如图3-1-30所示。

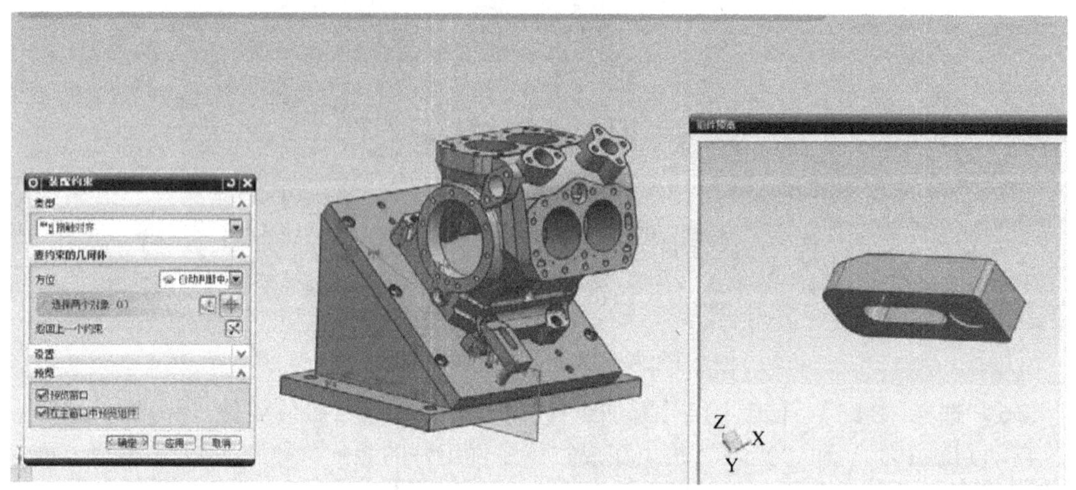

图3-1-30　压板的装配位置

（19）选择【装配】→【组件】→【添加组件】命令，添加组件压板螺钉（“yabanluoding.prt”）；选择“自动判断中心”和“接触”约束完成压板螺钉组件的装配，如图3-1-31所示。

（20）选择【装配】→【组件】→【创建组件阵列】命令，利用装配中的阵列命令（见图3-1-32）对步骤（17）、（18）、（19）装配的组件进行整体阵列，参数以及位置如图3-1-33所示。

（21）选择【装配】→【组件】→【镜像装配】命令，在对应的位置进行镜像装配，如图3-1-34与图3-1-35所示。

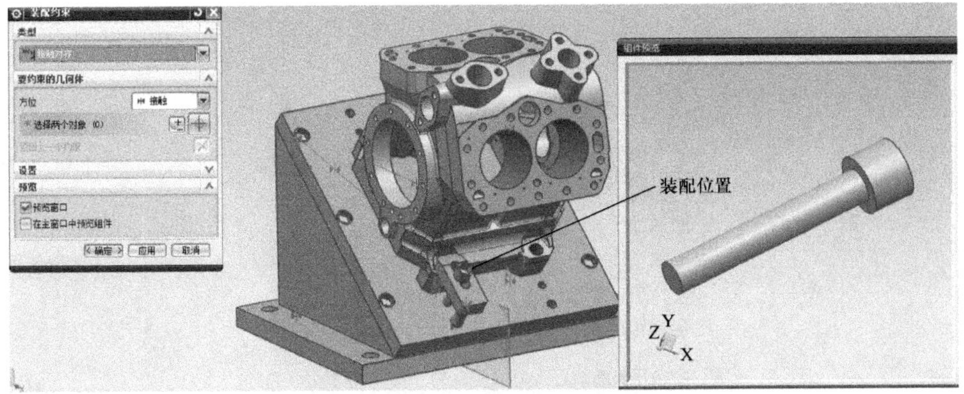

图 3-1-31　压板螺钉的装配位置

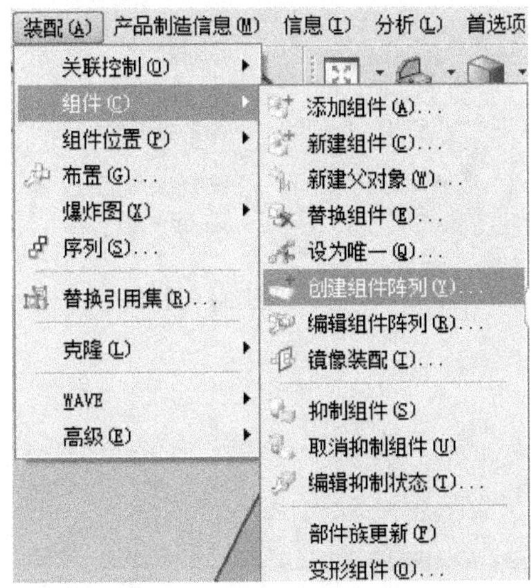

图 3-1-32　【创建组件阵列】命令

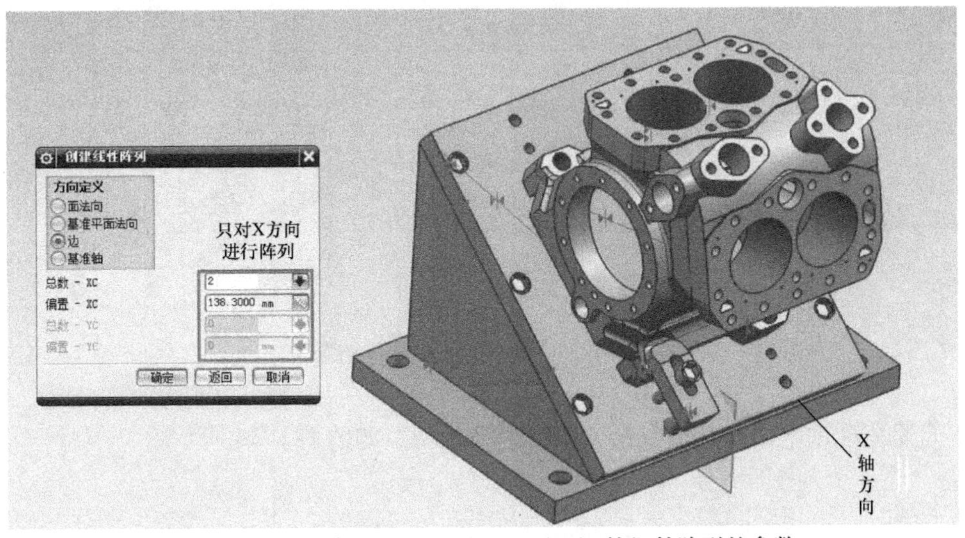

图 3-1-33　对步骤（17）、（18）、（19）的组件阵列的参数

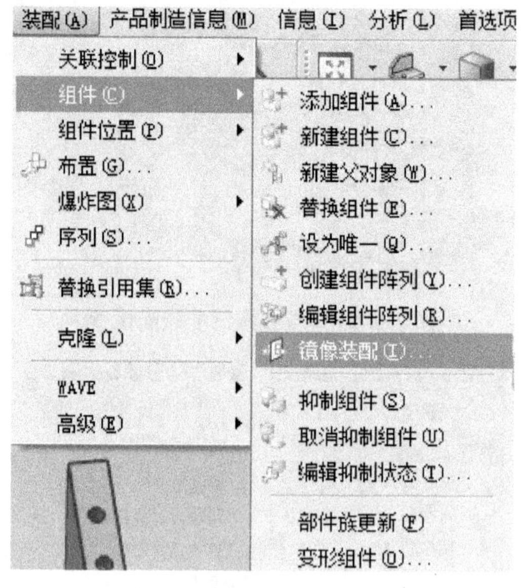

图 3-1-34　【镜像装配】命令

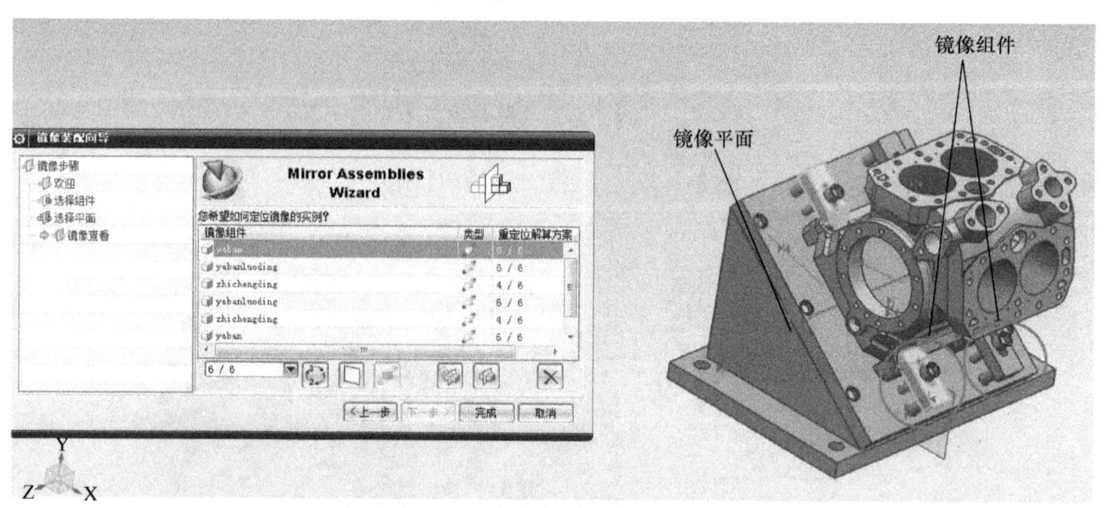

图 3-1-35　镜像装配的操作结果

（22）隐藏辅助平面和其他数据，获得最终模型，如图 3-1-36 所示。

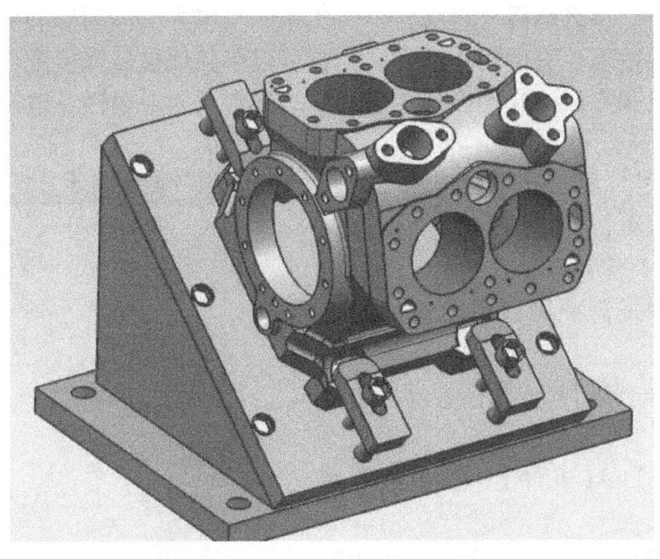

图 3-1-36　压缩机缸体夹具的最终装配结果

专家点拨

（1）装配件和子装配件。装配件就是在机械设计中学过的整件，子装配件就是部件，整件由部件和零件装配而成。NX 软件中任何一个“. prt”文件都可以作为装配件或子装配件，当然也可以作为零件，通常将“. prt”文件称为部件。

（2）每一个装配件和子装配件都可以看作是一个组件对象。组件对象是一个从装配件或子装配件链接到主模型部件的指针实体。组件对象记录的信息有名字、层、颜色、线型、线宽、引用集和配对条件等。

（3）组件部件是装配中由组件对象所指的“. prt”文件。实际几何体存储在组件中，并被装配件引用，而不是复制。

（4）装配方法。

1）“自顶向下”装配（Top－Down Assembly）：“自顶向下”装配就是在装配环境中进行设计，即由装配件的顶级向下产生子装配件和组件，在装配层次上建立和编辑组件，从装配件的顶级开始自顶向下进行设计。

2）“自底向上”装配（Bottom－Up Assembly）：“自底向上”装配是先建立单个零件的几何模型即组件，再组装成子装配件，最后装成装配件，自底向上逐级地进行设计。

（5）在一个装配件中，部件有两种不同的工作方式：工作部件和显示部件。这一点与造型不同：造型操作的是单个零件，这个零件既是工作部件又是显示部件。而在装配应用中，屏幕上能看到的所有部件都是显示部件，而工作部件只有一个，它可以是装配件，也可以是装配件中的一个部件。工作部件加亮显示，显示部件是灰的；显示部件是装配件，工作部件是装配件中的一个组件部件。请注意当前所做的任何编辑修改工作都是针对工作部件的，因此工作部件与显示部件的切换非常重要。

（6）引用集是“. prt”文件中被命名的部分数据，这部分数据就是要装入装配件中的数据。例如一个部件中除了实体图形外，可能还有基准面、基准轴、草图等，而在装配时只需要实体图形和基准面，那么就需要定义一个引用集，只包含实体图形和基准面，从而可以大大地减少装配件中的数据。引用集一旦建立，就可以单独地被装入装配件中。它可以含有下列数据：名字、原点和方位，几何图形、坐标系、参考元素，属性，以及任何被添加到引用集中的组件信息。

（7）建立的引用集属于当前的工作部件，选择【格式】→【引用集】，系统弹出“引用集”对话框，如图 3-1-37 所示。

图 3-1-37 “引用集”对话框

在装配件中，根据需要可以更改部件的引用集，方法如下：

1）使用装配导航器。单击鼠标右键，选择【替换引用集】。

2）选择【装配】→【组件】→【替换引用集】。

（8）装配导航器提供了一个装配结构的图形显示界面，也被称为“树形表”。在装配树形表中，每个部件显示为一个节点，装配导航器能更清楚地表达装配关系，提供一种选择组件和操作组件的快速而简单的方法。例如，可以用装配导航器改变工作部件和显示部件、隐藏与显示组件和替换引用集等。

（9）“自底向上”装配（Bottom－up Assembly）的方法是常用的装配方法，即先设计装配体中的零部件，再将零部件添加到装配体中，自底向上逐级地进行装配。采用“自底向上”装配方法，需要选择加入已有的组件。组件定位方法有：绝对原点、选择原点、装配约束和移动定位。一般来说，第 1 个组件采用绝对原点定位方法添加，其余组件采用装配约束定位方法添加。装配约束定位方法的优点是部件修改后，装配关系不会改变。

1）按绝对坐标定位方法添加组件。首先新建一个装配体或者打开一个已存在的装配体，再添加已有部件到装配体中。这一步就相当于手工画图时拿一张新图纸一样，很多初学者都容易忽略这一步，导致在零件图中画装配图的错误。

2）按装配约束添加组件。装配约束是指组件的面、边、点等几何对象之间的约束关系，用以确定组件在装配体中的相对位置。装配约束条件由一个或多个约束组成。

装配约束限制组件在装配体中的自由度。定义组件间的装配约束时，在图形窗口可以看到自由度符号。自由度符号表示组件在装配体中没有限制的自由度，有线型自由度和旋转自由度两种。对组件的最终约束结果有：

a. 完全约束。组件的全部自由度都被约束，在图形窗口中看不到约束符号。

b. 欠约束。组件还有自由度没被限制。在装配体中允许欠约束存在。

在添加已有部件对话框中，将定位方法设置为“通过约束”，则组件添加到装配体中后弹出如图 3-1-38 所示的“装配约束”对话框。

（10）装配轴测分解图。一旦建立了装配模型，便可以为其中的组件定义轴测分解图（爆炸视图）了。轴测分解图像其他的用户定义视图一样，可以被加到任意需要的视图布置（layout）中。在该视图中，各个组件或子装配件已经从它们的装配位置移离。轴测分解图与显示部件相关联，并且可以和显示部件一起保存。图 3-1-39 所示为压缩机缸体夹具的装配轴测分解图。

图 3-1-38　“装配约束”对话框

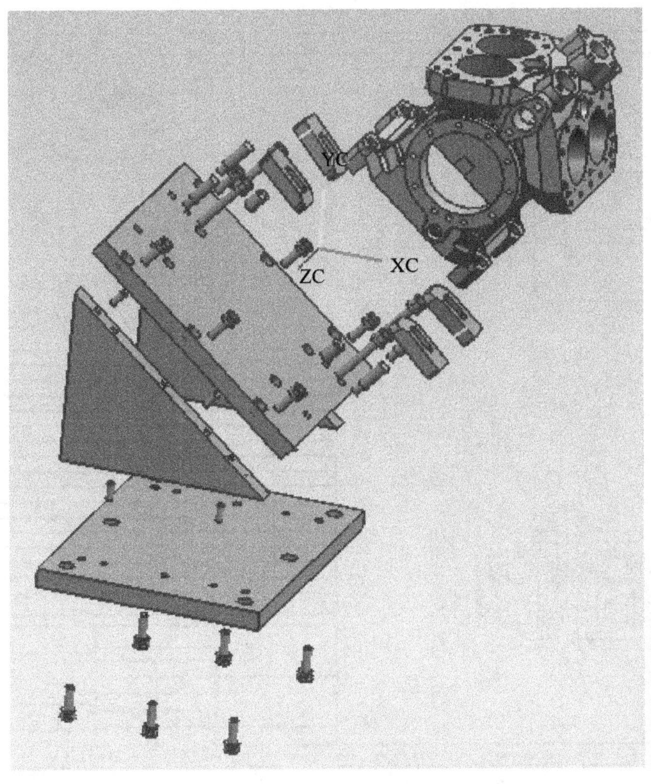

图 3-1-39　压缩机缸体夹具装配轴测分解图

课后训练

根据图 3-1-40 要求，完成滚轮的虚拟装配。

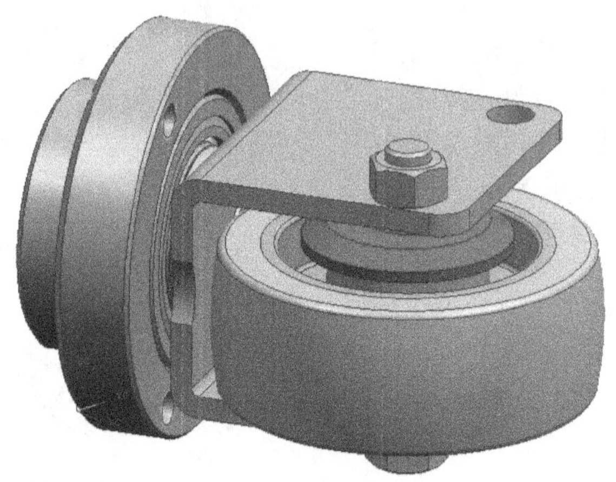

a) 滚轮装配效果图

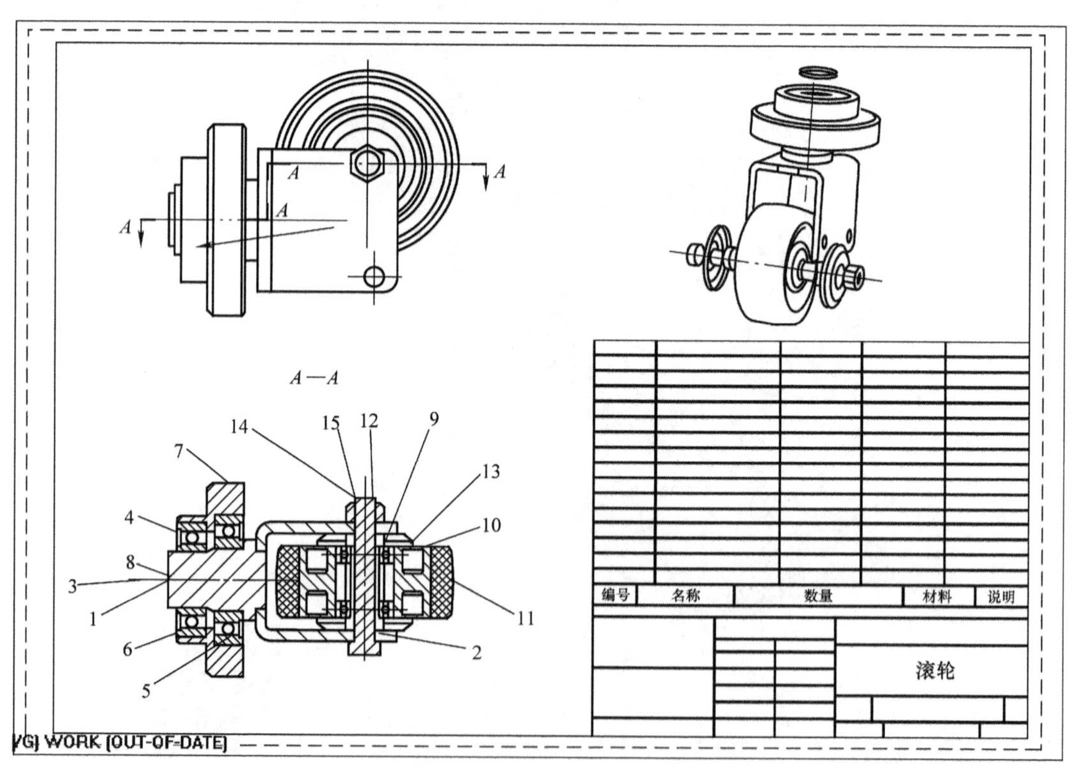

b) 滚轮装配工程图

图 3-1-40 滚轮装配图

项目 3.2 注塑机下料口零件设计和虚拟装配案例

教学目标

- 掌握一般机械部件“自底向上”的装配方法。
- 掌握机械部件的装配方法。
- 能完成注塑机下料口各零件的设计。
- 能完成注塑机下料口的装配。

项目导读

本项目以注塑机下料口的零件设计与虚拟装配为案例，详细介绍了“自底向上”装配设计思路与方法，重点介绍了装配约束的操作方法。通过注塑机下料口零件设计与虚拟装配项目的训练，让读者学会系统地设计一个机械部件。

任务描述

以设计师身份进入 NX 装配功能模块，按照产品图样和客户意图，完成注塑机下料口的零件设计和虚拟装配。

工作任务

读懂图样，分析注塑机下料口的结构和各组件间的连接关系；制定注塑机下料口装配方案；完成注塑机下料口主要部件的三维建模；完成注塑机下料口的装配。

一、分析注塑机下料口的结构特征

注塑机下料口整体结构如图 3-2-1 所示，其主要由基座、底板、盖板、把手等零件以及标准件构成。

二、制定注塑机下料口的设计和装配方案

（1）建立底板实体。

（2）建立盖板实体。

（3）建立落料板实体。

（4）建立把手实体。

（5）建立基座实体。

（6）完成注塑机下料口装配。

三、设计和装配注塑机下料口

1. 建立底板实体

（1）选择【文件】→【新建】命令，新建名称为“696079. prt”的部件文档，单位选择为毫米。单击【确定】按钮，进入建模功能模块。

（2）选择下拉菜单【插入】→【草图】，系统弹出“创建草图”对话框；类型设置为“在平面上”，草图平面方法设置为“自动判断”，如图 3-2-2 所示；单击【确定】按钮完成草图创建。

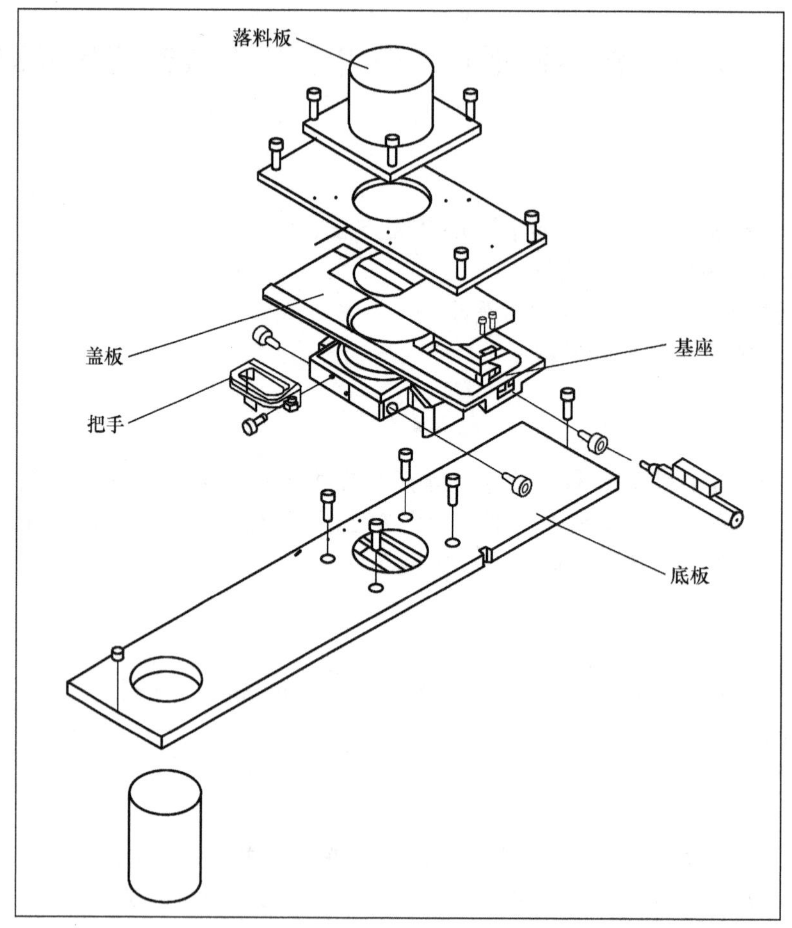

图 3-2-1 注塑机下料口整体结构

（3）绘制草图并约束，尺寸和结果如图3-2-3所示。

（4）选择下拉菜单【插入】→【设计特征】→【拉伸】，系统弹出“拉伸”对话框；截面选择草图，拉伸方向为 -Z 轴方向，开始距离为“0”，结束距离为“38.1”，如图 3-2-4 所示；单击【确定】按钮完成拉伸操作。

（5）选择下拉菜单【插入】→【草图】，系统弹出“创建草图”对话框；类型设置为“在平面上”，草图平面设置为长方体顶面，如图 3-2-5 所示；单击【确定】按钮完成草图创建。

（6）绘制草图并约束，尺寸和结果如图3-2-6所示。

图 3-2-2 创建草图

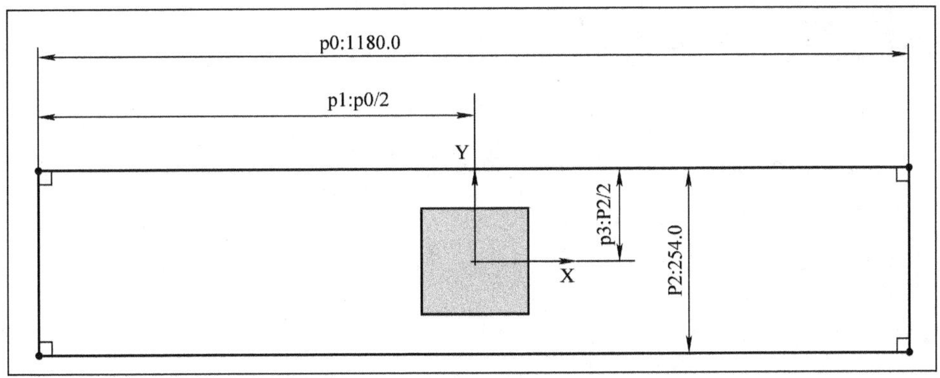

图 3-2-3　草图

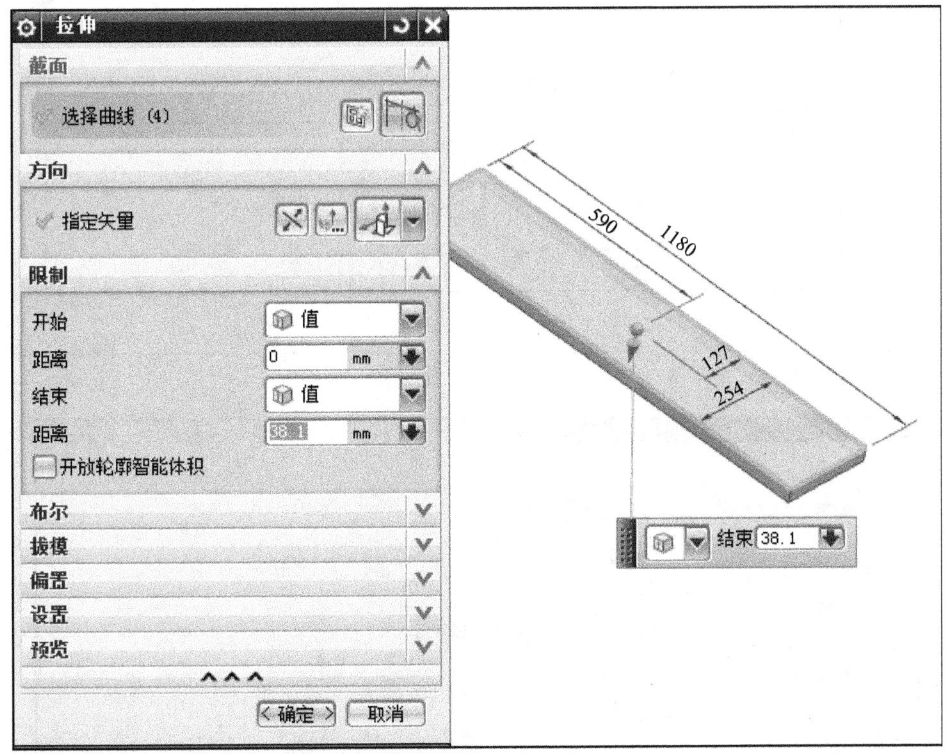

图 3-2-4　拉伸

（7）选择下拉菜单【插入】→【设计特征】→【拉伸】，系统弹出“拉伸”对话框；截面选择直径140mm的圆，拉伸方向为－Z轴方向，开始距离为“0”，结束距离为“贯通”，布尔运算为“求差”，如图3-2-7所示；单击【确定】按钮完成拉伸操作。

（8）在长方体顶面创建草图，绘制草图并约束，尺寸和结果如图3-2-8所示。

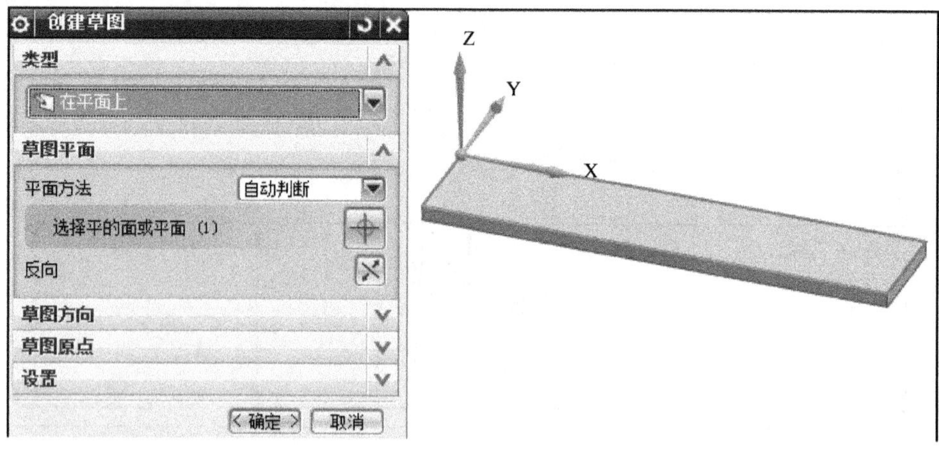

图 3-2-5 创建草图

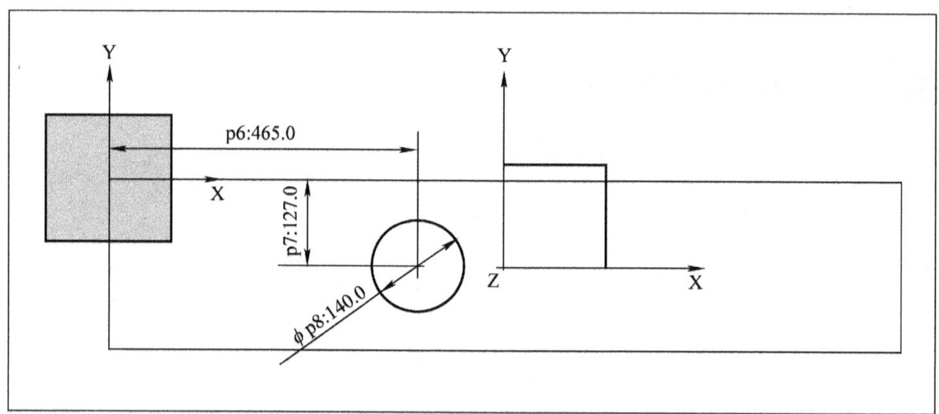

图 3-2-6 草图

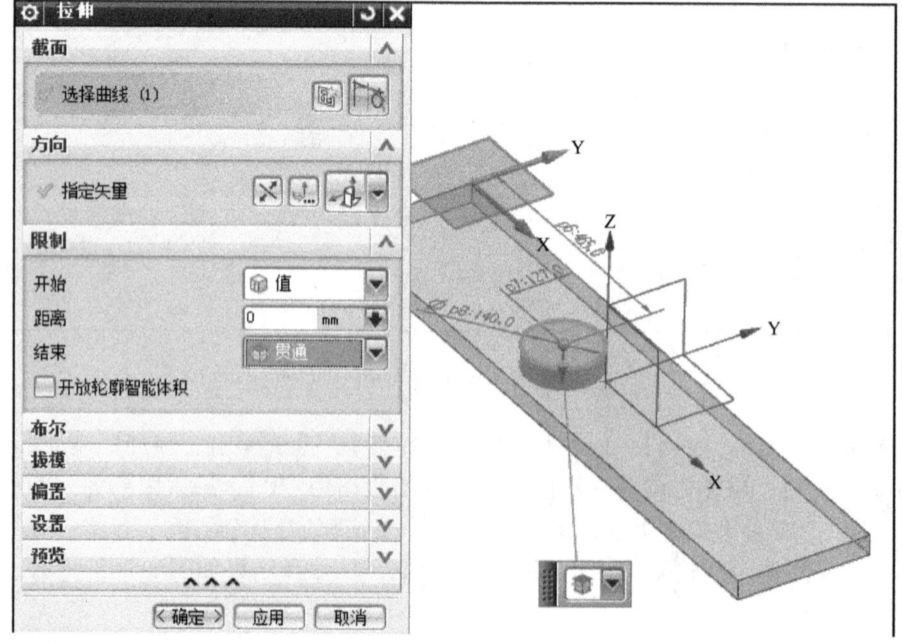

图 3-2-7 拉伸

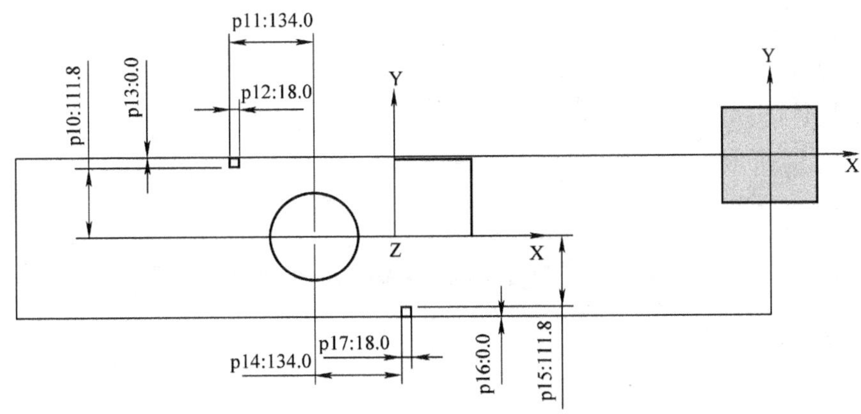

图 3-2-8　草图

(9) 选择下拉菜单【插入】→【设计特征】→【拉伸】，系统弹出“拉伸”对话框；截面选择上一步骤中绘制的草图，拉伸方向为 - Z 轴方向，开始距离为“0”，结束距离为“38.1”，布尔运算为“求差”，如图 3-2-9 所示；单击【确定】按钮完成拉伸操作。

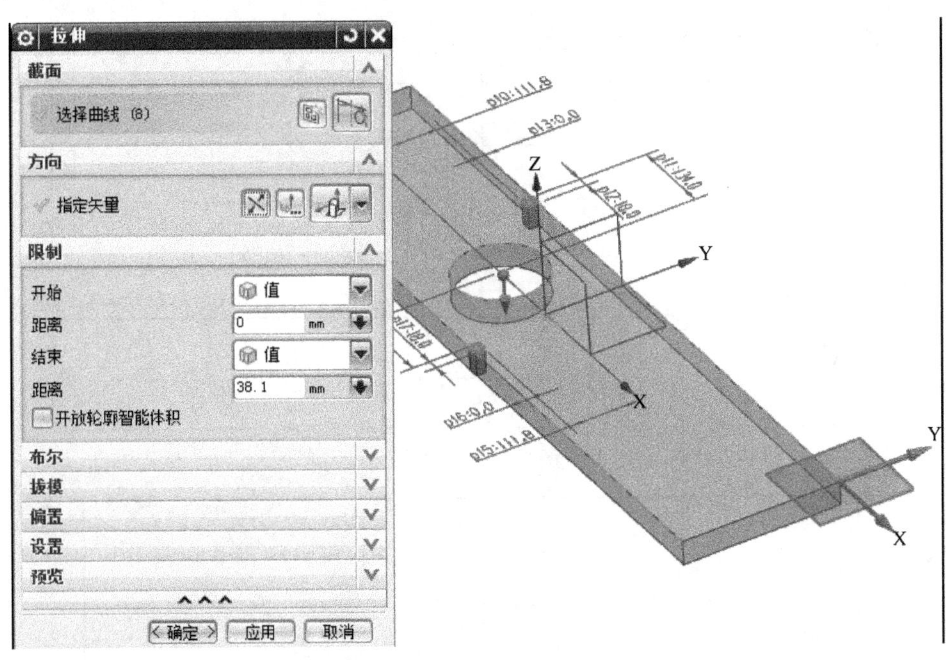

图 3-2-9　拉伸

(10) 选择下拉菜单【插入】→【设计特征】→【孔】，系统弹出“孔”对话框；类型为“常规孔”，成形为“沉头”，具体尺寸如图 3-2-10 所示；拾取长方体顶面，进入草图模式，绘制草图如图 3-2-11 所示；单击【完成草图】，进入“孔”对话框；单击【确定】按钮完成沉头孔创建，如图 3-2-12 所示。

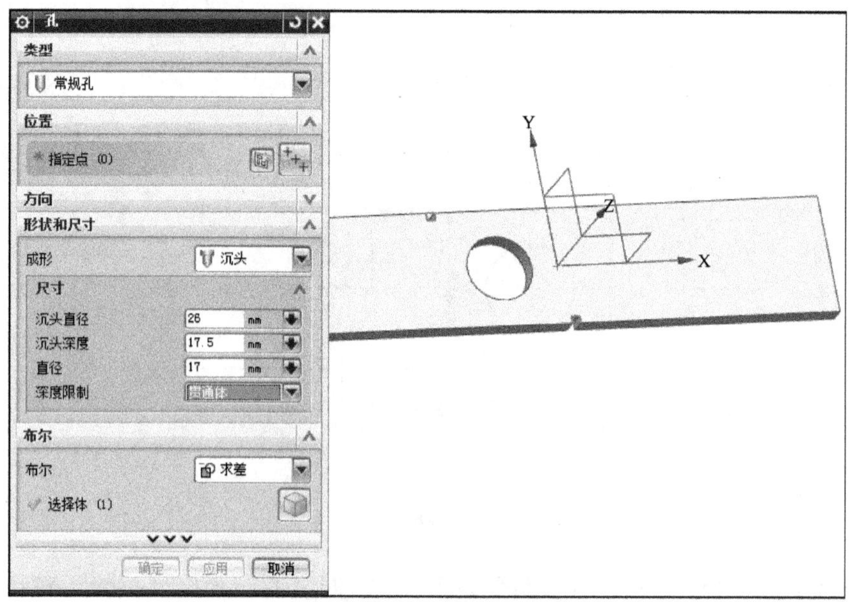

图3-2-10 打孔

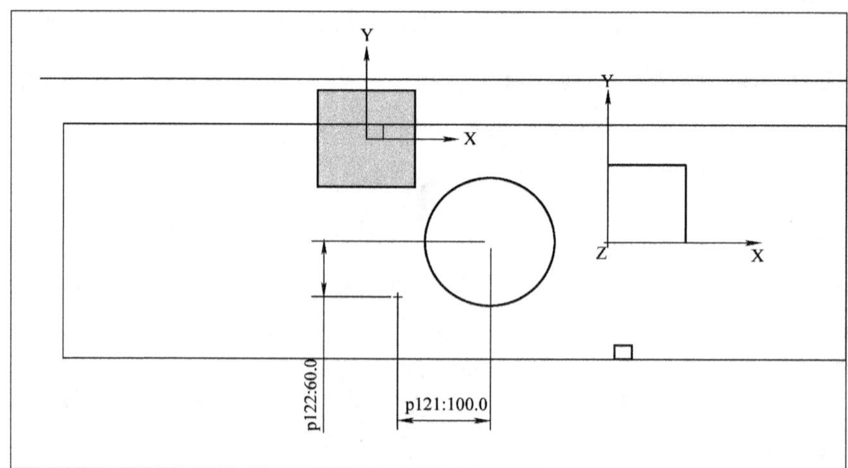

图3-2-11 草图

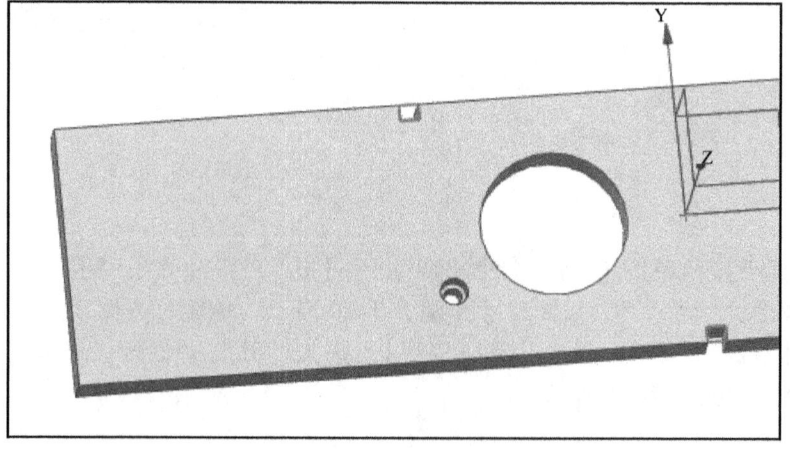

图3-2-12 沉头孔

（11）选择下拉菜单【插入】→【关联复制】→【阵列特征】，系统弹出“阵列特征”对话框；设置X方向数量为“2”，节距为“200”，设置Y方向数量为“2”，节距为“120”，如图3-2-13所示；单击【确定】按钮完成阵列。

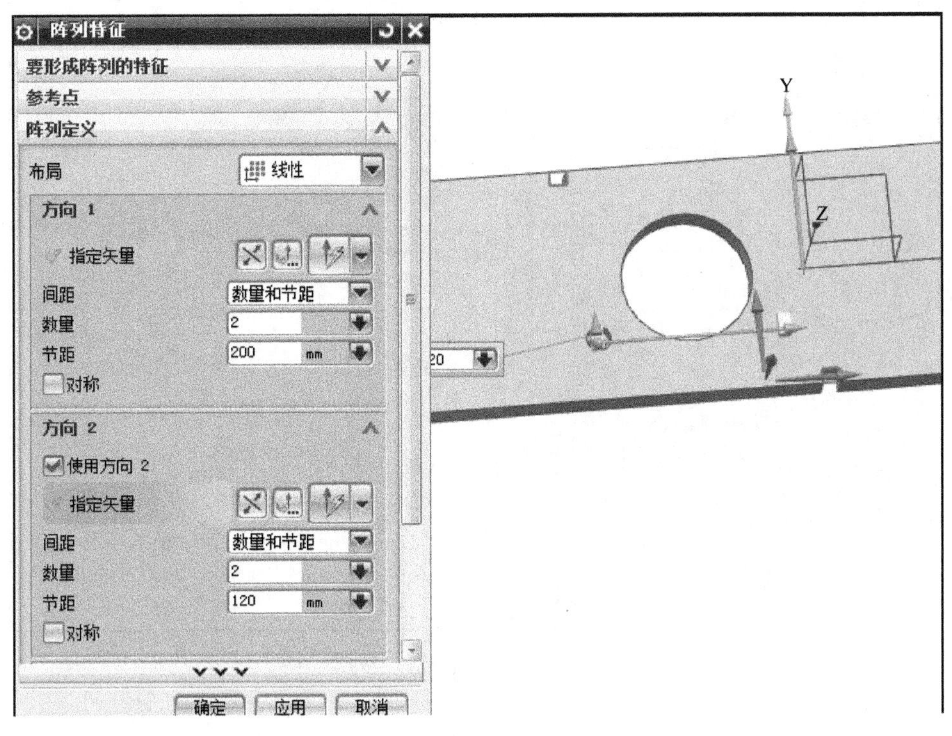

图3-2-13　阵列

（12）选择下拉菜单【插入】→【设计特征】→【孔】，系统弹出“孔”对话框；类型为“螺纹孔”，螺纹大小为“M12×1.75”，具体尺寸如图3-2-14所示；拾取长方体顶面，进入草图模式，绘制草图如图3-2-15所示；单击【完成草图】，进入“孔”对话框；单击【确定】按钮完成螺纹孔创建，如图3-2-16所示。

（13）选择下拉菜单【插入】→【设计特征】→【孔】，系统弹出“孔”对话框；类型为“螺纹孔”，螺纹大小为“M140×2”，具体尺寸如图3-2-17所示；拾取长方体底面，进入草图模式，绘制草图如图3-2-18所示；单击【完成草图】，进入“孔”对话框；单击【确定】按钮完成螺纹孔创建，如图3-2-19所示。

（14）选择下拉菜单【文件】→【保存】，完成底板的三维模型创建。

2. 建立盖板实体

（1）选择【文件】→【新建】命令，新建名称为“653164.prt”的部件文档，单位选择为毫米。单击【确定】按钮，进入建模功能模块。

（2）选择下拉菜单【插入】→【设计特征】→【长方体】，系统弹出“块”对话框；类型为“原点和边长”，原点为指定点，具体尺寸如图3-2-20所示；单击【确定】按钮完成长方体创建，得到长方体如图3-2-21所示。

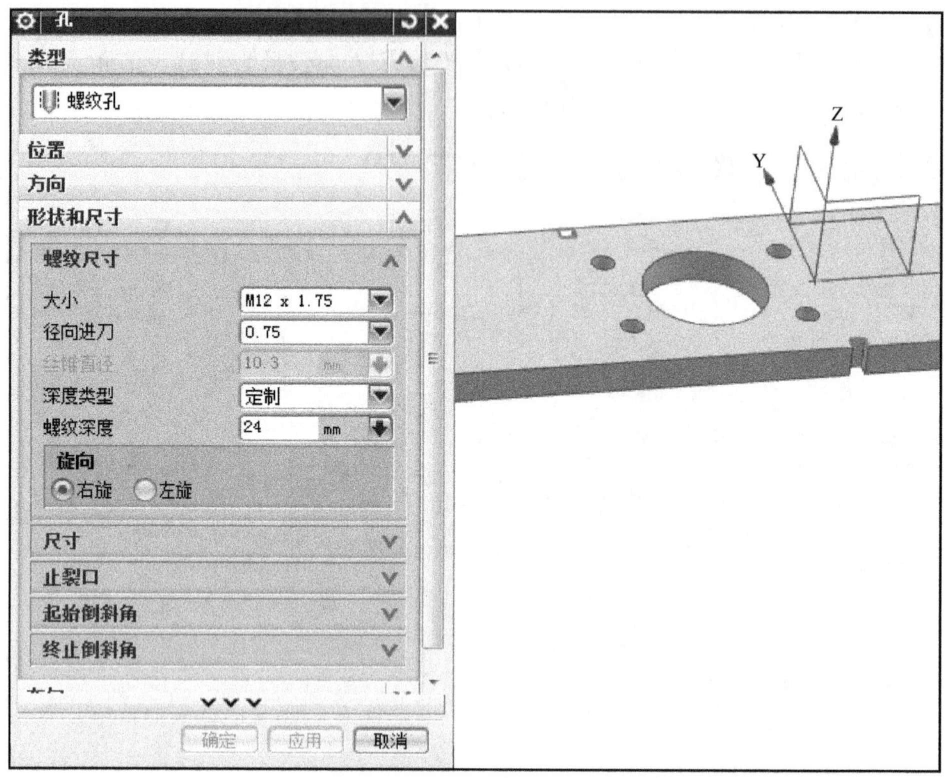

图 3-2-14　创建螺纹孔

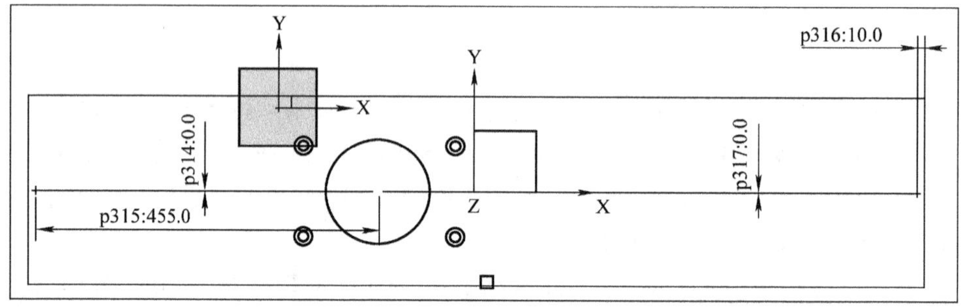

图 3-2-15　螺纹孔草图

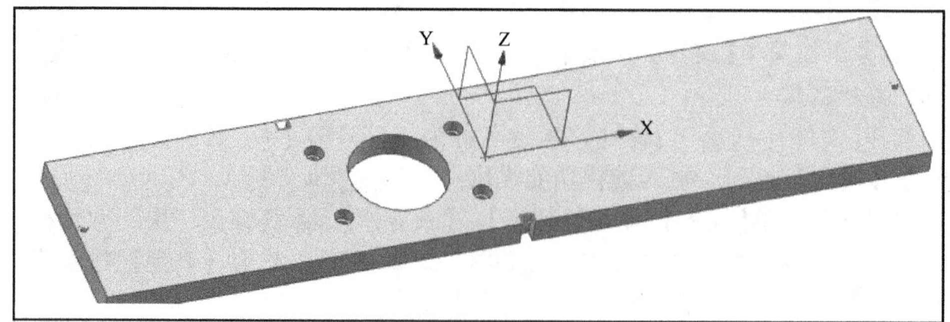

图 3-2-16　螺纹孔

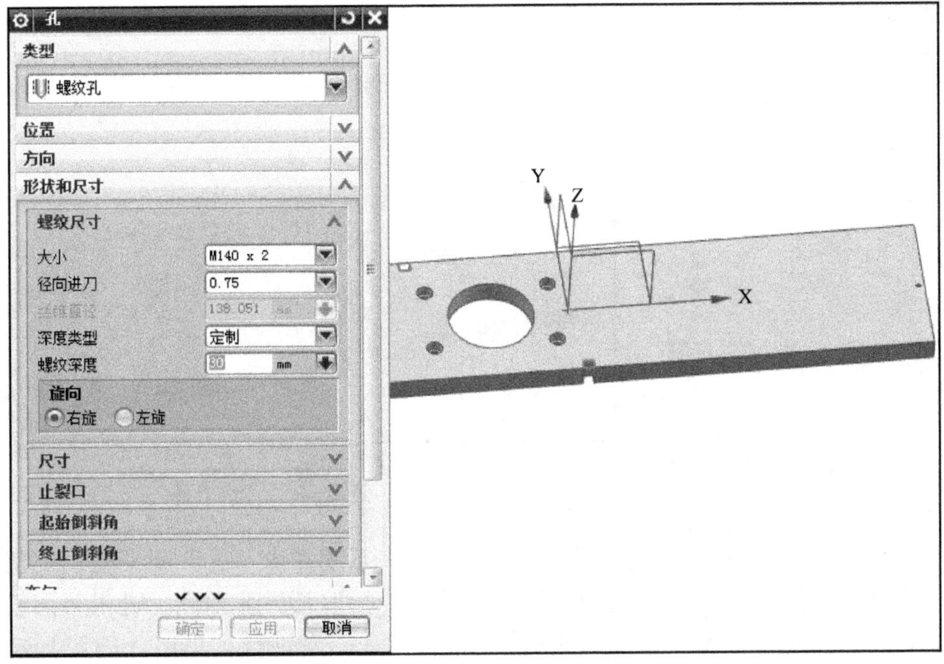

图 3-2-17　创建螺纹孔

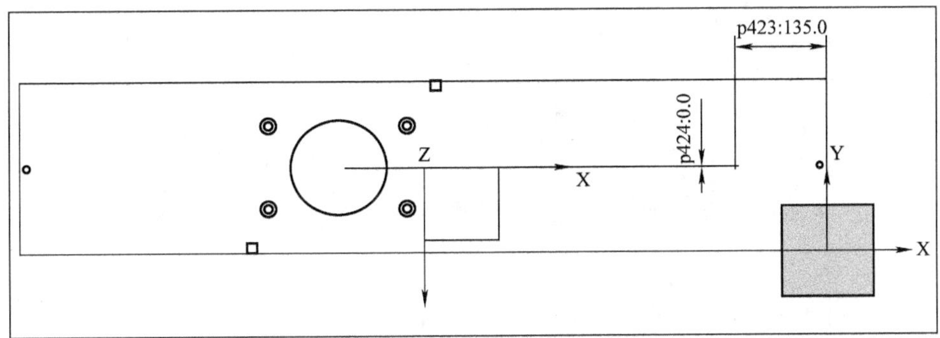

图 3-2-18　螺纹孔草图

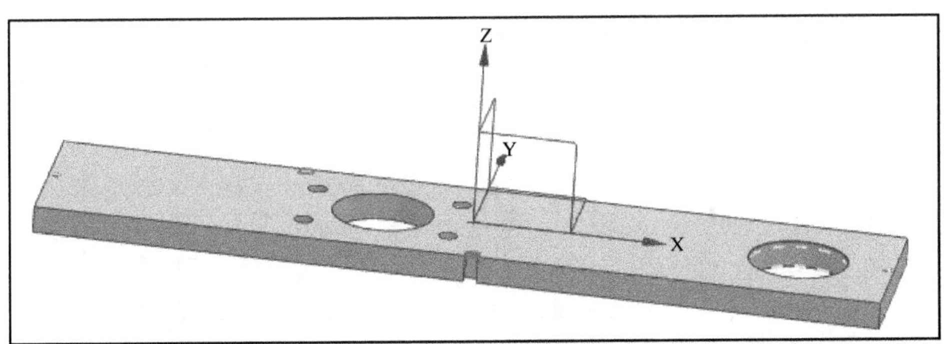

图 3-2-19　螺纹孔

图 3-2-20 创建长方体

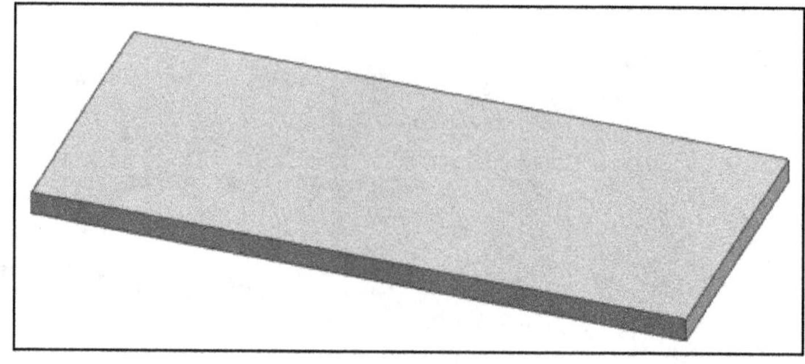

图 3-2-21 长方体

（3）选择下拉菜单【插入】→【设计特征】→【孔】，系统弹出“孔”对话框；类型为“常规孔”，成形为“简单”，具体尺寸如图 3-2-22 所示；拾取长方体顶面，进入草图模式，绘制草图如图 3-2-23 所示；单击【完成草图】，进入“孔”对话框；单击【确定】按钮完成孔创建，如图 3-2-24 所示。

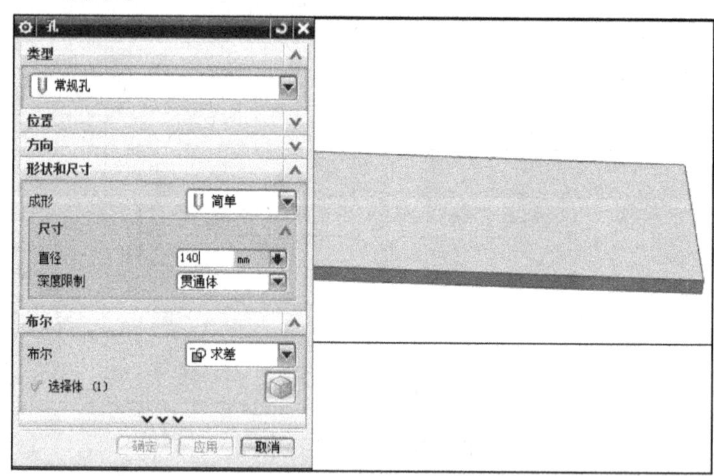

图 3-2-22 创建简单孔

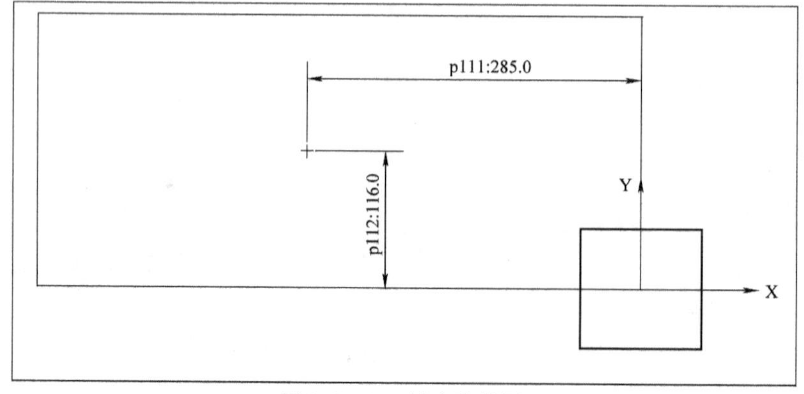

图 3-2-23 创建孔草图

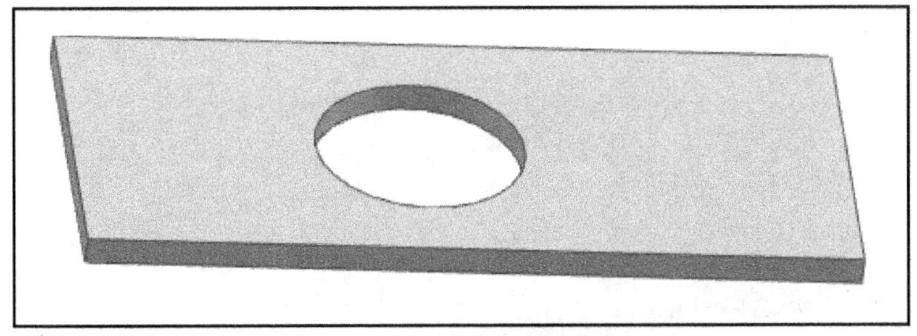

图 3-2-24 完成孔创建

（4）选择下拉菜单【插入】→【草图】，系统弹出“创建草图”对话框；类型设置为“在平面上”，草图平面选择长方体顶面，如图 3-2-25 所示；单击【确定】按钮完成草图创建。

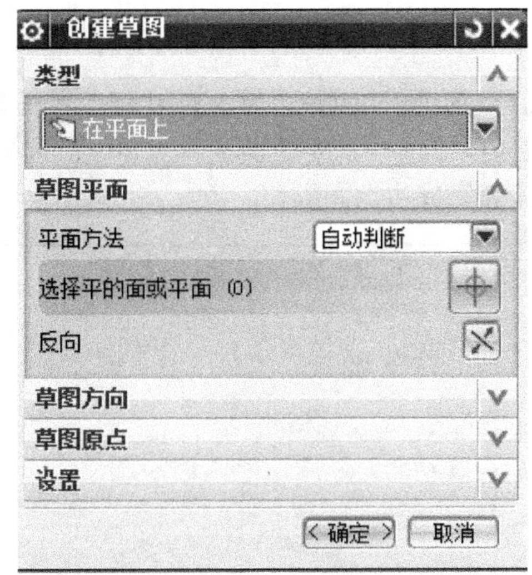

图 3-2-25 创建草图

（5）绘制草图并约束，尺寸和结果如图 3-2-26 所示。

（6）选择下拉菜单【插入】→【设计特征】→【拉伸】，系统弹出“拉伸”对话框；截面选择“草图”，拉伸方向为 - Z 轴方向，开始距离为“0”，结束距离为“10”，布尔运算为“求差”；单击【确定】按钮完成拉伸操作，如图 3-2-27 所示。

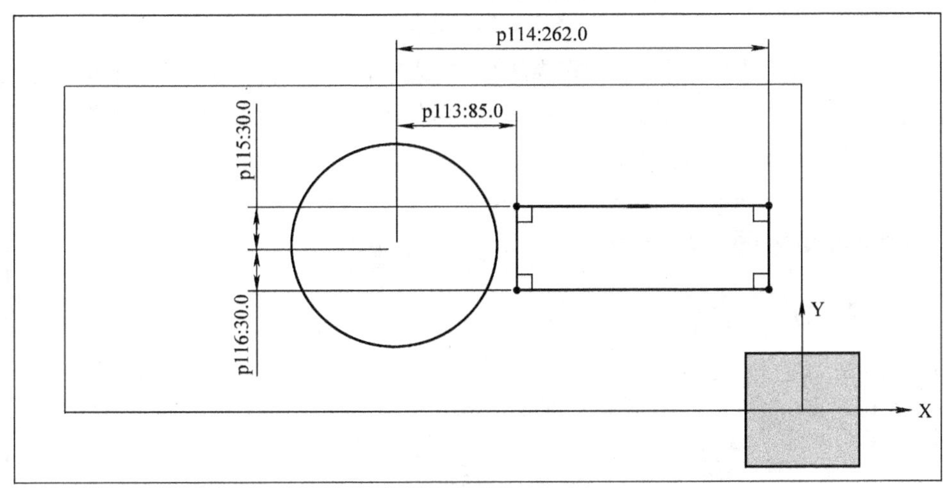

图 3-2-26 草图

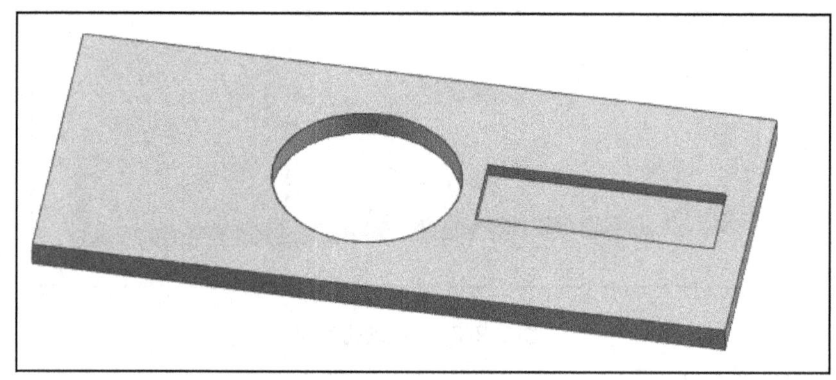

图 3-2-27 完成拉伸求差

（7）选择下拉菜单【插入】→【细节特征】→【边倒圆】，系统弹出“边倒圆”对话框；形状设置为“圆形”，半径设置为“20”；选取腔体的4条边，如图3-2-28所示；单击【确定】按钮完成边倒圆操作。

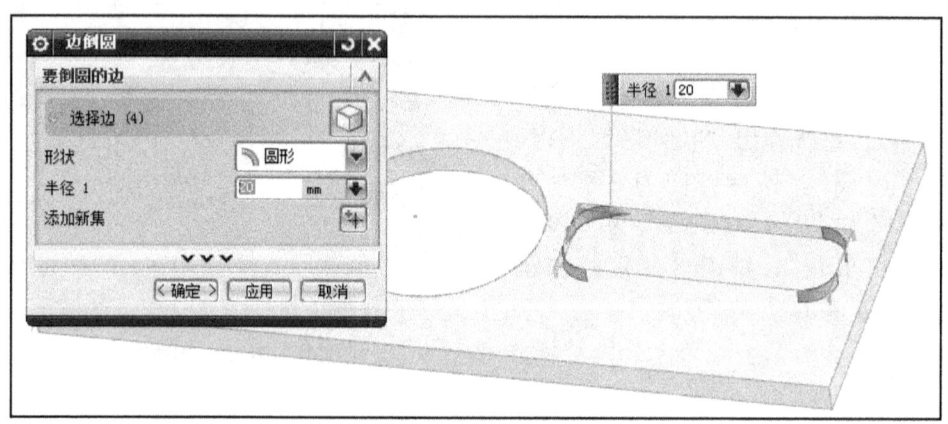

图 3-2-28 边倒圆

（8）选择下拉菜单【插入】→【细节特征】→【倒斜角】，系统弹出“倒斜角”对话框；横截面设置为“对称”，距离设置为“2”；选取直径140mm孔的两条边，如图3-2-29所示；单击【确定】按钮完成倒斜角操作。

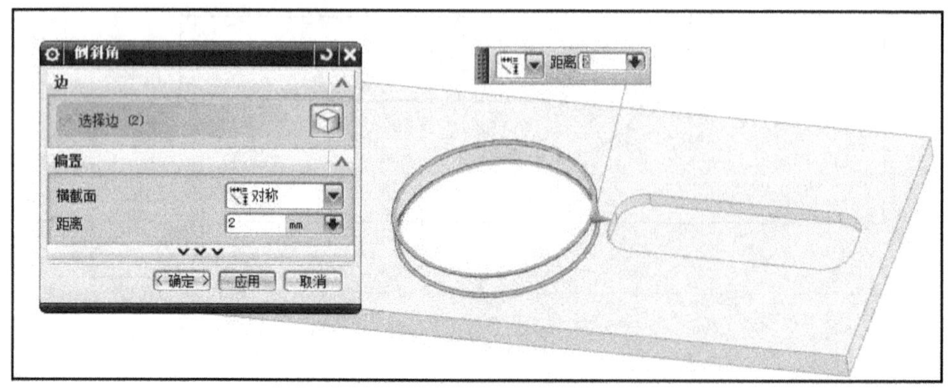

图 3-2-29 倒斜角

（9）选择下拉菜单【插入】→【设计特征】→【孔】，系统弹出“孔”对话框；类型为“常规孔”，成形为“简单”，具体尺寸如图 3-2-30 所示；拾取长方体顶面，进入草图模式，绘制草图如图 3-2-31 所示；单击【完成草图】，进入“孔”对话框；单击【确定】按钮完成孔创建，如图 3-2-32 所示。

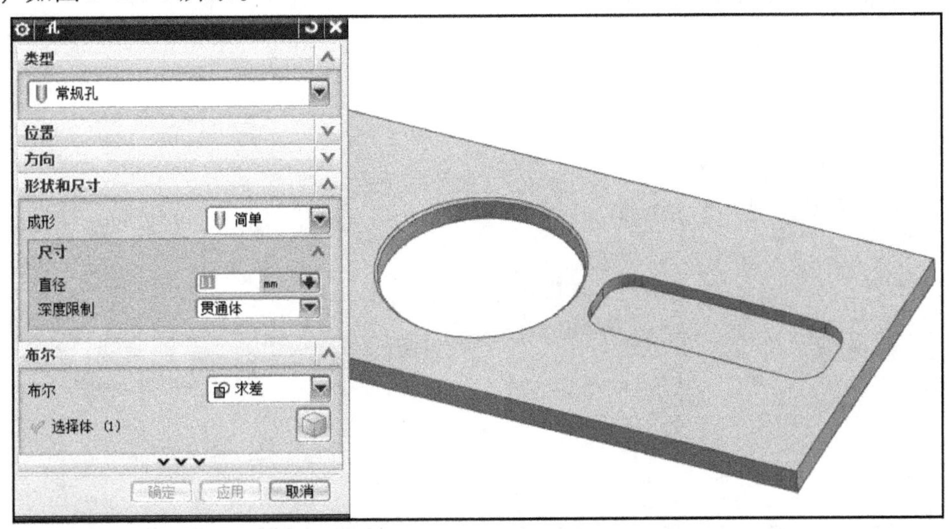

图 3-2-30　创建简单孔

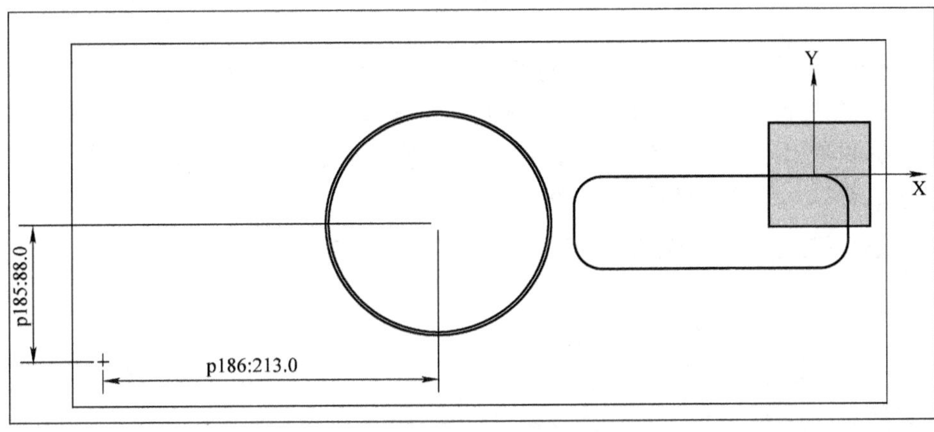

图 3-2-31　创建孔草图

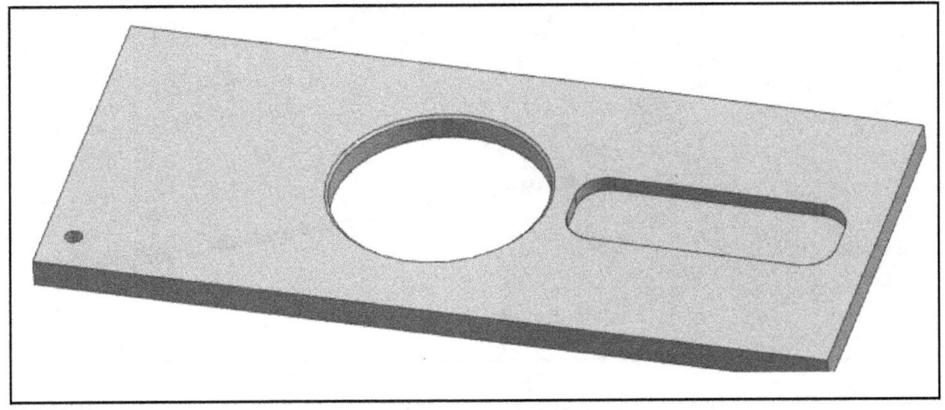

图 3-2-32　完成孔创建

（10）选择下拉菜单【插入】→【关联复制】→【阵列特征】，系统弹出“阵列特征”对话框；设置 X 方向数量为“2”，节距为“176”，设置 Y 方向数量为“2”，节距为“485”，如图 3-2-33 所示；单击【确定】按钮完成阵列。

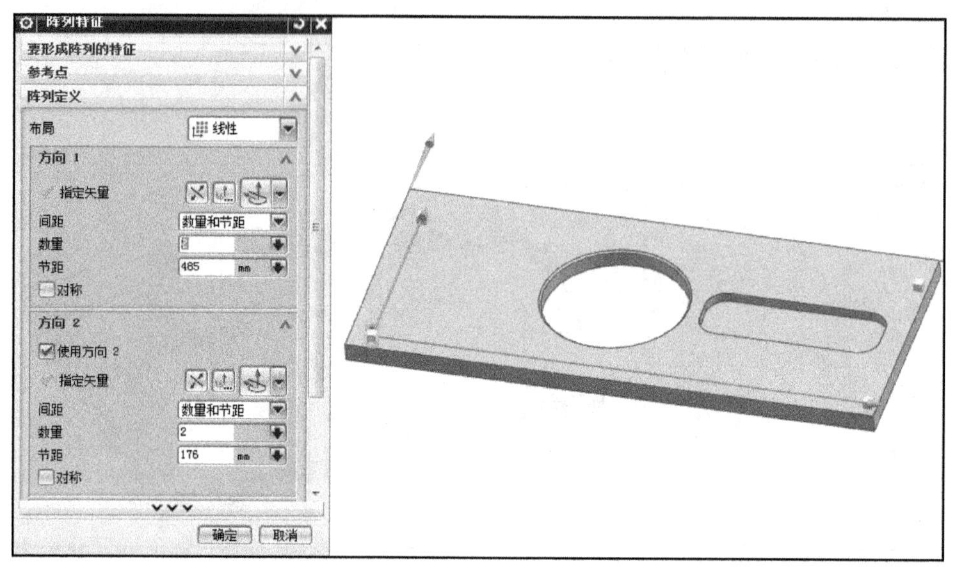

图 3-2-33　阵列特征

（11）选择下拉菜单【插入】→【设计特征】→【孔】，系统弹出“孔”对话框；类型为“螺纹孔”，螺纹规格为“M10×1.5”，具体尺寸如图 3-2-34 所示；拾取长方体顶面，进入草图模式，绘制草图如图 3-2-35 所示；单击【完成草图】，进入“孔”对话框；单击【确定】按钮完成螺纹孔创建，如图 3-2-36 所示。

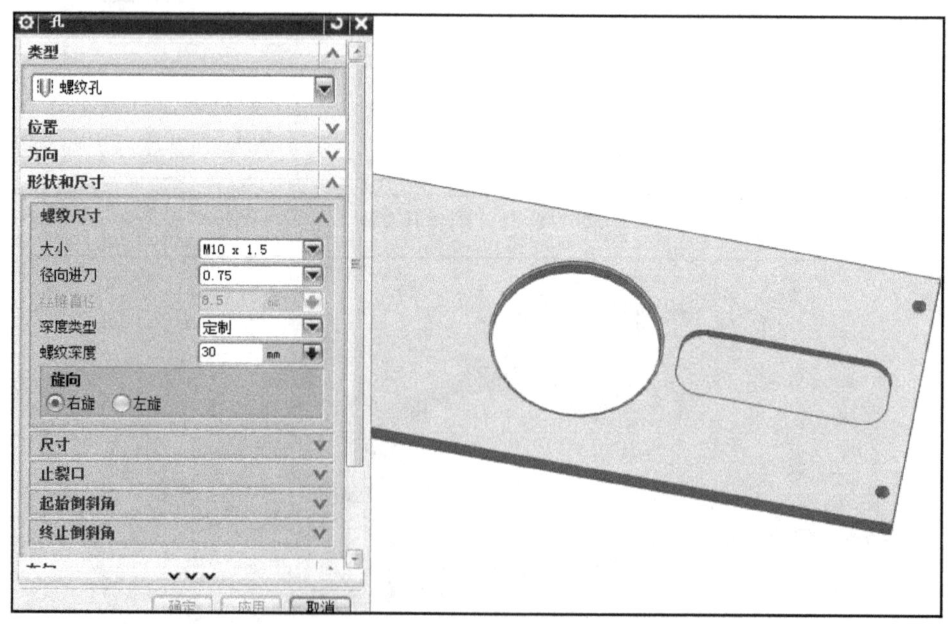

图 3-2-34　创建简单螺纹孔

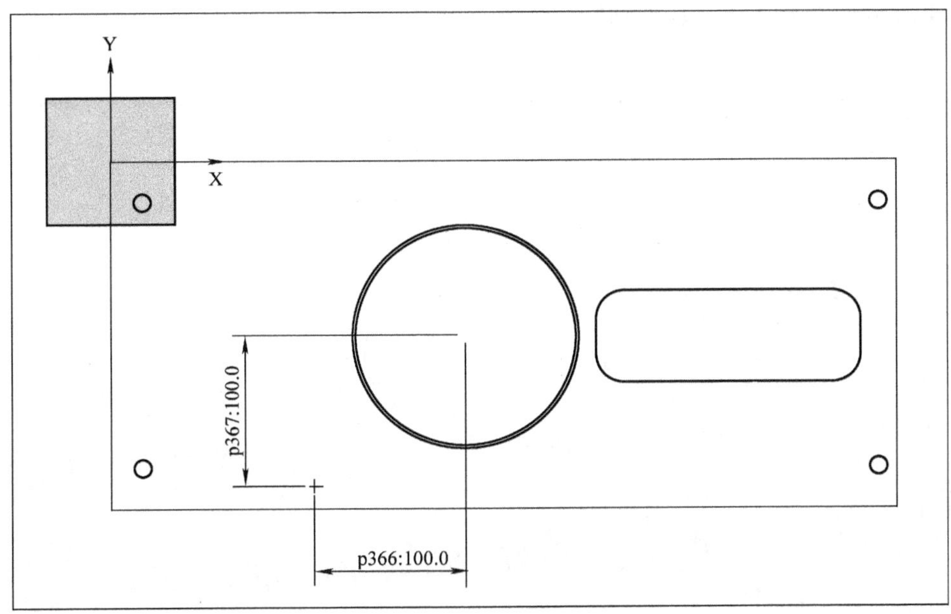

图 3-2-35　创建螺纹孔草图

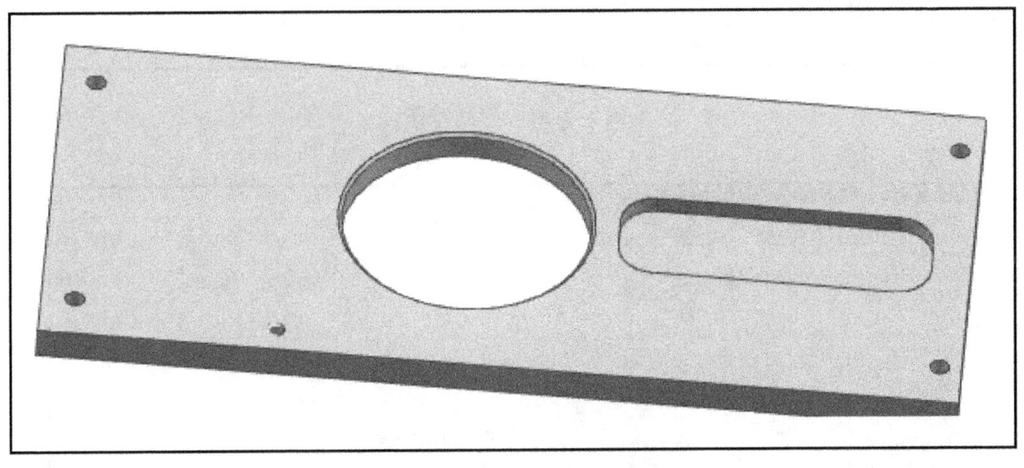

图 3-2-36　完成螺纹孔创建

(12) 选择下拉菜单【插入】→【关联复制】→【阵列特征】，系统弹出“阵列特征”对话框；设置 X 方向数量为“2”，节距为“200”，设置 Y 方向数量为“2”，节距为“200”，如图 3-2-37 所示；单击【确定】按钮完成阵列。

(13) 选择下拉菜单【插入】→【设计特征】→【孔】，系统弹出“孔”对话框；类型为“螺纹孔”，螺纹规格为“M10×1.5”，具体尺寸如图 3-2-38 所示；拾取长方体顶面，进入草图模式，绘制草图如图 3-2-39 所示；单击【完成草图】，进入“孔”对话框；单击【确定】按钮完成螺纹孔创建，如图 3-2-40 所示。

(14) 选择下拉菜单【插入】→【关联复制】→【阵列特征】，系统弹出“阵列特征”对话框；设置 X 方向数量为“2”，节距为“140”，设置 Y 方向数量为“2”，节距为“140”，如

图 3-2-41 所示；单击【确定】按钮完成阵列。

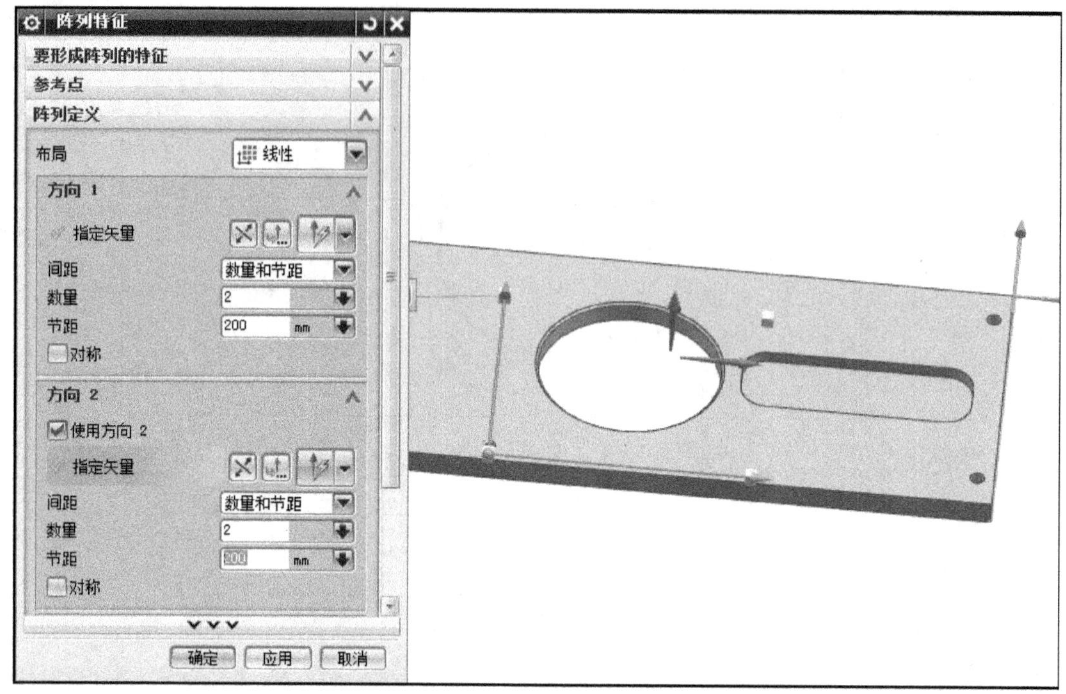

图 3-2-37 阵列特征

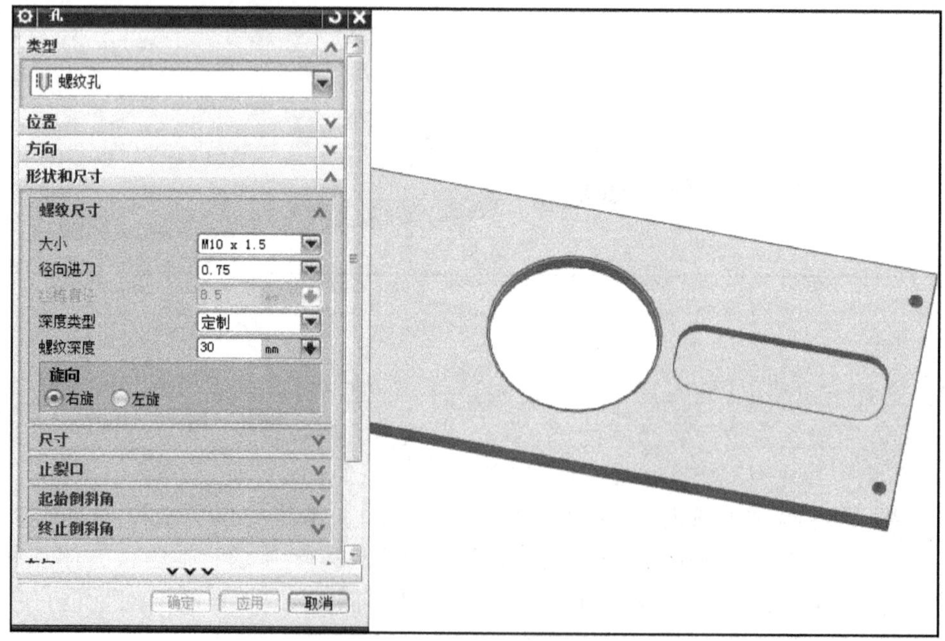

图 3-2-38 创建简单螺纹孔

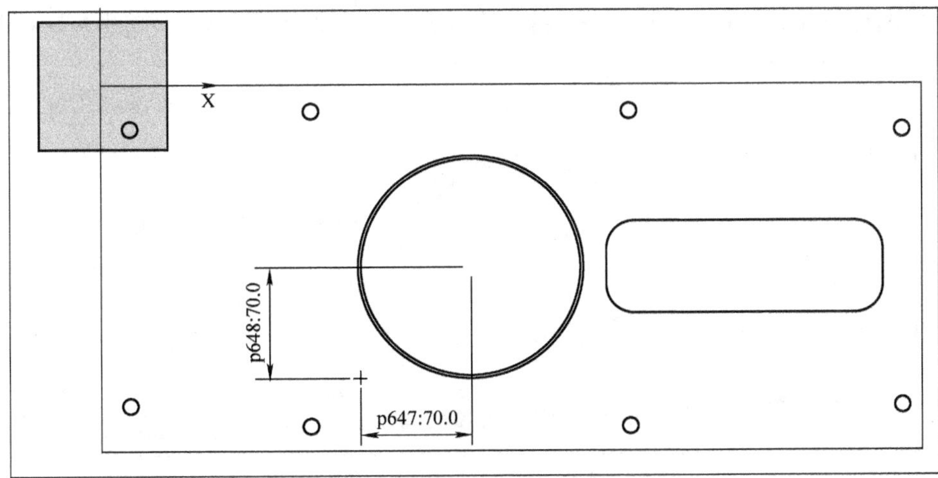

图 3-2-39　创建螺纹孔草图

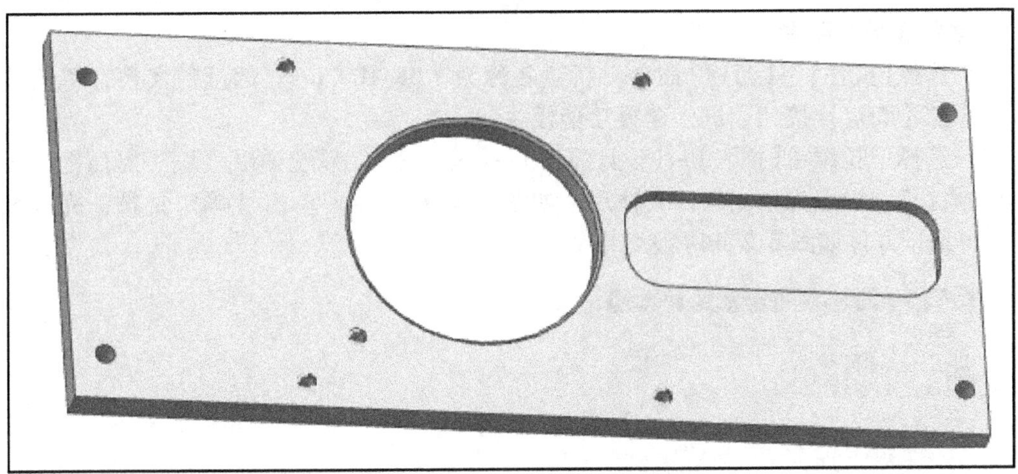

图 3-2-40　完成螺纹孔创建

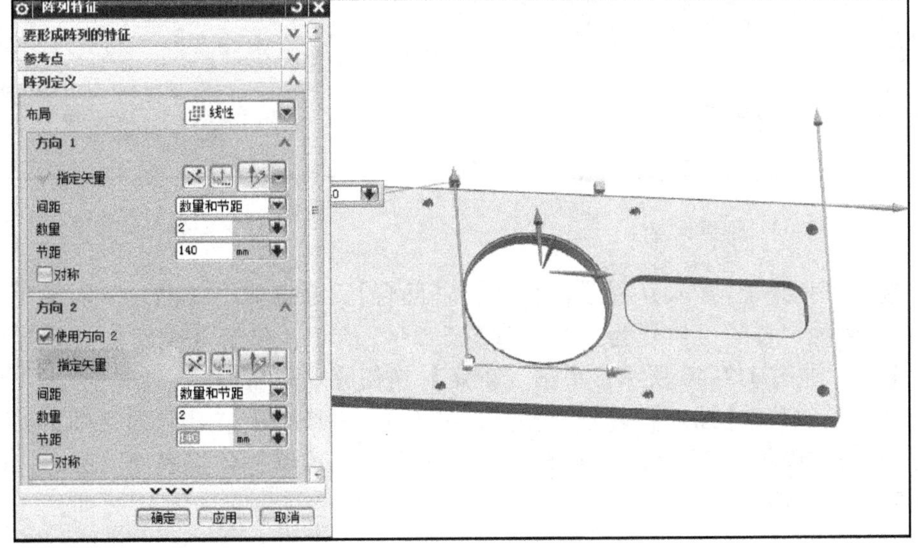

图 3-2-41　阵列特征

（15）选择下拉菜单【文件】→【保存】，完成盖板的三维模型创建，如图3-2-42所示。

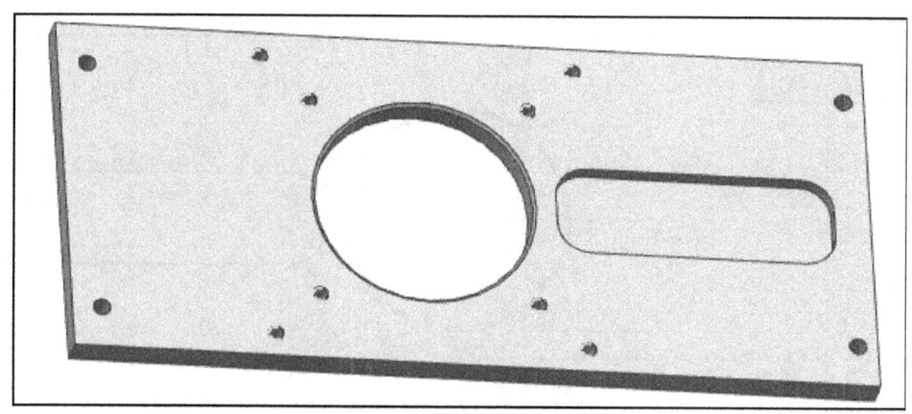

图3-2-42 盖板三维模型

3. 建立落料板实体

（1）选择【文件】→【新建】命令，新建名称为“684100.prt”的部件文档，单位选择为毫米。单击【确定】按钮，进入建模功能模块。

（2）选择下拉菜单【插入】→【设计特征】→【长方体】，系统弹出“块”对话框；类型为“原点和边长”，原点为指定点，具体尺寸如图3-2-43所示；单击【确定】按钮完成长方体创建，得到长方体如图3-2-44所示。

图3-2-43 创建长方体

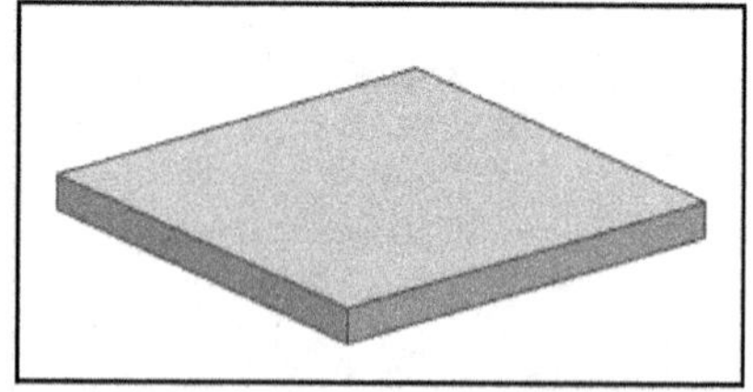

图3-2-44 长方体

（3）选择下拉菜单【插入】→【设计特征】→【凸台】，系统弹出“凸台”对话框；直径为“152.4”，高度为“123”，锥角为“0”，如图3-2-45所示；单击【确定】按钮弹出定位对话框，设定尺寸如图3-2-46所示；单击【确定】按钮完成凸台创建。

（4）选择下拉菜单【插入】→【设计特征】→【孔】，系统弹出“孔”对话框；类型为“常规孔”，成形为“简单”，具体尺寸如图3-2-47所示；拾取圆柱体上表面的圆心，单击【确定】按钮完成孔创建。

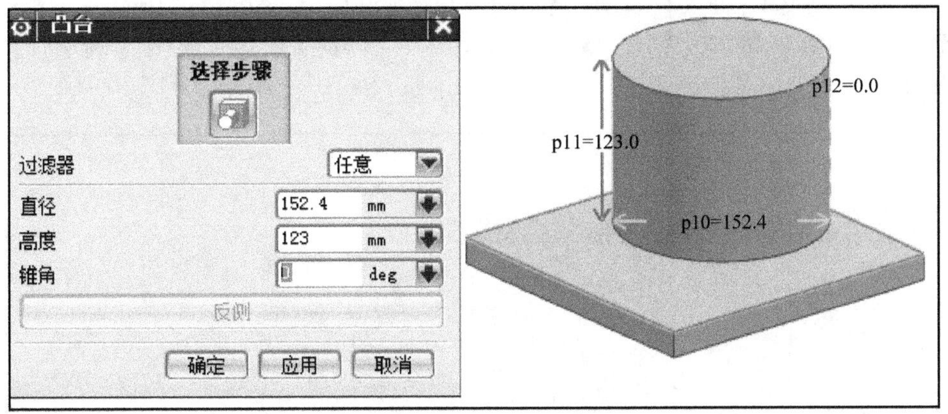

图 3-2-45 创建凸台

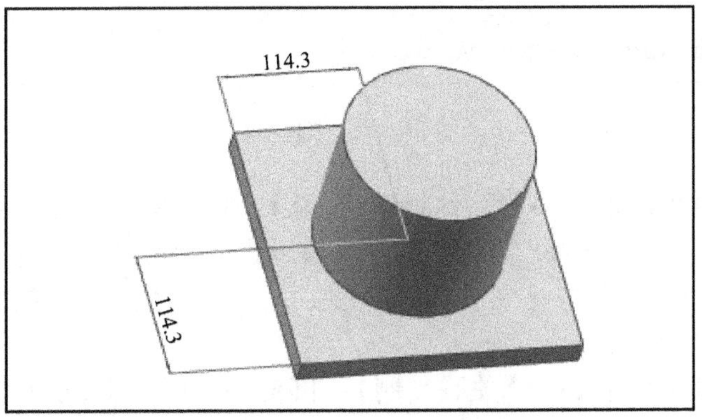

图 3-2-46 凸台定位

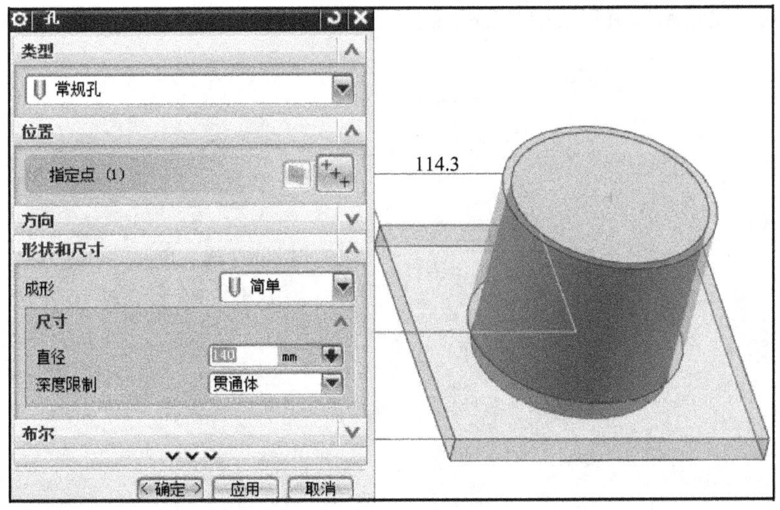

图 3-2-47 创建孔

（5）选择下拉菜单【插入】→【细节特征】→【倒斜角】，系统弹出“倒斜角”对话框；横截面设置为“对称”，距离设置为“5”，选取如图 3-2-48 所示边；单击【确定】按钮完成倒斜角操作。

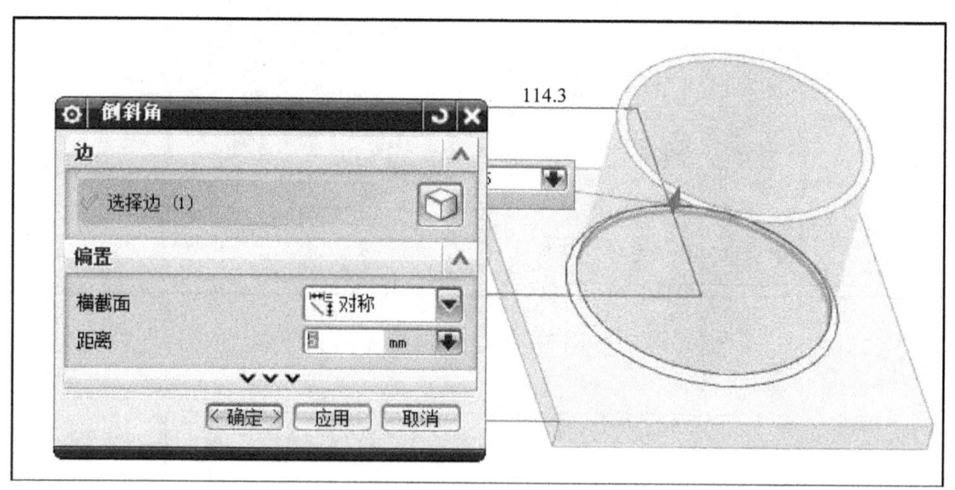

图 3-2-48 倒斜角

（6）选择下拉菜单【插入】→【设计特征】→【孔】，系统弹出“孔”对话框；类型为“常规孔”，成形为“简单”，具体尺寸如图 3-2-49 所示；拾取长方体顶面，进入草图模式，绘制草图如图 3-2-50 所示；单击【完成草图】，进入“孔”对话框；单击【确定】按钮完成孔创建，如图 3-2-51 所示。

（7）选择下拉菜单【插入】→【关联复制】→【阵列特征】，系统弹出“阵列特征”对话框；设置 X 方向数量为“2”，节距为“200”，设置 Y 方向数量为“2”，节距为“200”，如图 3-2-52 所示；单击【确定】按钮完成阵列。

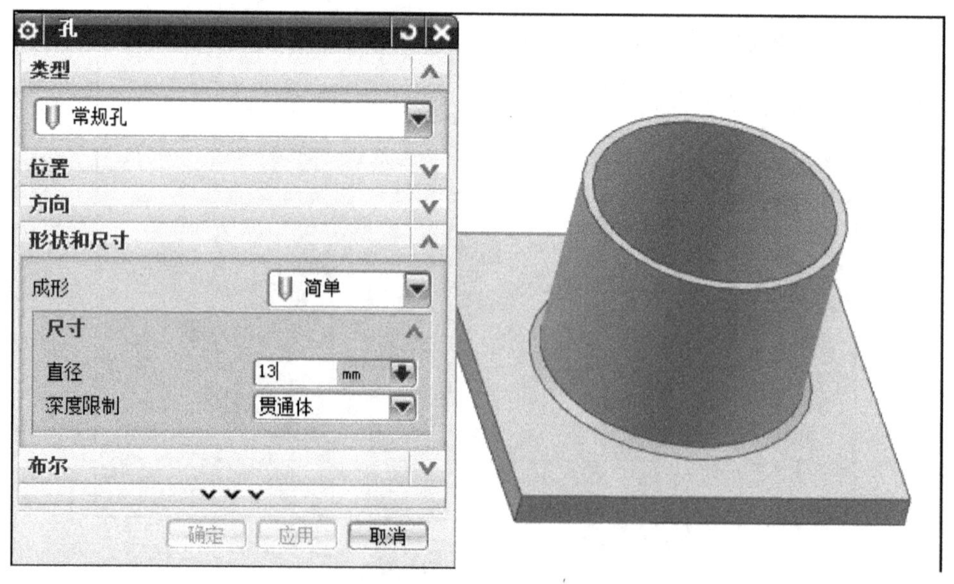

图 3-2-49 创建简单孔

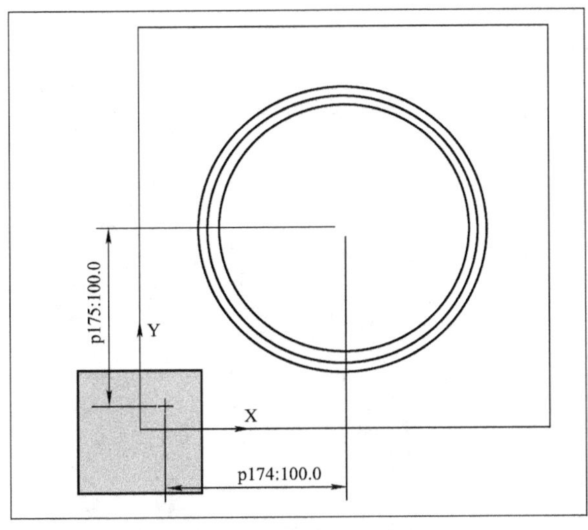

图 3-2-50　创建孔草图

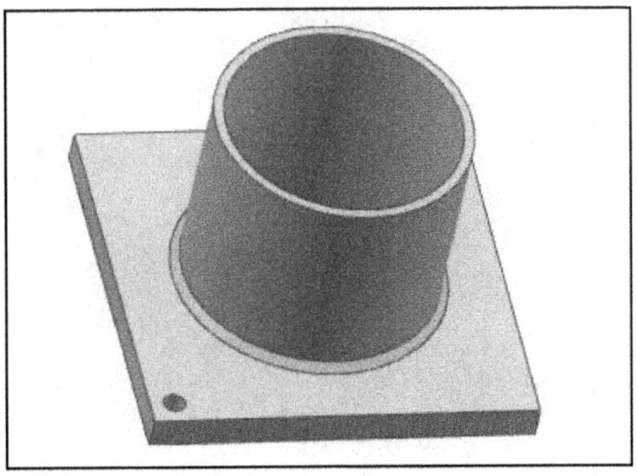

图 3-2-51　完成孔创建

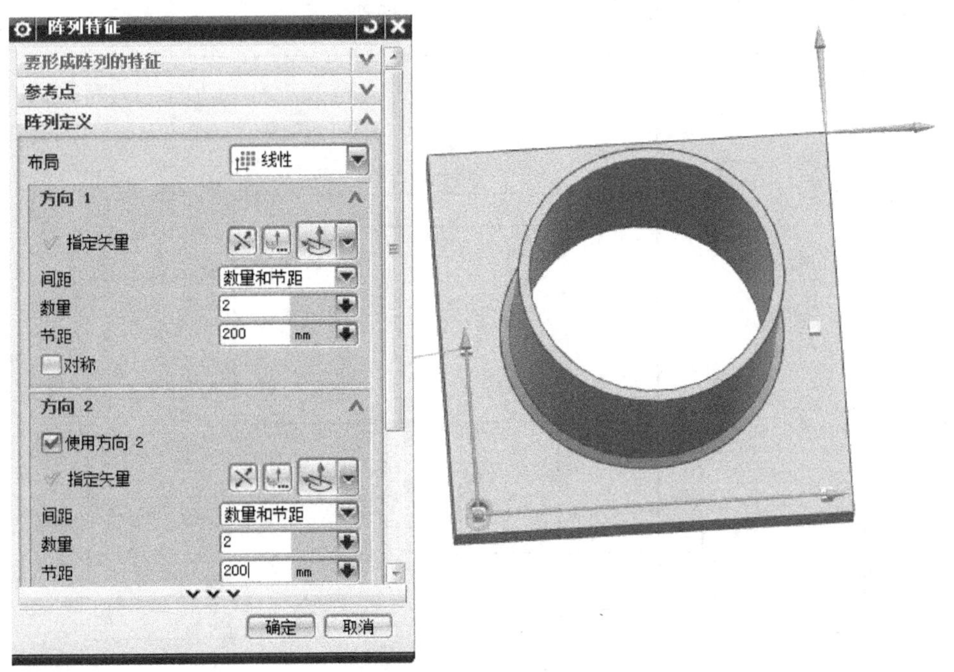

图 3-2-52　阵列特征

（8）选择下拉菜单【文件】→【保存】，完成落料板的三维模型创建，如图 3-2-53 所示。

4. 建立把手实体

（1）选择【文件】→【新建】命令，新建名称为“641330. prt”的部件文档，单位选择为毫米。单击【确定】按钮，进入建模功能模块。

（2）选择下拉菜单【插入】→【草图】，系统弹出“创建草图”对话框；类型设置为“在平面上”，草图平面设置为“自动判断”，如图 3-2-54 所示；单击【确定】按钮完成草图创建。

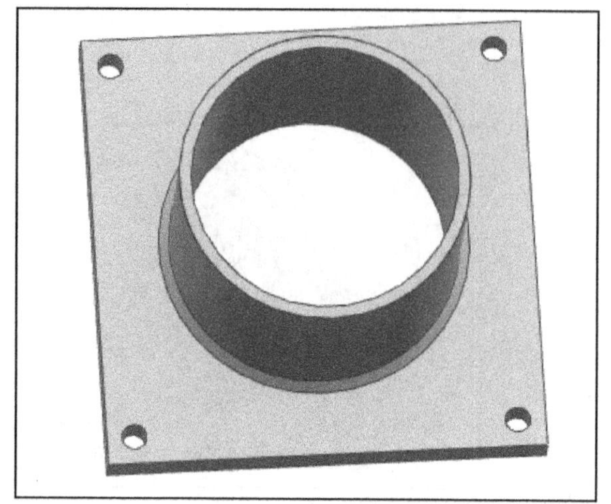

图 3-2-53　落料板三维模型

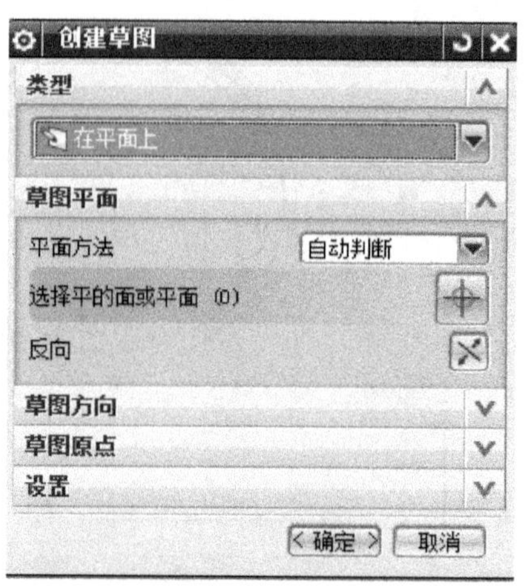

图 3-2-54　创建草图

（3）绘制草图并约束，尺寸和结果如图 3-2-55 所示。

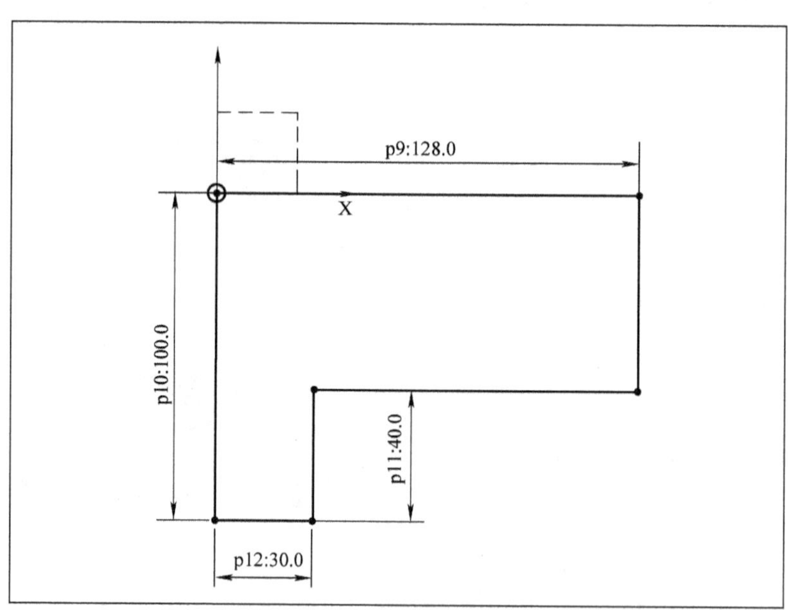

图 3-2-55　草图

（4）选择下拉菜单【插入】→【设计特征】→【拉伸】，系统弹出“拉伸”对话框；截面选择“草图”，拉伸方向为 +Z 轴方向，开始距离为“0”，结束距离为“20”，如图 3-2-56 所示；单击【确定】按钮完成拉伸操作。

（5）选择下拉菜单【插入】→【设计特征】→【拉伸】，系统弹出“拉伸”对话框；截面选择如图 3-2-57 所示边，拉伸方向为 +Z 轴方向，开始距离为“0”，结束距离为“55”，布尔设置为“求和”，偏置设置为“两侧”，开始为“0”，结束为“25”；单击【确定】按钮

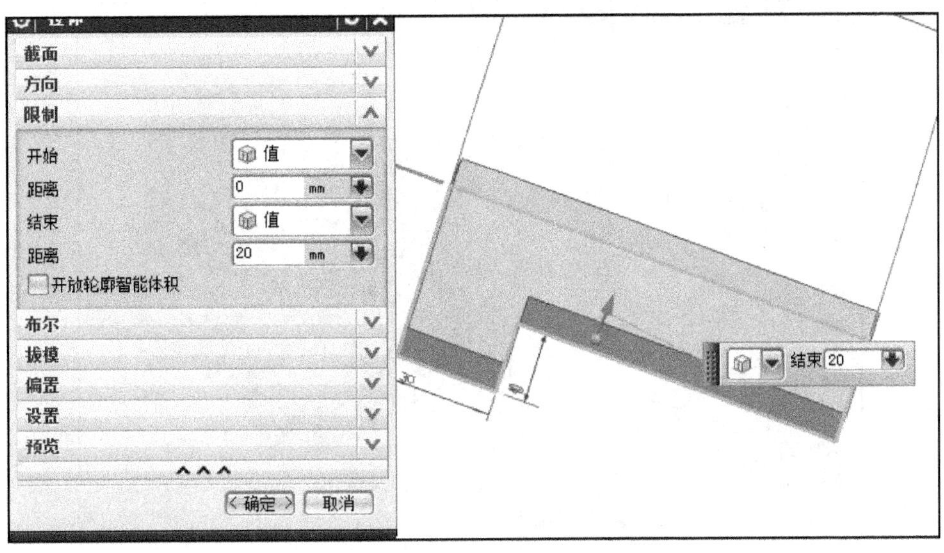

图 3-2-56　拉伸

完成拉伸操作。

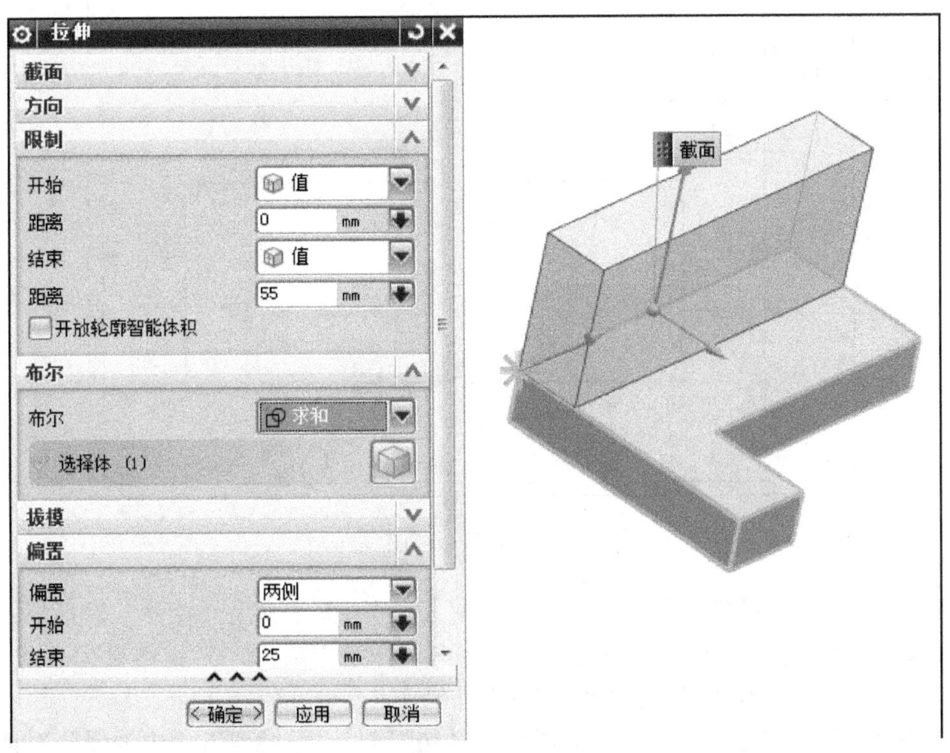

图 3-2-57　拉伸

（6）选择下拉菜单【插入】→【草图】，系统弹出“创建草图”对话框；类型设置为“在平面上”，草图平面选择如图 3-2-58 所示平面；单击【确定】按钮完成草图创建。

（7）绘制草图并约束，尺寸和结果如图 3-2-59 所示。

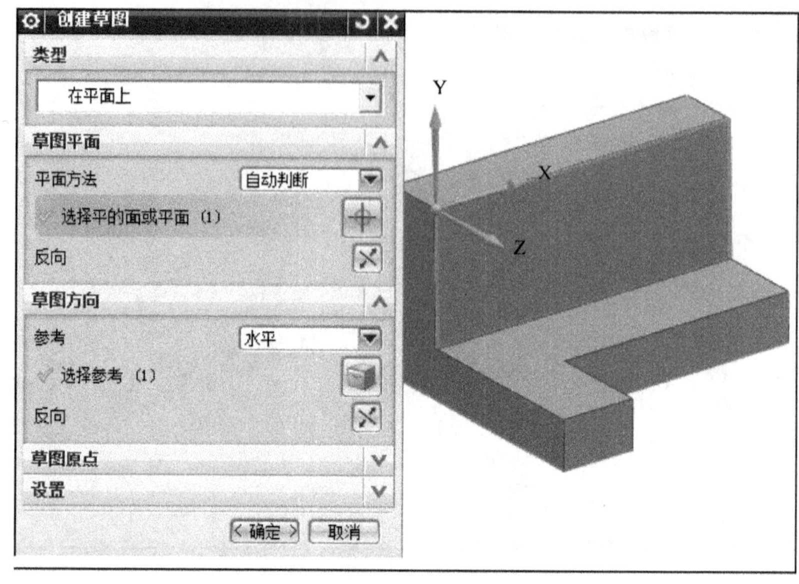

图 3-2-58　创建草图

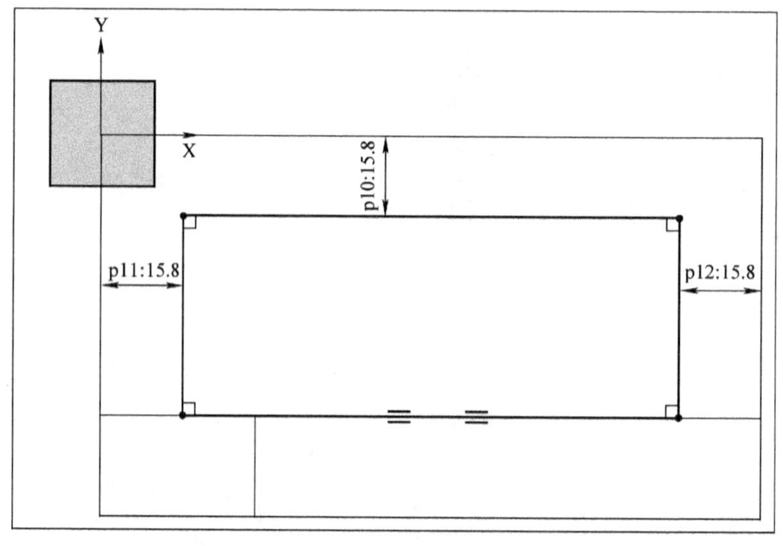

图 3-2-59　草图

(8) 选择下拉菜单【插入】→【设计特征】→【拉伸】，系统弹出“拉伸”对话框；截面选择如图 3-2-60 所示草图，拉伸方向为 – Y 轴方向，开始距离为“0”，结束为“贯通”，布尔设置为“求差”；单击【确定】按钮完成拉伸操作。

(9) 选择下拉菜单【插入】→【细节特征】→【边倒圆】，系统弹出“边倒圆”对话框；形状设置为“圆形”，半径设置为“7.5”，选取如图 3-2-61 所示两条边；单击【确定】按钮完成边倒圆操作。

(10) 选择下拉菜单【插入】→【细节特征】→【边倒圆】，系统弹出“边倒圆”对话框；形状设置为“圆形”，半径设置为“10”，选取如图 3-2-62 所示边；单击【确定】按钮完成边倒圆操作。

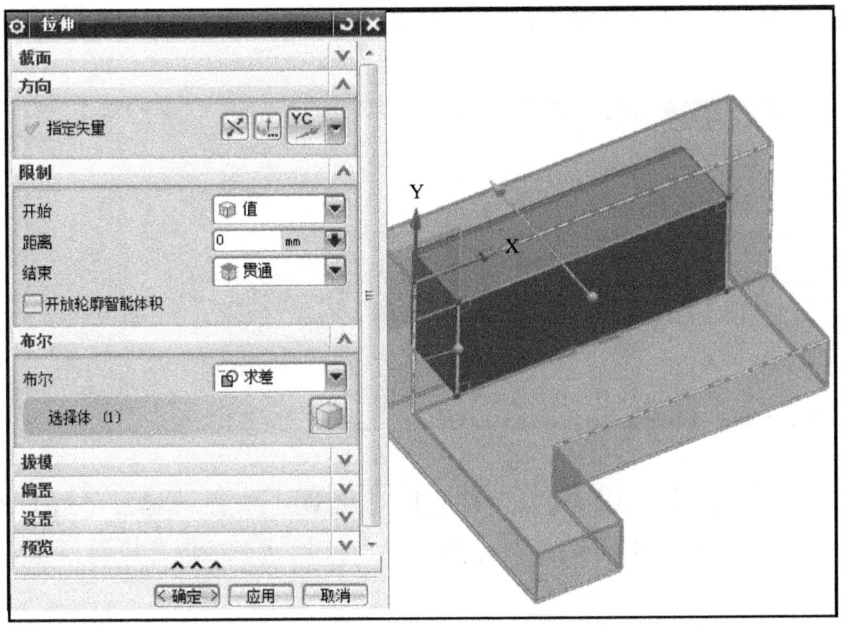

图 3-2-60　拉伸求差

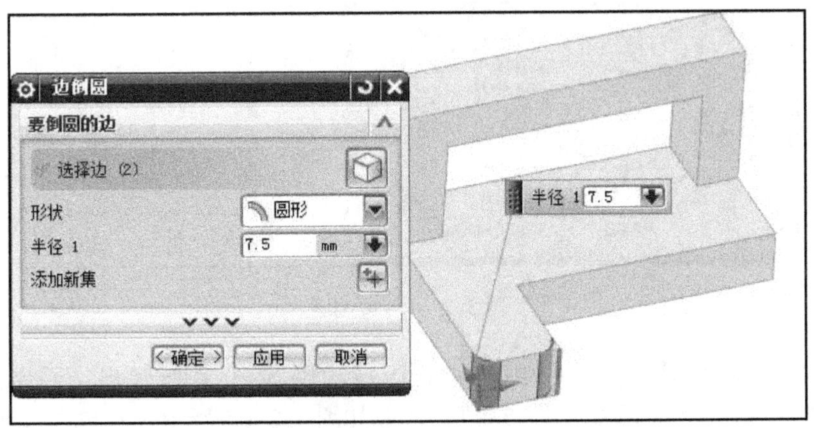

图 3-2-61　边倒圆

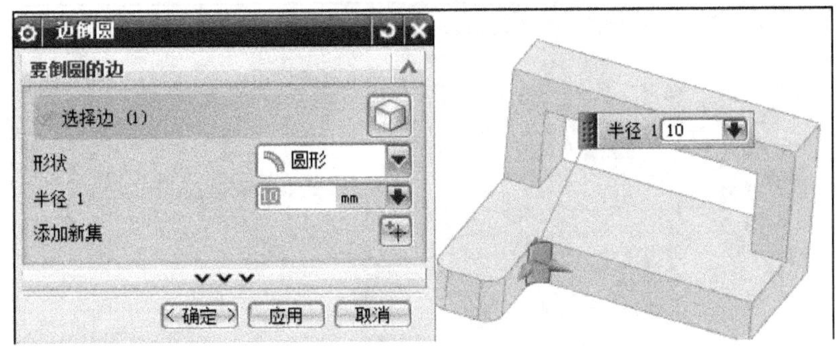

图 3-2-62　边倒圆

（11）选择下拉菜单【插入】→【细节特征】→【边倒圆】，系统弹出“边倒圆”对话框；

形状设置为“圆形”，半径设置为“15”，选取如图 3-2-63 所示边；单击【确定】按钮完成边倒圆操作。

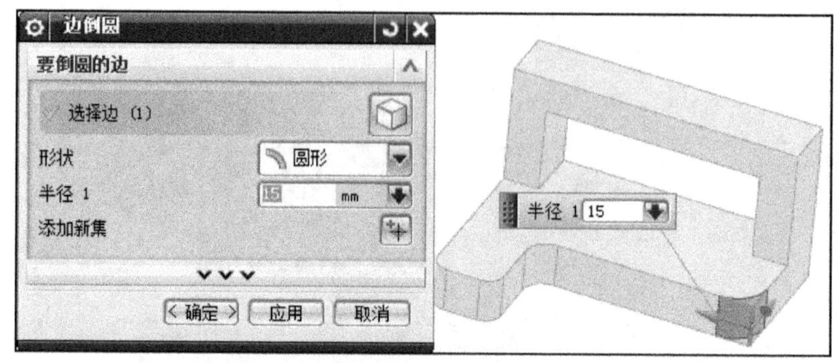

图 3-2-63　边倒圆

（12）选择下拉菜单【插入】→【细节特征】→【边倒圆】，系统弹出“边倒圆”对话框；形状设置为“圆形”，半径设置为“10”，选取如图 3-2-64 所示边；单击【确定】按钮完成边倒圆操作。

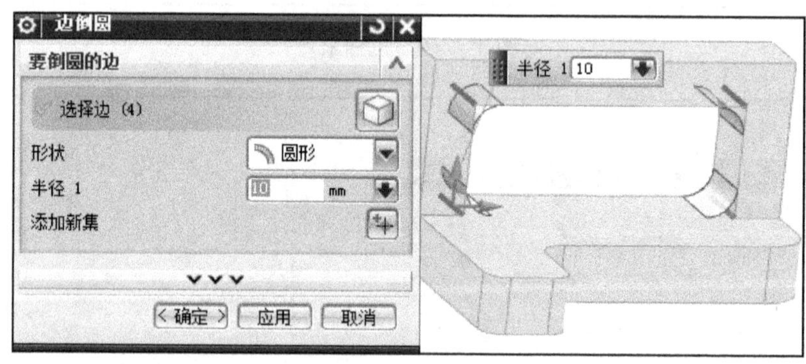

图 3-2-64　边倒圆

（13）选择下拉菜单【插入】→【细节特征】→【边倒圆】，系统弹出“边倒圆”对话框；形状设置为“圆形”，半径设置为“25.8”，选取如图 3-2-65 所示边；单击【确定】按钮完成边倒圆操作。

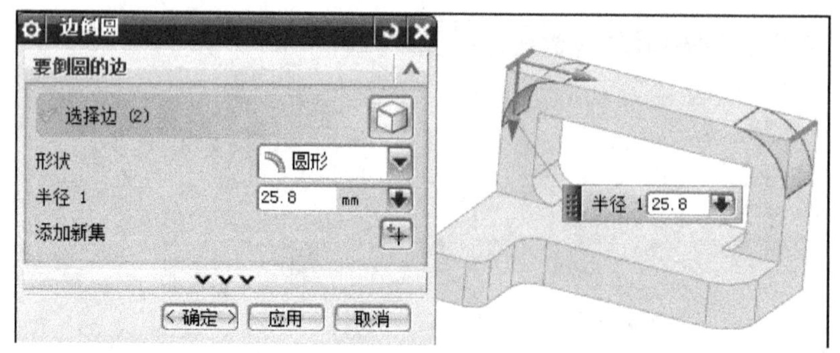

图 3-2-65　边倒圆

（14）选择下拉菜单【插入】→【细节特征】→【边倒圆】，系统弹出“边倒圆”对话框；

形状设置为“圆形”，半径设置为“15”，选取如图3-2-66所示边；单击【确定】按钮完成边倒圆操作。

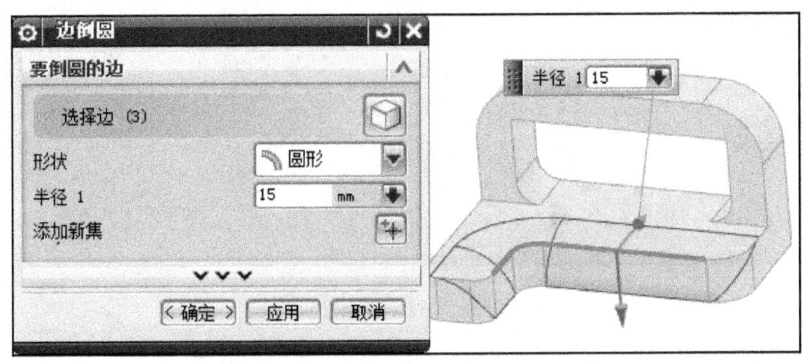

图3-2-66　边倒圆

（15）选择下拉菜单【插入】→【细节特征】→【边倒圆】，系统弹出“边倒圆”对话框；形状设置为“圆形”，半径设置为“7.9”，选取如图3-2-67所示边；单击【确定】按钮完成边倒圆操作。

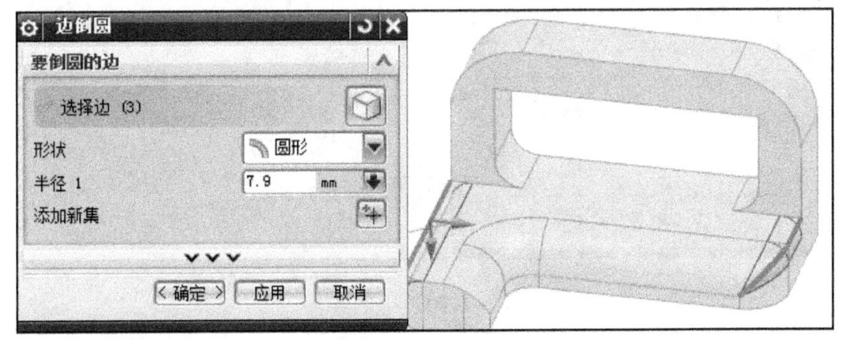

图3-2-67　边倒圆

（16）选择下拉菜单【插入】→【细节特征】→【边倒圆】，系统弹出“边倒圆”对话框；形状设置为“圆形”，半径设置为“7.9”，选取如图3-2-68所示边；单击【确定】按钮完成边倒圆操作。

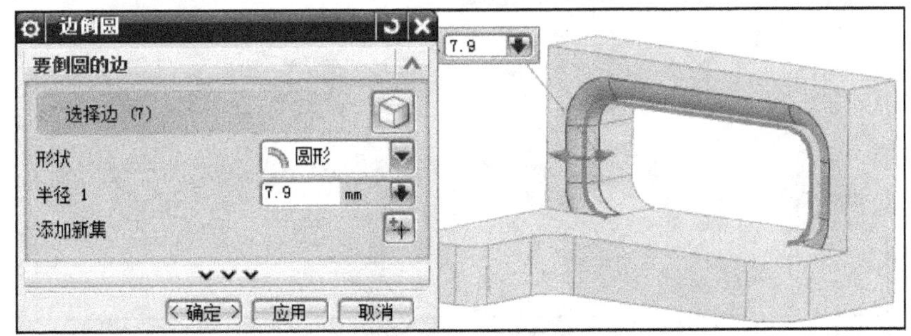

图3-2-68　边倒圆

（17）选择下拉菜单【插入】→【细节特征】→【边倒圆】，系统弹出“边倒圆”对话框；形状设置为“圆形”，半径设置为“7.9”，选取如图3-2-69所示边；单击【确定】按钮完成边倒圆操作。

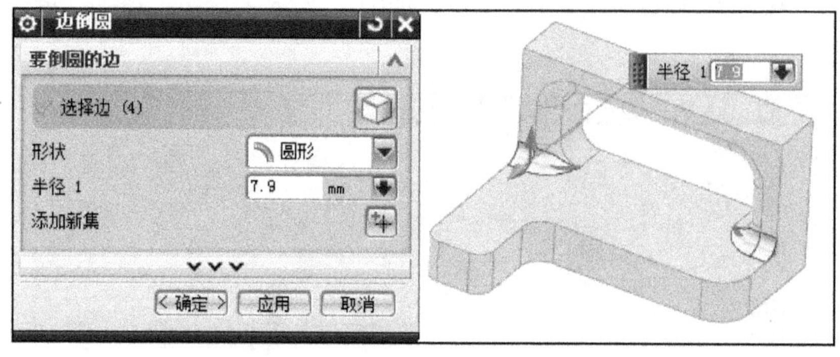

图 3-2-69 边倒圆

（18）选择下拉菜单【插入】→【细节特征】→【边倒圆】，系统弹出“边倒圆”对话框；形状设置为“圆形”，半径设置为“7.9”，选取如图 3-2-70 所示边；单击【确定】按钮完成边倒圆操作。

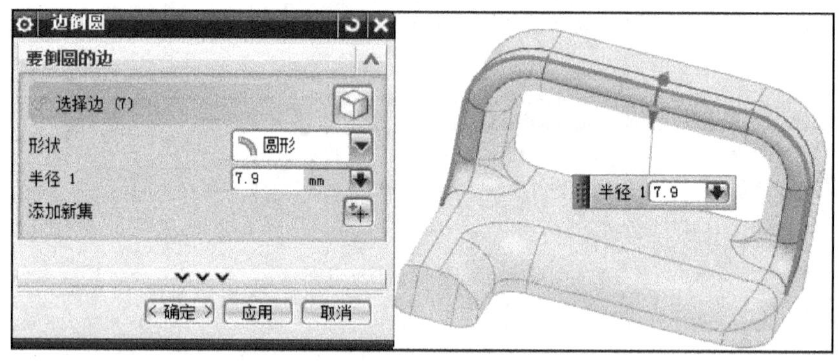

图 3-2-70 边倒圆

（19）选择下拉菜单【插入】→【细节特征】→【边倒圆】，系统弹出“边倒圆”对话框；形状设置为“圆形”，半径设置为“7.9”，选取如图 3-2-71 所示边；单击【确定】按钮完成边倒圆操作。

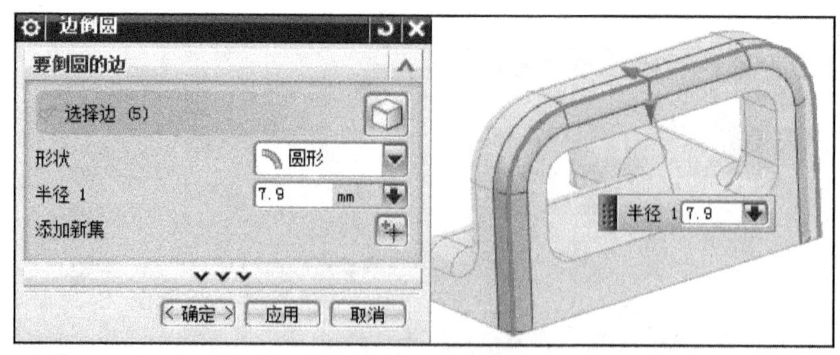

图 3-2-71 边倒圆

（20）选择下拉菜单【插入】→【细节特征】→【边倒圆】，系统弹出“边倒圆”对话框；形状设置为“圆形”，半径设置为“7.9”，选取如图 3-2-72 所示边；单击【确定】按钮完成边倒圆操作。

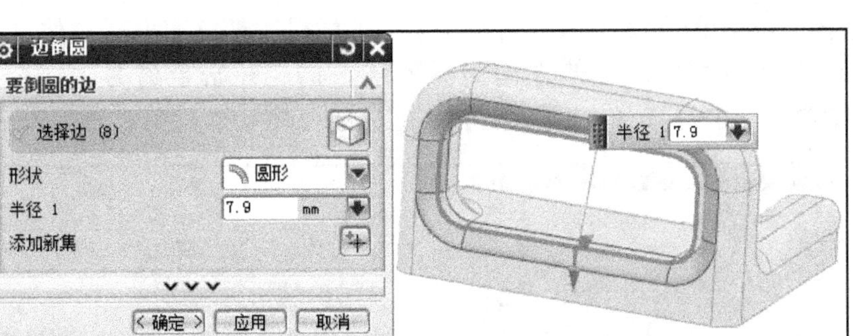

图 3-2-72　边倒圆

（21）选择下拉菜单【插入】→【草图】，系统弹出“创建草图”对话框；类型设置为“在平面上”，草图平面选择如图 3-2-73 所示平面；单击【确定】按钮完成草图创建。

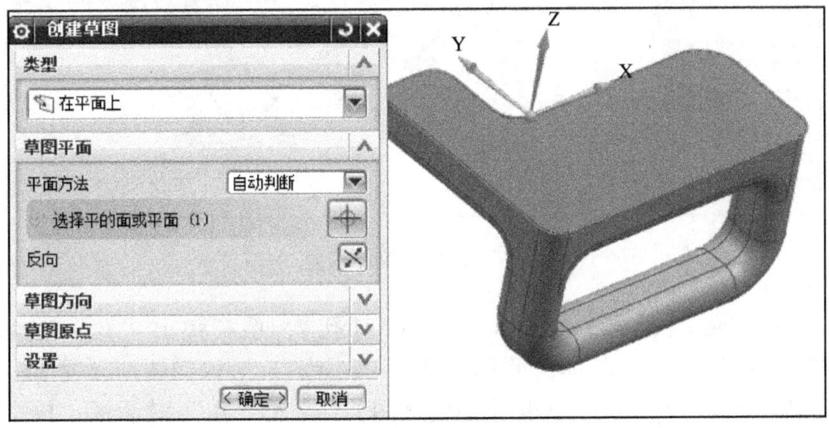

图 3-2-73　创建草图

（22）绘制草图并约束，尺寸和结果如图 3-2-74 所示。

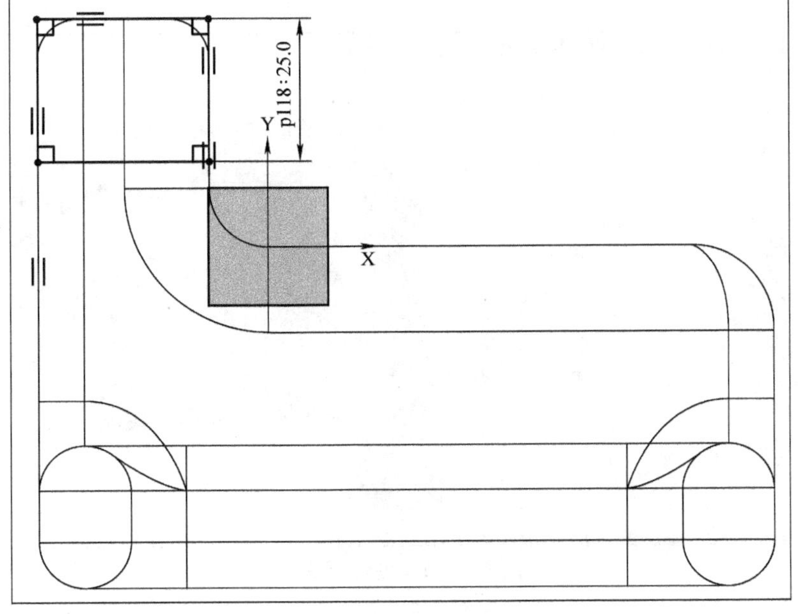

图 3-2-74　草图

（23）选择下拉菜单【插入】→【设计特征】→【拉伸】，系统弹出“拉伸”对话框；截面选择如图3-2-75所示草图，拉伸方向为+Z轴方向，开始距离为“16”，结束距离为“22”，布尔设置为“求差”；单击【确定】按钮完成拉伸操作。

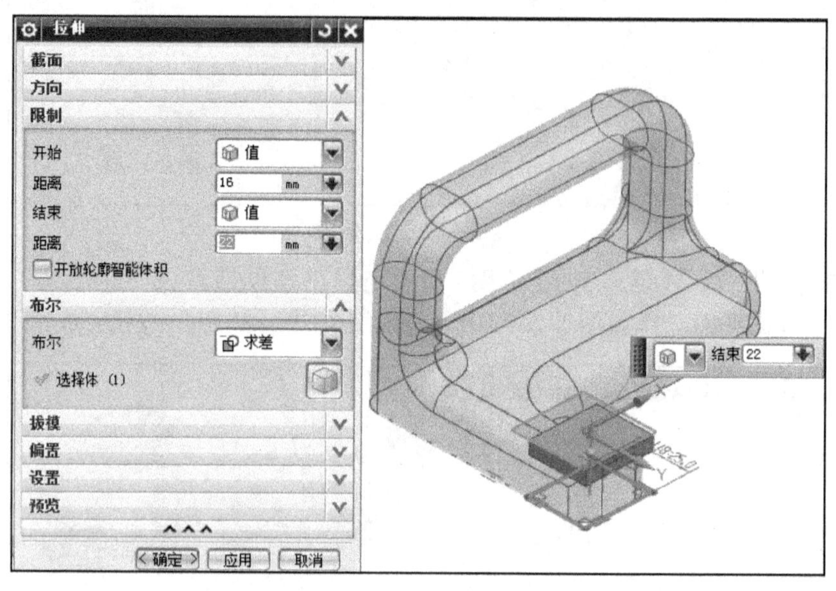

图3-2-75 拉伸求差

（24）选择下拉菜单【插入】→【设计特征】→【孔】，系统弹出“孔”对话框；类型为“常规孔”，成形为“沉头”，具体尺寸如图3-2-76所示；拾取如图所示平面，进入草图模式，绘制草图如图3-2-77所示；单击【完成草图】，进入“孔”对话框；单击【确定】按钮完成孔创建，如图3-2-78所示。

（25）隐藏所有草图，选择下拉菜单【文件】→【保存】，完成把手的三维模型创建，如图3-2-79所示。

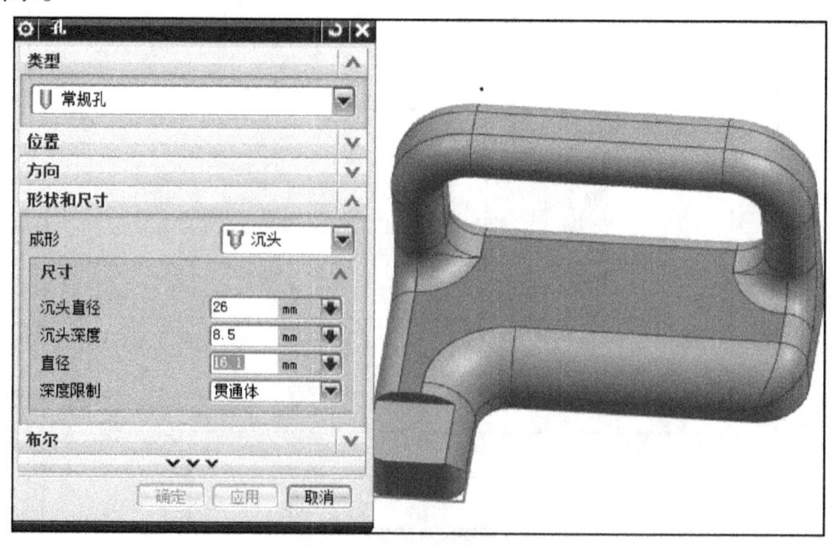

图3-2-76 创建沉头孔

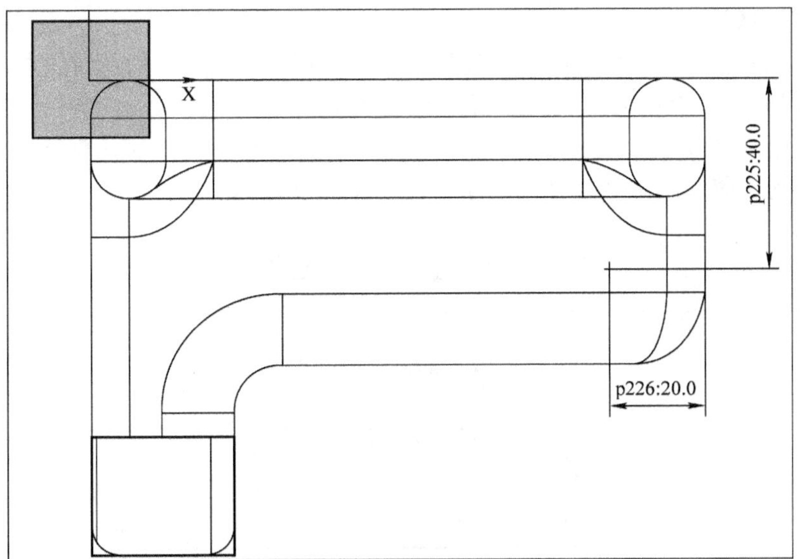

图 3-2-77　创建沉头孔草图

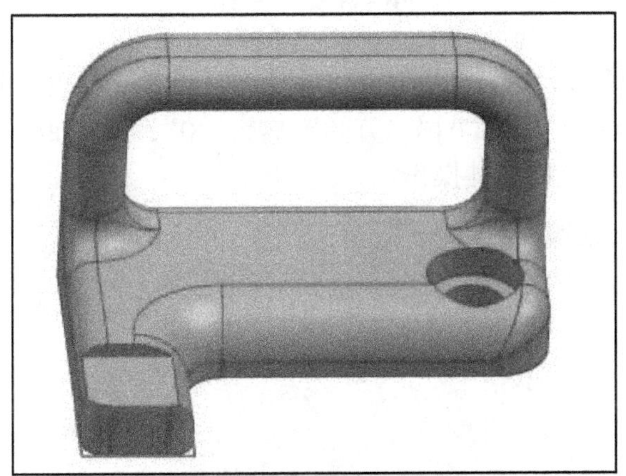

图 3-2-78　完成沉头孔创建

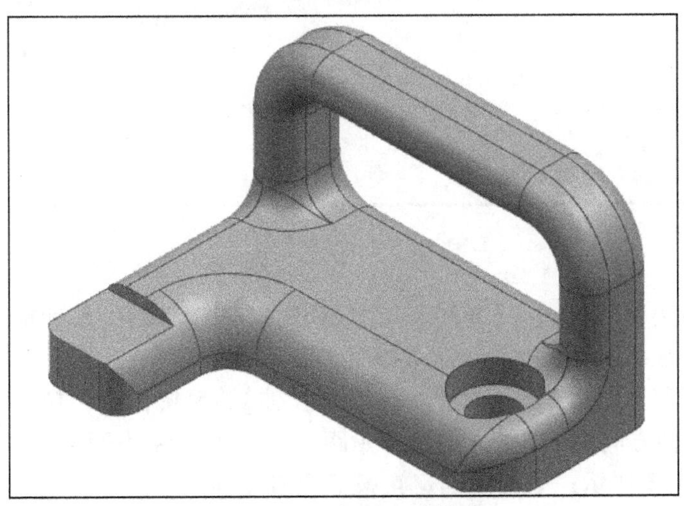

图 3-2-79　把手三维模型

5. 建立基座实体

（1）选择【文件】→【新建】命令，新建名称为“653174. prt”的部件文档，单位选择为毫米。单击【确定】按钮，进入建模功能模块。

（2）选择下拉菜单【插入】→【草图】，系统弹出“创建草图”对话框；在 XC – YC 平面创建草图；绘制草图并约束，尺寸和结果如图 3-2-80 所示。

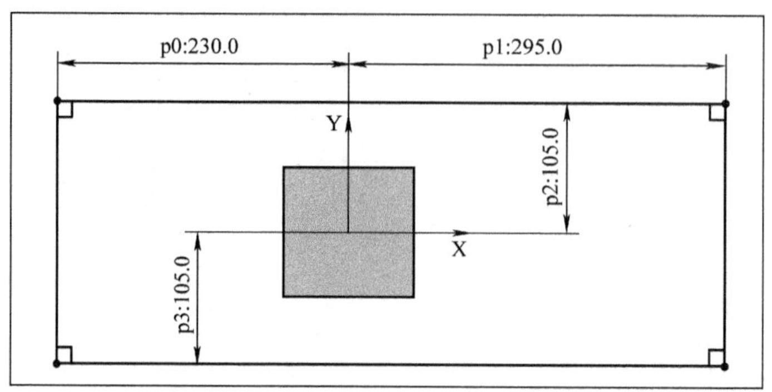

图 3-2-80 草图

（3）选择下拉菜单【插入】→【设计特征】→【拉伸】，系统弹出“拉伸”对话框；截面选择所绘制草图，拉伸方向为 +Z 轴方向，开始距离为“0”，结束距离为“20”，如图 3-2-81 所示；单击【确定】按钮完成拉伸操作。

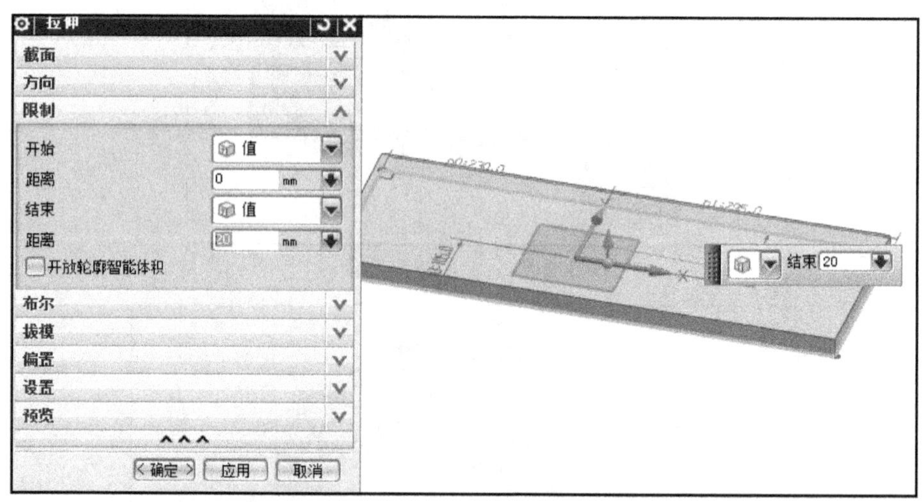

图 3-2-81 拉伸

（4）选择下拉菜单【插入】→【草图】，系统弹出“创建草图”对话框；在 XC – YC 平面创建草图；绘制草图并约束，尺寸和结果如图 3-2-82 所示。

（5）选择下拉菜单【插入】→【设计特征】→【拉伸】，系统弹出“拉伸”对话框；截面选择所绘制草图，拉伸方向为 +Z 轴方向，开始距离为“0”，结束距离为“75”，布尔设置为“求和”，如图 3-2-83 所示；单击【确定】按钮完成拉伸操作。

（6）选择下拉菜单【插入】→【草图】，系统弹出“创建草图”对话框；在 XC – YC 平面

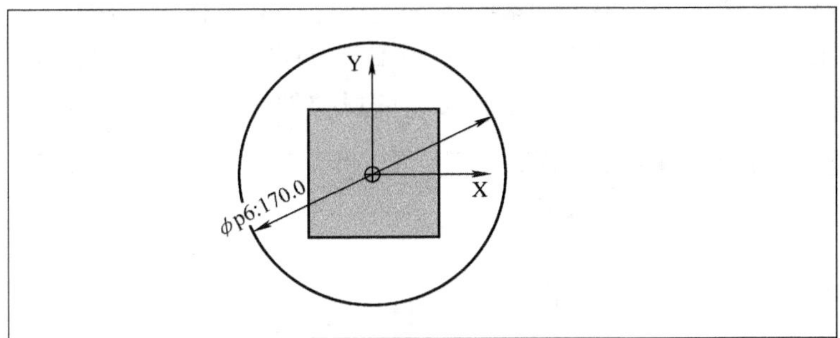

图 3-2-82　草图

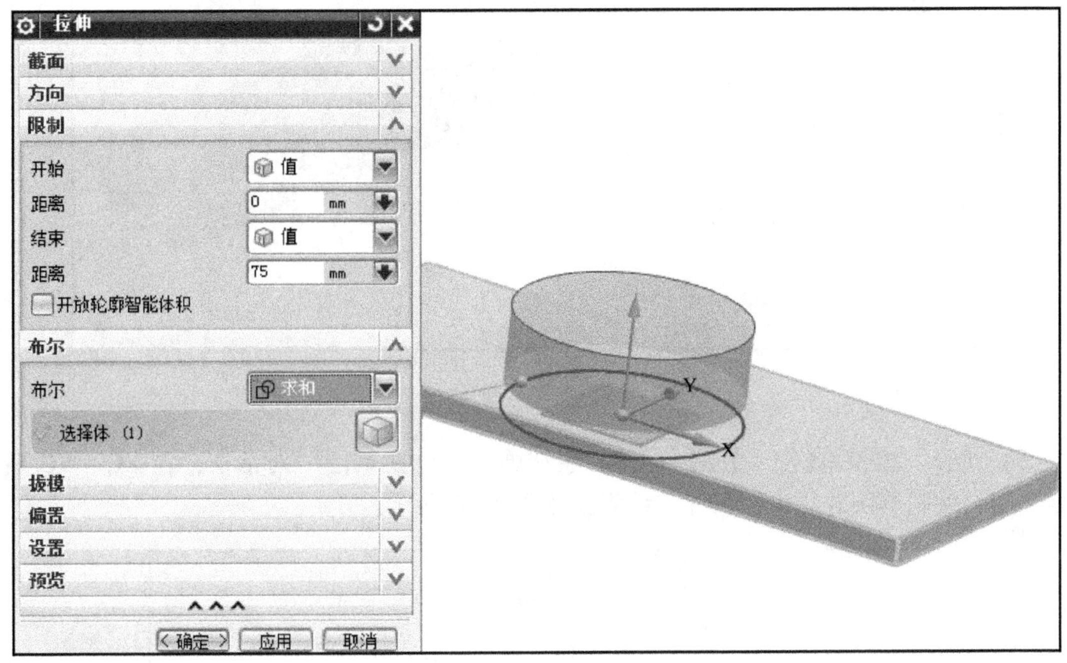

图 3-2-83　拉伸

创建草图；绘制草图并约束，尺寸和结果如图 3-2-84 所示。

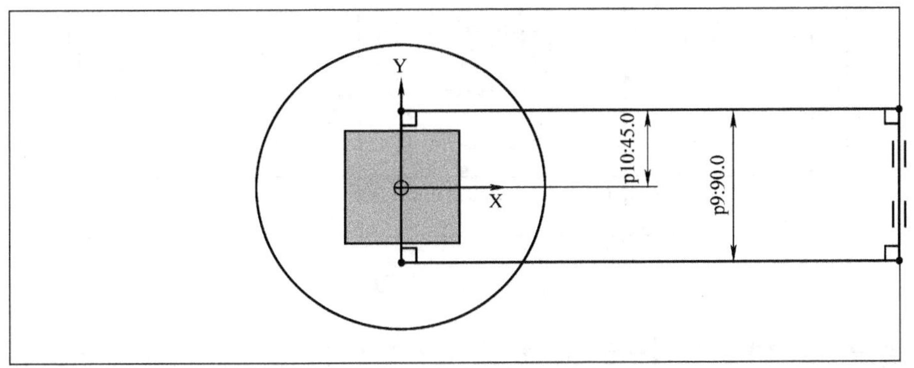

图 3-2-84　草图

（7）选择下拉菜单【插入】→【设计特征】→【拉伸】，系统弹出“拉伸”对话框；截面选择所绘制草图，拉伸方向为+Z轴方向，开始距离为“0”，结束距离为“45”，布尔设置为“求和”，如图3-2-85所示；单击【确定】按钮完成拉伸操作。

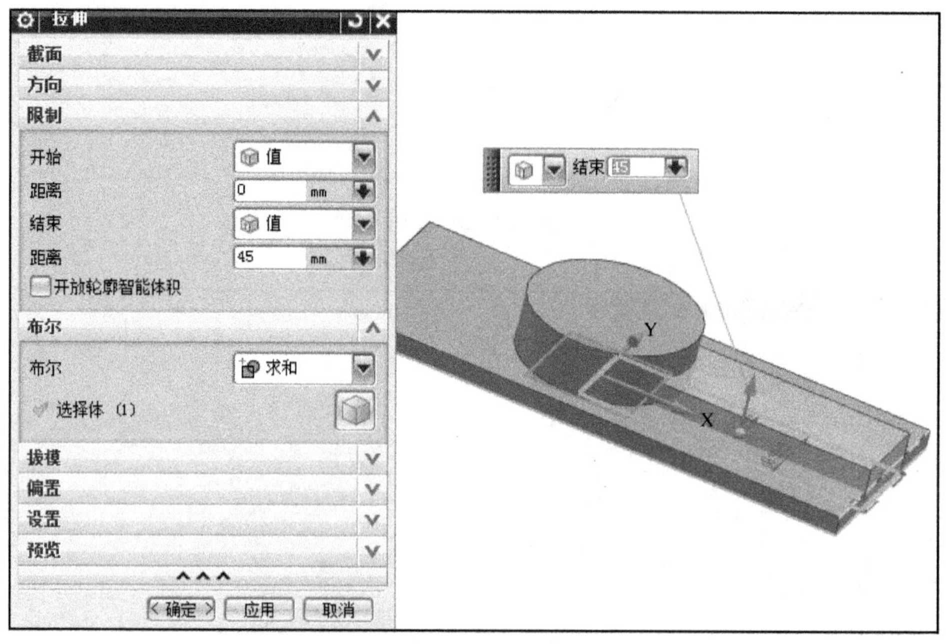

图3-2-85 拉伸

（8）选择下拉菜单【插入】→【草图】，系统弹出“创建草图”对话框；在XC－YC平面创建草图；绘制草图并约束，尺寸和结果如图3-2-86所示。

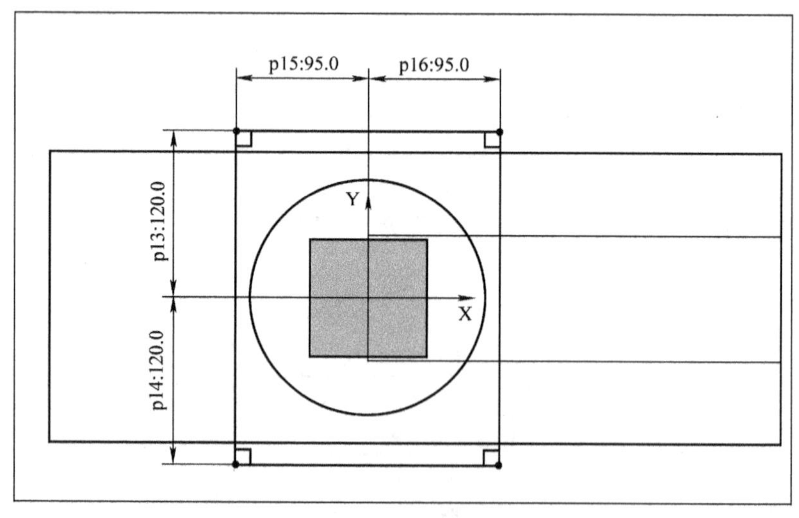

图3-2-86 草图

（9）选择下拉菜单【插入】→【设计特征】→【拉伸】，系统弹出“拉伸”对话框；截面选择所绘制草图，拉伸方向为+Z轴方向，开始距离为“75”，结束距离为“126.5”，布尔设置为“求和”，如图 3-2-87 所示；单击【确定】按钮完成拉伸操作。

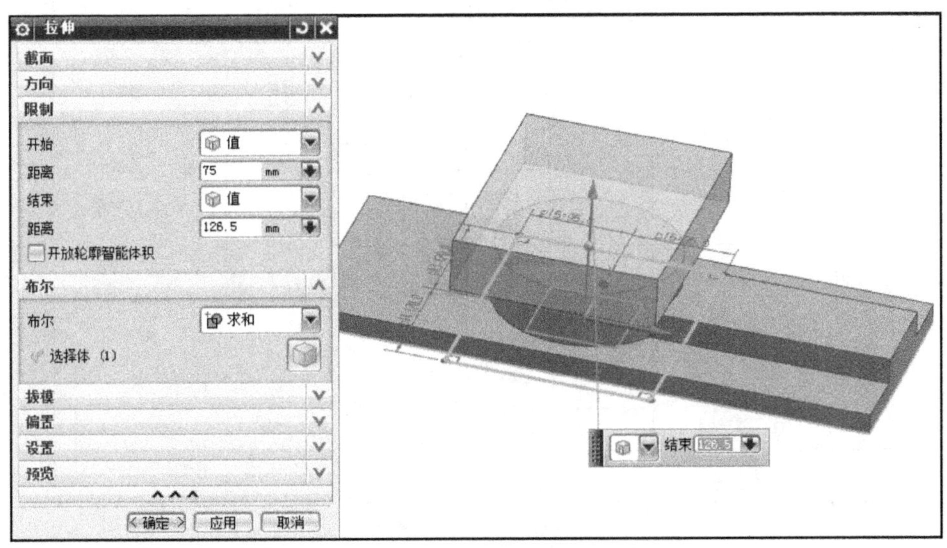

图 3-2-87　拉伸

(10) 选择下拉菜单【插入】→【基准/点】→【基准平面】，系统弹出“基准平面”对话框；选择长方体的两个侧面，单击【确定】按钮完成基本平面创建，得到模型的对称基准面，如图 3-2-88 所示。

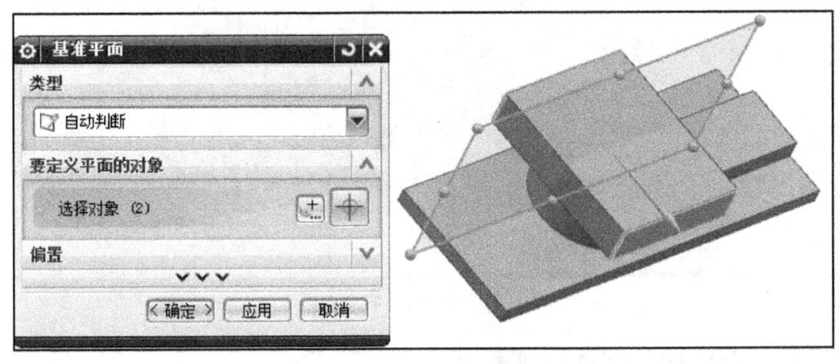

图 3-2-88　创建基准平面

(11) 选择下拉菜单【插入】→【草图】，系统弹出“创建草图”对话框；在基准平面上创建草图；绘制草图并约束，尺寸和结果如图 3-2-89 所示。

(12) 选择下拉菜单【插入】→【设计特征】→【拉伸】，系统弹出“拉伸”对话框；截面选择所绘制草图，拉伸方向为 + Y 轴方向，结束为“对称值”，距离为“45”，布尔设置为“求和”，如图 3-2-90 所示；单击【确定】按钮完成拉伸操作。

(13) 选择下拉菜单【插入】→【关联复制】→【镜像特征】，系统弹出“镜像特征”对话框；要镜像的特征选择上一步中的拉伸体，镜像平面选择 YC – ZC 平面；单击【确定】按钮完成镜像特征，如图 3-2-91 所示。

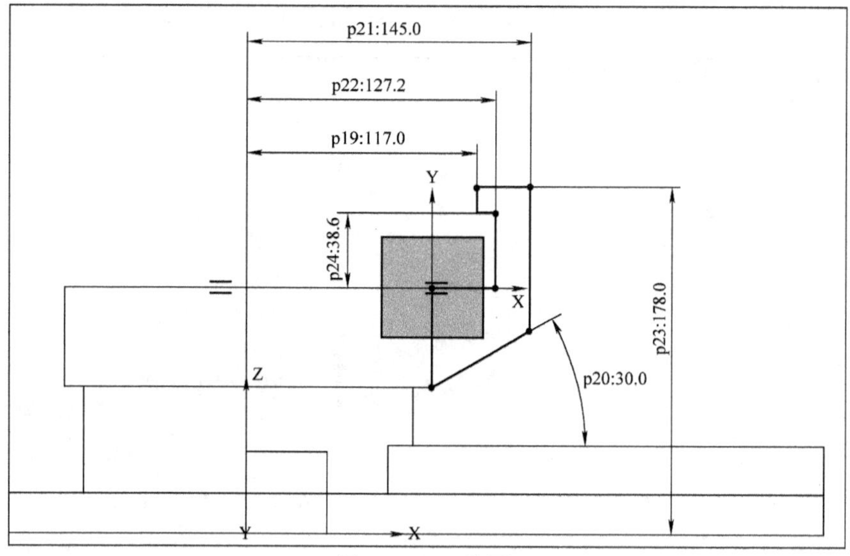

图 3-2-89　草图

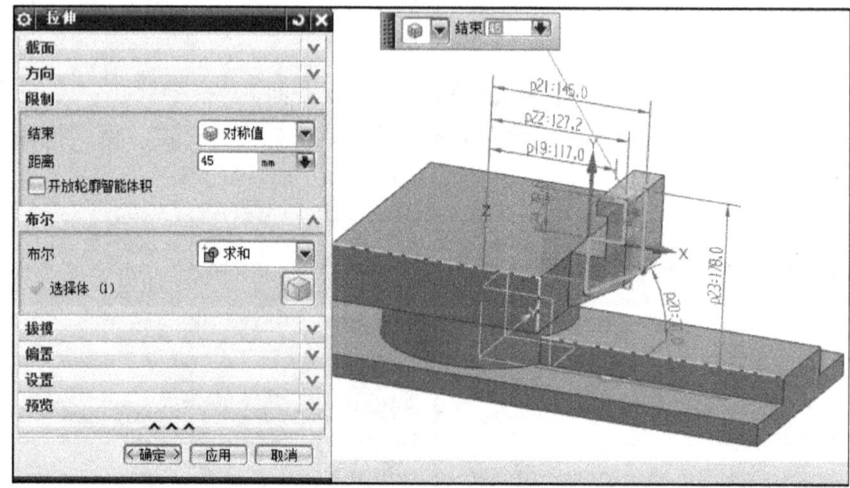

图 3-2-90　拉伸

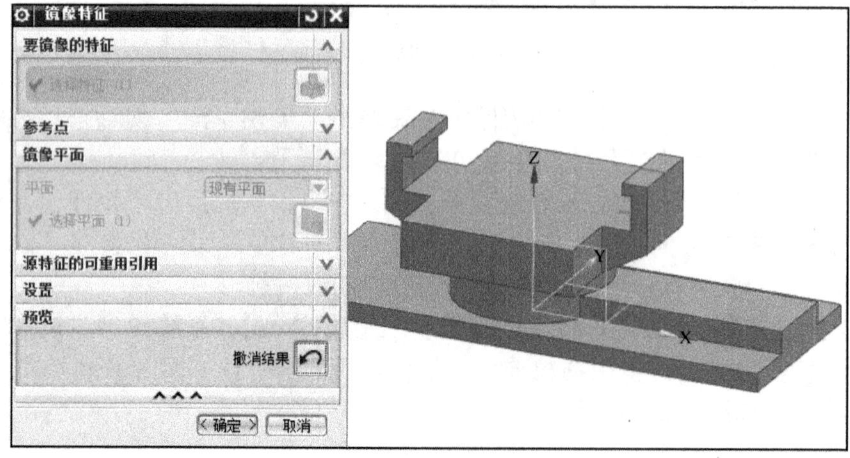

图 3-2-91　镜像特征

（14）选择下拉菜单【插入】→【草图】，系统弹出“创建草图”对话框；在 XC－ZC 平面上创建草图；绘制草图并约束，尺寸和结果如图 3-2-92 所示。

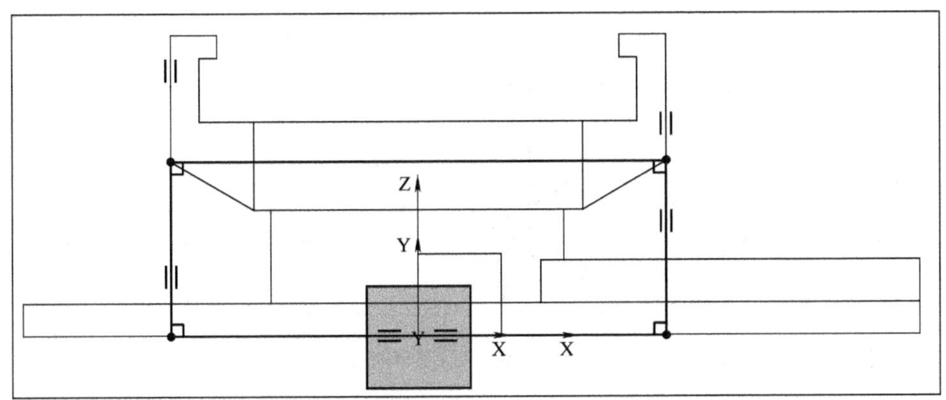

图 3-2-92　绘制草图

（15）选择下拉菜单【插入】→【设计特征】→【拉伸】，系统弹出“拉伸”对话框；截面选择所绘制草图，拉伸方向为＋Y 轴方向，结束为“对称值”，距离为“10”，布尔设置为“求和”，如图 3-2-93 所示；单击【确定】按钮完成拉伸操作。

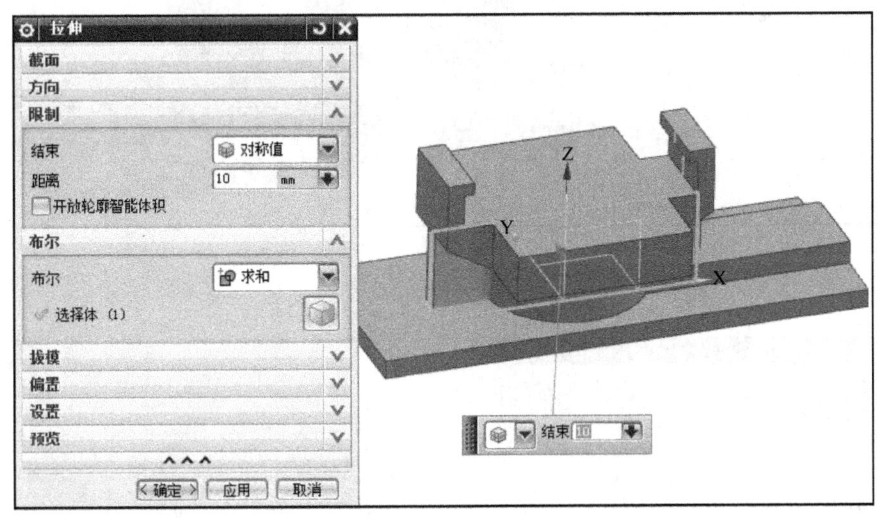

图 3-2-93　拉伸

（16）选择下拉菜单【插入】→【草图】，系统弹出“创建草图”对话框；在 XC－ZC 平面上创建草图；绘制草图并约束，尺寸和结果如图 3-2-94 所示。

（17）选择下拉菜单【插入】→【设计特征】→【拉伸】，系统弹出“拉伸”对话框；截面选择所绘制草图，拉伸方向为＋Y 轴方向，结束为“对称值”，距离为“10”，布尔设置为“求和”，如图 3-2-95 所示；单击【确定】按钮完成拉伸操作。

（18）选择下拉菜单【插入】→【草图】，系统弹出“创建草图”对话框；在如图 3-2-96 所示平面上创建草图。

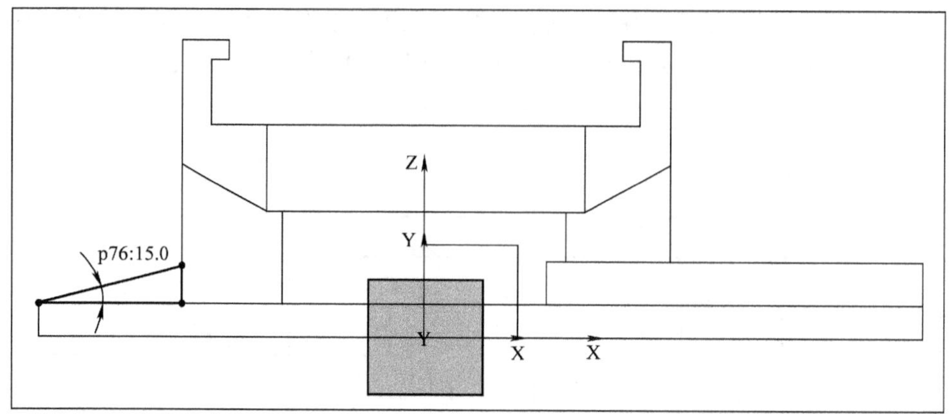

图 3-2-94　绘制草图

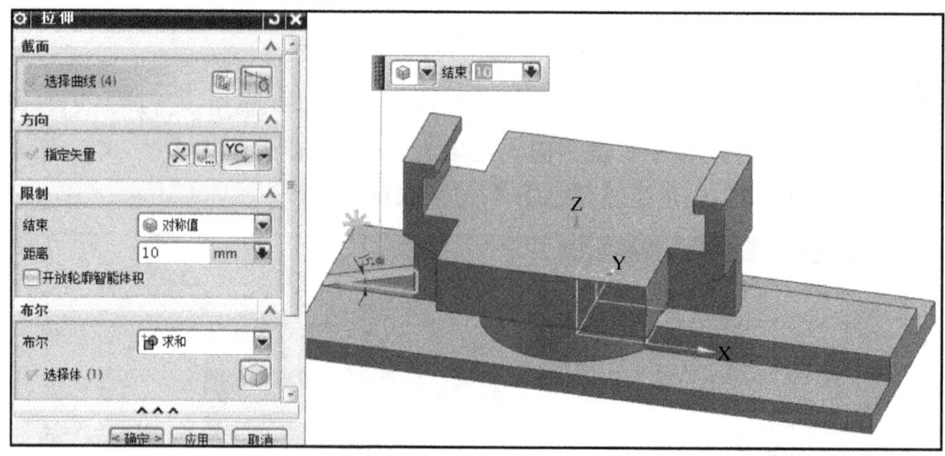

图 3-2-95　拉伸

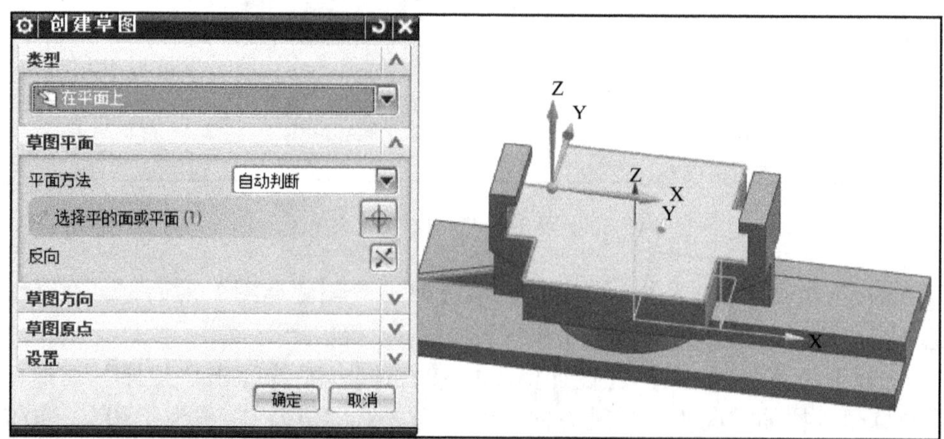

图 3-2-96　创建草图

（19）绘制草图并约束，尺寸和结果如图 3-2-97 所示。

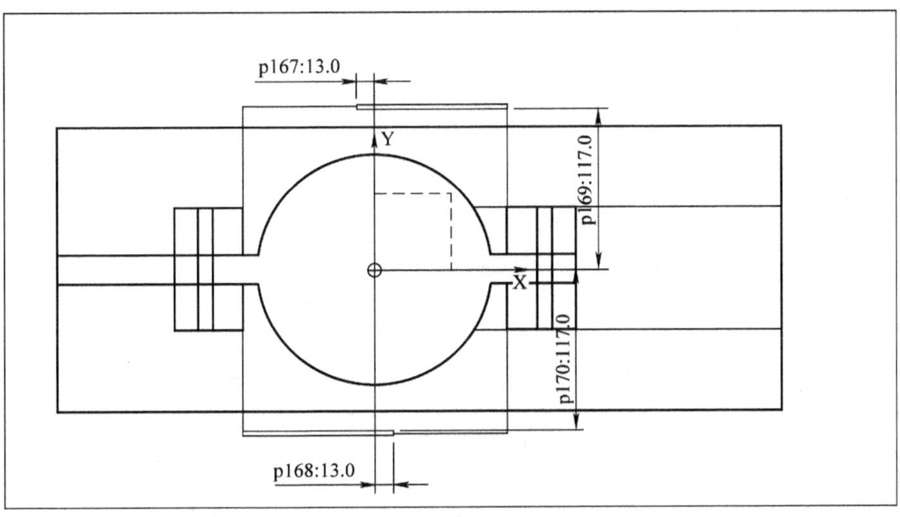

图 3-2-97　草图

（20）选择下拉菜单【插入】→【设计特征】→【拉伸】，系统弹出“拉伸”对话框；截面选择所绘制草图，拉伸方向为 -Z 轴方向，结束为“贯通”，布尔设置为“求差”，如图 3-2-98所示；单击【确定】按钮完成拉伸操作。

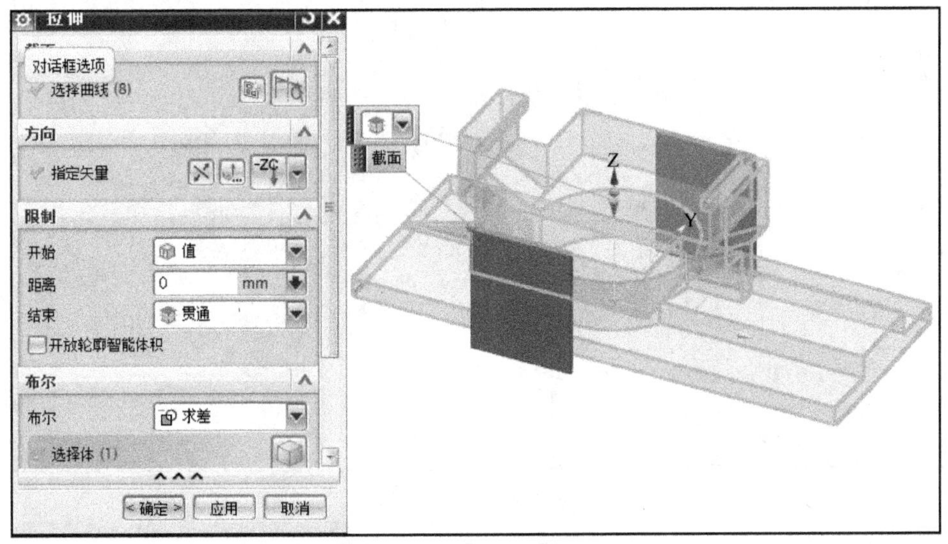

图 3-2-98　拉伸求差

（21）选择下拉菜单【插入】→【草图】，系统弹出“创建草图”对话框；在 XC - YC 平面上创建草图；绘制草图并约束，尺寸和结果如图 3-2-99 所示。

（22）选择下拉菜单【插入】→【设计特征】→【拉伸】，系统弹出“拉伸”对话框；截面选择所绘制草图，拉伸方向为 +Z 轴方向，开始距离为“0”，结束距离为“3.75”，布尔设置为“求差”，如图 3-2-100 所示；单击【确定】按钮完成拉伸操作。

（23）选择下拉菜单【插入】→【细节特征】→【边倒圆】，系统弹出“边倒圆”对话框；形状设置为“圆形”，半径设置为“25”，选取如图 3-2-101 所示边；单击【确定】按钮完成边倒圆操作。

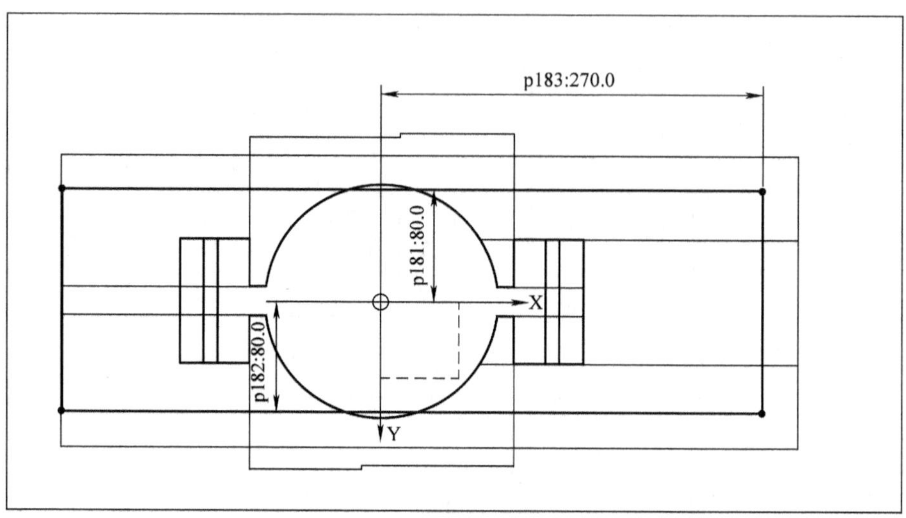

图 3-2-99 绘制草图

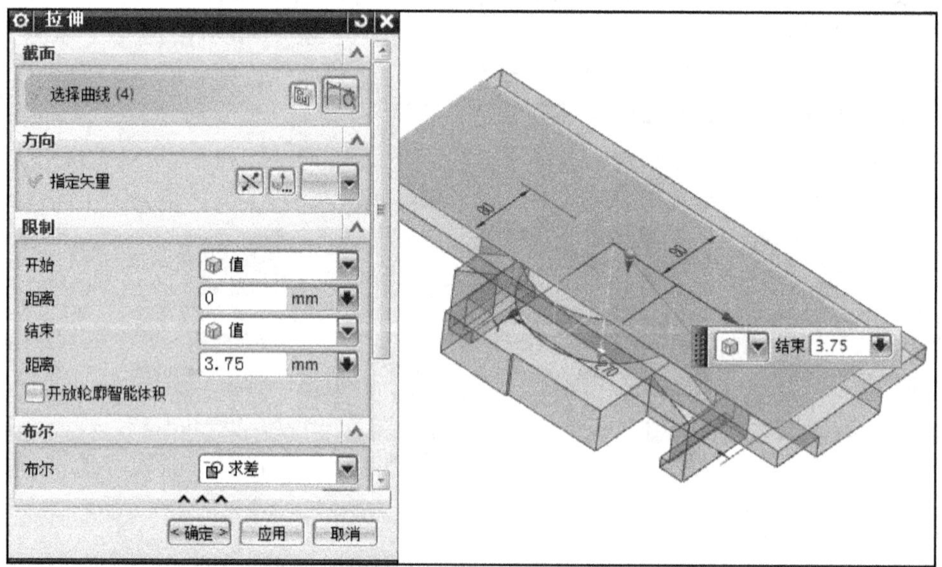

图 3-2-100 拉伸求差

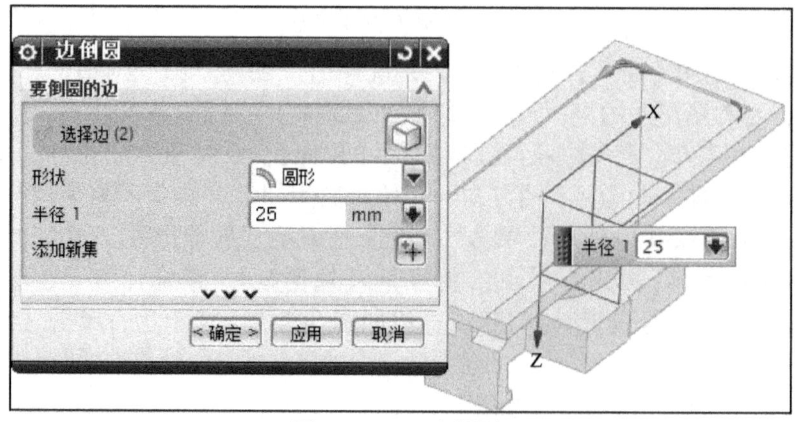

图 3-2-101 边倒圆

（24）选择下拉菜单【插入】→【草图】，系统弹出“创建草图”对话框；在 XC－YC 平面上创建草图；绘制草图并约束，尺寸和结果如图 3-2-102 所示。

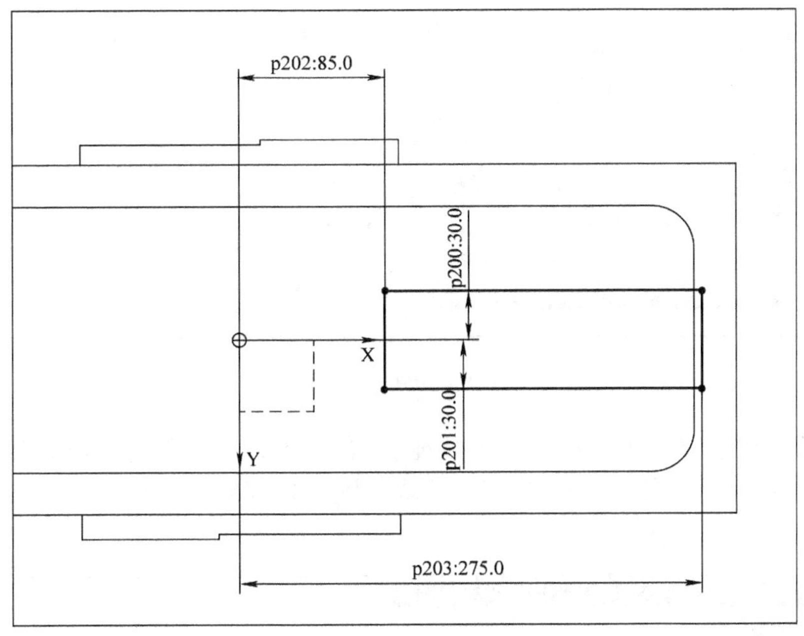

图 3-2-102　绘制草图

（25）选择下拉菜单【插入】→【设计特征】→【拉伸】，系统弹出“拉伸”对话框；截面选择所绘制草图，拉伸方向为＋Z 轴方向，开始距离为“0”，结束距离为“35”，布尔设置为“求差”，如图 3-2-103 所示；单击【确定】按钮完成拉伸操作。

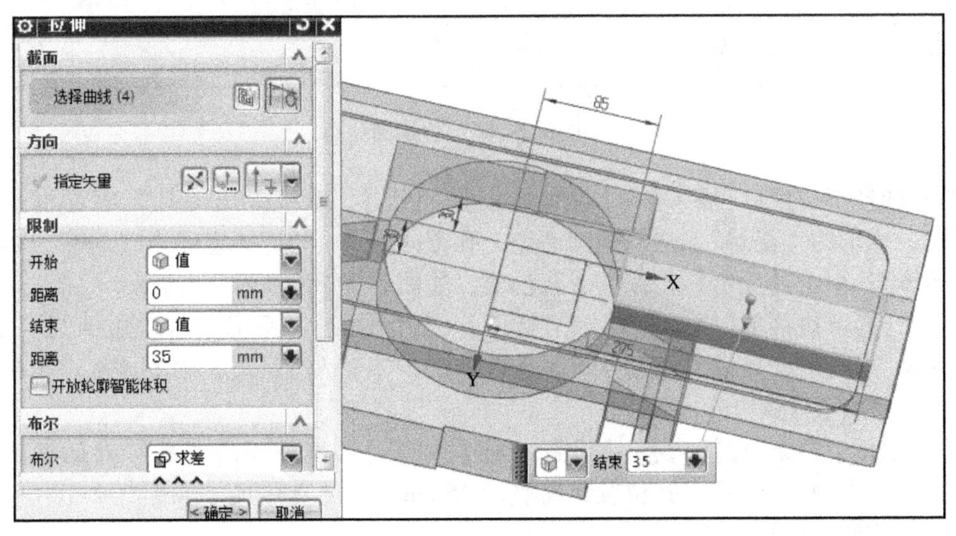

图 3-2-103　拉伸求差

（26）选择下拉菜单【插入】→【细节特征】→【边倒圆】，系统弹出“边倒圆”对话框；形状设置为“圆形”，半径设置为“5”，选取如图 3-2-104 所示边；单击【确定】按钮完成边倒圆操作。

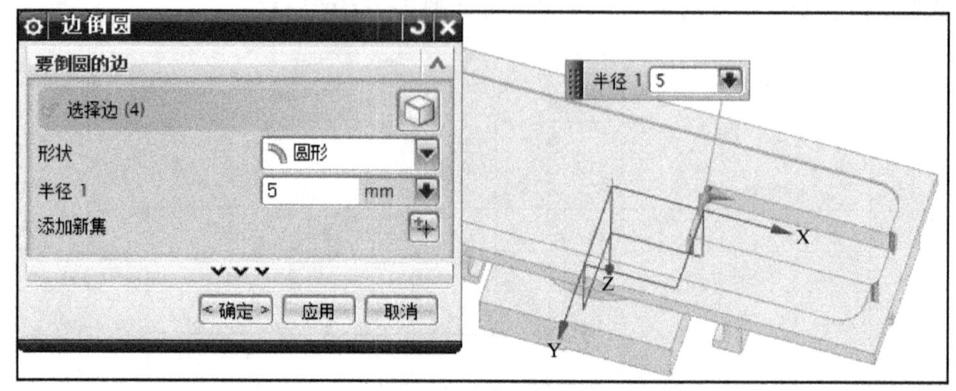

图 3-2-104 边倒圆

（27）选择下拉菜单【插入】→【细节特征】→【边倒圆】，系统弹出“边倒圆”对话框；形状设置为“圆形”，半径设置为“10”，选取如图 3-2-105 所示边；单击【确定】按钮完成边倒圆操作。

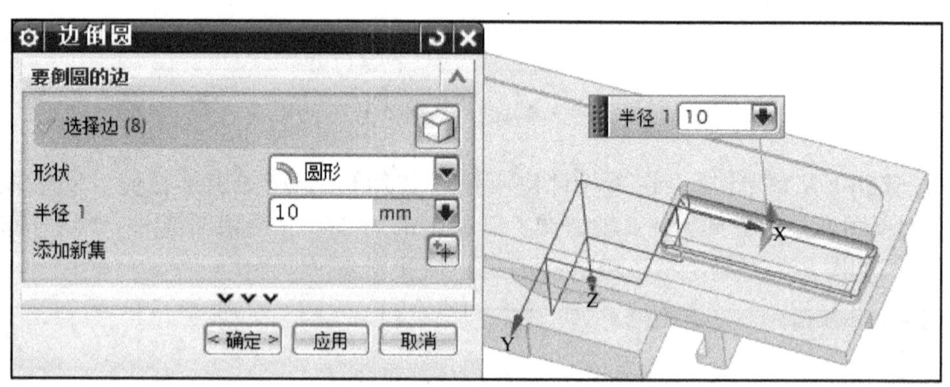

图 3-2-105 边倒圆

（28）选择下拉菜单【插入】→【设计特征】→【孔】，系统弹出“孔”对话框；类型为“常规孔”，成形为“简单”，选取坐标原点，孔方向为“+ZC”，直径为“140”，深度限制为“贯通体”；单击【确定】按钮完成孔创建，如图 3-2-106 所示。

（29）选择下拉菜单【插入】→【细节特征】→【边倒圆】，系统弹出“边倒圆”对话框；形状设置为“圆形”，半径设置为“8”，选取如图 3-2-107 所示边；单击【确定】按钮完成边倒圆操作。

（30）选择下拉菜单【插入】→【设计特征】→【孔】，系统弹出“孔”对话框；类型为“常规孔”，成形为“沉头”，孔位置距离底面 15mm，孔的具体尺寸如图 3-2-108 所示；单击【确定】按钮完成孔创建。

（31）选择下拉菜单【插入】→【设计特征】→【孔】，系统弹出“孔”对话框；类型为“常规孔”，成形为“简单”，孔的具体尺寸如图 3-2-109 所示；单击【确定】按钮完成孔创建。

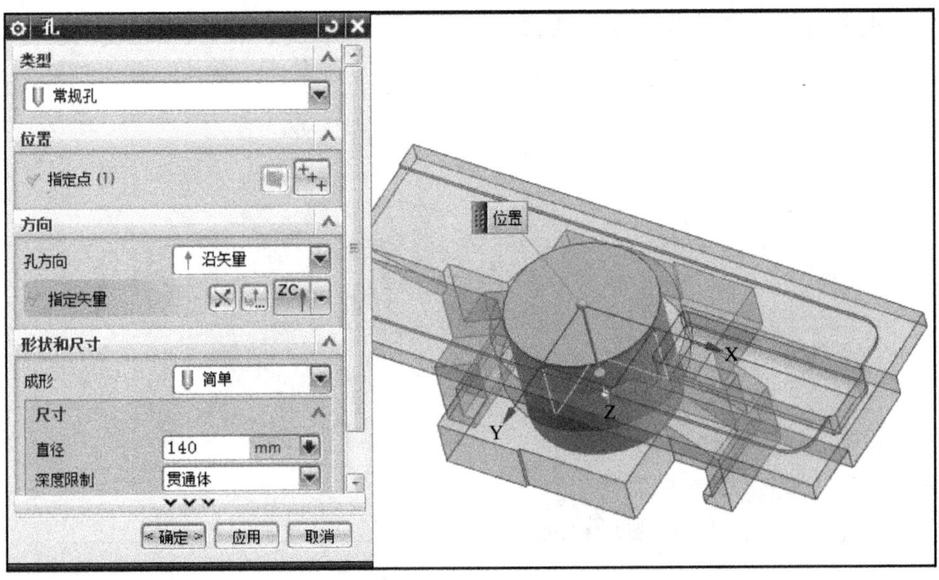

图 3-2-106　创建孔

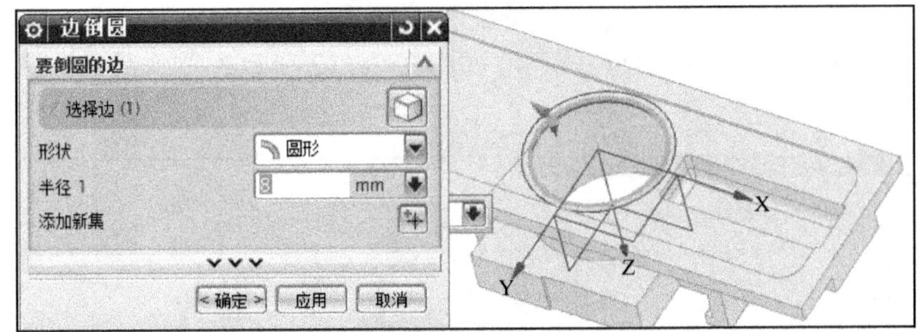

图 3-2-107　边倒圆

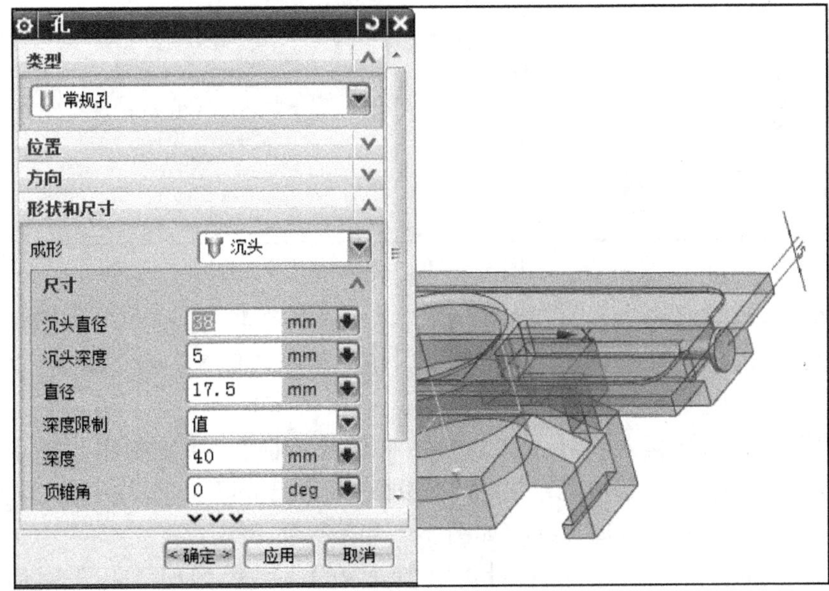

图 3-2-108　创建沉头孔

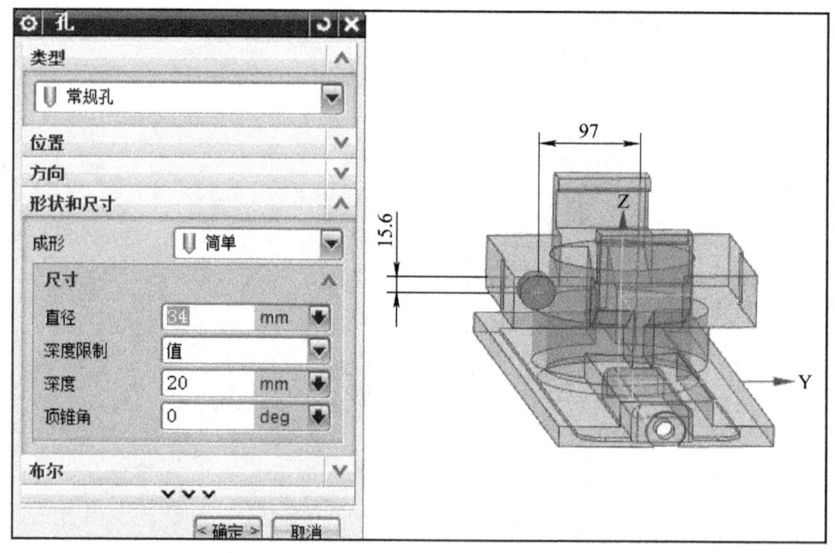

图 3-2-109　创建孔

（32）选择下拉菜单【插入】→【设计特征】→【孔】，系统弹出“孔”对话框；类型为“常规孔”，成形为“沉头”，孔的具体尺寸如图 3-2-110 所示；单击【确定】按钮完成孔创建。

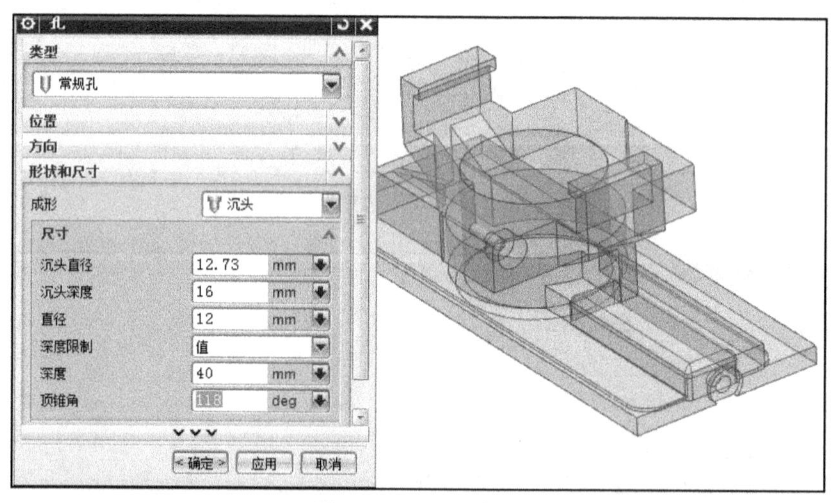

图 3-2-110　创建孔

（33）选择下拉菜单【插入】→【关联复制】→【镜像特征】，系统弹出“镜像特征”对话框；要镜像的特征选择上两步中的两个孔特征，镜像平面选择 YC－ZC 平面；单击【确定】按钮完成镜像特征，如图 3-2-111 所示。

（34）选择下拉菜单【插入】→【关联复制】→【镜像特征】，系统弹出“镜像特征”对话框；要镜像的特征选择上两步中的两个孔特征以及镜像得到的孔，镜像平面选择 XC－ZC 平面；单击【确定】按钮完成镜像特征，如图 3-2-112 所示。

（35）选择下拉菜单【插入】→【设计特征】→【孔】，系统弹出“孔”对话框；类型为“螺纹孔”，螺纹孔的具体尺寸如图 3-2-113 所示；单击【确定】按钮完成孔创建。

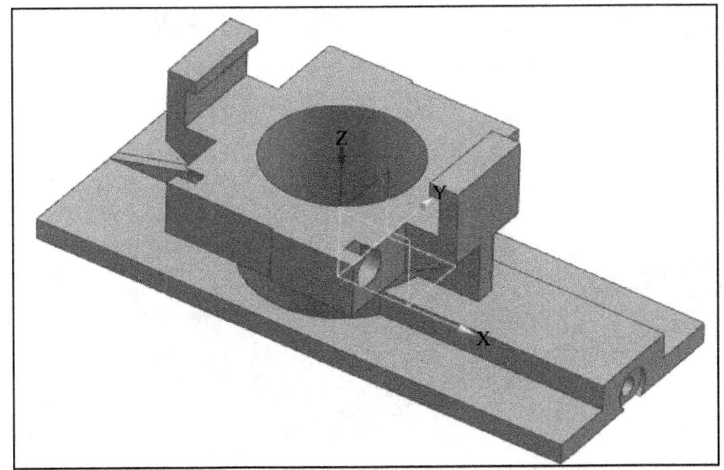

图 3-2-111　镜像特征

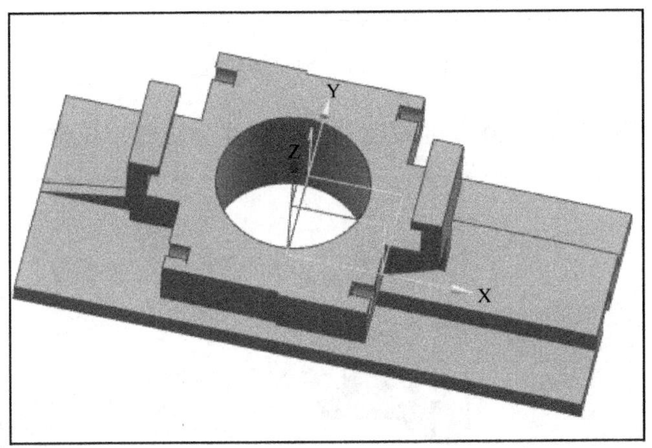

图 3-2-112　镜像特征

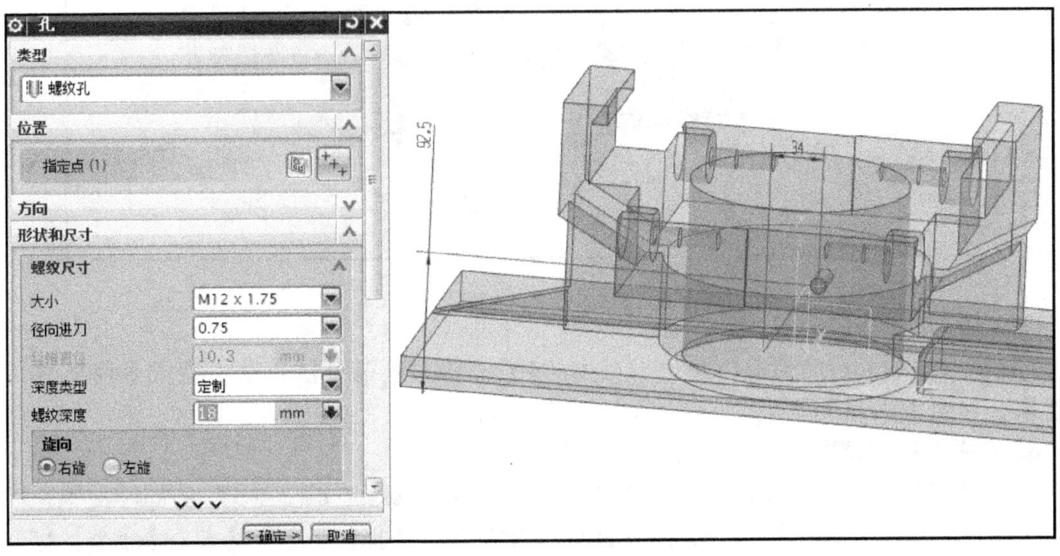

图 3-2-113　创建螺纹孔

（36）用同样的方法创建另一面的螺纹孔，如图 3-2-114 所示。

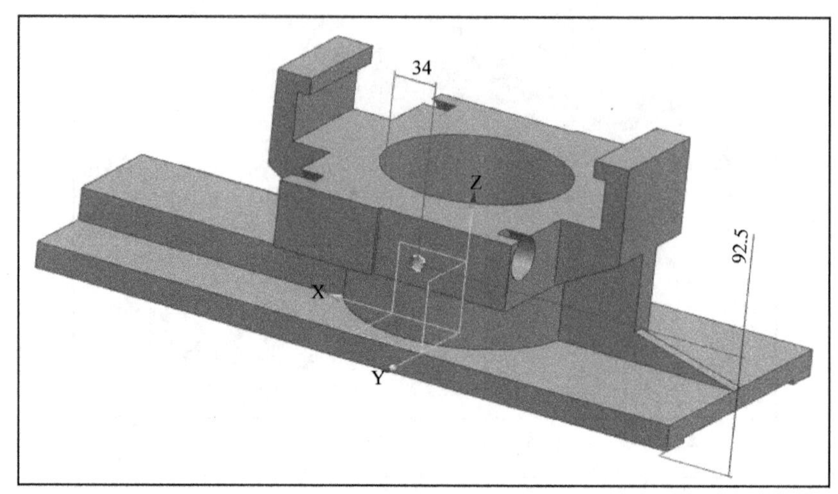

图 3-2-114　创建螺纹孔

（37）在模型底面创建 4 个 M12 的螺纹孔，孔深度为贯通，孔位置如图 3-2-115 所示。

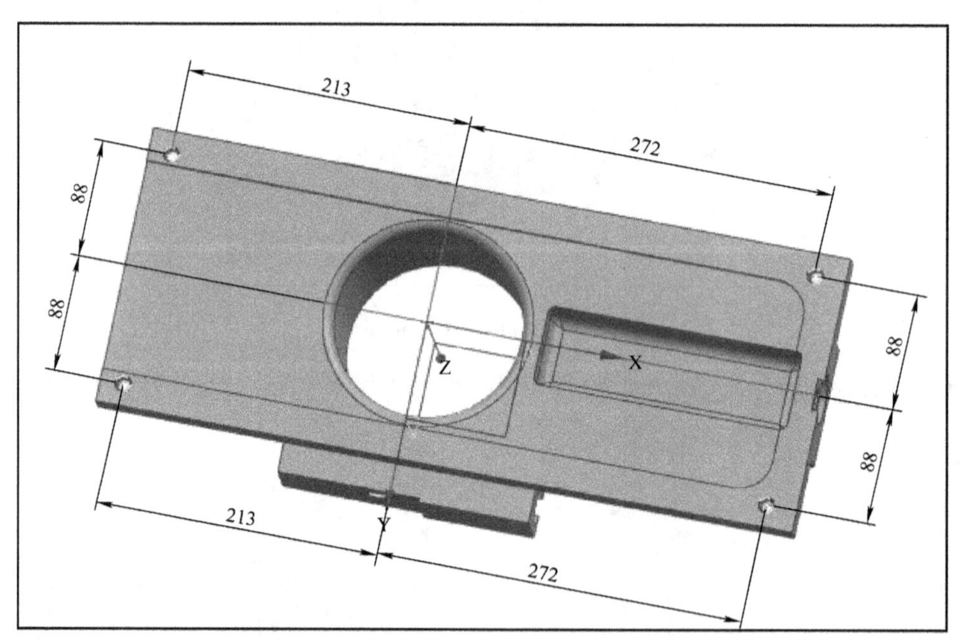

图 3-2-115　螺纹孔

（38）对模型进行倒圆角，圆角半径为“10”。隐藏不需要的特征，完成基座实体的三维建模，如图 3-2-116 所示。

6. 完成下料口装配

（1）选择【文件】→【新建】命令，新建名称为“xialiaokou_ assm. prt”的部件文档，单位选择为毫米。单击【确定】按钮，进入建模功能模块。选择【开始】→【装配】命令，打开装配功能。

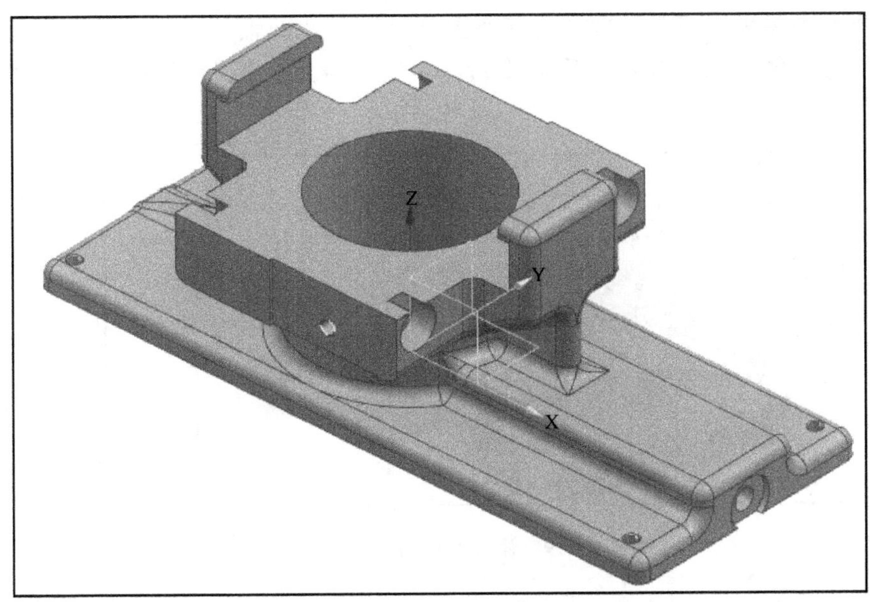

图 3-2-116　下料口基座实体模型

（2）选择【装配】→【组件】→【添加组件】命令，系统弹出“添加组件”对话框；选择“653174. prt”部件，定位为“绝对原点”，如图 3-2-117 所示；单击【确定】按钮完成添加组件。

（3）选择【装配】→【组件】→【添加组件】命令，系统弹出“添加组件”对话框；选择“qigangzujian. prt”（气缸组件）部件，定位为“通过约束”，如图 3-2-118 所示；单击【确定】按钮，系统弹出“装配约束”对话框。

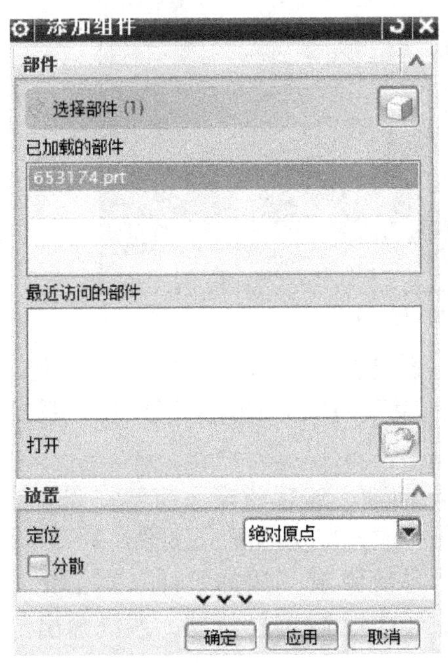

图 3-2-117　添加组件

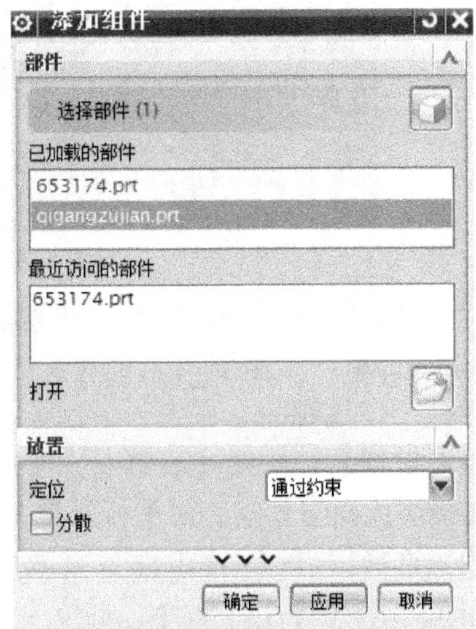

图 3-2-118　添加组件

（4）设置装配约束关系如下：气缸轴与基座上气缸安装孔同轴，气缸端面与基座上气缸安装孔台阶面接触，气缸顶面与基座底面平行。单击【确定】按钮完成气缸组件装配，如图3-2-119所示。

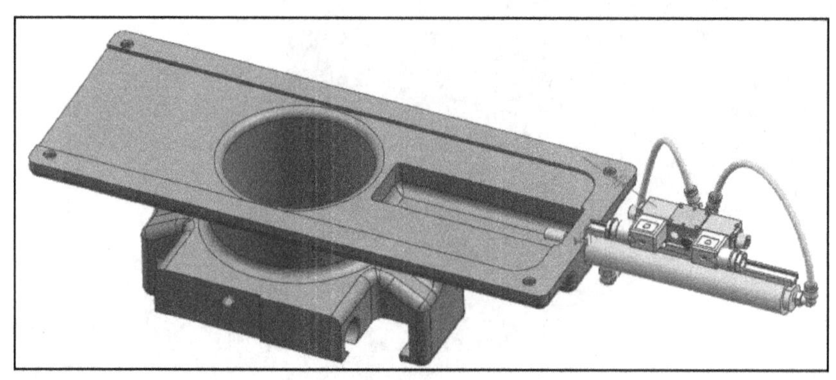

图3-2-119 添加气缸组件

（5）选择【装配】→【组件】→【添加组件】命令，系统弹出“添加组件”对话框；选择“qigangluomu. prt”（气缸螺母）部件，定位为“通过约束”；单击【确定】按钮，系统弹出“装配约束”对话框。

（6）设置装配约束关系如下：气缸轴与气缸螺母孔同轴，气缸轴台阶与气缸螺母端面对齐。单击【确定】按钮完成气缸螺母组件装配，如图3-2-120所示。

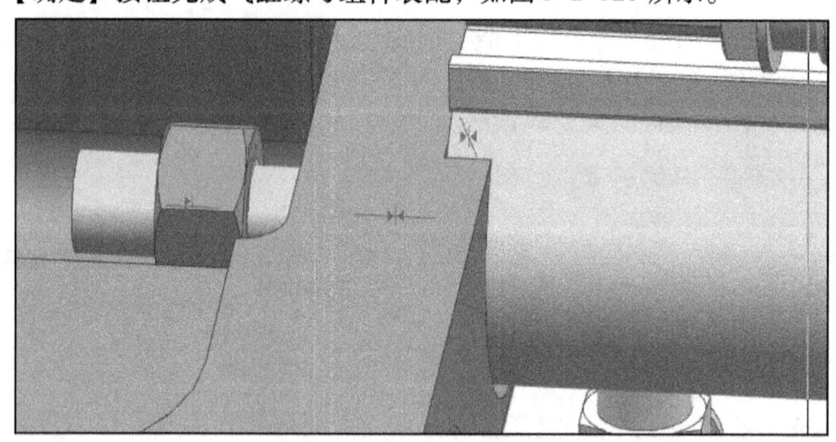

图3-2-120 添加气缸螺母组件

（7）选择【装配】→【组件】→【添加组件】命令，系统弹出“添加组件”对话框；选择“lianjiekuai. prt”（连接块）部件，定位为“通过约束”；单击【确定】按钮，系统弹出“装配约束”对话框。

（8）设置装配约束关系如下：连接块孔与气缸轴同轴，连接块端面与气缸螺母端面接触，连接块顶面与基座底面平行。单击【确定】按钮完成连接块装配，如图3-2-121所示。

（9）选择【装配】→【组件】→【添加组件】命令，系统弹出“添加组件”对话框；选择“dianpian. prt”（垫片）部件，定位为“通过约束”；单击【确定】按钮，系统弹出“装配约束”对话框。

（10）设置装配约束关系如下：垫片的两个孔分别与连接块的两个孔同轴，垫片底面与

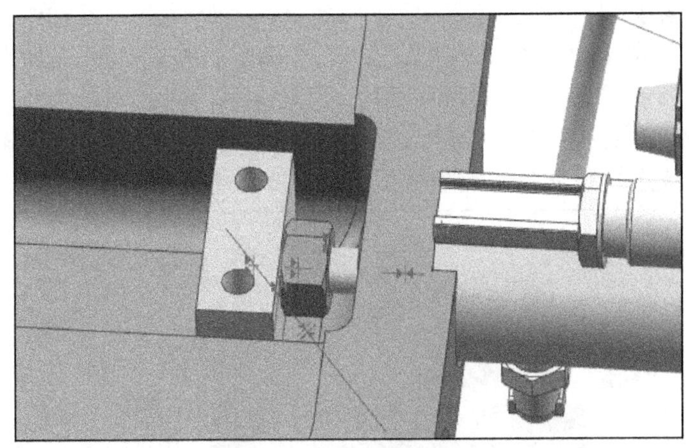

图 3-2-121　添加连接块

连接块顶面接触。单击【确定】按钮完成垫片装配，如图 3-2-122 所示。

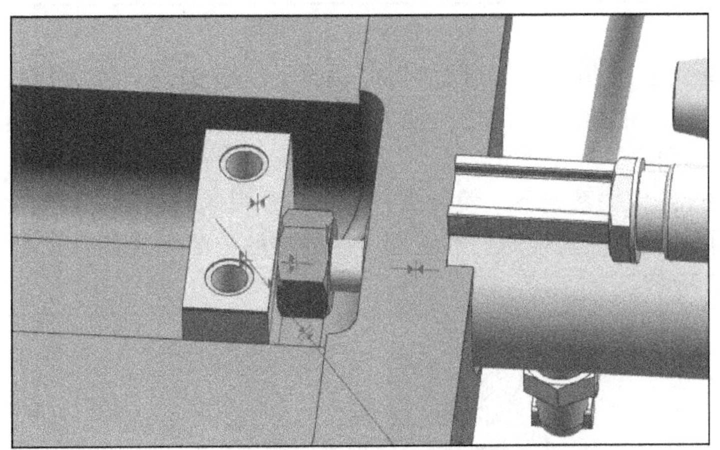

图 3-2-122　添加垫片

（11）选择【装配】→【组件】→【添加组件】命令，系统弹出“添加组件”对话框；选择“menban. prt”（门板）部件，定位为“通过约束”；单击【确定】按钮，系统弹出“装配约束”对话框。

（12）设置装配约束关系如下：门板的两个孔分别与垫片的两个孔同轴，门板底面与垫片顶面接触。单击【确定】按钮完成门板装配，如图 3-2-123 所示。

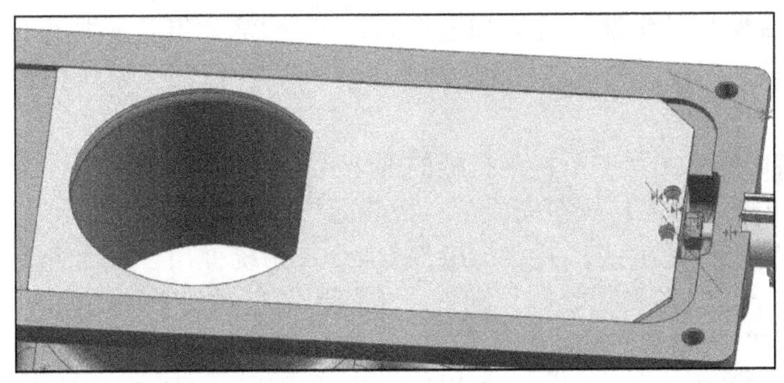

图 3-2-123　添加门板

(13) 选择【装配】→【组件】→【添加组件】命令，系统弹出“添加组件”对话框；选择“653164. prt”部件，定位为“通过约束”；单击【确定】按钮，系统弹出“装配约束”对话框。

(14) 设置装配约束关系如下：盖板的两个孔分别与基座的两个孔同轴，盖板底面与基座面接触。单击【确定】按钮完成盖板装配，如图3-2-124所示。

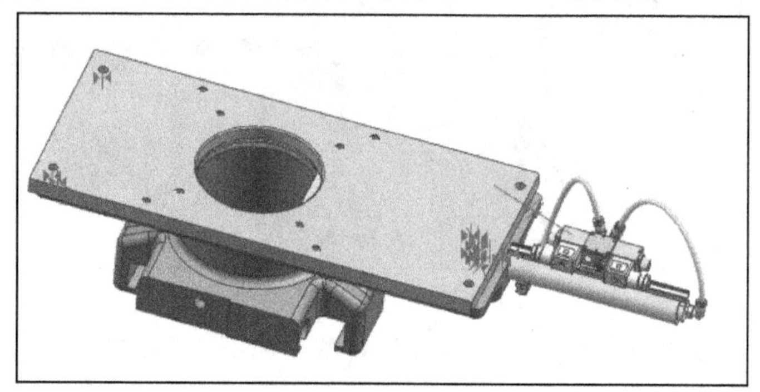

图3-2-124 添加盖板

(15) 选择【装配】→【组件】→【添加组件】命令，系统弹出“添加组件”对话框；选择“gaibanluoding. prt”（盖板螺钉）部件，定位为“通过约束”；单击【确定】按钮，系统弹出“装配约束”对话框。

(16) 设置装配约束关系如下：盖板螺钉的轴与盖板的孔同轴，螺钉台阶面与盖板面接触。单击【确定】按钮完成盖板螺钉的装配。用同样的方法完成其余三个盖板螺钉的装配，结果如图3-2-125所示。

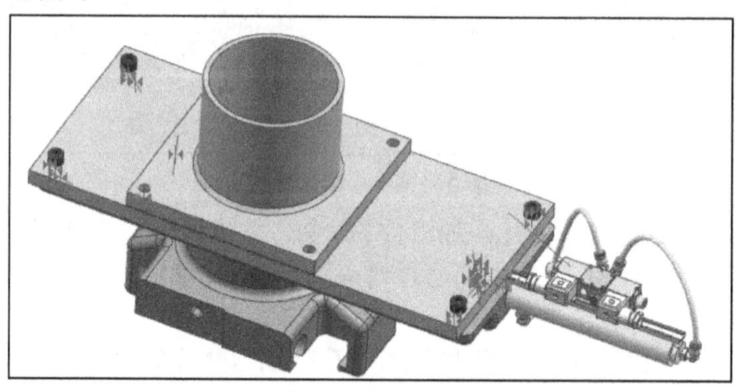

图3-2-125 添加盖板螺钉

(17) 选择【装配】→【组件】→【添加组件】命令，系统弹出“添加组件”对话框；选择“684100. prt”部件，定位为“通过约束”；单击【确定】按钮，系统弹出“装配约束”对话框。

(18) 设置装配约束关系如下：落料板的两个孔分别与盖板的两个孔同轴，落料板底面与盖板面接触。单击【确定】按钮完成落料板装配，如图3-2-126所示。

(19) 选择【装配】→【组件】→【添加组件】命令，系统弹出“添加组件”对话框；选择“xialiaobanluoding. prt”（落料板螺钉）部件，定位为“通过约束”；单击【确定】按钮，系统弹出“装配约束”对话框。

(20) 设置装配约束关系如下：落料板螺钉的轴与落料板的孔同轴，螺钉台阶面与落料

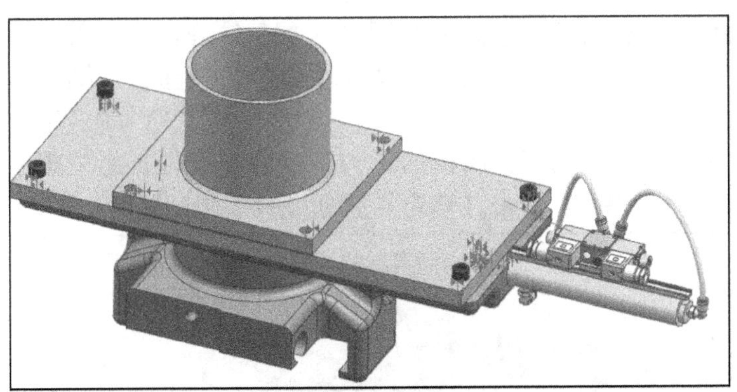

图 3-2-126　添加落料板

板面接触。单击【确定】按钮完成落料板螺钉的装配。用同样的方法完成其余三个落料板螺钉的装配，结果如图 3-2-127 所示。

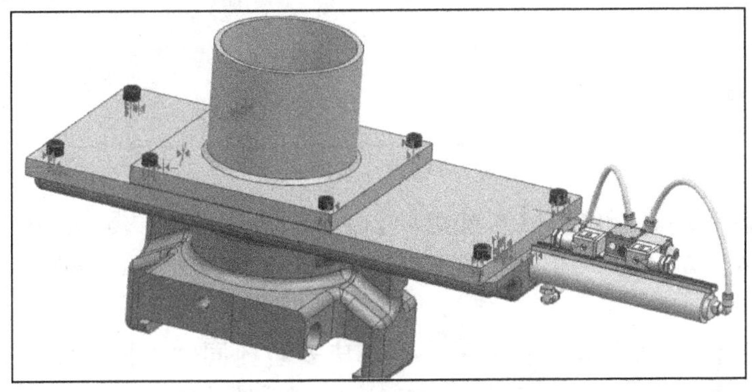

图 3-2-127　添加落料板螺钉

（21）选择【装配】→【组件】→【添加组件】命令，系统弹出“添加组件”对话框；选择“zhoucheng. prt”（轴承）部件，定位为“通过约束”；单击【确定】按钮，系统弹出“装配约束”对话框。

（22）设置装配约束关系如下：轴承的轴与基座的轴承孔同轴，轴承台阶面与轴承孔台阶面接触。单击【确定】按钮完成轴承的装配。用同样的方法完成其余三个轴承的装配，结果如图 3-2-128 所示。

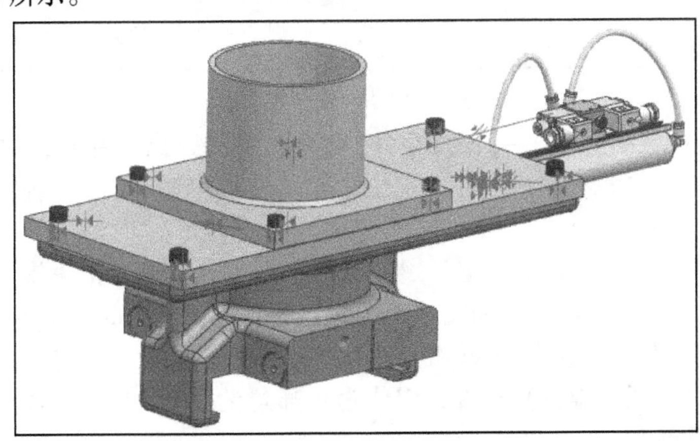

图 3-2-128　添加轴承

（23）选择【装配】→【组件】→【添加组件】命令，系统弹出“添加组件”对话框；选择“696079. prt”部件，定位为“通过约束”；单击【确定】按钮，系统弹出“装配约束”对话框。

（24）设置装配约束关系如下：底板的孔与基座的孔同轴，底板顶面和轴承圆周面接触，底板侧面与盖板侧面垂直。单击【确定】按钮完成底板的装配，如图 3-2-129 所示。

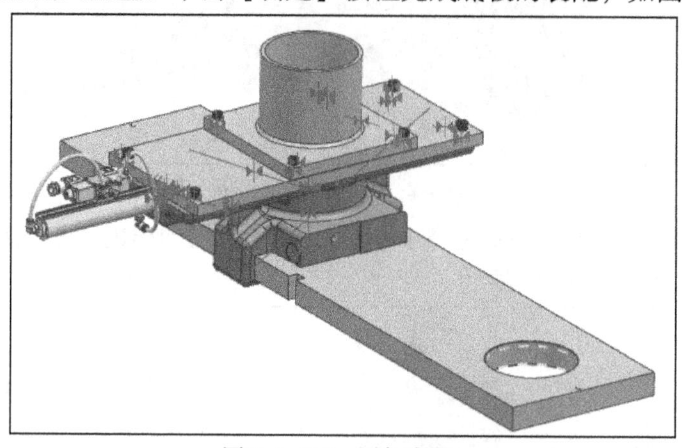

图 3-2-129 添加底板

（25）选择【装配】→【组件】→【添加组件】命令，系统弹出“添加组件”对话框；选择“641330. prt”部件，定位为“通过约束”；单击【确定】按钮，系统弹出“装配约束”对话框。

（26）设置装配约束关系如下：把手孔与基座安装孔同轴，把手面与基座安装面接触，把手侧面与盖板侧面平行。单击【确定】按钮完成把手的装配，如图 3-2-130 所示。

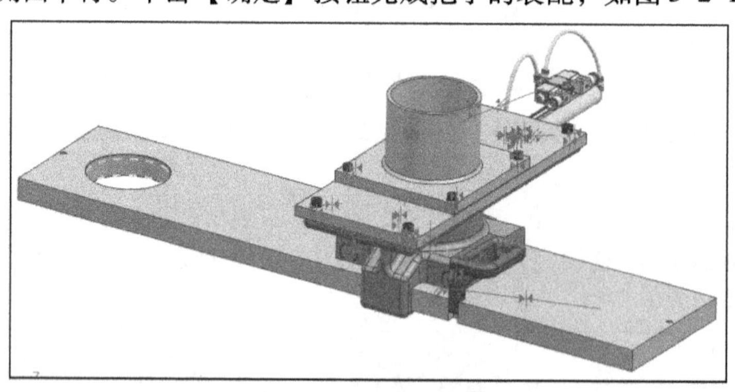

图 3-2-130 添加把手

（27）选择【装配】→【组件】→【添加组件】命令，系统弹出“添加组件”对话框；选择“bashouluoding. prt”（把手螺钉）部件，定位为“通过约束”；单击【确定】按钮，系统弹出“装配约束”对话框。

（28）设置装配约束关系如下：把手螺钉与把手螺钉孔同轴，把手螺钉台阶面与把手螺钉孔台阶面接触。单击【确定】按钮完成把手螺钉的装配，如图 3-2-131 所示。

（29）选择【装配】→【组件】→【添加组件】命令，系统弹出“添加组件”对话框；选择“xianweiluoding. prt”（限位螺钉）部件，定位为“通过约束”；单击【确定】按钮，系统弹出“装配约束”对话框。

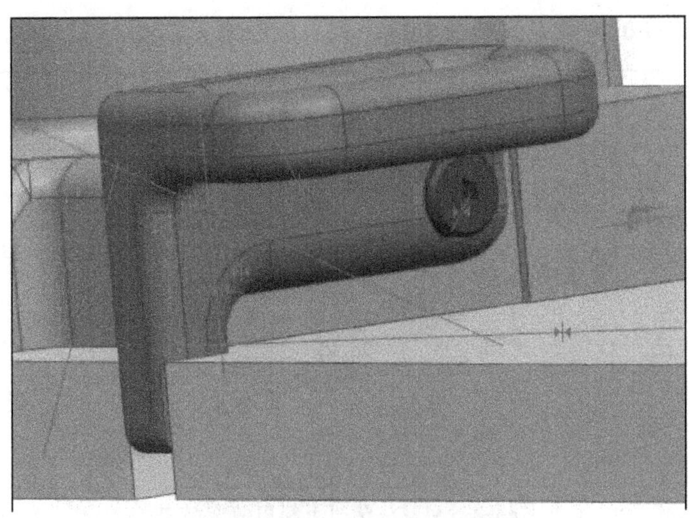

图 3-2-131　添加把手螺钉

（30）设置装配约束关系如下：限位螺钉与底板螺钉孔同轴，限位螺钉台阶面与底板面接触。单击【确定】按钮完成限位螺钉的装配。使用同样的方法完成第二个限位螺钉的装配，结果如图 3-2-132 所示。

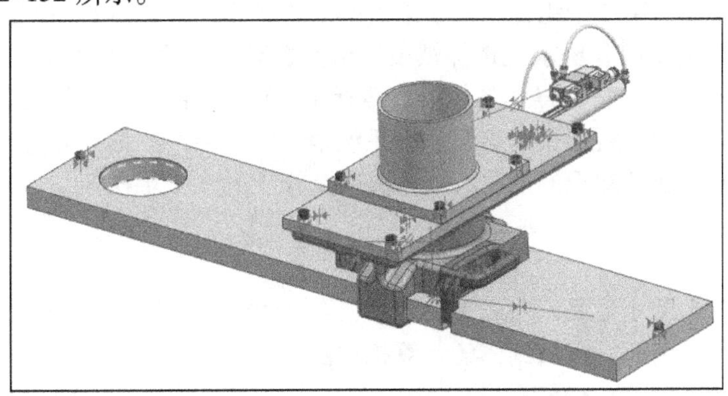

图 3-2-132　添加限位螺钉

（31）选择【装配】→【组件】→【添加组件】命令，系统弹出“添加组件”对话框；选择“feiliaotong. prt”（废料筒）部件，定位为“通过约束”；单击【确定】按钮，系统弹出“装配约束”对话框。

（32）设置装配约束关系如下：废料筒与底板孔同轴，废料筒台阶面与底板面接触。单击【确定】按钮完成废料筒的装配，如图 3-2-133 所示。

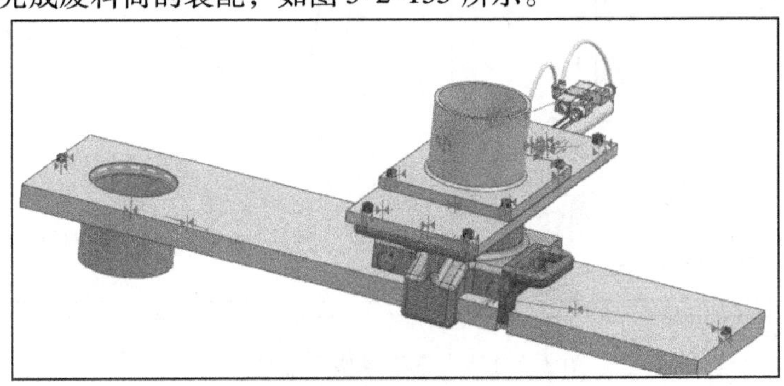

图 3-2-133　添加废料筒

（33）隐藏不需要的特征，完成注塑机下料口的装配，如图 3-2-134 所示。

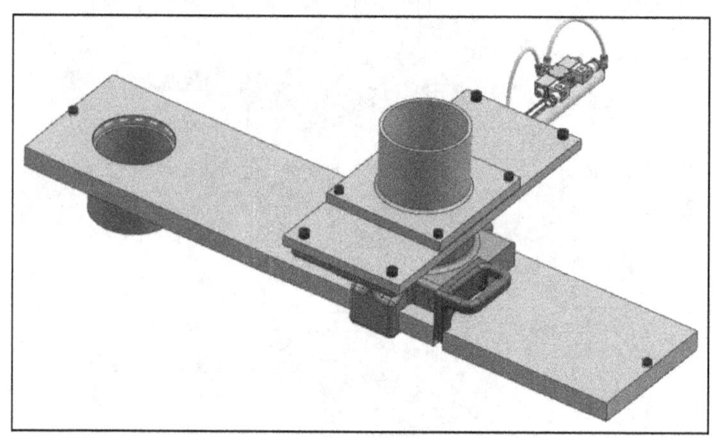

图 3-2-134 注塑机下料口装配结果

专家点拨

（1）NX 装配添加组件时的定位方式有多种，通常添加第一个组件时选用绝对原点或者选择原点放置组件，从第二个组件开始一般选择通过约束的方式进行装配。

（2）进行装配约束时，要求先选择被装配组件的对象，后选择基准组件的对象。

（3）本案例是建模各特征操作的综合，概括了 NX 的草图、成型特征、曲线、曲面、特征操作、曲线曲面操作、装配技术等知识。系统地介绍了新产品的开发过程以及详细绘制过程，希望读者在回顾前期知识的同时，对产品的认识上升一个层次。

课后训练

根据图 3-2-135 尺寸要求，完成飞机模型三维建模（见图 3-2-136）。通过该练习细细体会由点到线、由线到面、由面到体的计算机构图法则。

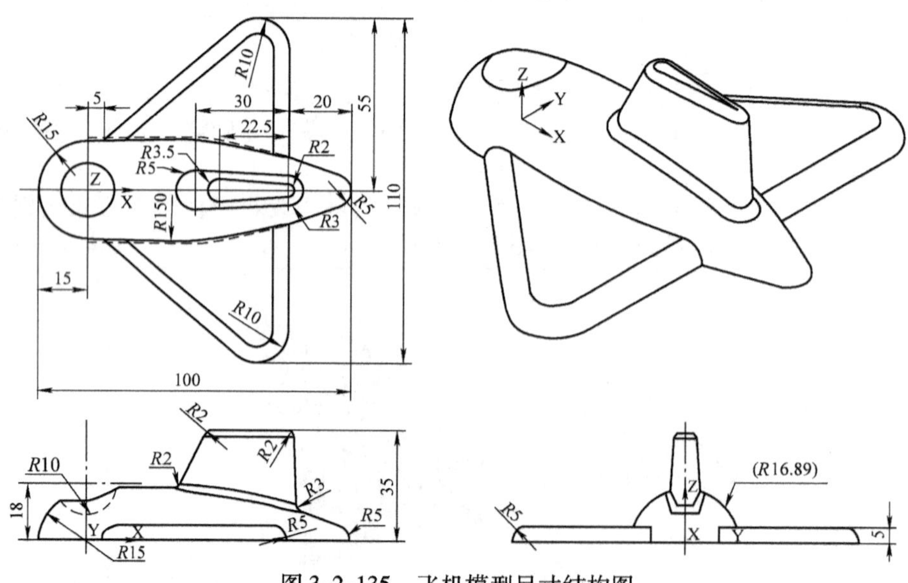

图 3-2-135 飞机模型尺寸结构图

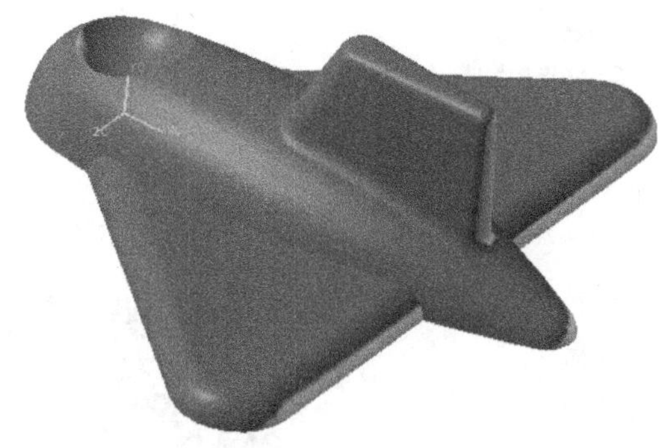

图 3-2-136　飞机模型

项目 3.3　推进器的设计和虚拟装配案例

教学目标

- 掌握一般机械部件“自顶向下”的装配方法。
- 掌握装配导航器的操作技巧。
- 掌握表达式的运用方法。
- 掌握引用集的操作方法。
- 掌握 WAVE 几何链接器的操作方法与技巧。
- 能完成推进器的装配。

项目导读

本项目以推进器的设计、装配为案例，比较详细地介绍了“自顶向下”装配设计的思路与方法。重点介绍 WAVE 几何链接器、表达式创建与应用等的操作方法。通过推进器的设计、装配项目训练，读者将学会怎样利用 NX 所提供的功能来贯彻客户的设计意图，系统地设计一个产品，了解在产品的零件与零件之间是怎样建立起尺寸关系、形状关系和位置关系的，并以这种设计方法为基础，来完成其他产品的设计。

任务描述

以设计师的身份进入 NX 装配功能模块，按照产品图样和客户意图，完成推进器的设计与装配。

工作任务

分析推进器的结构及各组件间连接关系；制定推进器装配方案；完成推进器的设计与装配。

一、分析推进器的结构特征

推进器模型如图 3-3-1 所示，其主要由上罩壳、下罩壳、叶轮、轴和标准紧固件等组成。

二、制定推进器的设计和装配方案

（1）建立下罩壳实体。

（2）建立装配部件文件。

（3）建立上罩壳。

（4）建立推进器旋转叶轮。

（5）建立推进器的轴子装配。

（6）装配标准联接、紧固件。

图 3-3-1 推进器模型

三、设计、装配推进器

推进器的设计、装配具体操作步骤如下。操作录像见配套视频文件 Video\3 _ 3. avi，结果文件见 Part\3 _ 3. prt。

（1）选择【文件】→【新建】命令，新建一个模型，单位为“英寸”（1in = 2. 54cm），如图 3-3-2 所示。文件名称为“housing. prt”。

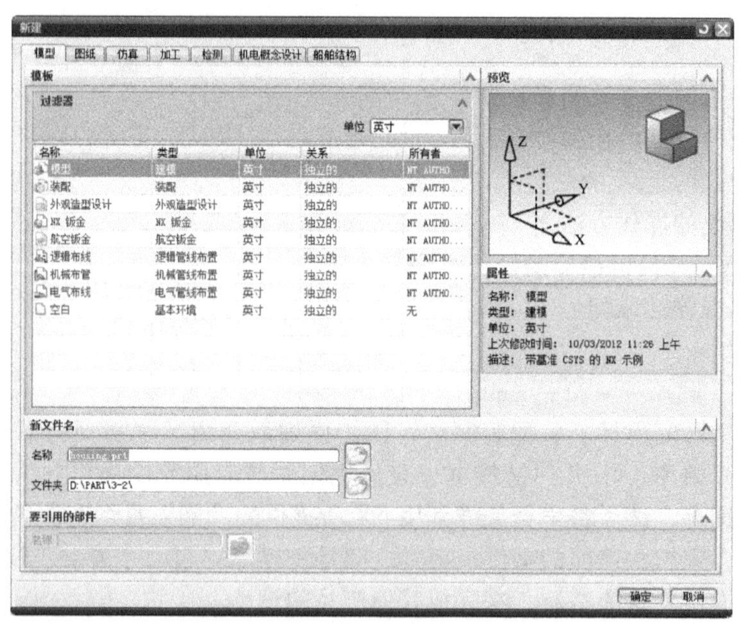

图 3-3-2 新建文件

（2）设置 21 层为工作层；选择【插入】→【草图】命令，如图 3-3-3 所示；在 XC – ZC 平面绘制草图，草图命名为“SKETCH_ 000”，草图曲线如图 3-3-4 所示。

（3）命名表达式 P0，名称为“inside”，数值为“15”，操作结果如图 3-3-5 所示。

（4）设置 1 层为工作层；选择【插入】→【回转】命令，将刚刚绘制的草图 SKETCH_ 000 曲线进行回转，如图 3-3-6 所示；建立下罩壳实体，开始为“90”，结束为“ – 90”，方向选择 XC，偏置中的开始为“0”，结束为“0. 5”。

（5）选择【工具】→【表达式】，建立一个变量表达式，名称为“hole”，值为“0. 75”；

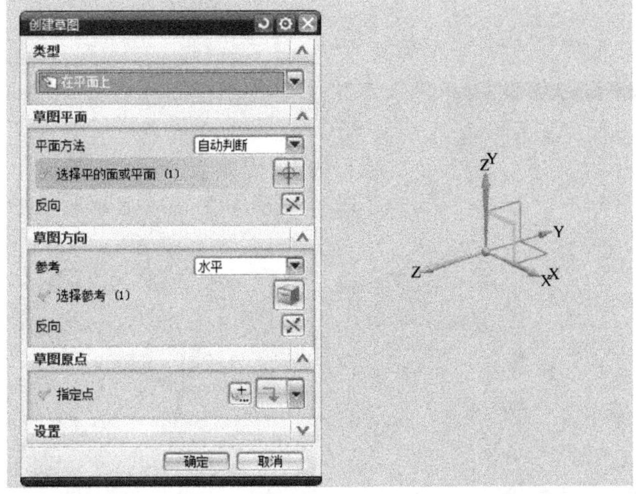

图 3-3-3　草图 SKETCH_000 的放置平面

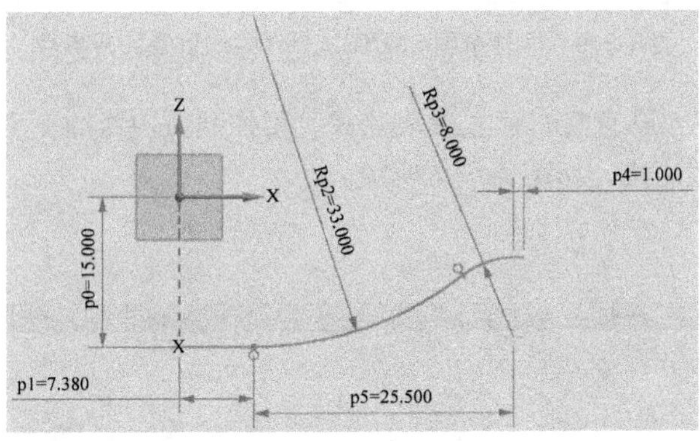

图 3-3-4　草图 SKETCH_000 的曲线轮廓

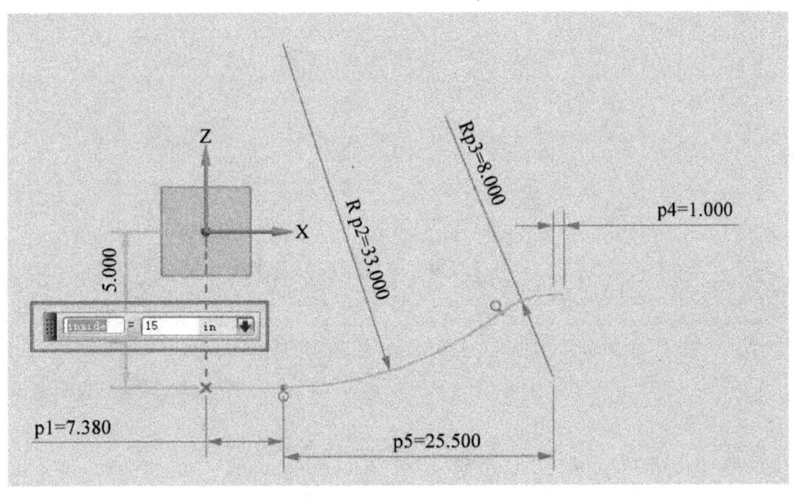

图 3-3-5　命名表达式“inside”

图 3-3-6 回转草图 SKETCH_000 曲线以及回转参数

hole 是下罩壳凸缘上的小孔直径，建立此表达式，可控制该边缘的宽度，并将使凸缘的宽度随着小孔直径的变化而变化，如图 3-3-7 所示。

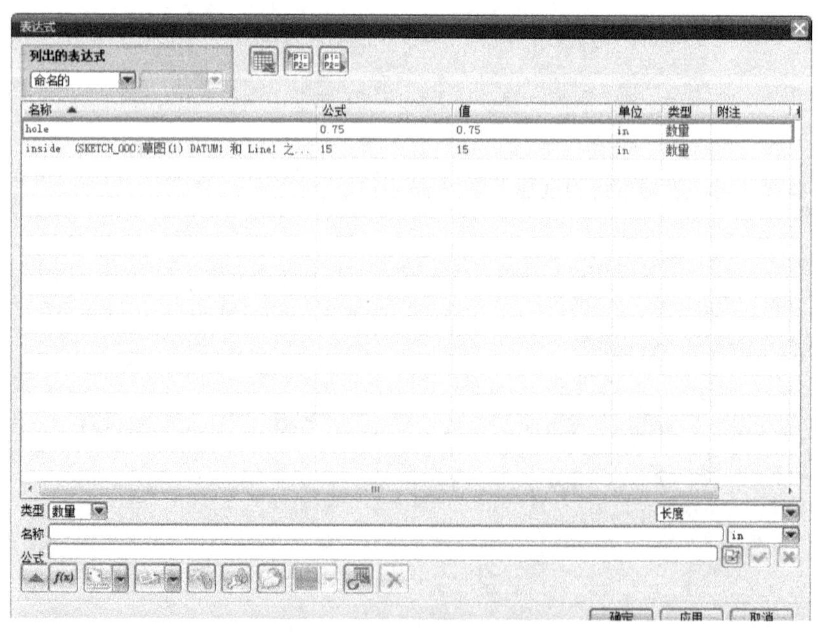

图 3-3-7 表达式的参数

（6）选择【插入】→【拉伸】命令，建立顶部一个凸缘；拉伸指定的边缘，开始为“0”，结束为“0.5”，偏置中的开始为“0”，结束为“1 +3 * hole”，布尔操作选择“自动判断”，如图 3-3-8 所示。

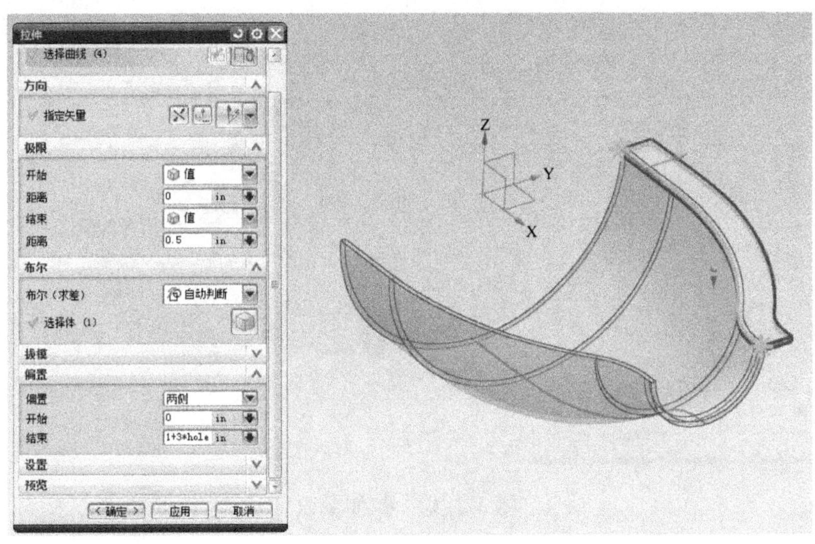

图 3-3-8　拉伸参数

（7）选择【插入】→【关联复制】→【镜像特征】命令，将步骤（6）中生成的边缘，沿着 X－Z 平面镜像，得到如图 3-3-9 所示的模型。

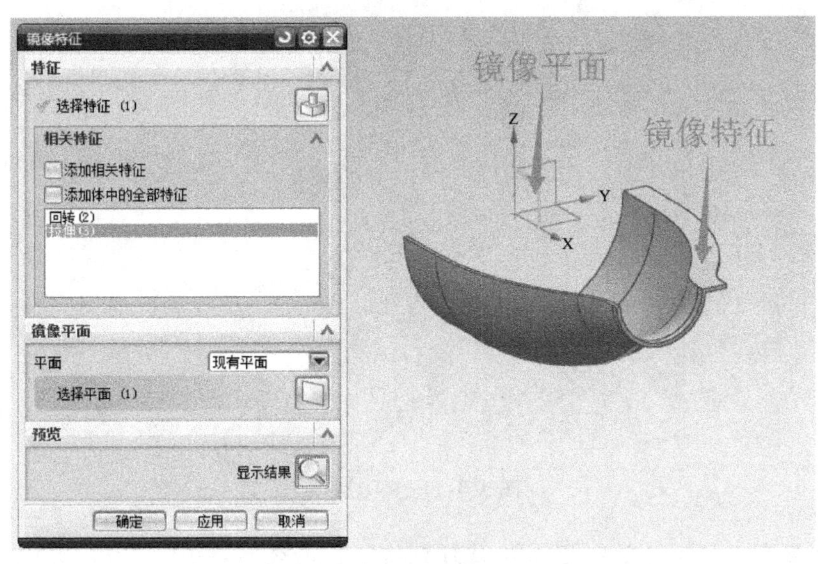

图 3-3-9　镜像操作的参数

（8）重复步骤（6），建立两个端部凸缘，拉伸指定的边缘；开始为“0”，结束为“0.5”，偏置中的开始为“0”，结束为“－1.25－3＊hole”，布尔操作为“求和”，具体参数如图 3-3-10 所示。

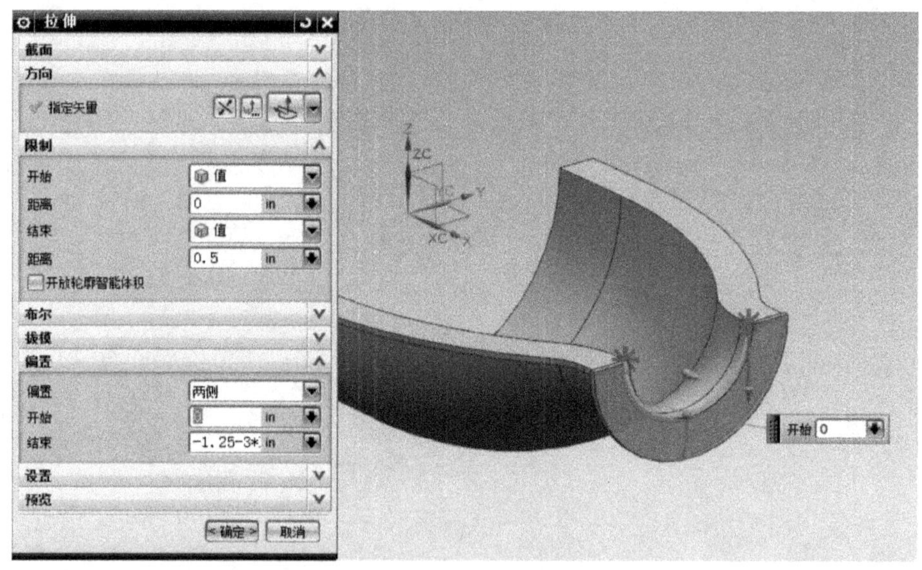

图 3-3-10 拉伸参数

(9) 选择【插入】→【设计特征】→【孔】命令，在顶部凸缘上打通孔；孔中心距离外边缘水平距离为“2 ×hole”，与圆柱形边缘所对应的圆心竖直距离为“0”，如图 3-3-11 所示。

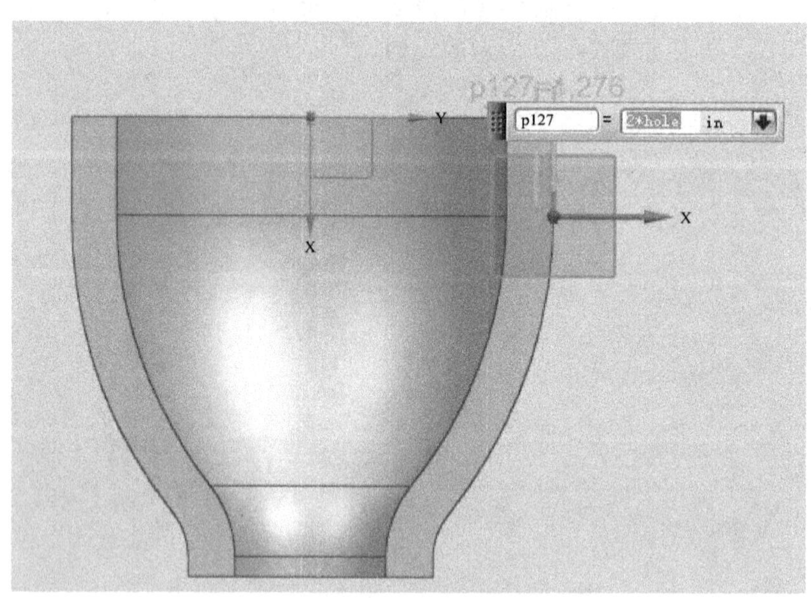

图 3-3-11 草图参数

(10) 选择【插入】→【关联复制】→【阵列特征】命令，对步骤 (9) 生成的孔进行圆形阵列，得到如图 3-3-12 所示的模型。

(11) 重复步骤 (7)，选择【插入】→【关联复制】→【镜像特征】命令，将步骤 (10) 中生成的孔，沿着 XC－ZC 平面镜像，得到如图 3-3-13 所示的模型。

(12) 选择【插入】→【设计特征】→【边倒圆】命令，将步骤 (11) 中生成的实体模型

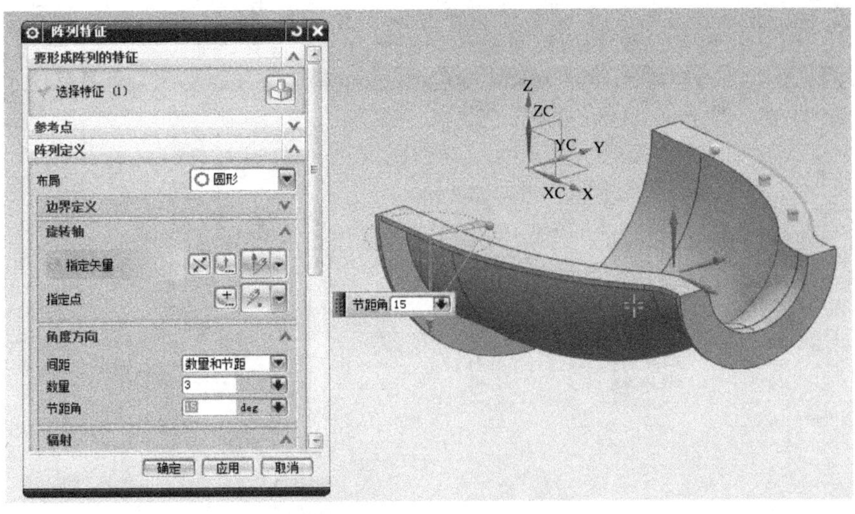

图 3-3-12　圆形阵列的参数

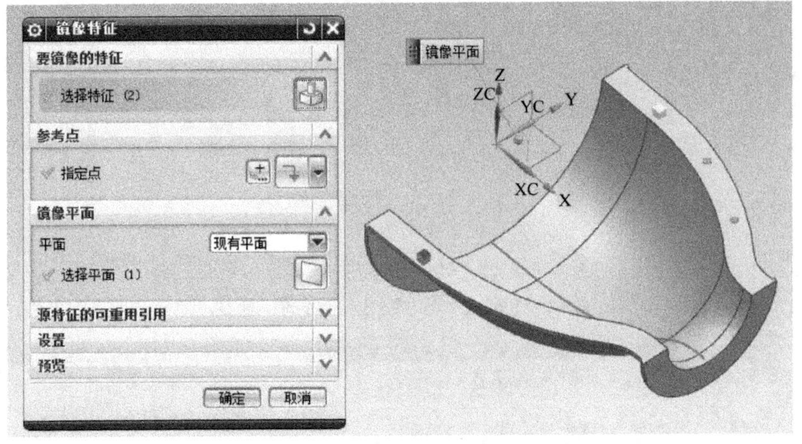

图 3-3-13　生成几何实例的镜像

进行边倒圆；参数分别为 *R*1、*R*0.5、*R*0.1875，如图 3-3-14 所示。

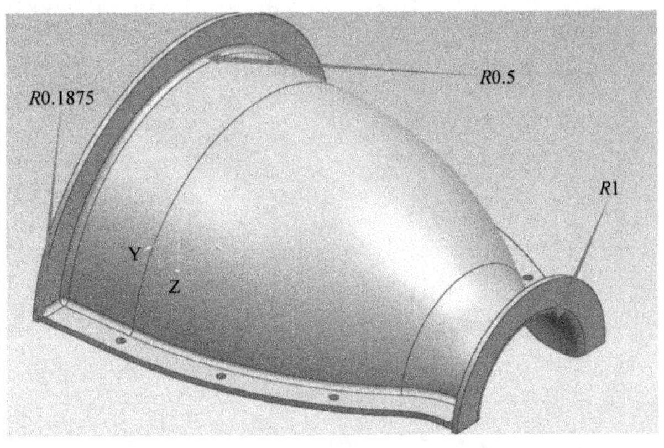

图 3-3-14　边倒圆的参数模型以及对应位置

（13）选择【文件】→【新建】命令，新建一个模型，单位为“英寸”，如图 3-3-15 所示；文件名称为“housing - top. prt”；保存并关闭。

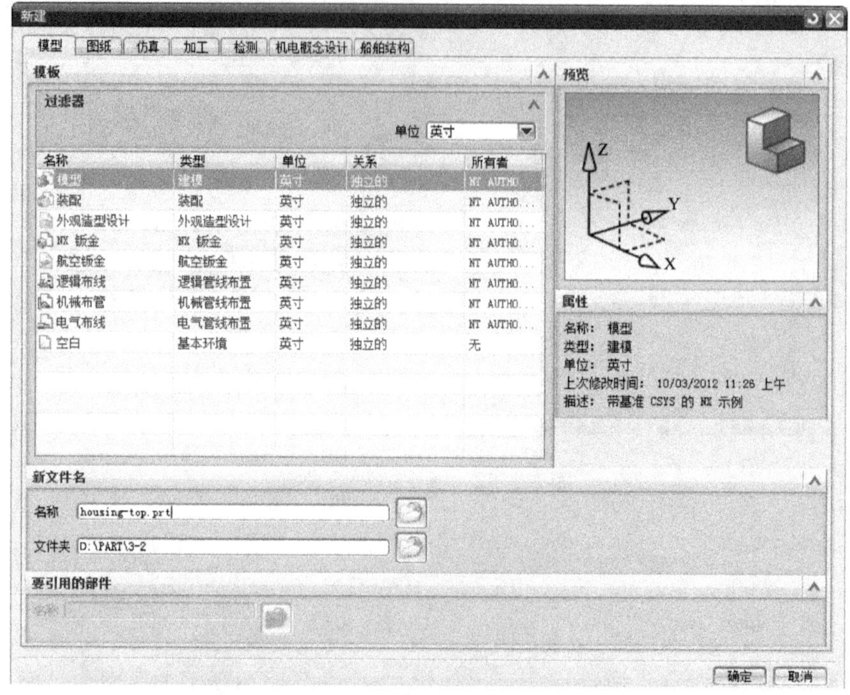

图 3-3-15　新建文件

（14）选择【文件】→【新建】命令，新建一个装配，单位为“英寸”，如图 3-3-16 所示，文件名称为“assm. prt”；单击【确定】按钮，系统弹出“添加组件”对话框，如图

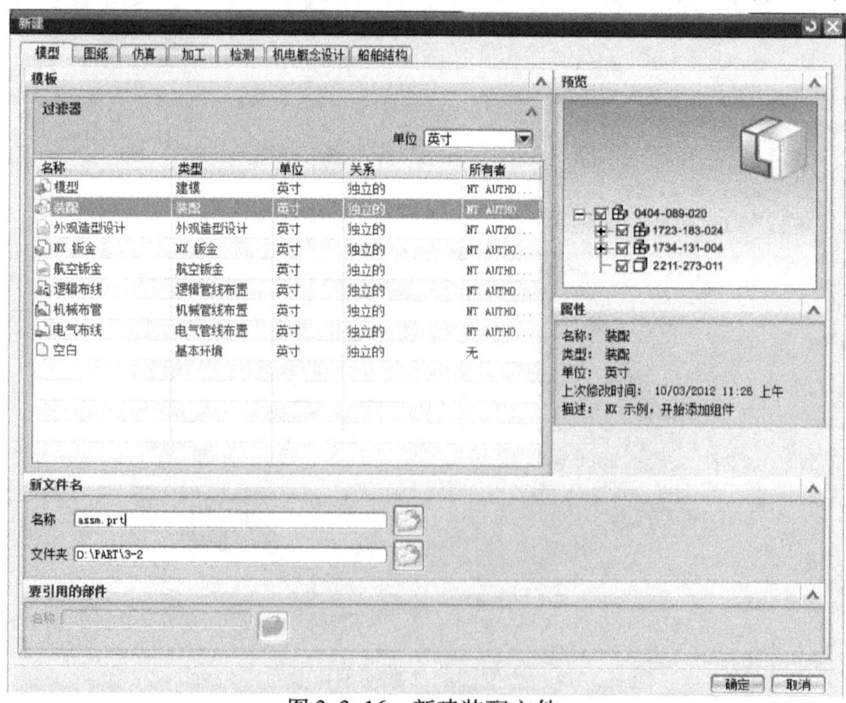

图 3-3-16　新建装配文件

3-3-17 所示；分别添加“housing. prt”“housing - top. prt”，定位方式采用“绝对原点”，引用集采用“模型”，结果如图 3-3-18 所示。

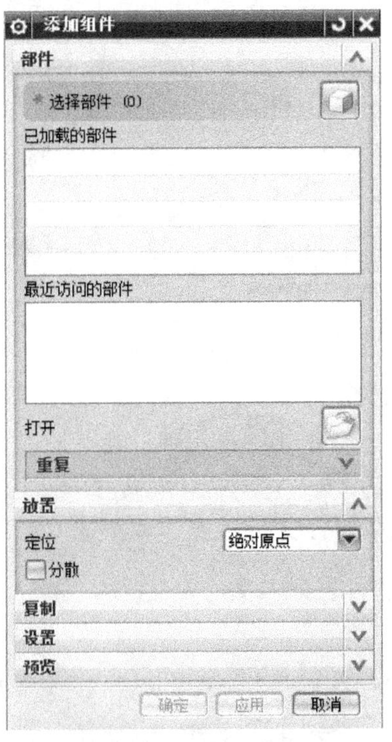

图 3-3-17　“添加组件”对话框

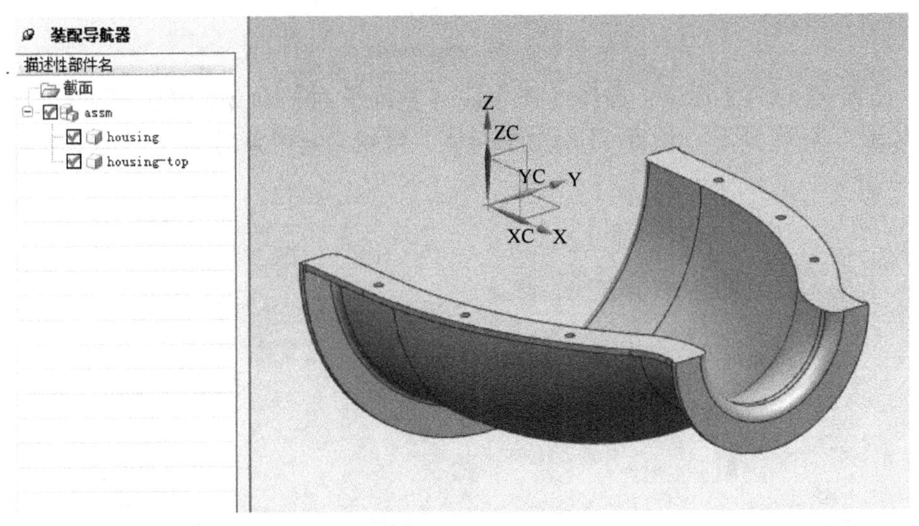

图 3-3-18　添加组件

（15）在装配导航器上鼠标双击“housing - top. prt”，将其设置为工作部件；选择“装配”工具条中的【WAVE 几何链接器 】图标，类型选择“镜像体”，选择“housing. prt”作为镜像体对象，选择 XC - YC 平面为镜像平面，如图 3-3-19 所示；单击【确定】按钮，结果如图 3-3-20 所示。

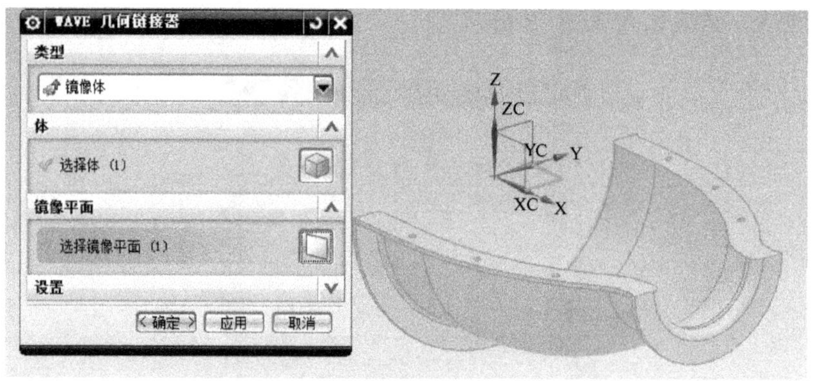

图 3-3-19 镜像体

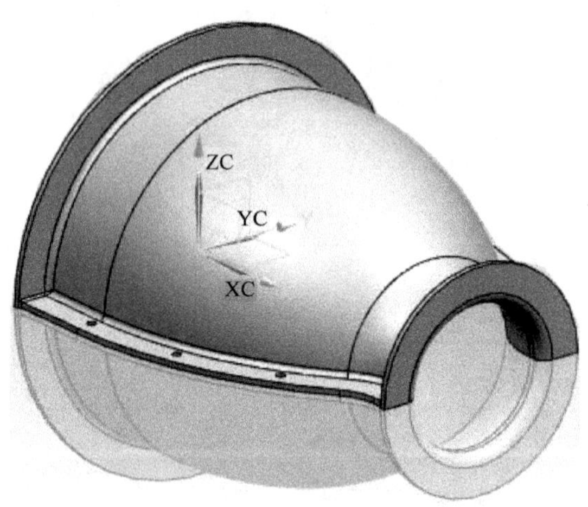

图 3-3-20 镜像体结果

（16）设置 62 层为工作层；选择【插入】→【基准平面】命令，选择圆柱面创建一个基准平面，如图 3-3-21 所示；设置 63 层为工作层，再建立一个偏置为“4”的基准平面，如图 3-3-22 所示。

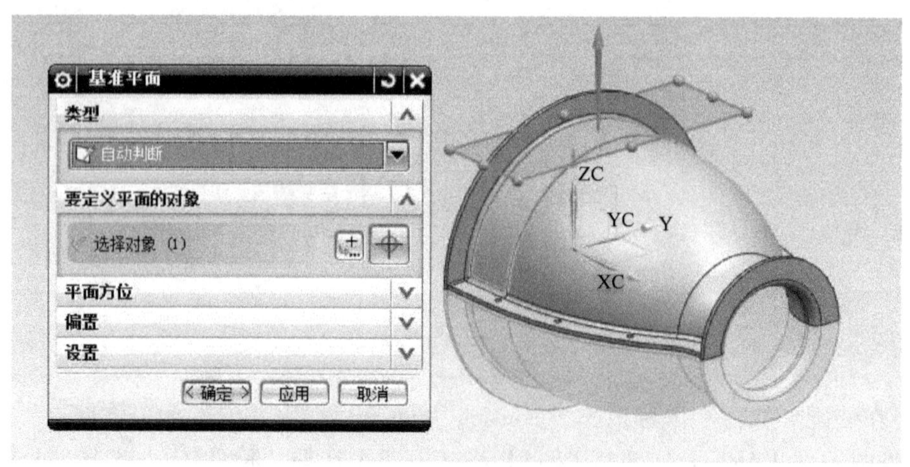

图 3-3-21 创建基准平面

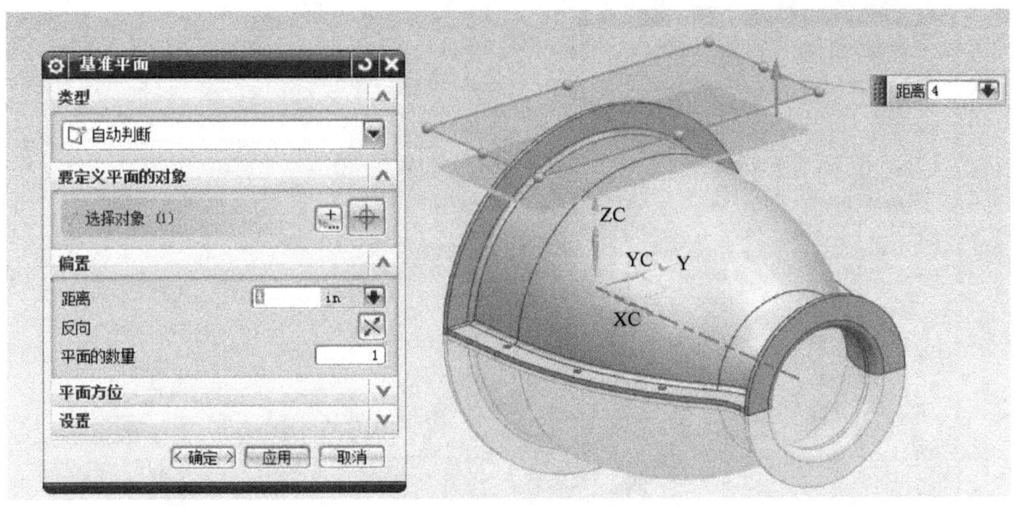

图 3-3-22　偏置的基准平面

（17）设置 21 层为工作层；选择【插入】→【草图】命令；在 63 层中的基准平面上创建草图，草图命名为“SKETCH _001”，如图 3-3-23 所示。

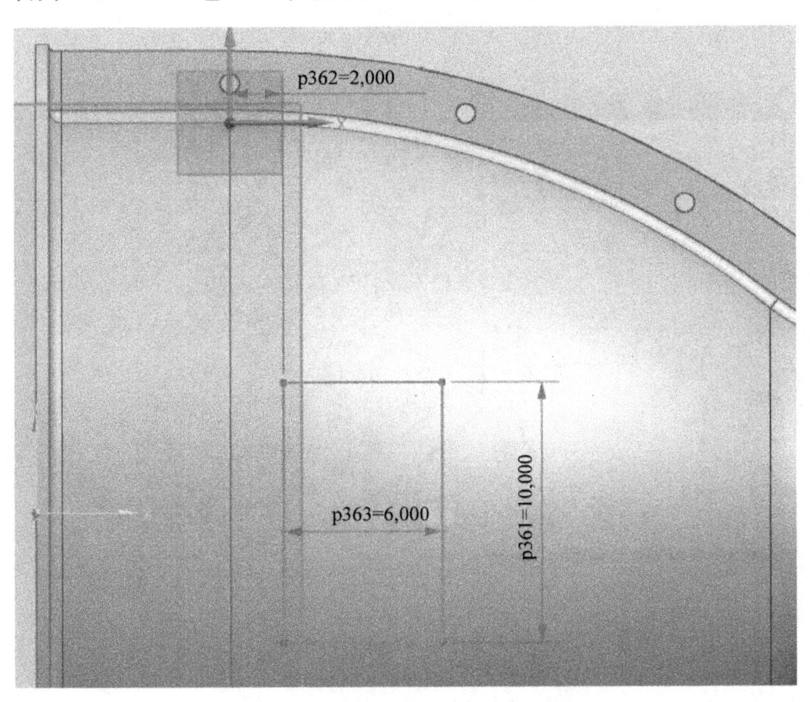

图 3-3-23　草图 SKETCH_001 的参数

（18）设置 1 层为工作层；选择【插入】→【拉伸】命令，对 21 层中绘制的草图进行拉伸；起始值为“0”，结束为“直至选定”；选定该圆弧面，对草图曲线进行偏置拉伸，开始为“0”，结束为“-0.5”，拔模为“5”度，得到模型如图 3-3-24 所示。

（19）选择【插入】→【同步建模】→【替换面】命令，将步骤（18）中拉伸出来的面进行替换，如图 3-3-25 所示；将拉伸内侧的面作为要替换的面，模型内部圆弧面为替换面，

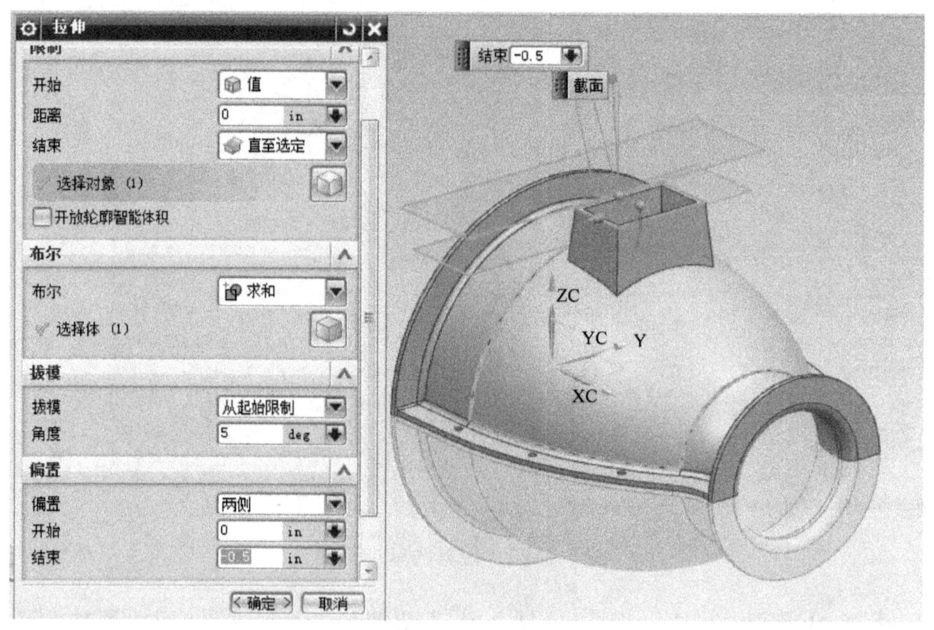

图 3-3-24 拉伸

进行替换。

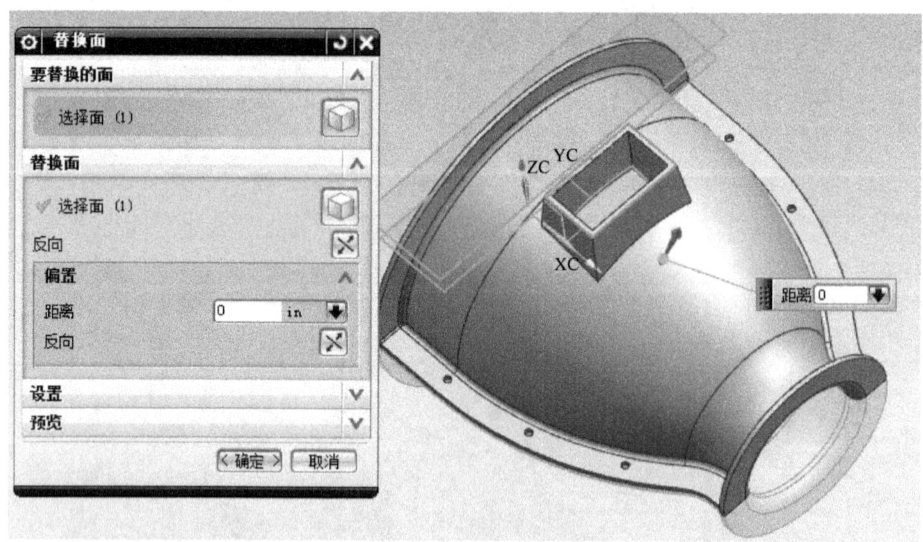

图 3-3-25 替换面的参数

（20）选择【插入】→【设计特征】→【边倒圆】命令，对步骤（19）生成的检查口的内棱倒“0.5”的圆角，再对检查口的外棱倒“1.0”的圆角，最后对检查口与上罩壳的相切曲线倒“0.5”的圆角，如图 3-3-26 所示。

（21）双击装配导航器中的“assm”，将其设为工作部件，然后右击“housing - top”，选择【替换引用集】→【MODEL】，全部保存文件。

（22）选择【文件】→【新建】命令，新建一个模型，单位为“英寸”，如图 3-3-27 所示；文件名称为“impeller. prt”；保存并关闭。

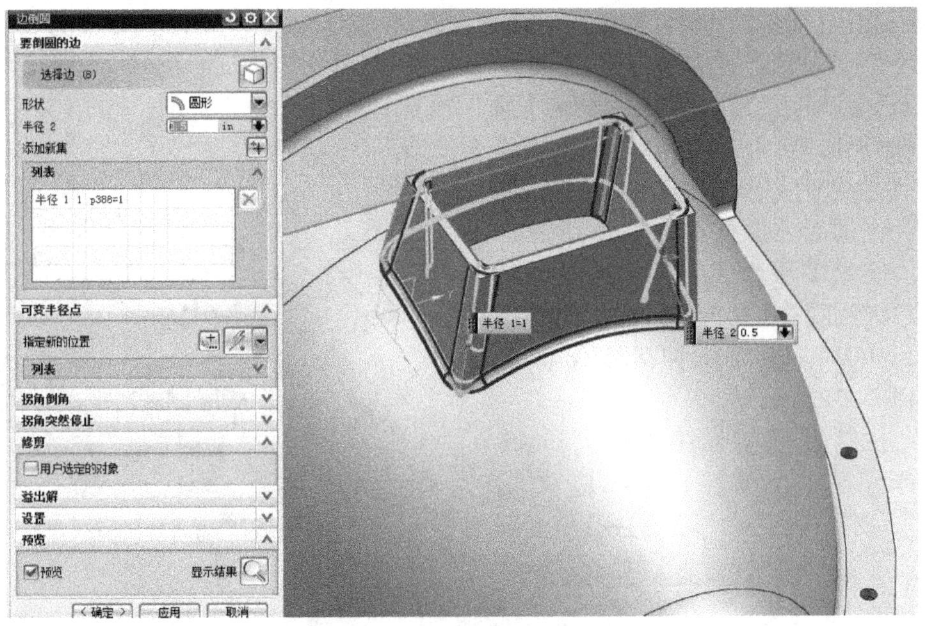

图 3-3-26　边倒圆的参数

图 3-3-27　新建文件

（23）添加“impeller. prt”组件到“assm. prt”装配文件中，然后将“impeller. prt”设置为显示部件。

（24）选择【插入】→【设计特征】→【圆锥】命令；创建矢量为 XC，指定点为（4，0，0），底部直径为“15”，顶部直径为“8”，高度为“16.25”的截头圆锥，如图 3-3-28 所示。

（25）设置 21 层为工作层；选择【插入】→【草图】命令；在 XC－YC 平面创建草图，草图命名为“SKETCH_002”，如图 3-3-29 所示，草图参数如图 3-3-30 所示。

（26）设置 1 层为工作层；选择【插入】→【设计特征】→【拉伸】命令，对草图“SKETCH_002”进行拉伸，拉伸值为“15”，如图 3-3-31 所示。

（27）在装配导航器中右击“impeller”，选择【显示父项】→【assm】，右击“housing”，选择【替换引用集】→【整个部

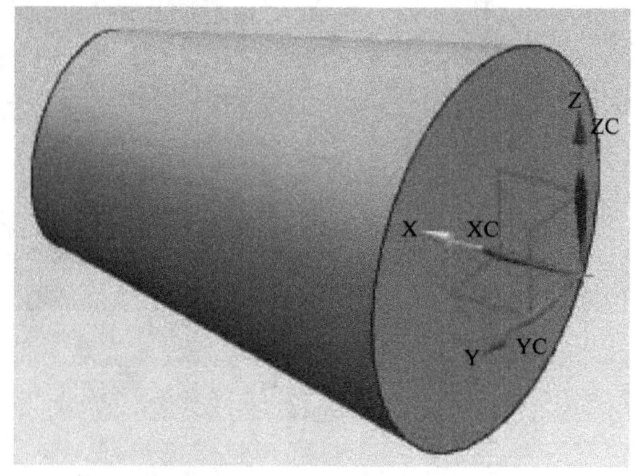

图 3-3-28　截头圆锥的模型

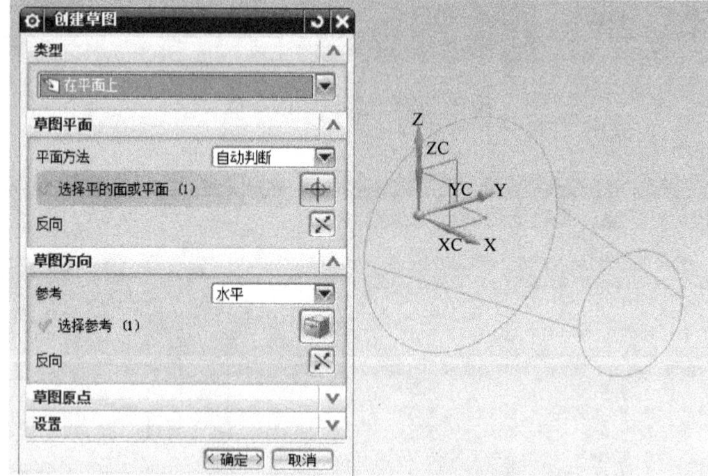

图 3-3-29　草图 SKETCH_002 创建的平面

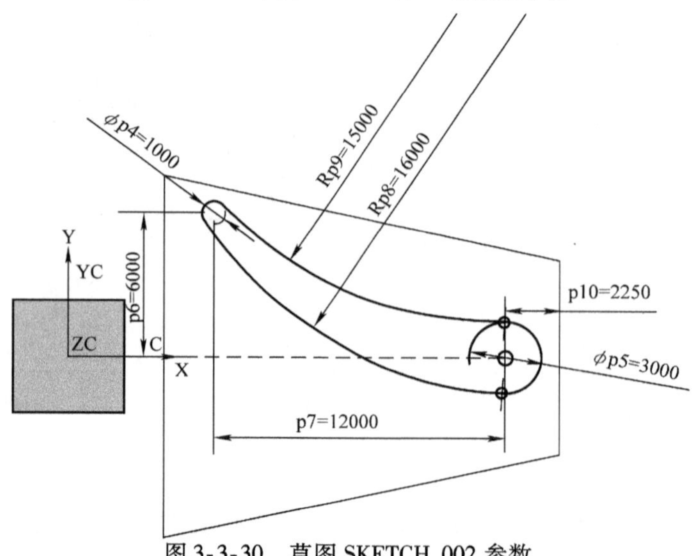

图 3-3-30　草图 SKETCH_002 参数

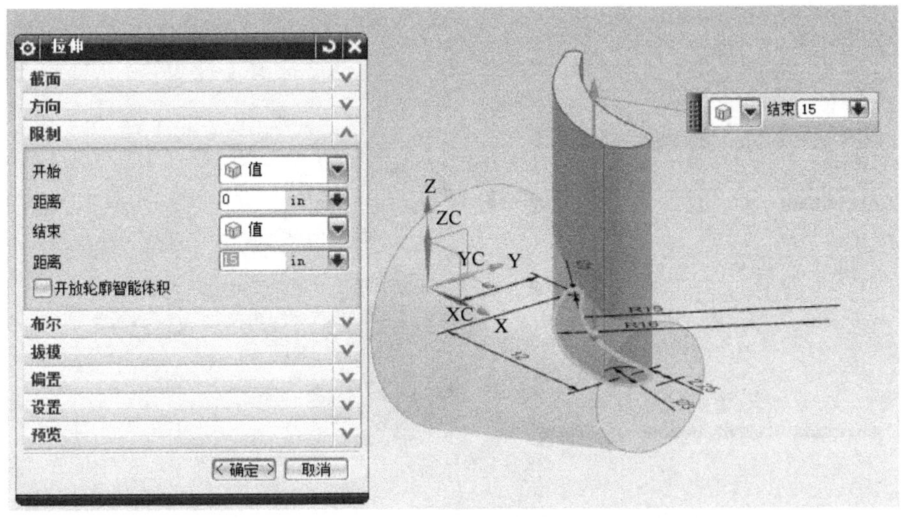

图 3-3-31　拉伸参数

件】，结果如图 3-3-32 所示。

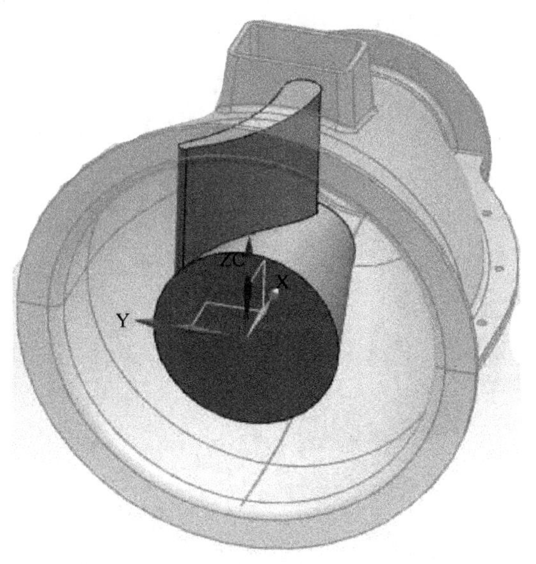

图 3-3-32　模型操作

（28）设置 41 层为工作层；选择“装配”工具条中的【WAVE 几何链接器 】图标；类型选择“复合曲线”，选择“housing”中的草图，如图 3-3-33 所示；单击【确定】按钮。

（29）在装配导航器中右击 impeller，选择【设为显示部件】，结果如图 3-3-34 所示。

（30）设置 11 层为工作层；选择【插入】→【设计特征】→【回转】；选择 41 层中的曲线，旋转轴为 XC 轴，起始角度为“0”，结束角度为“360”，体类型设置为“片体”，如图 3-3-35 所示。

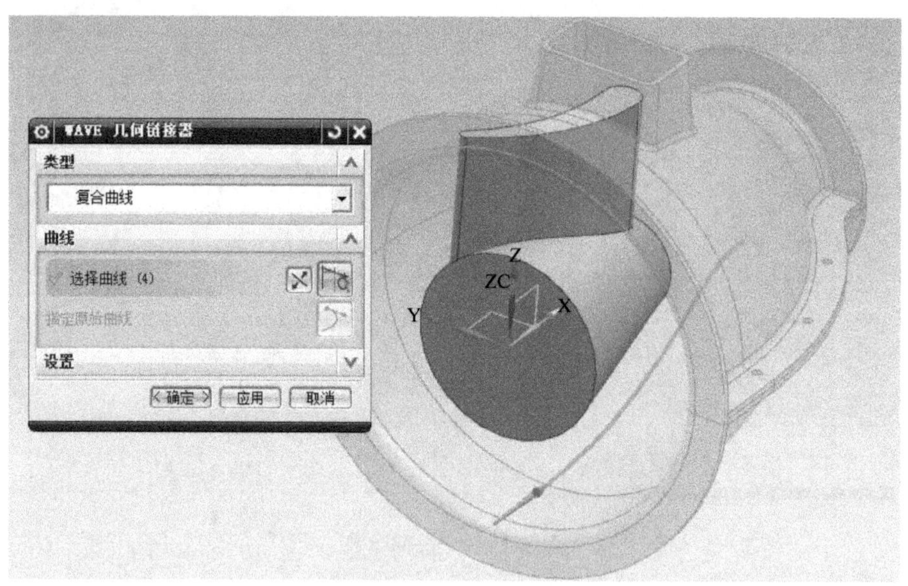

图 3-3-33 链接曲线

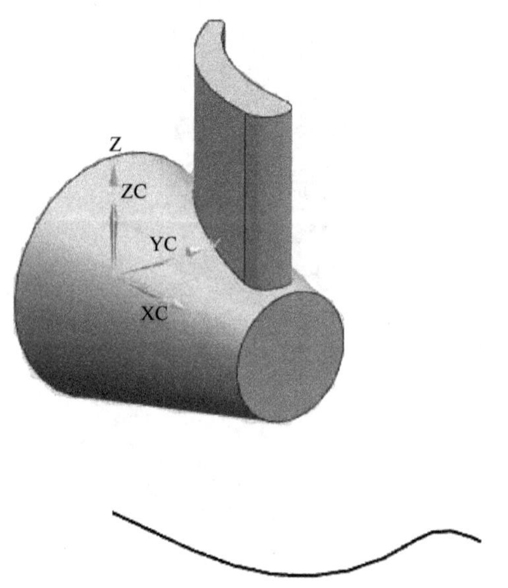

图 3-3-34 设置 impeller 为显示部件

（31）选择【插入】→【偏置/缩放】→【偏置面】命令；偏置距离为“0.375”，如图 3-3-36 所示。

（32）选择【插入】→【修剪】→【修剪体】命令；利用偏置面对模型进行修剪，如图 3-3-37 所示。

（33）设置 1 层为工作层；选择【插入】→【关联复制】→【阵列特征】命令；选择圆形阵列，旋转轴为 XC 轴，数量为“6”，节距角为“60”，如图 3-3-38 所示。阵列结果如图 3-3-39 所示。

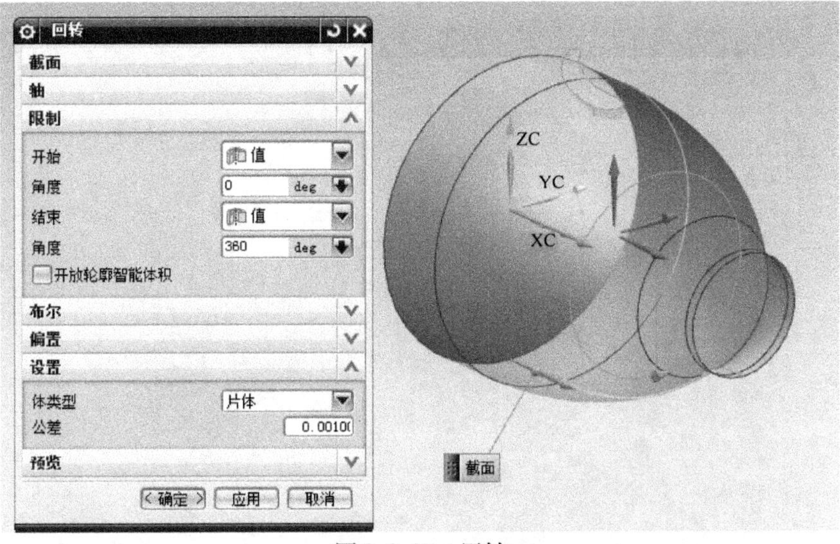

图 3-3-35　回转

图 3-3-36　偏置面

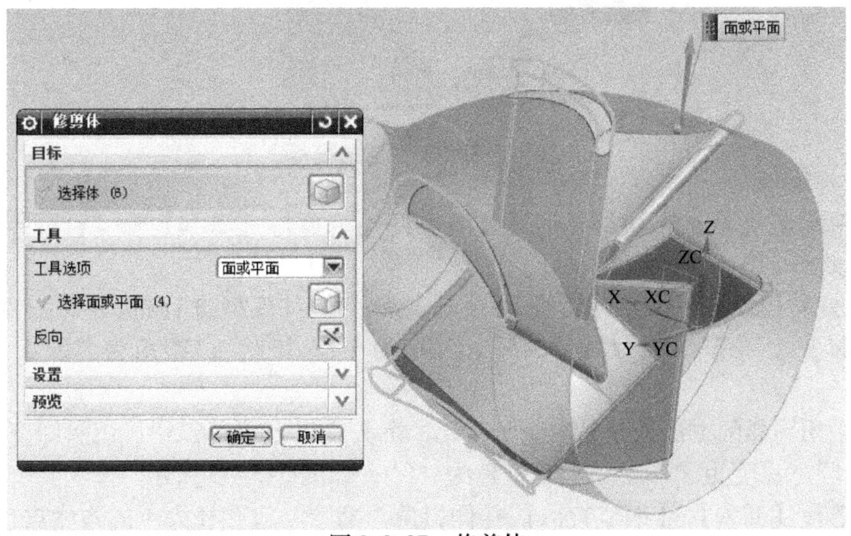

图 3-3-37　修剪体

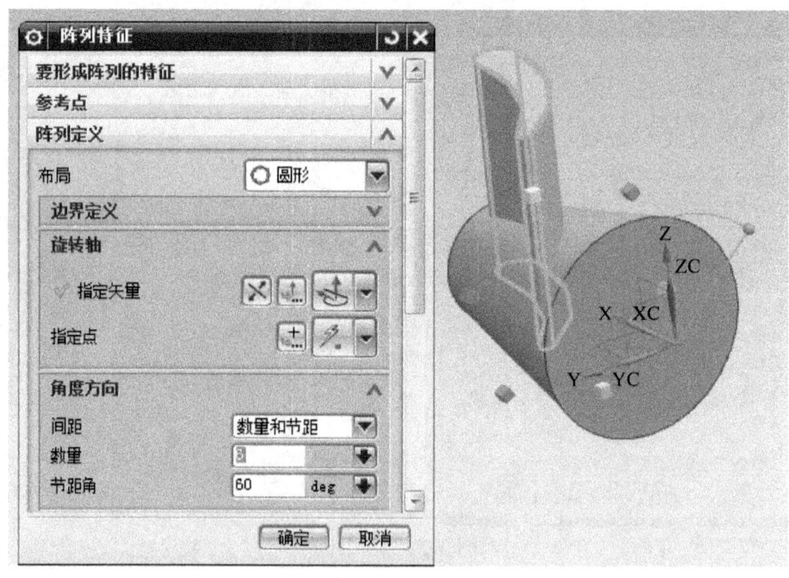

图 3-3-38 阵列的参数模型

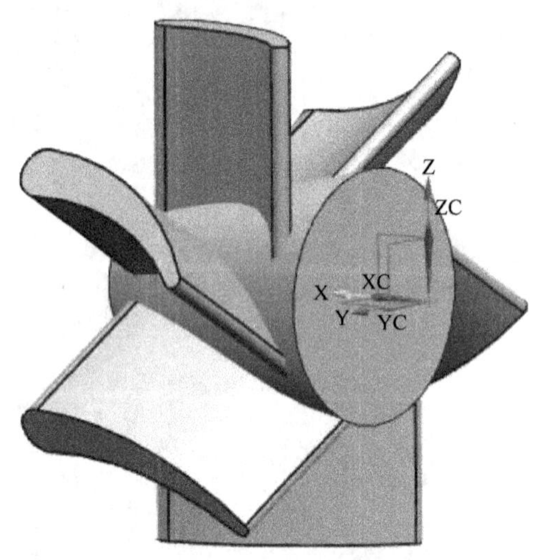

图 3-3-39 阵列后的模型

（34）隐藏 11、21、41 图层；选择【插入】→【组合】→【求和】命令；将阵列的叶片与圆锥求和，如图 3-3-40 所示。

（35）选择【插入】→【设计特征】→【孔】命令，对模型进行打沉头孔；沉头直径为“4”，沉头深度为“12”，直径为“3.5”，深度为“12.15”，顶锥角为“0”，如图 3-3-41 所示。

（36）采用同样的方法创建另一个沉头孔，沉头直径为“1.625”、沉头深度为“1”，直径为“1.031”、深度为“16.25”，顶锥角为“0”，如图 3-3-42 所示。

（37）选择【插入】→【细节特征】→【倒斜角】命令，对孔径为 4 的边缘进行倒“0.75”的斜角，如图 3-3-43 所示。

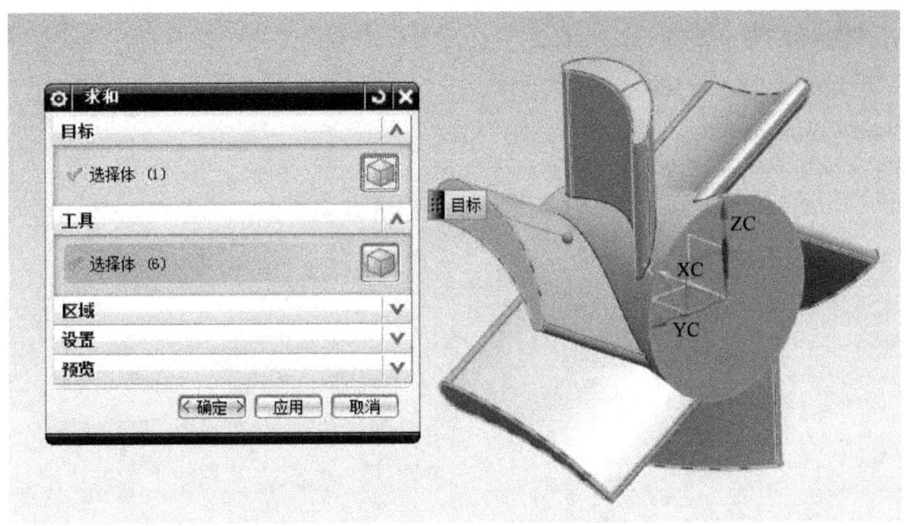

图 3-3-40　求和的参数

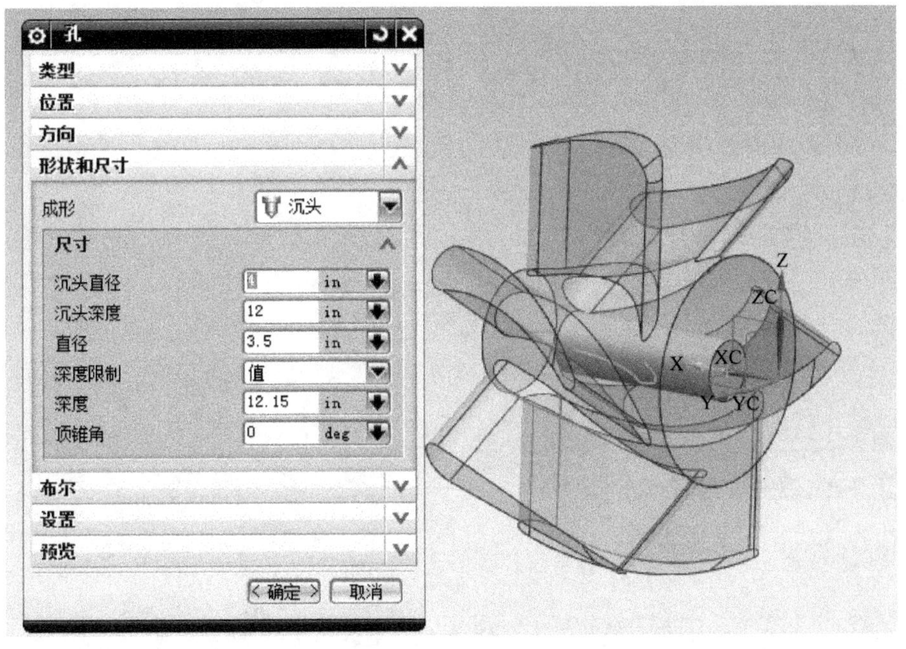

图 3-3-41　沉头孔参数

(38) 选择【插入】→【设计特征】→【腔体】命令，对模型进行腔体的制作；腔体位置与基准距离为“0”，参数如图 3-3-44 所示，结果如图 3-3-45 所示。

(39) 选择【插入】→【细节特征】→【边倒圆】命令，对模型轮廓边界进行倒圆角；半径为“0.5”，倒斜角为“0.25”，如图 3-3-46 与图 3-3-47 所示。

(40) 选择【格式】→【引用集】，创建引用集，名称为“body”；选最终完成的模型实体，然后单击【关闭】按钮，保存文件；再将“assm.prt”文件转为工作部件，将“impeller”替换引用集为“body”，保存文件；结果如图 3-3-48 所示。

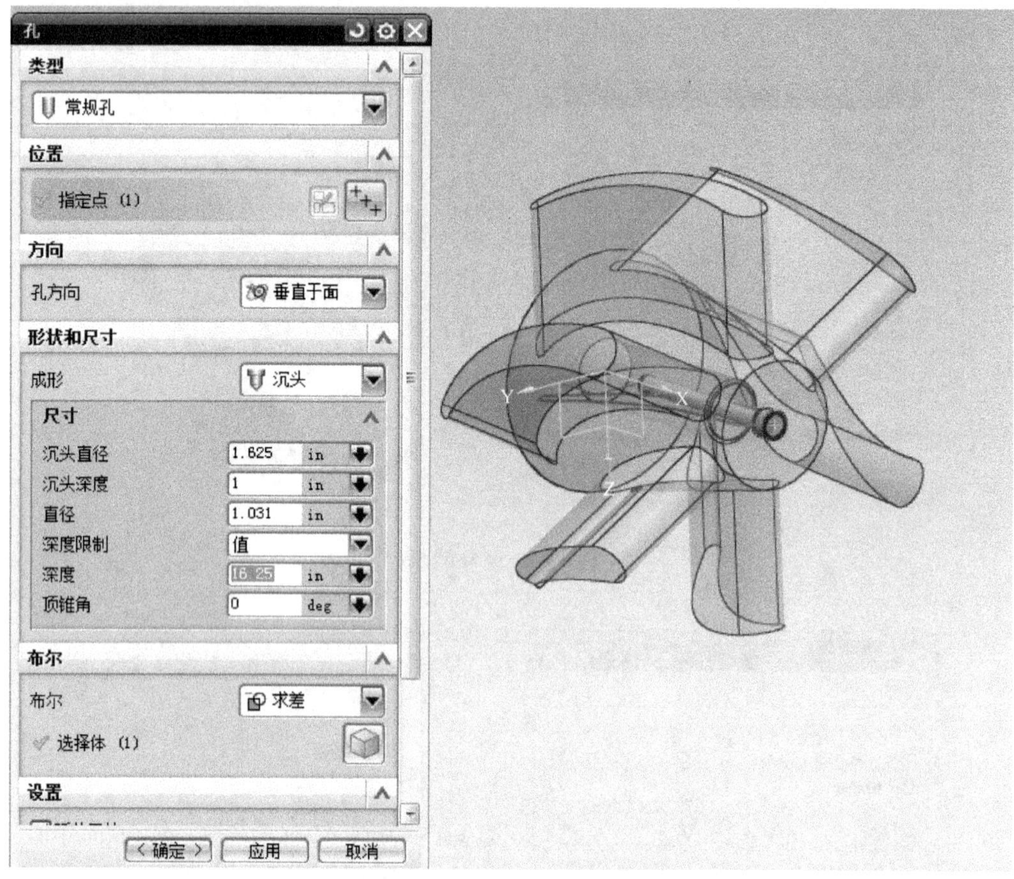

图 3-3-42 沉头孔参数

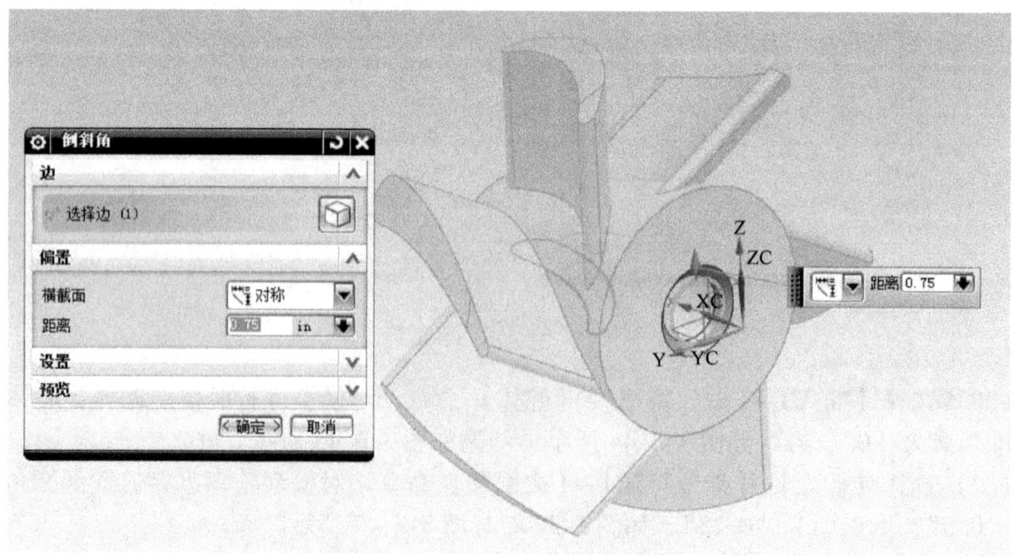

图 3-3-43 倒斜角的参数

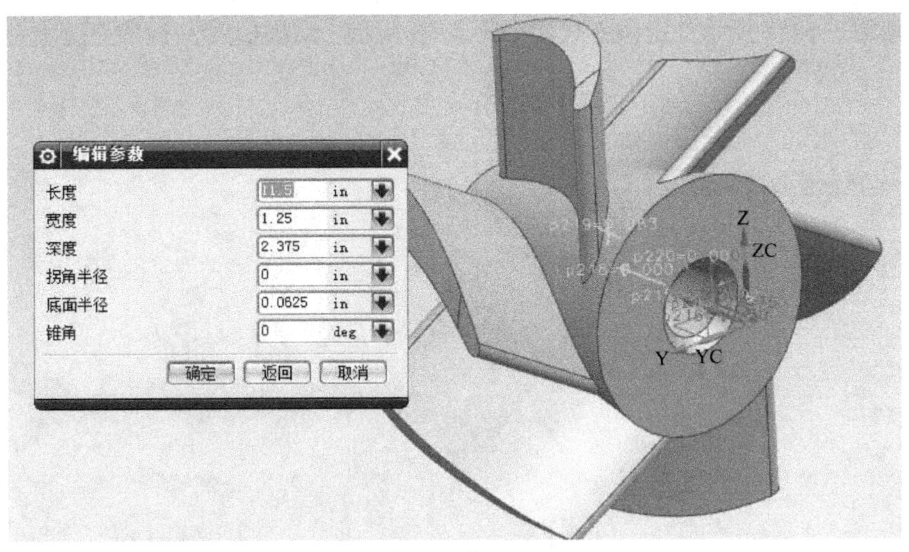

图 3-3-44　腔体的参数

（41）建立三个新模型文件，分别为“shaft - sub. prt”“shaft - impeller. prt”“shaft - lode. prt”，保存并关闭；再建立一个新的装配文件为“shaft - assm. prt”，采用绝对原点方式将“shaft - sub. prt”“shaft - impeller. prt”“shaft - lode. prt”装配到“shaft - assm. prt”，保存并关闭。

图 3-3-45　腔体的模型

（42）打开“assm. prt”文件，采用绝对原点方式装配加入文件“shaft - assm. prt”，结果如图3-3-49所示 。

（43）双击装配导航器中的“shaft - sub”，将“shaft - sub. prt”设置为工作部件；选择【插入】→【设计特征】→【圆柱体】命令，指定矢量为 XC 轴，指定点位于圆锥端面中心，绘制圆柱直径为“4”，高度为“11”，如图 3-3-50 所示。

（44）选择【插入】→【设计特征】→【凸台】，绘制直径为“6”，高度为“2”的凸台，如图 3-3-51 所示；单击【确定】按钮，定位方式采用“点到点”。

（45）采用同样的方法创建直径为“5. 25”，高度为“1”的圆台，结果如图 3-3-52 所示。

（46）设置“shaft - sub”为显示部件；选择【插入】→【细节特征】→【边倒圆】命令，对直径为“4”与直径为“6”之间的轮廓进行倒圆角，半径为“0. 5”，如图 3-3-53 所示；对直径为“4”的圆柱右端面和直径为“6”的圆柱左端面倒“0. 25”的斜角，如图 3-3-54 所示；对直径为“5. 25”的圆柱倒“0. 125”的斜角，如图 3-3-55 所示。

（47）设置 62 层为工作层；选择【插入】→【基准】→基准平面命令；选择 XC - ZC 基

准平面和圆柱面，角度设置为“-90”，如图 3-3-56 所示。

（48）设置 1 层为工作层；选择【插入】→【设计特征】→【腔体】命令；在基准平面创建腔体，如图 3-3-57 所示；定位方式如图 3-3-58 所示，结果如图 3-3-59 所示。

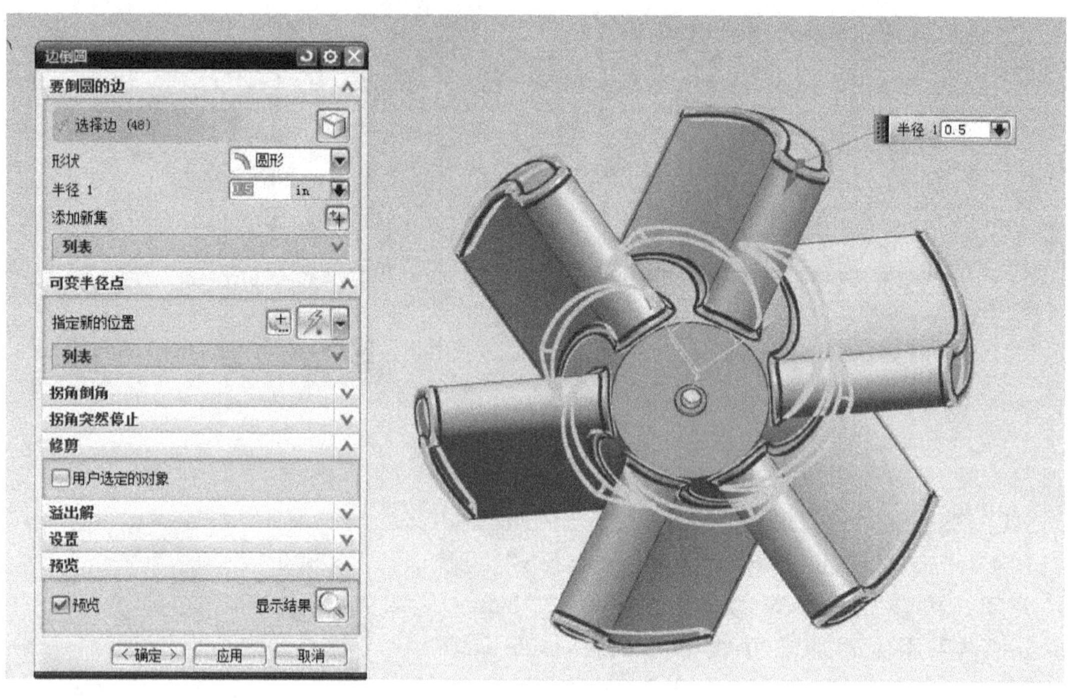

图 3-3-46 边倒圆的参数

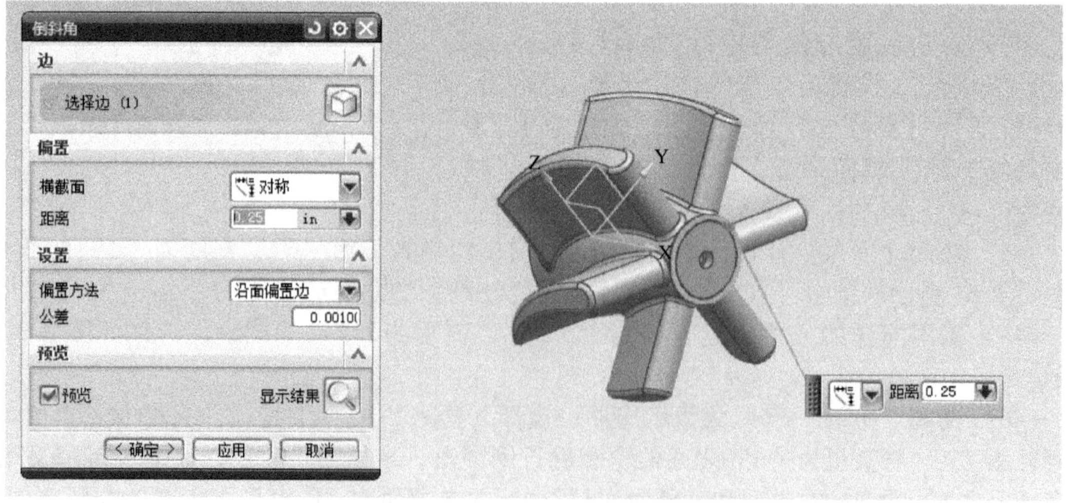

图 3-3-47 倒斜角的参数

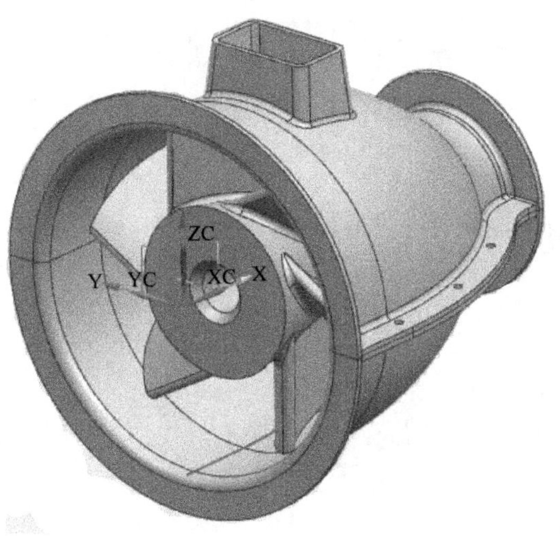

图 3-3-48　结果图

图 3-3-49　装配导航器

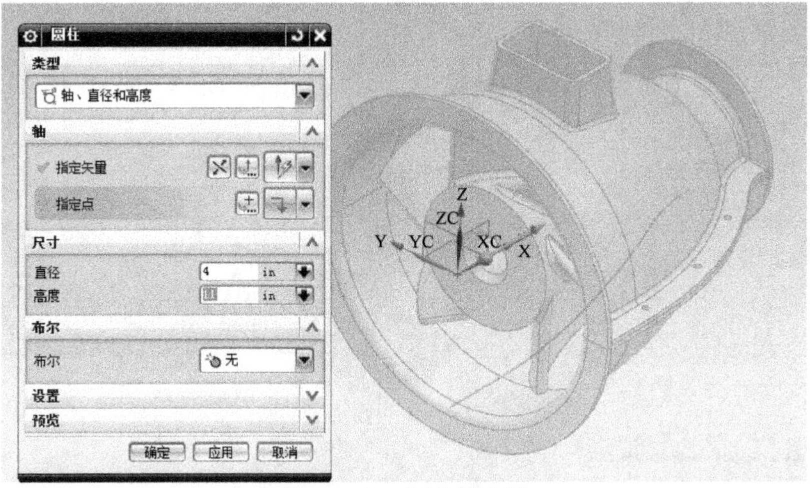

图 3-3-50　圆柱体参数

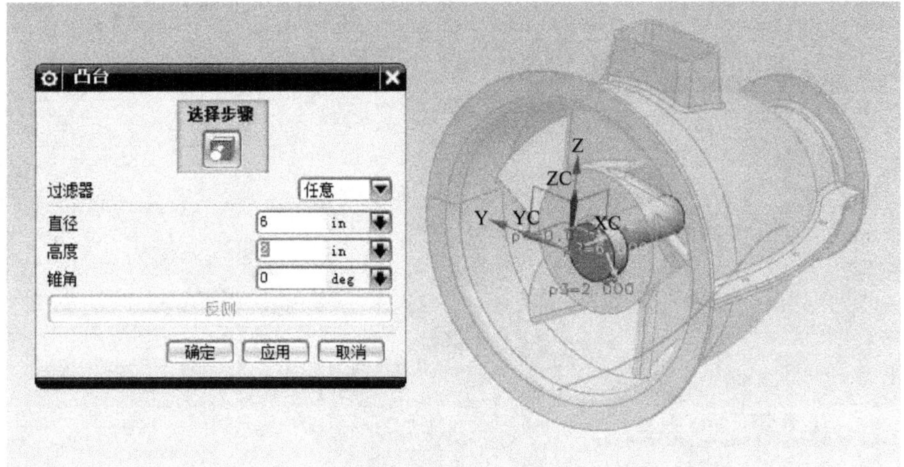

图 3-3-51　凸台参数

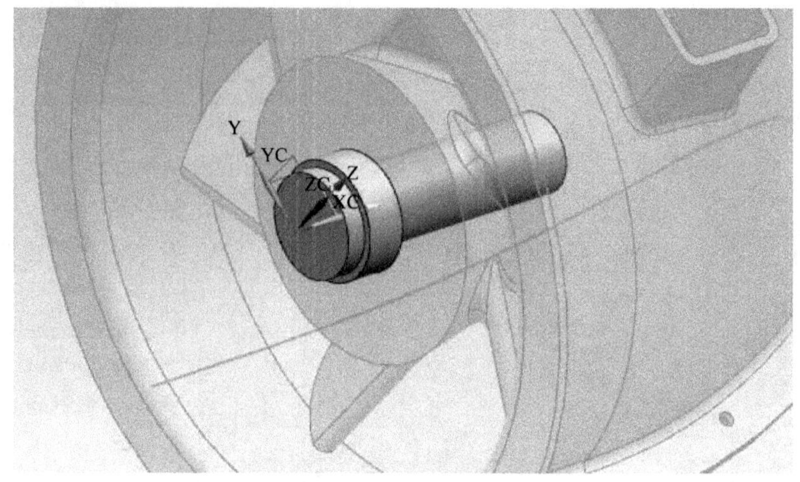

图 3-3-52　创建凸台结果

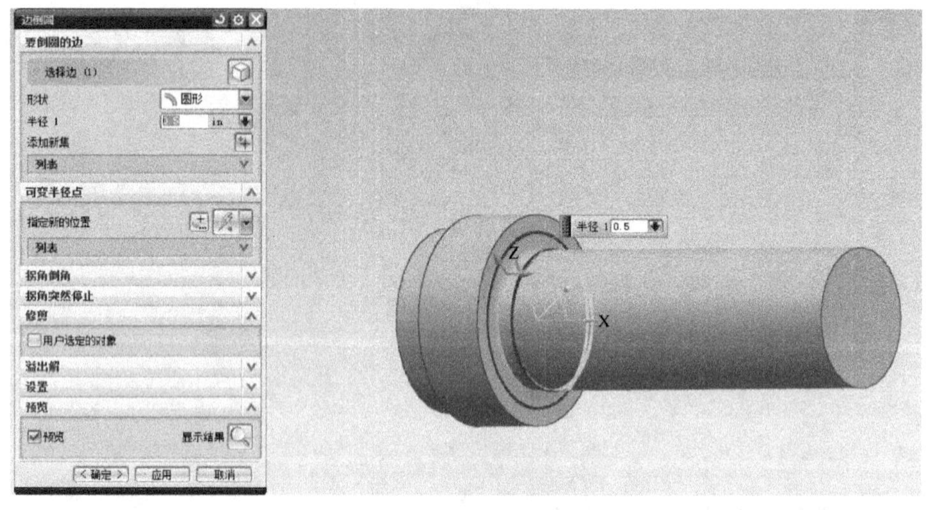

图 3-3-53　边倒圆的参数

图 3-3-54　倒斜角的参数

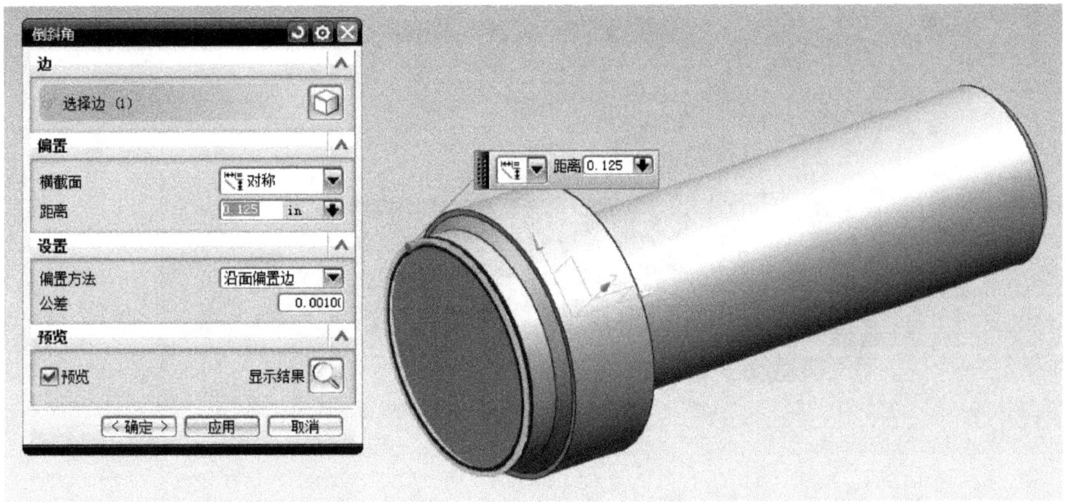

图 3-3-55　倒斜角的参数

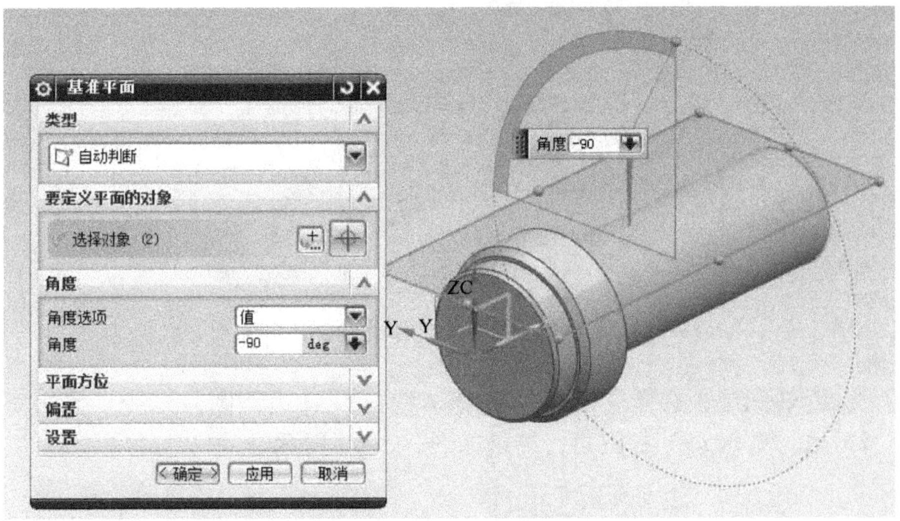

图 3-3-56　创建基准平面

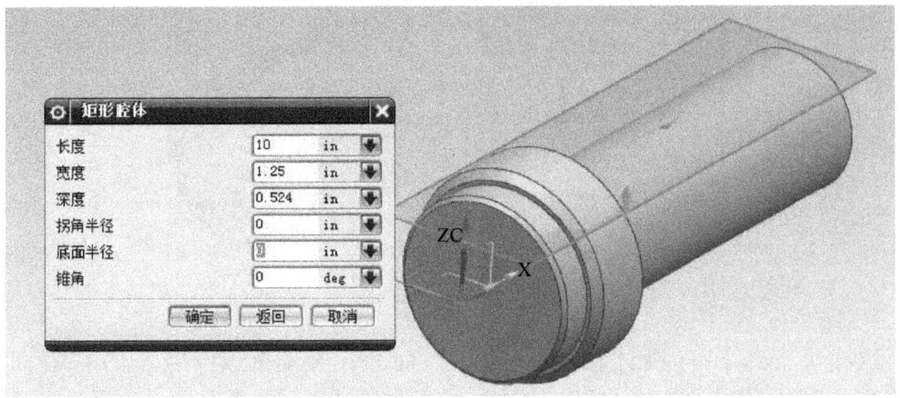

图 3-3-57　创建腔体

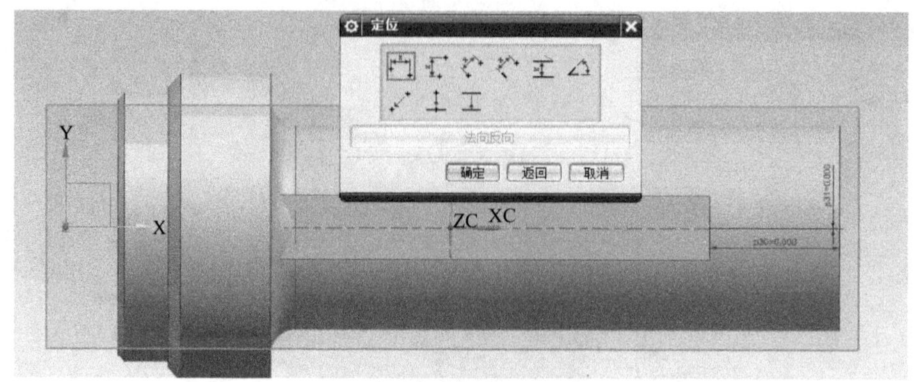

图 3-3-58 定位参数

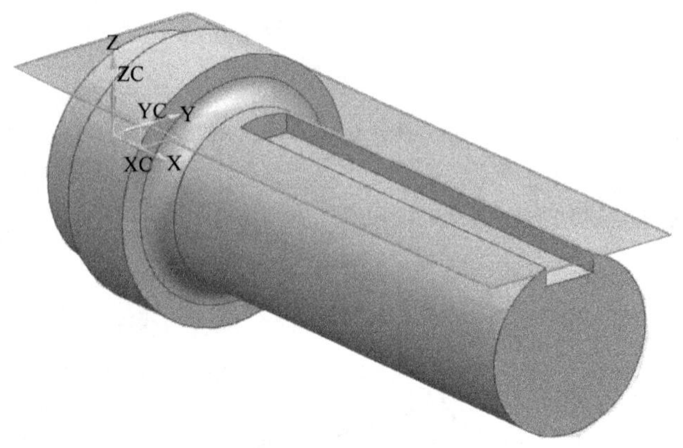

图 3-3-59 腔体模型

（49）隐藏 62 图层；选择【插入】→【细节特征】→【边倒圆】命令；分别对腔体底部倒半径为“2”和“0.0625”的圆角，结果如图 3-3-60 所示。

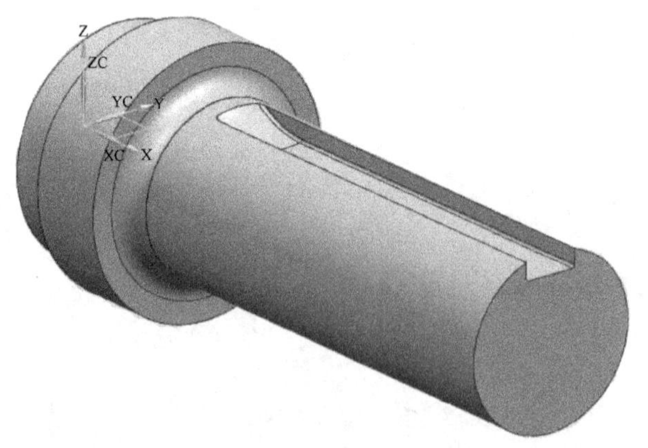

图 3-3-60 边倒圆

（50）选择【插入】→【设计特征】→【孔】命令；在直径为“4”的右端面打直径为“1”、深度为“3”、顶锥角为“118”的孔，结果如图 3-3-61 所示。

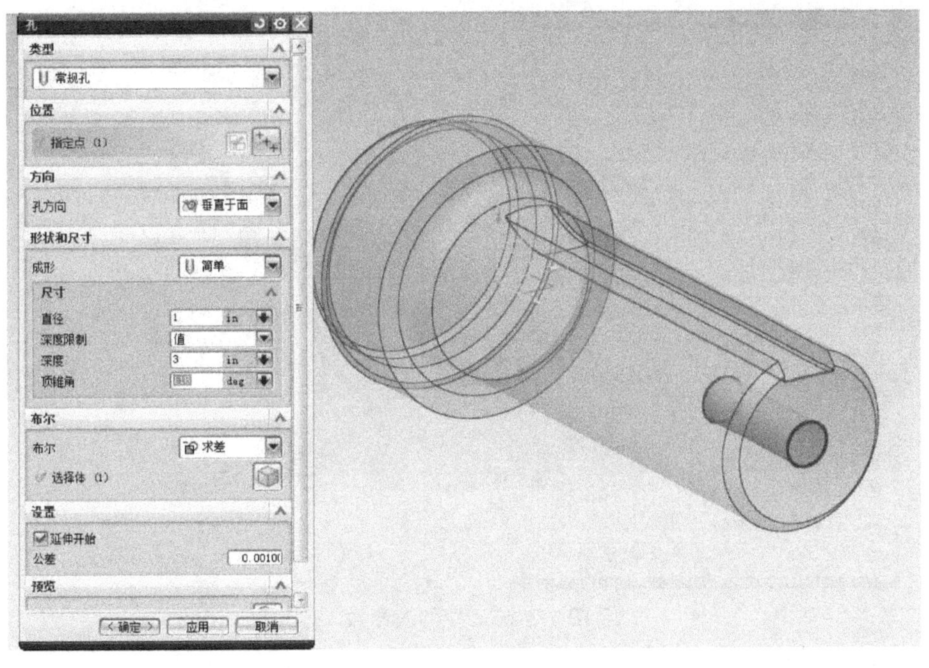

图 3-3-61　孔参数

(51) 在装配导航器中右击“shaft - sub”，选择【显示父项】→【shaft - assm】，将 shaft - sub 替换引用集为“MODEL”；设置“shaft - impeller”为工作部件，设置 41 层为工作层；利用 WAVE 几何链接器中的复合曲线，链接直径为“5.25”的轮廓线，结果如图 3-3-62所示。

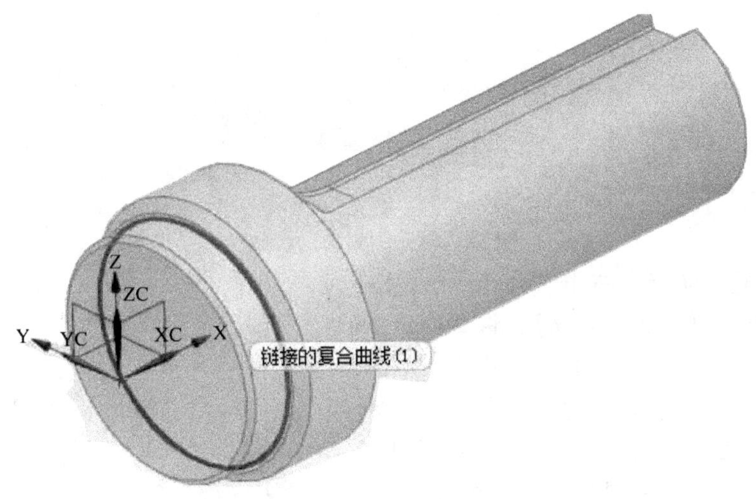

图 3-3-62　链接曲线

(52) 设置 1 层为工作层；选择【插入】→【设计特征】→【拉伸】命令；选取轮廓线进行拉伸；开始为“0”，结束为“36”，偏置中的开始为“0”，结束为“0.375”。设置和结果如图 3-3-63 所示。

(53) 选择【插入】→【细节特征】→【倒斜角】命令，对模型倒“0.25”的斜角。设置

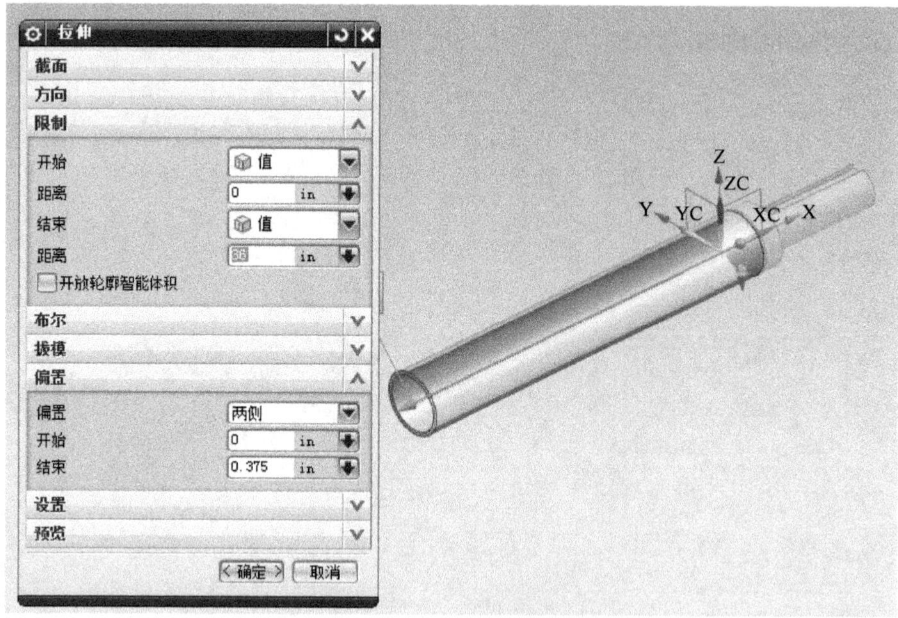

图 3-3-63 拉伸的参数

和结果如图 3-3-64 所示。

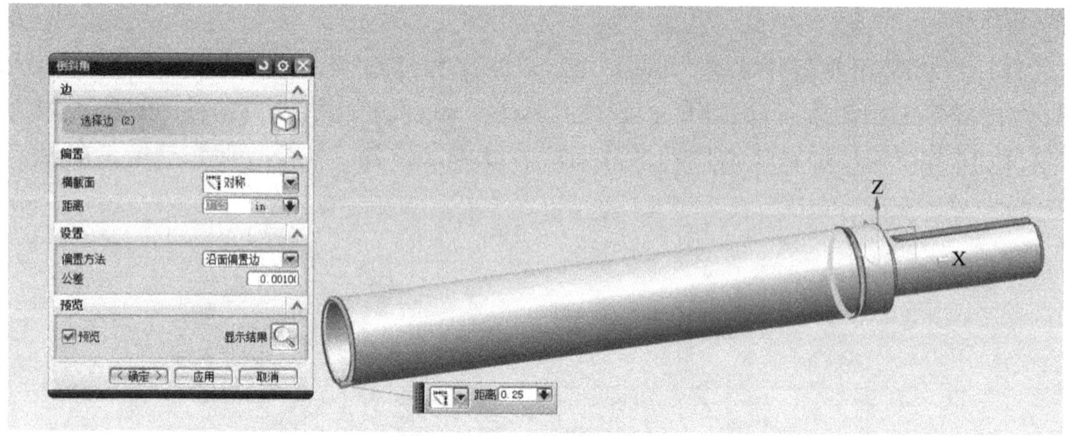

图 3-3-64 倒斜角的参数

（54）在装配导航器中右击“shaft - impeller”，选择【显示父项】→【shaft - assm】，将“shaft - impeller”替换引用集为“MODEL”；设置“shaft - lode”为工作部件，设置 41 层为工作层；利用 WAVE 几何链接器中的复合曲线，链接“shaft - impeller”内孔轮廓线，结果如图 3-3-65 所示。

（55）设置 1 层为工作层；选择【插入】→【设计特征】→【拉伸】命令；选取轮廓线进行拉伸；开始为“ -1”，结束为“8.25”。设置和结果如图 3-3-66 所示。

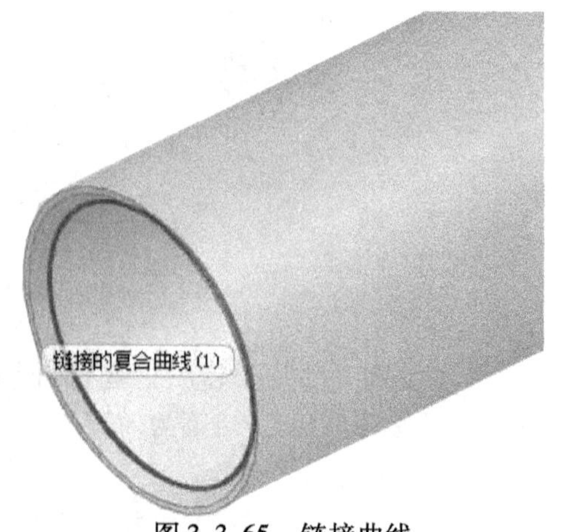

图 3-3-65 链接曲线

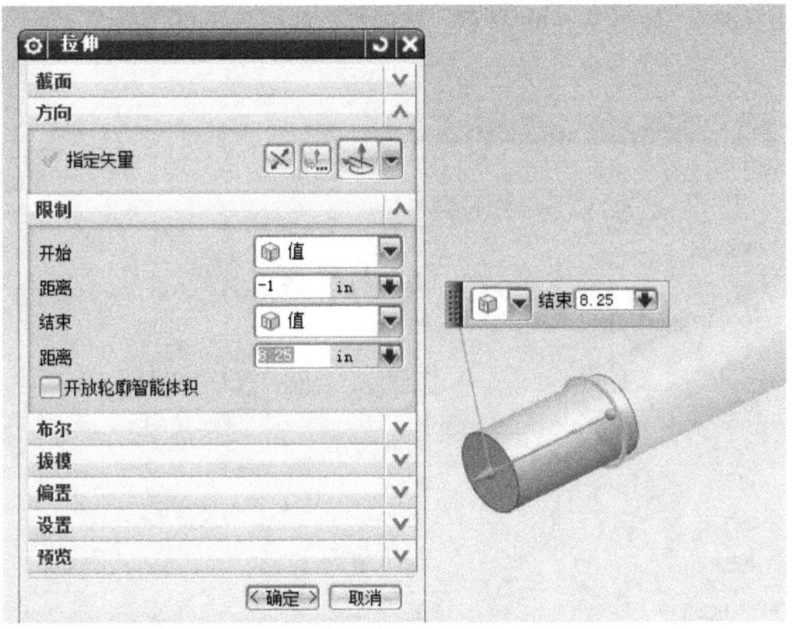

图 3-3-66 拉伸参数

（56）拉伸上一步生成的圆柱体端面曲线；开始为“0”，结束为“8”，偏置中的开始为“0”，结束为“0.375”，布尔操作为“求和”。设置和结果如图 3-3-67 所示。

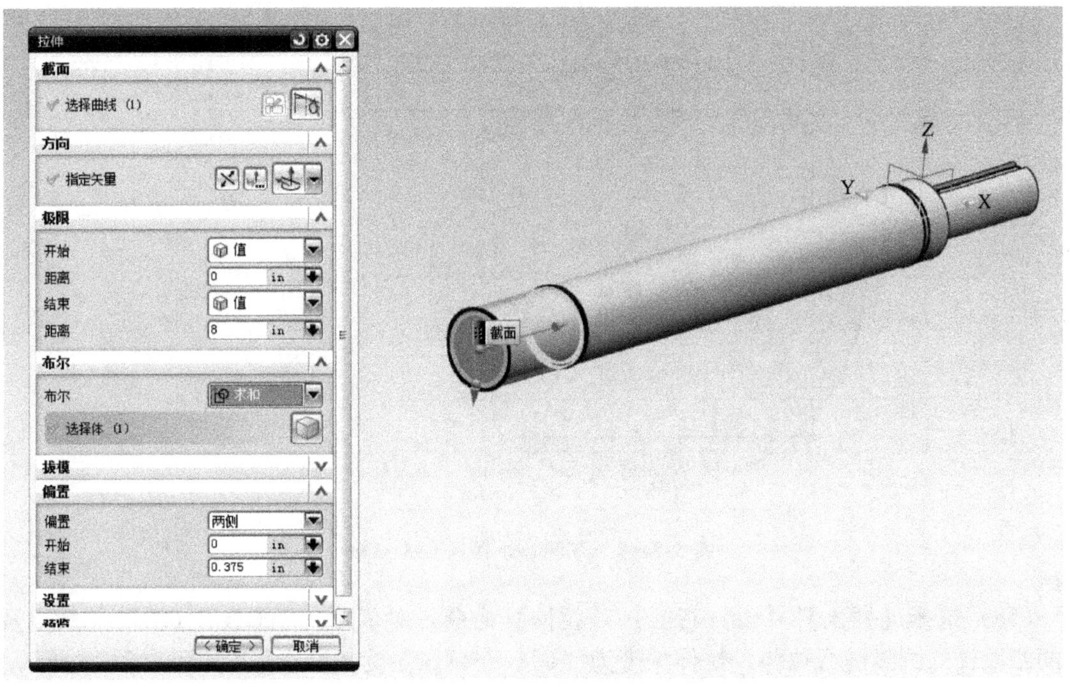

图 3-3-67 拉伸参数

(57) 设置 21 层为工作层；选择【插入】→【草图】命令，在模型侧面绘制草图；草图命名“SKETCH_003”，如图 3-3-68 所示。草图参数如图 3-3-69 所示。

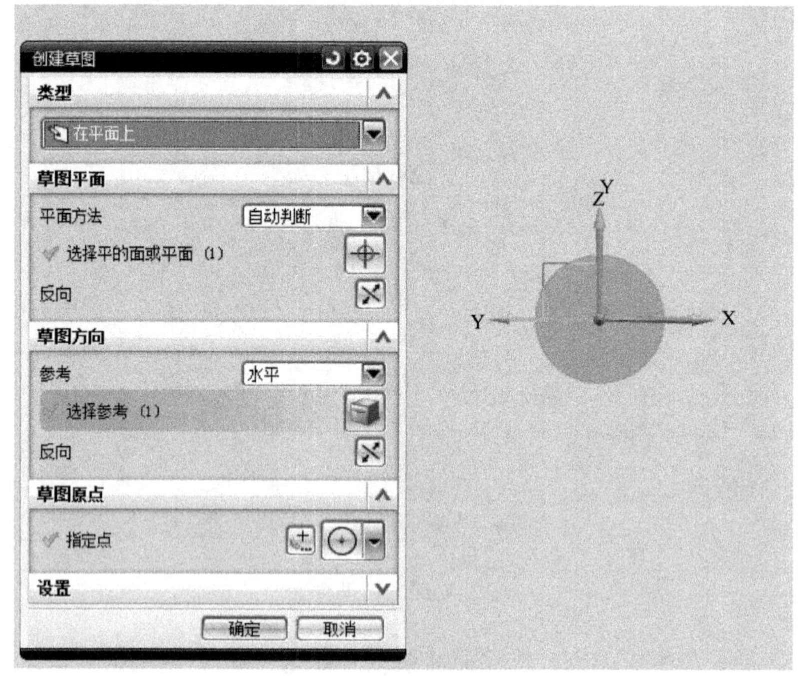

图 3-3-68 草图 SKETCH_003 放置位置

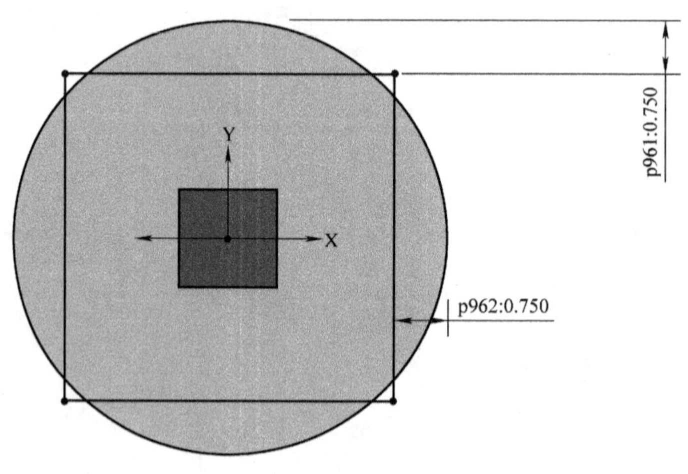

图 3-3-69 草图 SKETCH_003 参数

(58) 选择【插入】→【设计特征】→【拉伸】命令，对草图“SKETCH_003”轮廓以及模型的四段长的圆弧进行拉伸，拉伸深度为“6”，布尔设置为“求差”，如图 3-3-70 所示。

(59) 选择【细节特征】→【边倒圆】命令，进行边倒圆；半径为“0.5”，如图 3-3-71 所示。

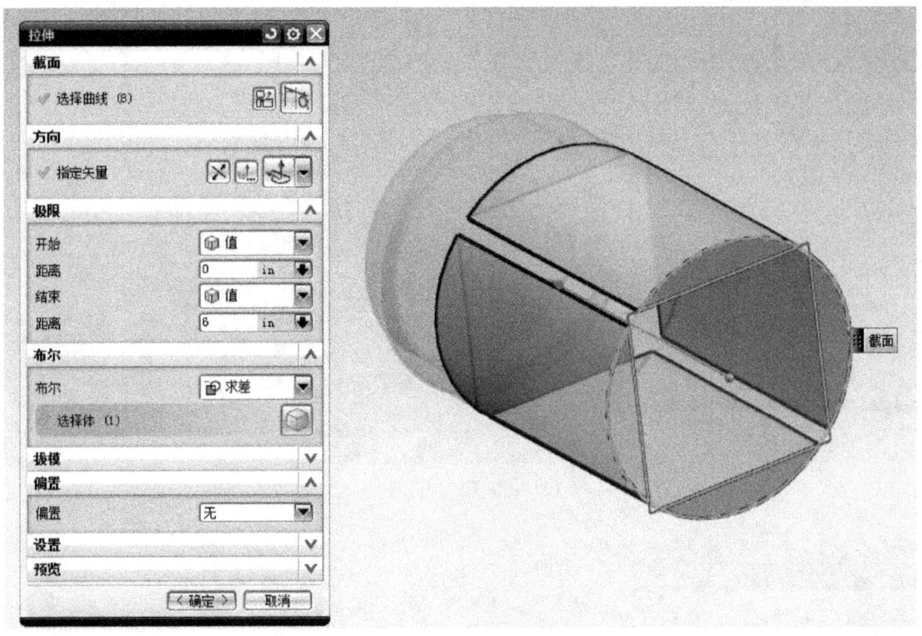

图 3-3-70 拉伸参数

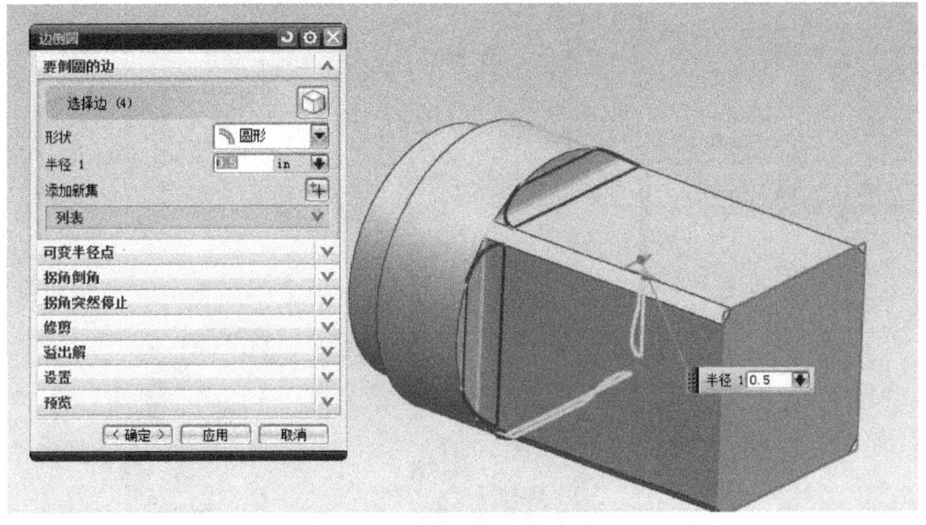

图 3-3-71 边倒圆参数

(60) 选择【插入】→【细节特征】→【倒斜角】命令，对模型进行倒“0.25”和“0.125”的斜角。设置和结果如图 3-3-72 与图 3-3-73 所示。

(61) 在装配导航器中右击“shaft - lode”，选择【显示父项】→【assm】，将“shaft - lode”替换引用集为“MODEL”，设置“assm”为工作部件。结果如图 3-3-74 所示。

图 3-3-72　倒斜角

图 3-3-73　倒斜角

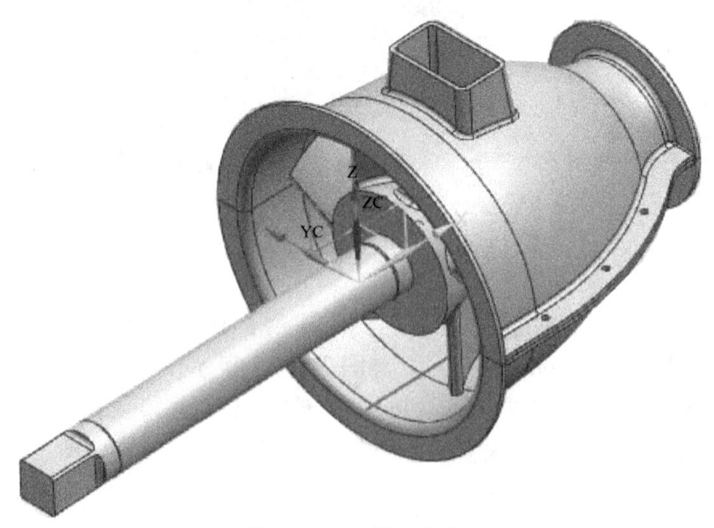

图 3-3-74　模型操作

（62）选择【工具】→【重用库】→【紧固件装配】，系统弹出“紧固件装配”对话框，如图3-3-75所示；勾选“查找共轴孔”，选择需要装配紧固件的孔；单击【确定】按钮，配置紧固件装配如图3-3-76所示；单击【确定】按钮，结果如图3-3-77所示。

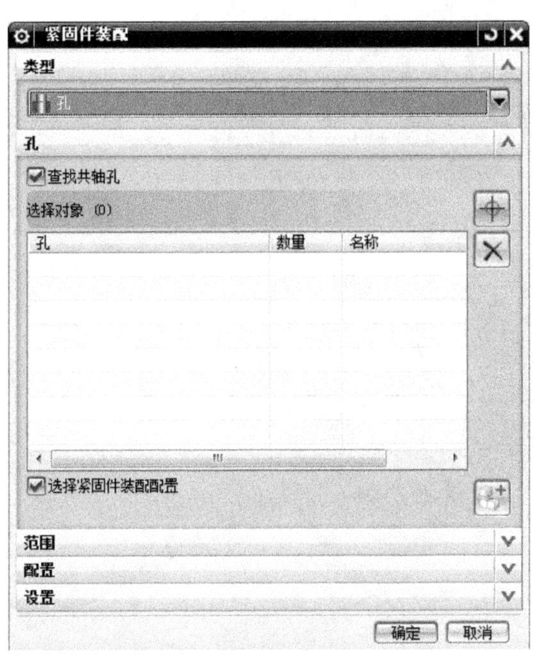

图3-3-75 “紧固件装配”对话框

图3-3-76 配置紧固件装配

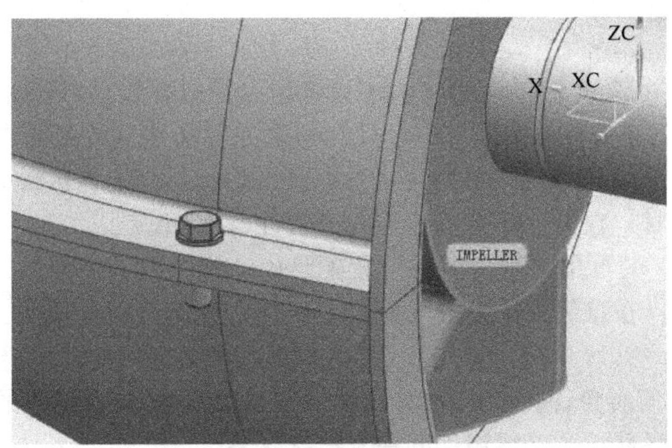

图3-3-77 装配紧固件

（63）选择【装配】→【组件】→【创建组件阵列】；选择紧固件装配为阵列对象；阵列定义为“圆形”，轴定义为“圆柱面”；选择圆柱面如图3-3-78所示；总数设置为“3”，角度设置为“-15”，结果如图3-3-79所示。

（64）选择【装配】→【组件】→【镜像装配】；选择三组紧固件作为镜像对象，选择XC-ZC作为镜像面，结果如图3-3-80所示。

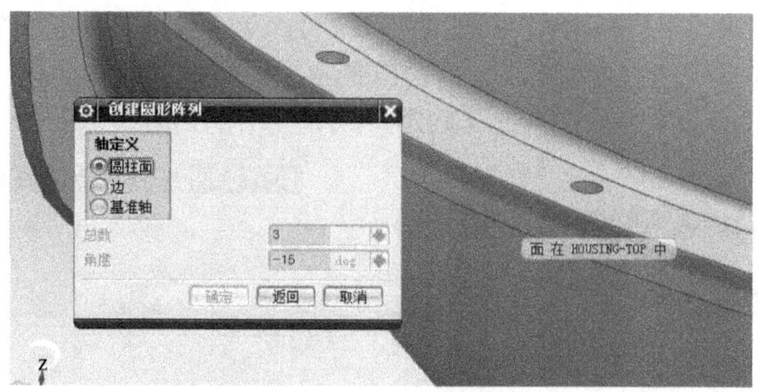

图 3-3-78 选择圆柱面

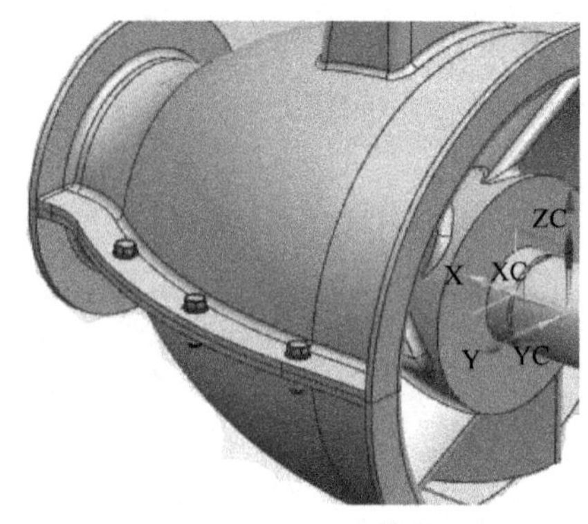

图 3-3-79 阵列结果

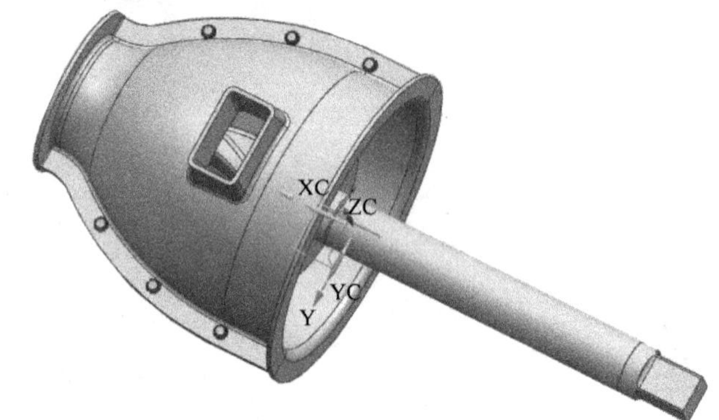

图 3-3-80 镜像装配

专家点拨

（1）“自顶向下”装配（Top－Down Assembly）是指在设计环境中进行装配（working in context）。设计环境是指在一个部件中定义几何对象时引用其他部件的几何对象，如在一个组件中定义孔时需引用其他组件中的几何对象进行定位。当工作部件是尚未设计完的组件而显示部件是装配件时，在设计环境中装配的方法非常有用。

（2）“自顶向下”装配的方法为先建立装配结构，此时没有任何的几何对象；使其中一个组件成为工作部件；在该组件中建立几何对象；依次使其余组件成为工作部件并建立几何对象。

（3）建立关联几何对象。在装配的设计环境中，如果要求装配中的某一组件与装配中的其他组件有几何关联性，则应在组件间建立链接关系。

在组件间建立链接关系的方法是：显示部件为装配件，将工作部件改为欲建立链接关系的组件，再选择装配工具条→WAVE 几何链接器引用显示部件的几何对象到工作部件。

“自顶向下”装配的优点是减少修改设计时的成本。修改引用的几何对象后，链接的几何对象会自动改变，保持设计的一致性。

（4）表达式是 NX 的一个工具。通过算术和条件表达式，用户可以控制部件的特性。表达式是参数化设计的重要工具。

课后训练

采用“自顶向下”的装配理念，设计、装配一个部件，要求如图 3-3-81 所示。

图 3-3-81　部件立体图

模块四　零部件的工程图绘制

制图环境是一个应用模块，通过它可以方便地使用用户界面元素，以便直接从 3D 建模或装配部件中生成符合国家标准的工程图样。还可以从 2D 部件生成图样。图样与模型相关联，图样与装配模型或单个建模零部件保持同步。制图模块提供自动的视图布局（包括基本视图、剖视图、向视图和局部放大图等），可以自动和手动标注尺寸，还可以自动绘制剖面线、标注几何公差和表面粗糙度等。利用装配模块创建的装配信息可以方便地建立装配图，包括快速地建立装配剖视图和轴测分解图等。

学习目标

（1）能利用主模型概念，绘制符合国家标准的工程图样，包括工作界面的设置、各向视图以及各种剖视图的创建和参数设置、视图的编辑、尺寸和几何公差的注释和标注等。

（2）能利用 NX 功能对无参数的图样进行编辑修改及打印输出。

项目 4.1　侧导向块的 NX 工程图绘制案例

教学目标

- 掌握 NX 创建零件工程图的方法。
- 掌握基本视图、投影视图等的创建方法。
- 掌握尺寸标注方法。
- 能完成侧导向块的工程图绘制。

项目导读

本项目采用企业绘制工程图的思路，重点介绍在 NX 制图模块中零件图样的创建方法、零件基本视图和投影视图的创建方法、标题栏的创建方法、常见尺寸和公差的标注方法。读者将学会创建符合企业要求的第三角投影工程视图的方法，并以这种绘制方法为基础，来完成其他产品的工程图的绘制。

任务描述

以设计师的身份进入 NX 制图模块，按照产品图样和客户意图，完成侧导向块工程图的绘制。

工作任务

读懂图样，建立侧导向块三维模型（课前完成）；制定侧导向块第三角投影视图的工程图绘制方案；学习 NX 软件相关功能及操作方法；完成侧导向块的工程图绘制；比较第三角投影视图和第一角投影视图的区别。

一、分析侧导向块的结构特征

侧导向块的工程图样如图 4-1-1 所示。

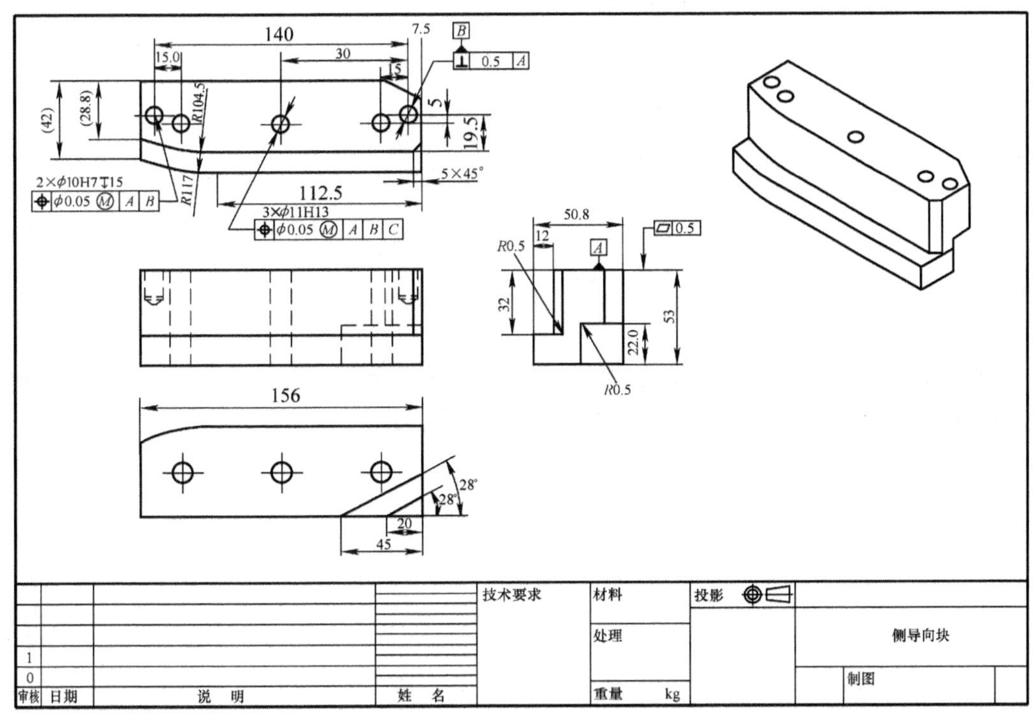

图 4-1-1　侧导向块的工程图样

二、制定侧导向块工程图的绘制方案

（1）创建第三角投影图样。

（2）创建标题栏。

（3）创建第三角基本视图和投影视图。

（4）标注尺寸和公差。

（5）创建技术要求。

（6）填写标题栏。

三、绘制侧导向块工程图

侧导向块工程图的绘制具体操作步骤如下。操作录像见配套视频文件 Video \ 4 _ 1. avi；源文件见 Part \ 4_1. prt。

（1）打开源文件 4_1. prt，选择【开始】→【制图】，系统弹出“图纸页”对话框；大小为“A3 – 297 × 420”，比例为“定制比例”，比例值为“1∶1. 4”，单位为“毫米”，投影选为第三角投影的识别符，如图 4-1-2 所示。

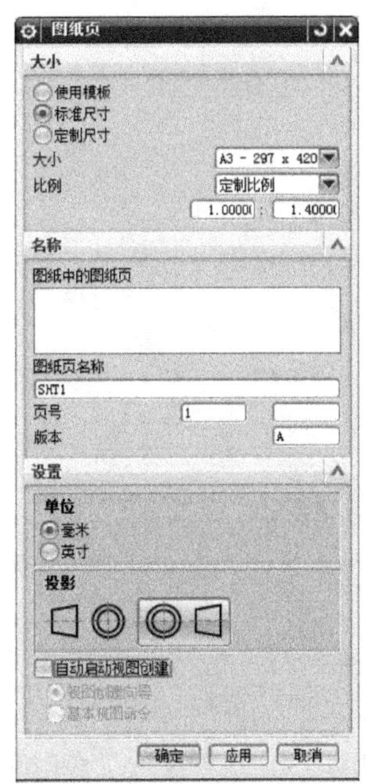

图 4-1-2　“图纸页”对话框

（2）选择菜单栏中【文件】→【导入】→【部件】，系统弹出“导入部件”对话框；如图 4-1-3 所示；默认其参数，单击【确

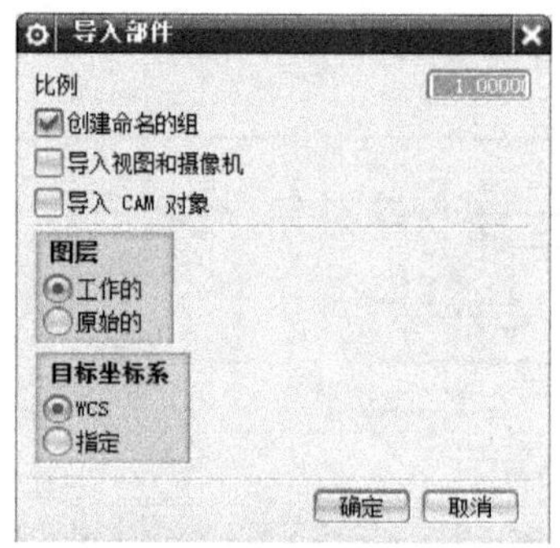

图 4-1-3　“导入部件”对话框

定】按钮，选择“MOBAN－A3. prt”模板文件，点构造器为（0，0，0）点，单击【确定】按钮，结果如图 4-1-4 所示。

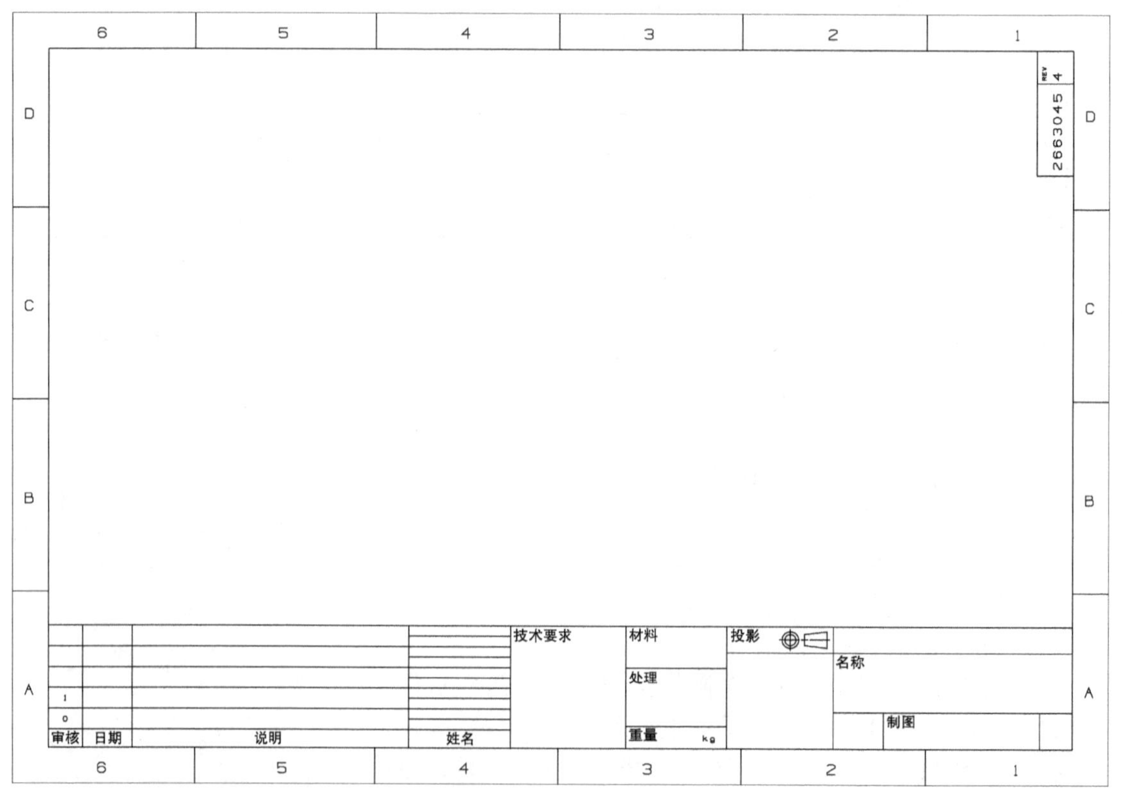

图 4-1-4　导入已建立的模板

（3）选择【插入】→【视图】→【基本】，系统弹出“基本视图”对话框；选择“前视图”[⊖]为中心视图，再分别放置其他的三个投影视图和正等轴测图。设置与操作结果如图

⊖ 按制图国家标准的视图名称，应为“主视图”。

4-1-5 所示。

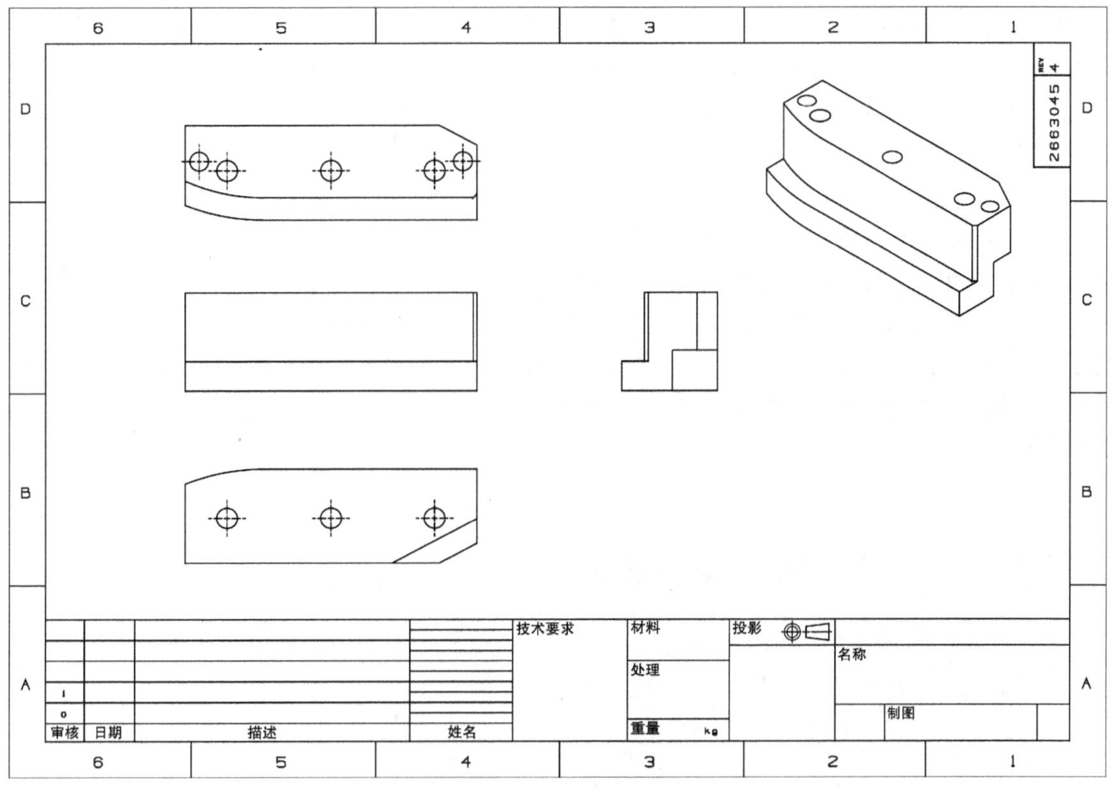

图 4-1-5 添加视图

（4）选择【插入】→【尺寸】→【水平】，对右视图进行水平尺寸标注，操作结果如图 4-1-6 所示。

（5）选择【插入】→【尺寸】→【竖直】，对右视图进行竖直尺寸标注，标注“37”时将左上角的参数设置为图 4-1-7 所示的参数，其中第一个“1”为“公称尺寸”小数点后

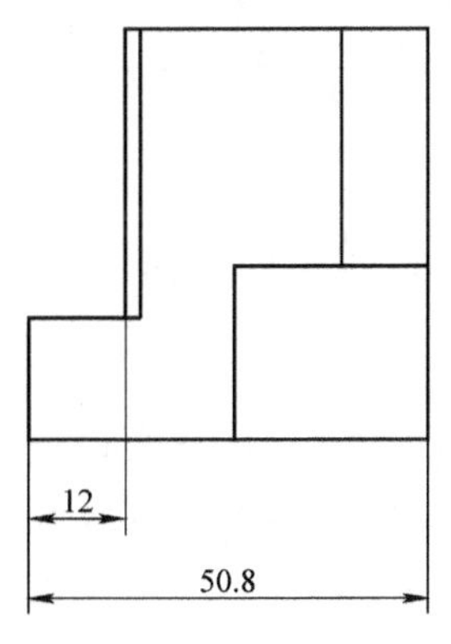

图 4-1-6 标注水平尺寸

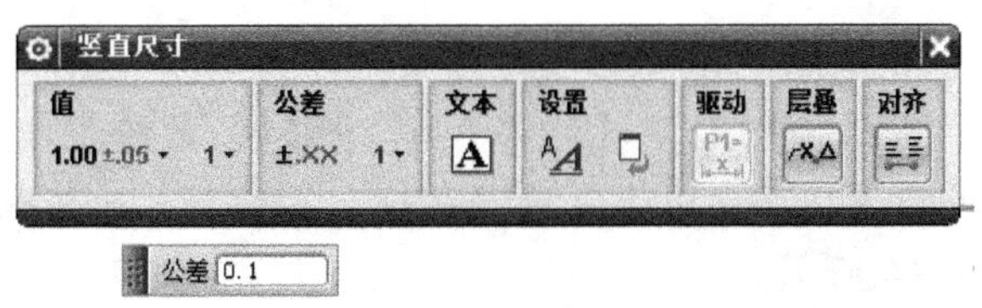

图 4-1-7 参数设置

的位数，1.00±.05 为公差样式，后面的“1”为公差尺寸小数点后的位数，±.XX 为公差值，操作结果如图 4-1-8 所示。

(6) 选择【插入】→【尺寸】→【半径】；选择圆角后，单击按钮，输入“MAX”，如图 4-1-9 所示；单击【确定】按钮，再单击按钮，选择按钮，再单击【确定】按钮，结果如图 4-1-10所示。

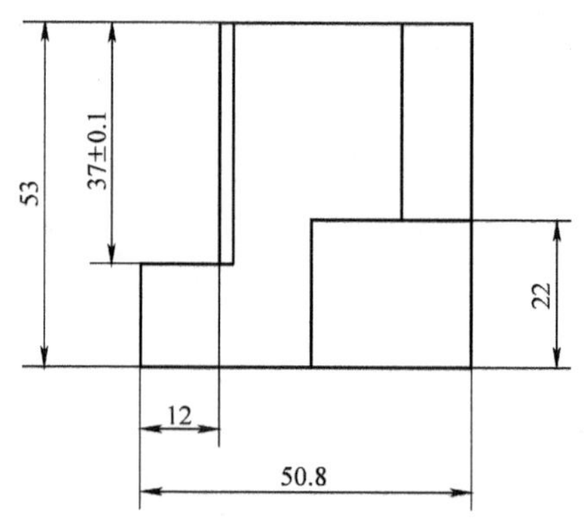

图 4-1-8　标注竖直尺寸

(7) 选择【插入】→【注释】→【特征控制框】，系统弹出“特征控制框”对话框；基准选择“A”，特征选择“平面度”，公差为“0.5”如图 4-1-11 所示；再将其放置在规定的位置，放置时按住鼠标左键将出现指引箭头参数如图 4-1-12 所示。

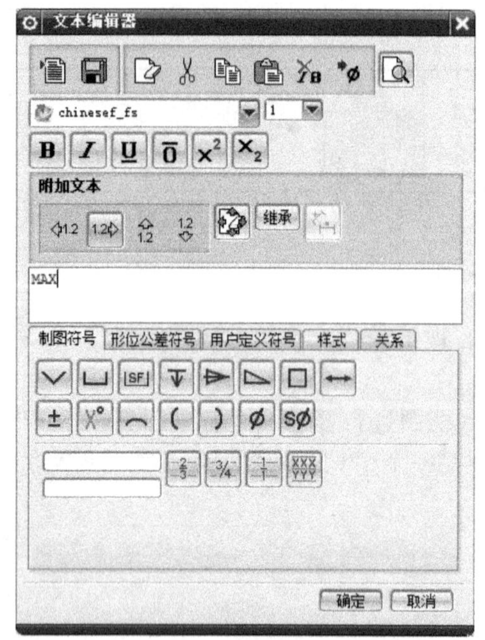

图 4-1-9　“文本编辑器”对话框

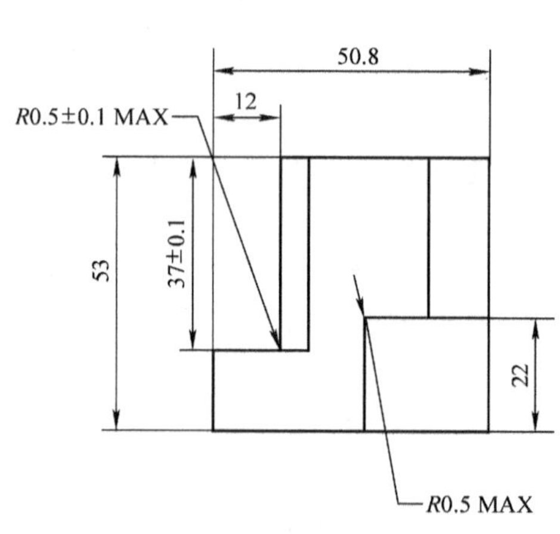

图 4-1-10　标注半径尺寸

(8) 选择【插入】→【注释】→【注释】，系统弹出“注释”对话框，如图 4-1-13 所示；在空白处输入文字，再将其放置在规定的位置，放置时按住鼠标左键将出现指引箭头，结果如图 4-1-14 所示。

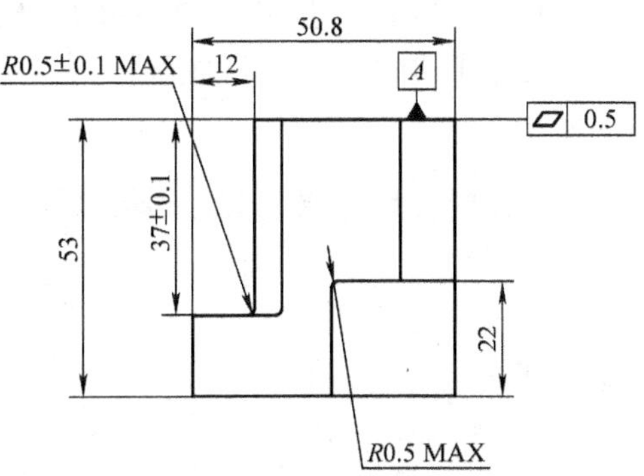

图 4-1-12　标注几何公差

图 4-1-11　“特征控制框”对话框

图 4-1-13　“注释”对话框

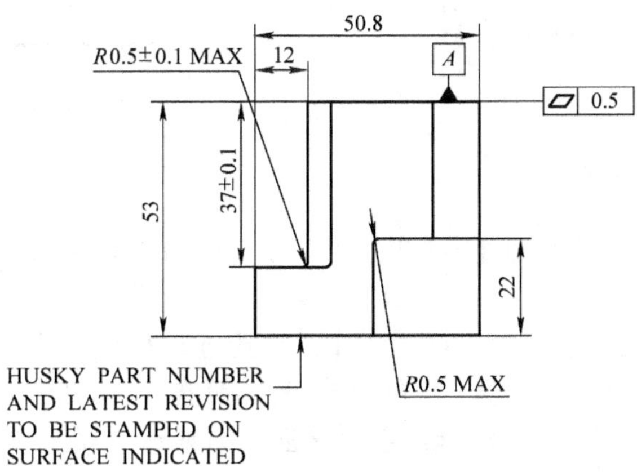

图 4-1-14　编辑文字

（9）选择【插入】→【注释】→【符号】，系统弹出“符号标注”对话框，如图 4-1-15 所示；类型选择“顶角朝上三角形”，文本为“1”；然后放置在指定的位置，最终结果如图 4-1-16 所示。

图 4-1-15 “符号标注”对话框

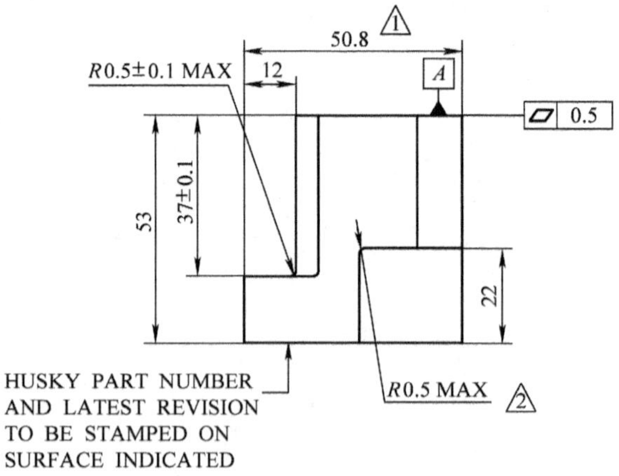

图 4-1-16 符号标注

（10）选择【插入】→【尺寸】→【水平】，对俯视图进行水平尺寸标注，操作结果如图 4-1-17 所示。

（11）选择【插入】→【尺寸】→【竖直】，对俯视图进行竖直尺寸标注，结果如图 4-1-18 所示。

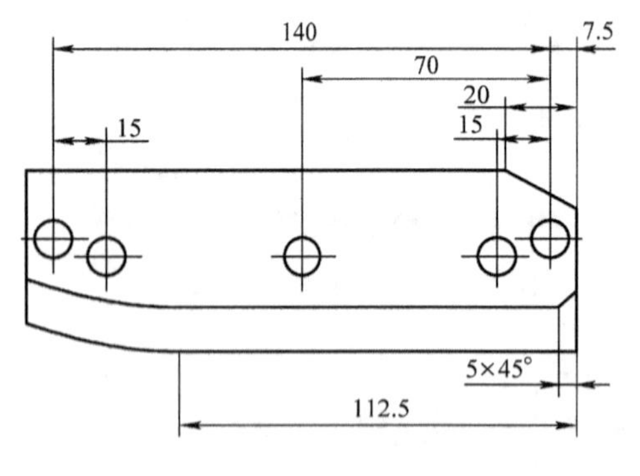

图 4-1-17 标注水平尺寸

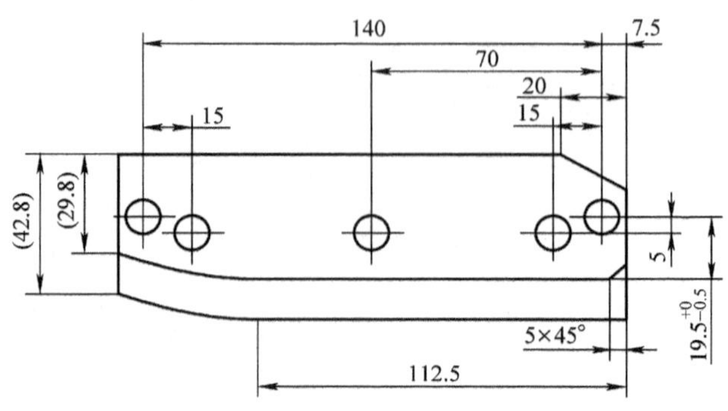

图 4-1-18 标注竖直尺寸

（12）选择【插入】→【尺寸】→【半径】，对俯视图进行半径标注，结果如图 4-1-19 所示。

（13）选择【插入】→【尺寸】→【直径】，对孔进行标注；选择孔后单击按钮，再选择按钮，在文本中输入“2X”，再单击按钮在文本中输入“H7▽15”，再单击按钮，设置其中的参数，单击【确定】按钮，选择适当的位置放置，结果如图 4-1-20 所示。

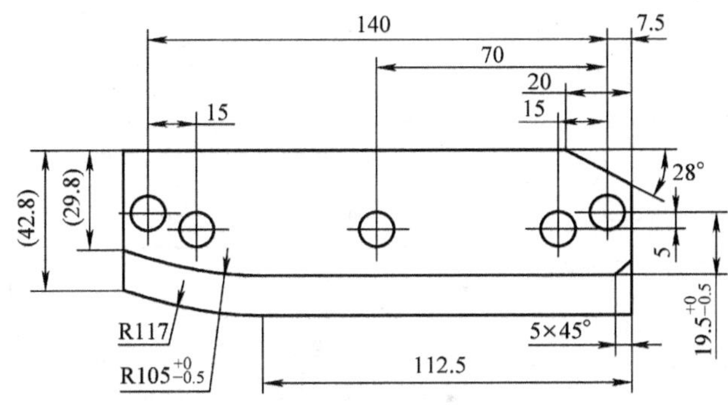

图 4-1-19　标注半径尺寸

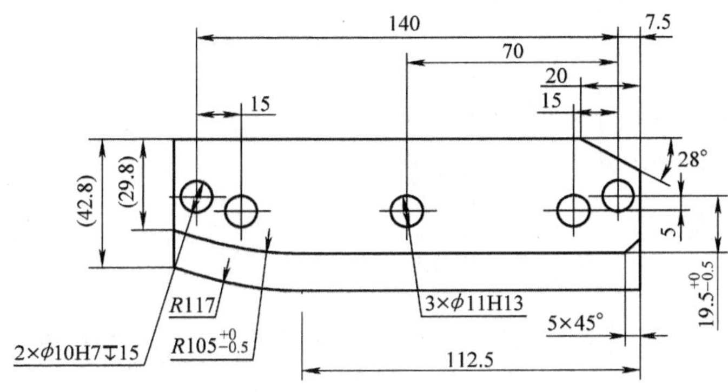

图 4-1-20　标注直径

（14）选择【插入】→【注释】→【特征控制框】，对图形进行几何公差标注，结果如图 4-1-21 所示。

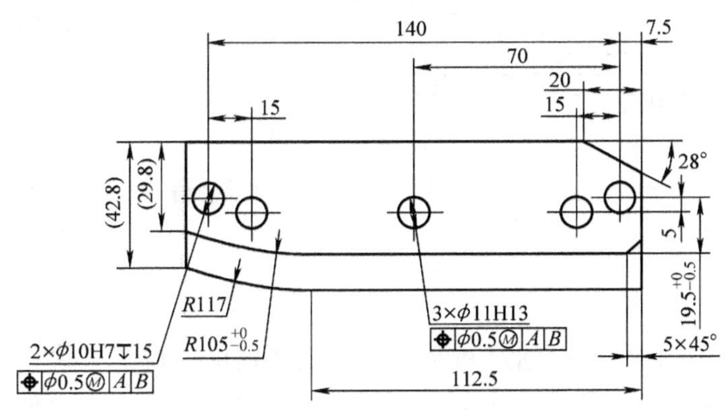

图 4-1-21　标注几何公差

（15）完成版本号标注如图 4-1-22 所示。

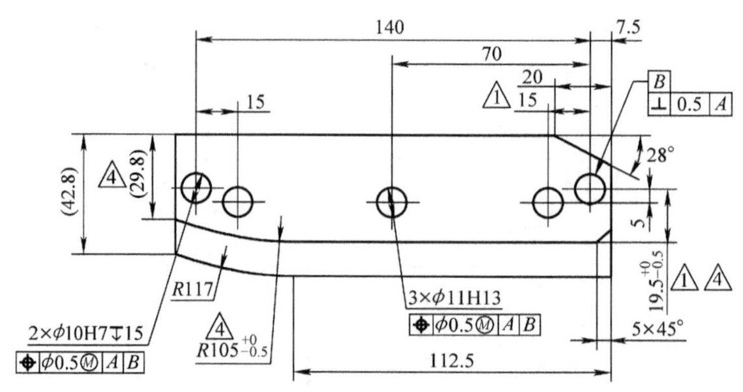

图 4-1-22　标注结果

（16）完成侧导向块的工程图绘制，绘制结果如图 4-1-23 所示。

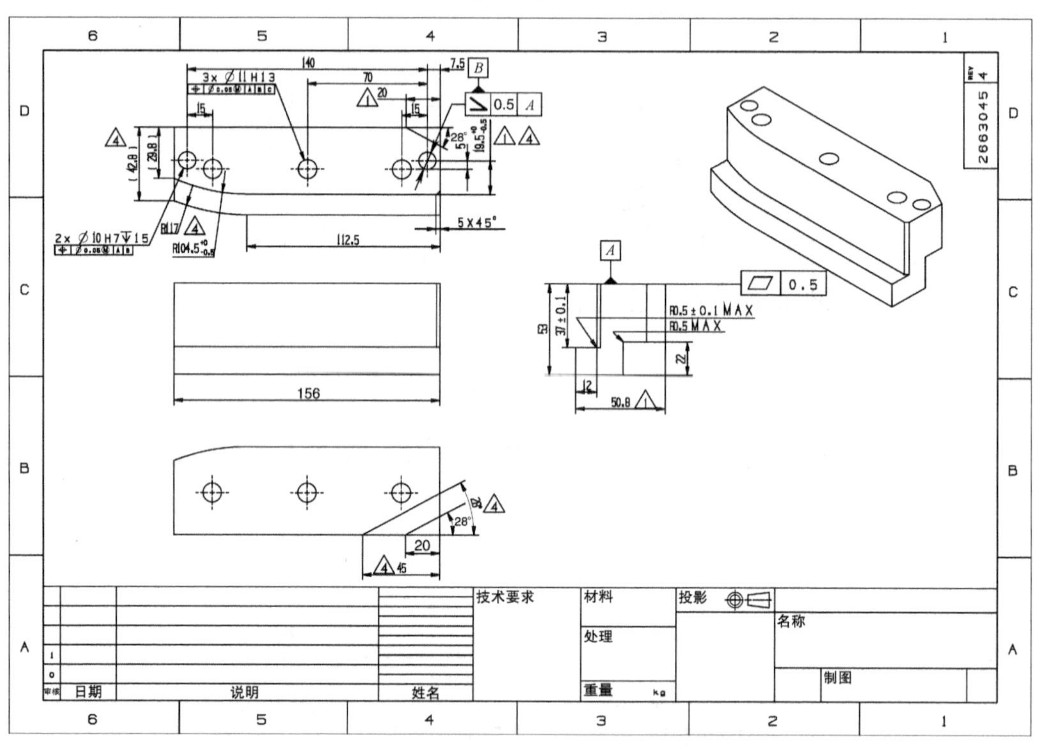

图 4-1-23　侧导向块工程图的绘制结果

专家点拨

（1）“制图”应用模块可以创建并保留根据在“建模”应用模块中生成的模型而制作的各种图样。在“制图”应用模块中创建的图样与模型完全关联。对模型所做的任何更改都会在图样中自动反映出来。借助此关联性，可以根据需要对模型进行多次更改。除了强有力的关联性功能外，“制图”应用模块还包含许多其他有用功能，包括：

1）直观的、简单易用的图形用户界面。这使设计人员可以快速方便地创建图样。

2）“在图纸上”工作的画图板模式。此方法类似于制图人员在画图板上工作的方式，此方法可极大地提高工作效率。

3）支持新的装配体系结构和并行工程。这允许制图人员在设计人员对模型进行处理的同时制作图样。

4）具有对自动隐藏线渲染和剖面线创建完全关联的横截面视图的功能。

5）自动正交视图对齐，可以快速地将视图放置到图纸上，而不必考虑其是否对齐。

6）图纸视图的自动隐藏线渲染。

7）图形窗口中编辑大多数制图对象（例如尺寸、符号等）的功能，可以创建制图对象并立即对其进行更改。

8）制图期间屏幕上的反馈可减少返工和编辑工作。

9）用于对图样进行更新的用户控件提高了设计人员的工作效率。

（2）制图过程包括创建图样；图样预设置；添加图框和标题栏；添加视图和视图编辑；制图参数预设置；创建实用符号；尺寸标注；文本注释的标注；几何公差符号；表面粗糙度符号；标识 ID 符号等。

（3）通过视图所提供的功能，还可以：

1）创建许多不同的视图类型。

2）在放置视图前预览视图。

3）修改独立视图的透视。

4）在预览窗口中定向视图。

5）创建定位到基准面或面的视图。

6）通过工具栏、鼠标键和“部件导航器”访问视图创建选项等。

（4）投影视图。选择基本视图，添加投影视图；单击图标，为刚生成的基本视图建立正交投影视图。

1）基本视图与建模时的坐标有关，从 Y 方向看的视图是 front（主）视图，从 X 方向看的视图是 right（右）视图，从 Z 方向看的视图是 top（俯）视图。

2）自定义视图：在建模模式下，将零件置于某个视角，然后保存这个视图。

选择菜单命令【视图】→【操作】→【另存为】，弹出“保存工作视图”对话框；在对话框中输入视图名“VIEW－1”，如图 4-1-24 所示；单击【确定】按钮，自定义视图保存为 VIEW－1。

图 4-1-24　“保存工作视图”对话框

在 NX 工程图中该视图可作为基本视图引入，再选择投影视图。

（5）第三角投影视图与第一角投影视图比较。第三角投影和第一角投影的 6 个基本视图的名称和配置：将两组图形进行比较，可以看出主视图的形状和位置完全相同；后视图的形状相同，而位置不同；其余 4 个视图的配置正好互相调换，即第三角投影的右视图的位置是第一角投影的左视图的位置，第三角投影的左视图的位置是第一角投影的右视图的位置，第三角投影的俯视图的位置是第一角投影的仰视图的位置，第三角投影的仰视图的位置是第一角投影的俯视图的位置。另外，在方位关系上，第一角投影俯视图的下方和左视图的右方都表示物体的前面，反之为后面；第三角投影俯视图的下方和右视图的左方均表示物体的前面，反之为后面。在投影规律上都遵循“长对正、宽相等、高平齐”的基本规律，如图 4-1-25 和图 4-1-26 所示。

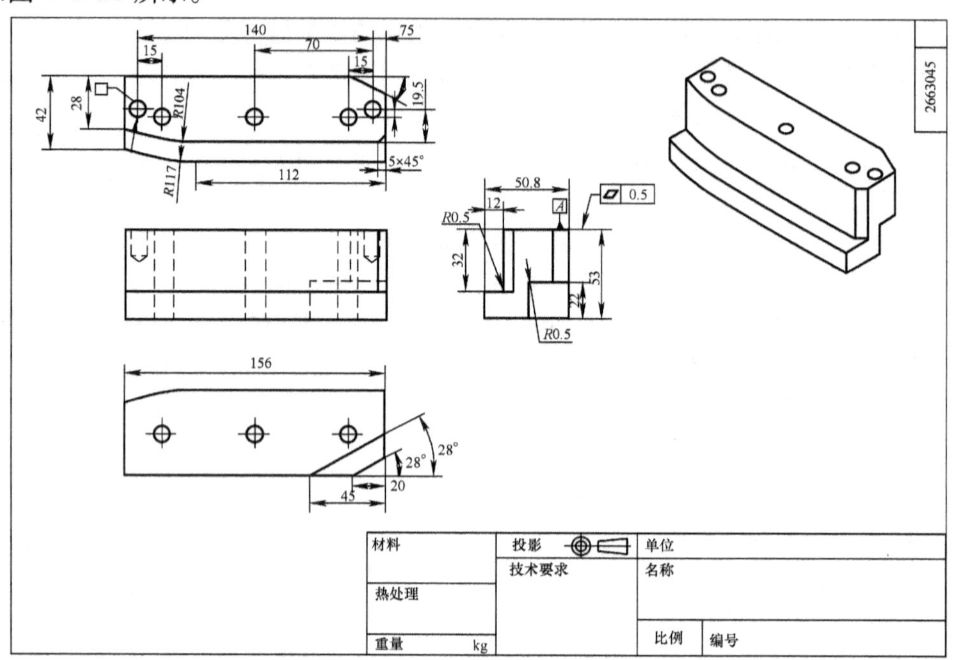

图 4-1-25　第三角投影法的基本视图

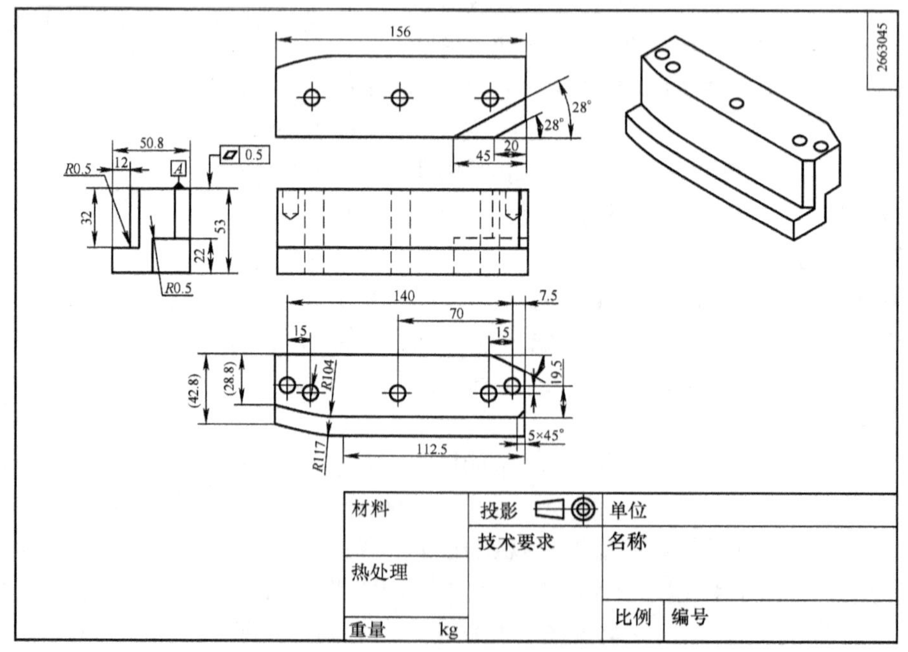

图 4-1-26　第一角投影法的基本视图

在生产实际中，也有一些有效的转换技巧可在第三角投影法绘制的原图上将视图转换成第一角投影视图，使缺乏第三角投影法知识的人能利用已有的第一角投影法知识，方便而迅速地阅读图样。

基于 NX 制图中主模型方法，运用建模应用、装配应用、制图应用模块，快速地创建 3D 部件的 2D 图，可以方便地生成零件的工程图样。在主模型前提下，运用制图应用模块，根据体模型与制图中视图的双向关联性，可以快速将第三角视图与第一角视图进行转换。

课后训练

（1）绘制送料器板的第三角投影工程图，如图 4-1-27 所示。

（2）绘制连接件的工程图，如图 4-1-28 所示。

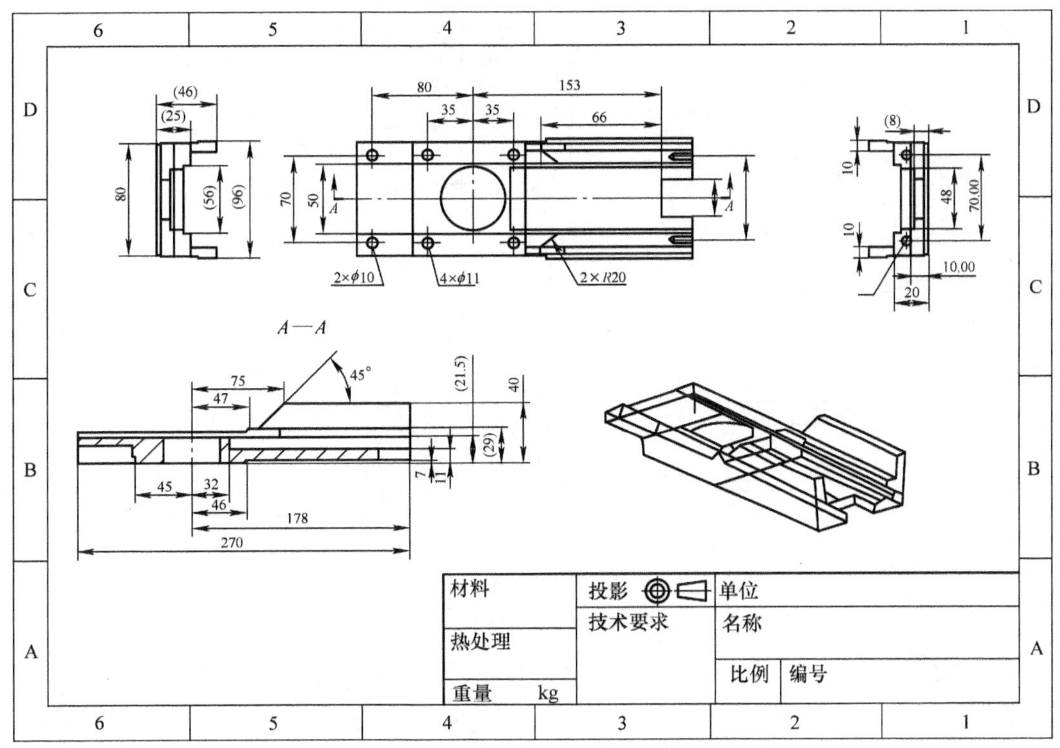

图 4-1-27　送料器板工程图

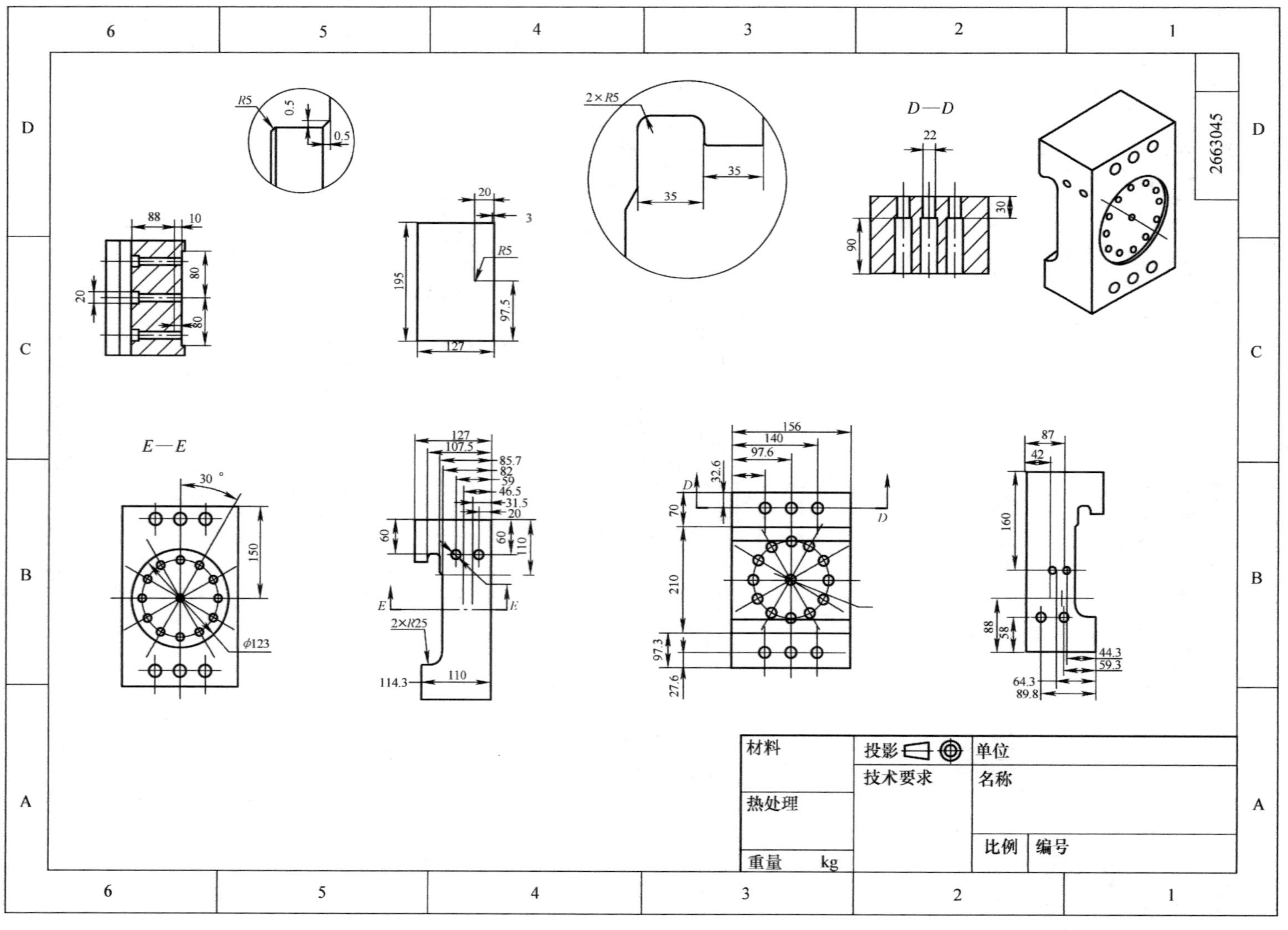

图 4-1-28 连接件的工程图

项目 4.2　机床用平口虎钳的 NX 装配图绘制案例

教学目标

- 掌握 NX 产品装配图的创建方法。
- 掌握明细栏、零件序号等的创建方法。
- 能完成机床用平口虎钳装配图的绘制。

项目导读

本项目采用企业绘制装配图的思路，重点介绍在 NX 制图功能模块中装配图的创建方法、零件配合尺寸的标注方法、明细栏的生成方法、零件标号的生成方法等读者将学会创建符合企业要求的装配图，并以这种绘制方法为基础，来完成其他产品的装配图的绘制。

任务描述

以设计师的身份进入 NX 制图功能模块，按照产品图样和客户意图，完成机床用平口虎钳装配图的绘制。

工作任务

创建平口虎钳装配的三维模型（课前完成）；制定平口虎钳装配图的绘制方案；学习 NX 软件中装配图绘制的相关功能，掌握基本的操作方法；完成平口虎钳装配图的绘制。

一、分析机床用平口虎钳的结构特征

平口虎钳模型如图 4-2-1 所示。平口虎钳的装配图如图 4-2-2 所示。

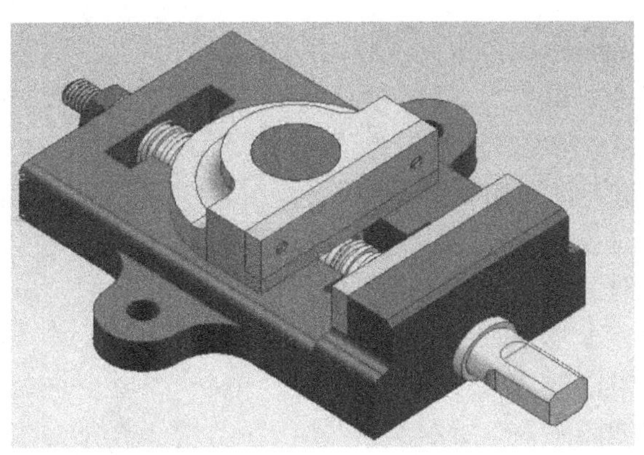

图 4-2-1　平口虎钳

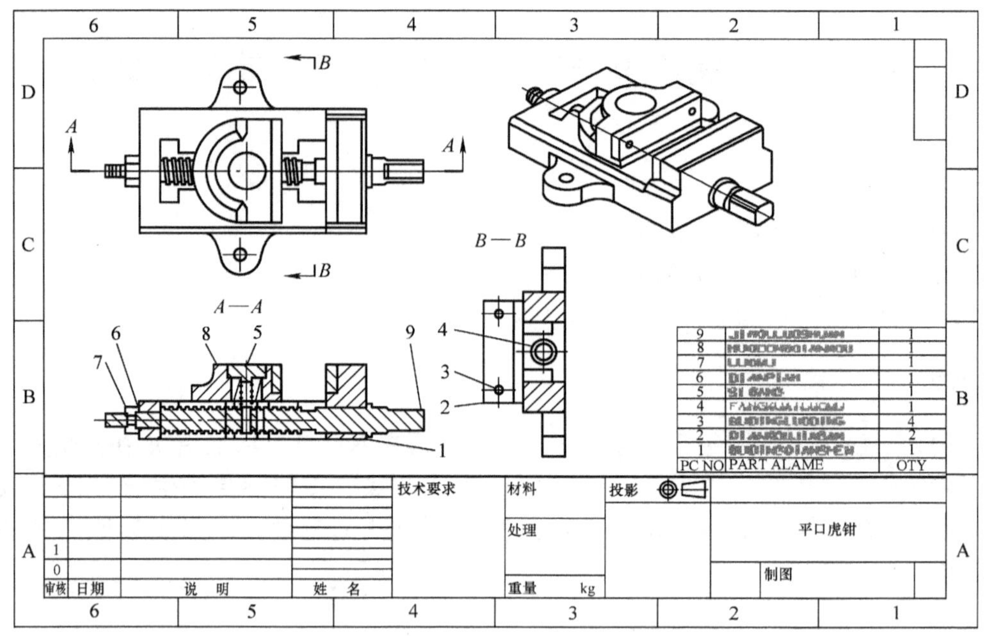

图 4-2-2 平口虎钳的装配图

二、制定平口虎钳的装配图的绘制方案

（1）创建图纸。

（2）导入模板。

（3）创建视图。

（4）创建明细栏。

（5）零件自动标号。

三、绘制平口虎钳的装配图

绘制平口虎钳的装配图的具体操作步骤如下。操作录像见配套视频文件 Video \ 4 _ 2. avi；源文件见 Part \ 4_2。

（1）打开源文件 pingkouqian. prt；选择【开始】→【制图】，系统弹出“图纸页”对话框；大小为“A3－297×420”，比例为“1∶2”，单位为“毫米”，投影选为第三角投影的识别符，如图 4-2-3 所示。

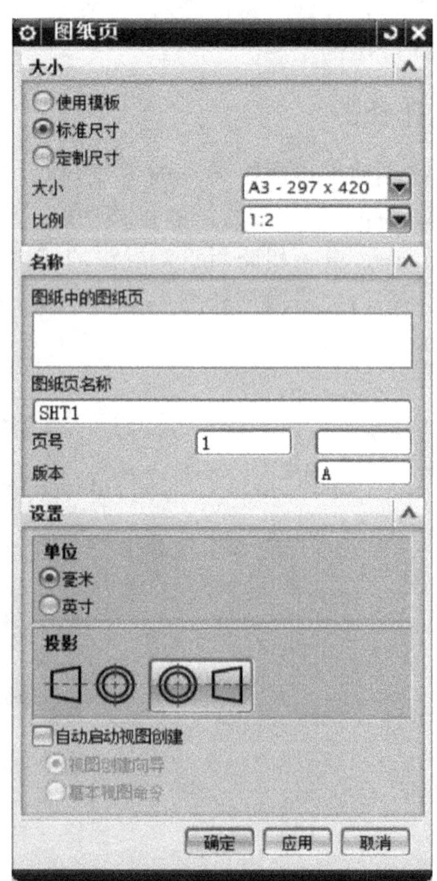

图 4-2-3 选择图纸页

（2）选择菜单栏中【文件】→【导入】→【部件】，系统弹出“导入部件”对话框，如图 4-2-4 所示；保留默认参数，单击【确定】按钮；选择“MOBAN－A3. prt”模板文件，点构造器为（0，0，0）点；单击【确定】按钮，结果如图 4-2-5 所示。

（3）选择【插入】→【视图】→【基本】，系统弹出“基本视图”对话框；选择“俯视图”，并利用“定向视图工具”设置如图 4-2-6 所示结果。

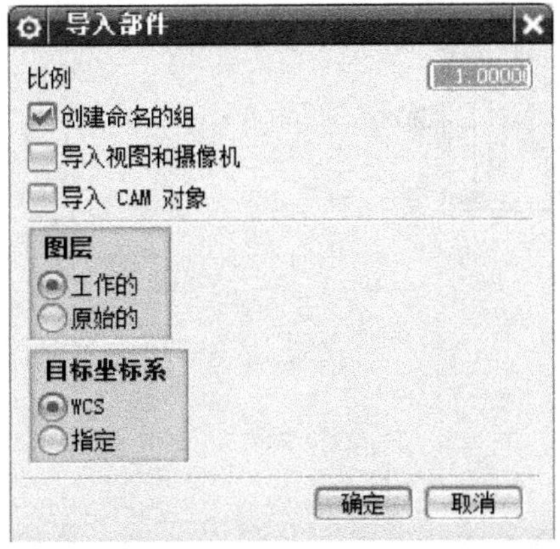

图 4-2-4　“导入部件”对话框

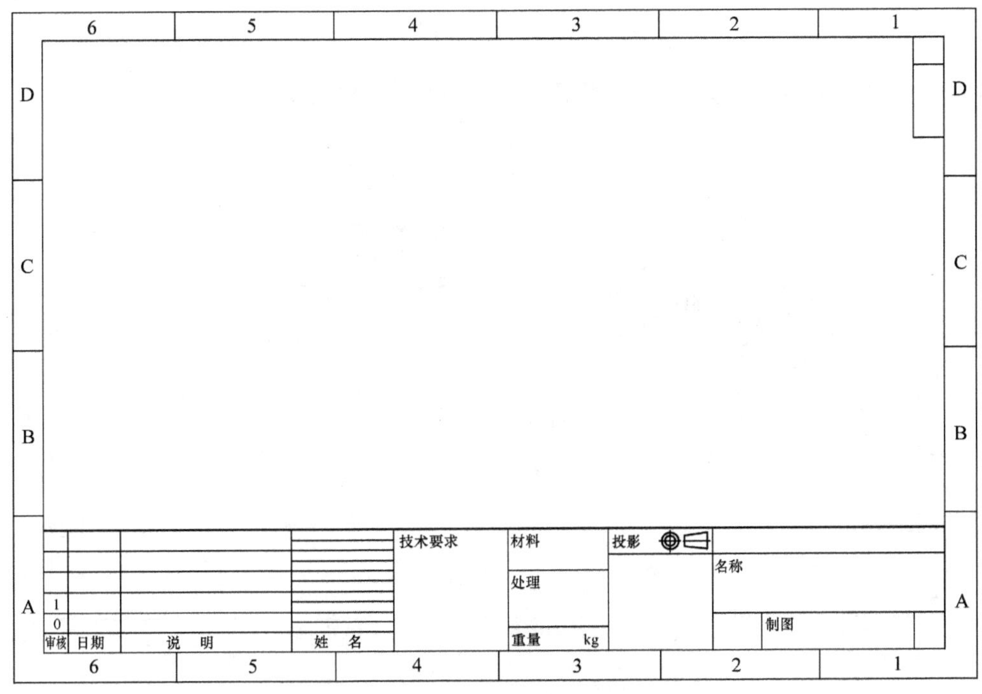

图 4-2-5　导入已建立的模板

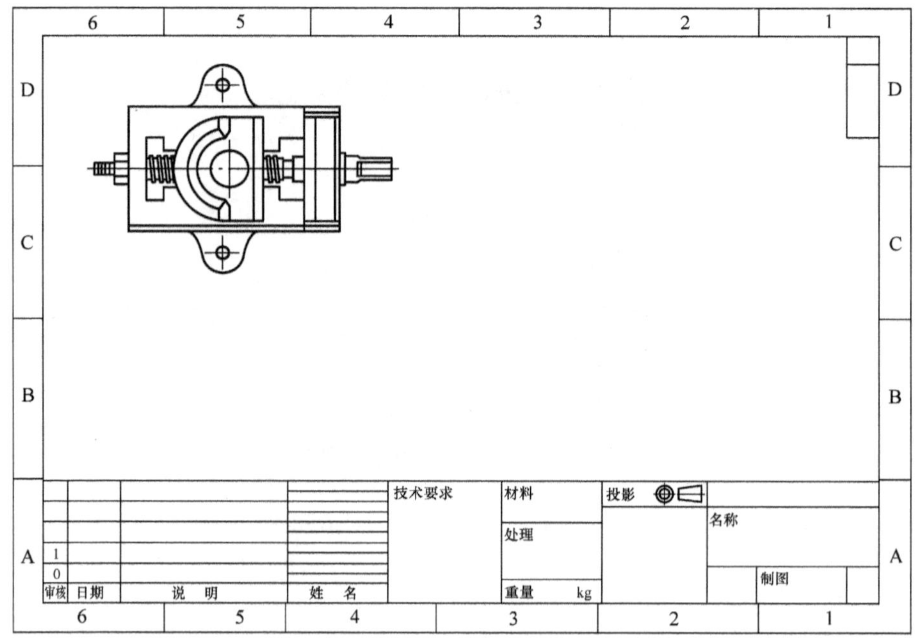

图 4-2-6 插入俯视图

（4）采用同样的方法插入正等轴测图，结果如图 4-2-7 所示。

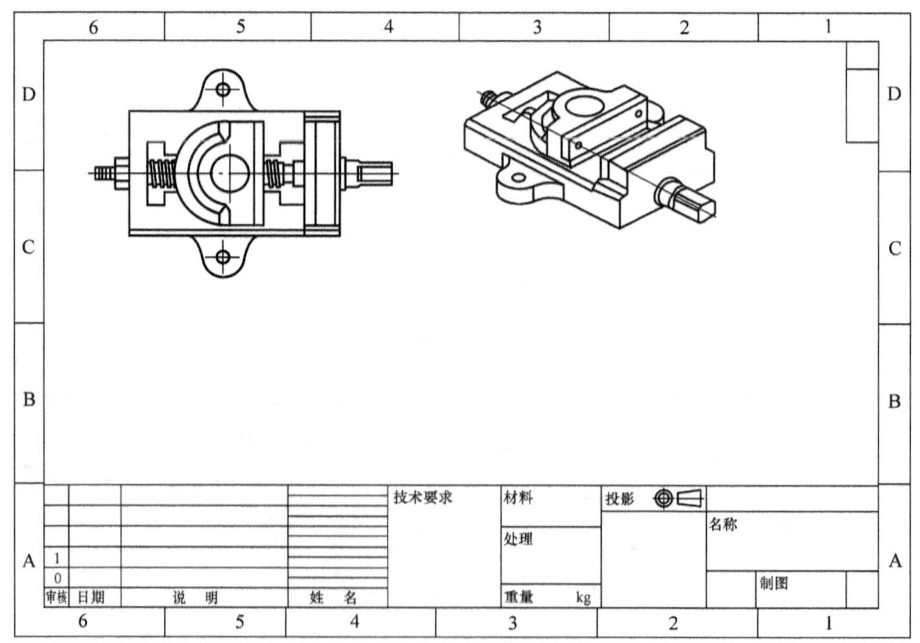

图 4-2-7 插入正等轴测图

（5）选择菜单栏中的【插入】→【视图】→【截面】→【简单/阶梯剖】；父视图选择之前插入的俯视图，设置剖切点和剖切方向，结果如图 4-2-8 所示。

（6）选择【插入】→【表格】→【零件明细表】，系统弹出一个表格；放置在适当位置，

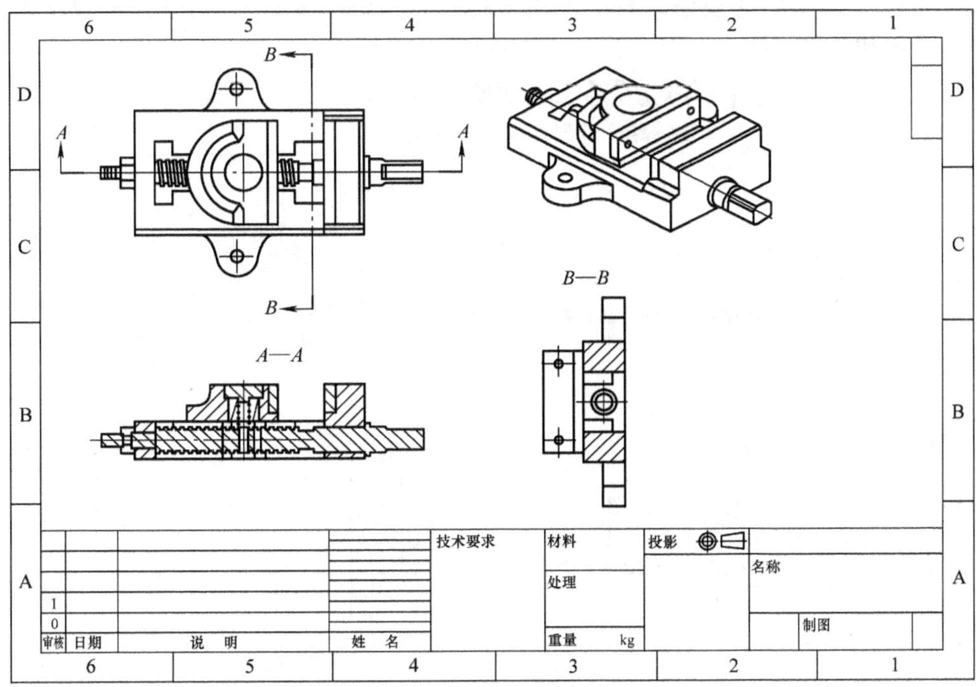

图4-2-8　插入剖视图

结果如图4-2-9所示。

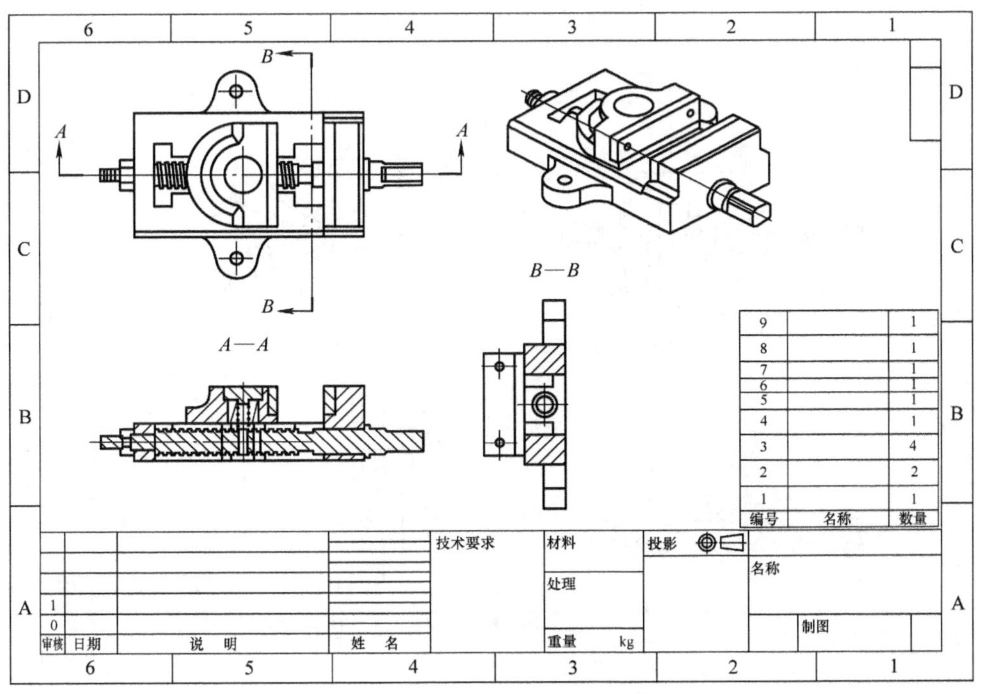

图4-2-9　放置零件明细栏

（7）选择【插入】→【表格】→【自动符号标注】；选择明细栏，再选择剖视图为自动标号对象。操作和结果如图4-2-10、图4-2-11所示。

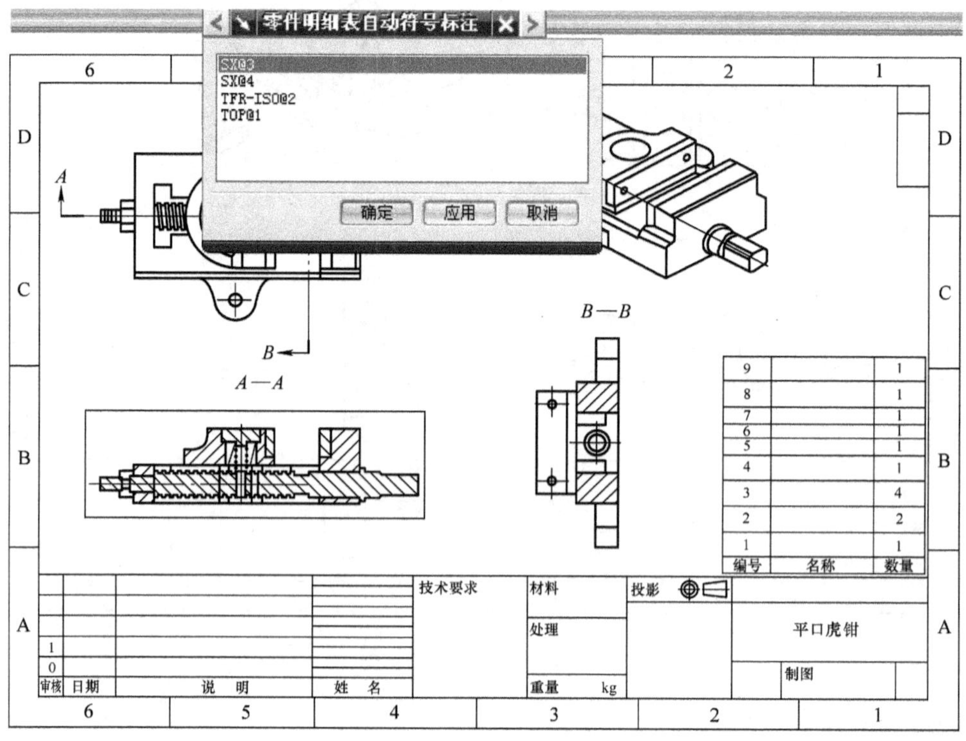

图4-2-10　选择标注视图

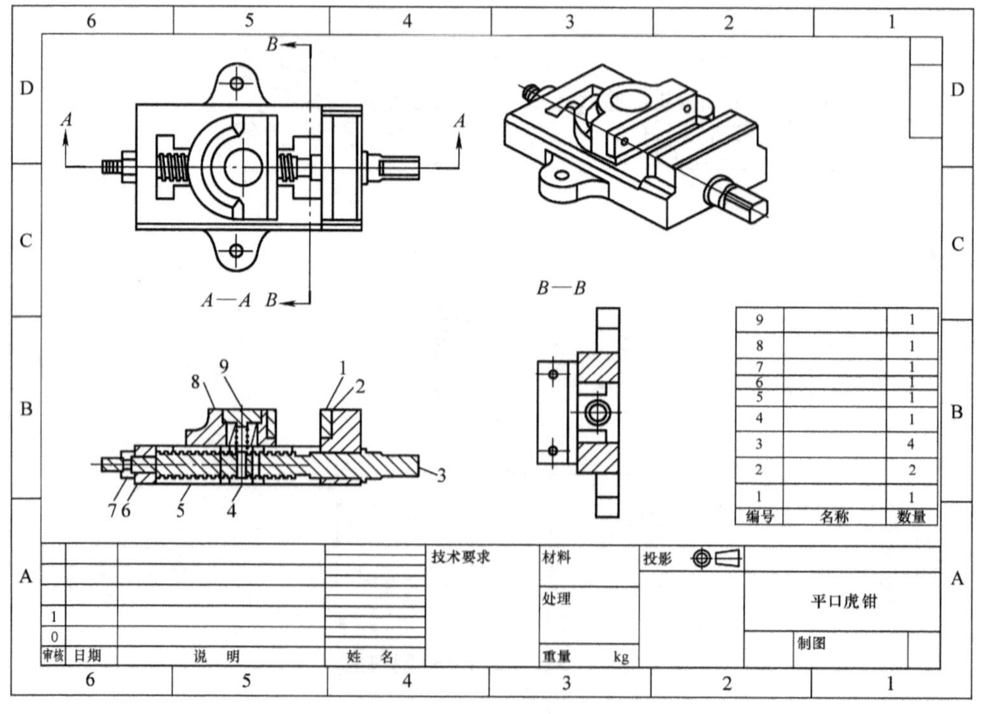

图4-2-11　生成自动标号

（8）双击需要移动调整的标号，选择箭头的指示点至合适的位置，结果如图 4-2-12、图 4-2-13 所示。

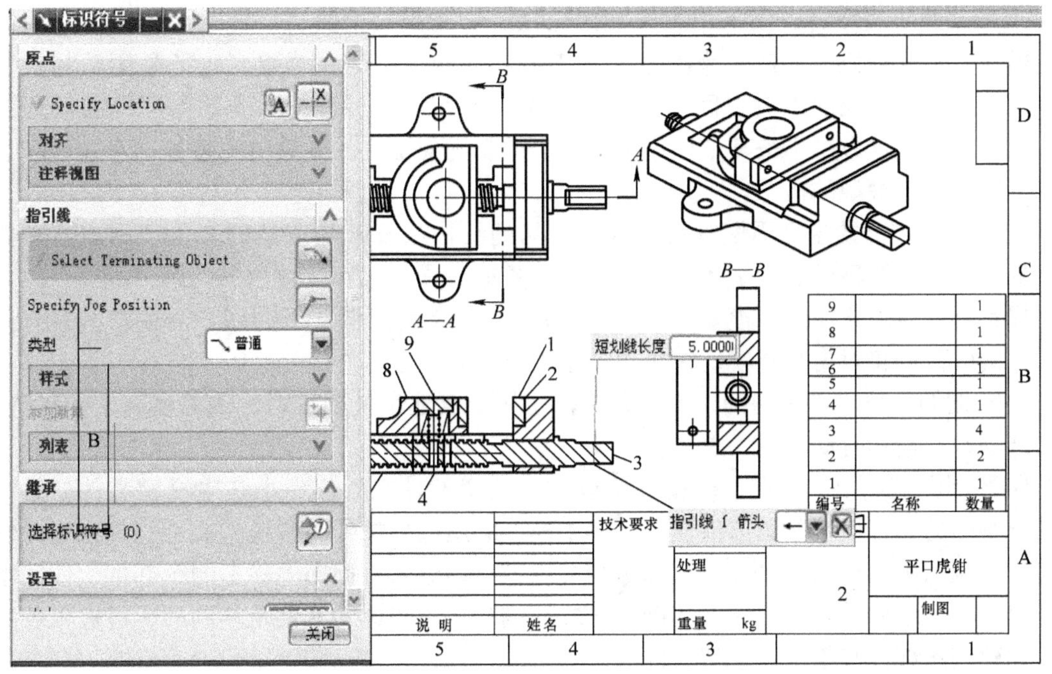

图 4-2-12 调整标号的位置

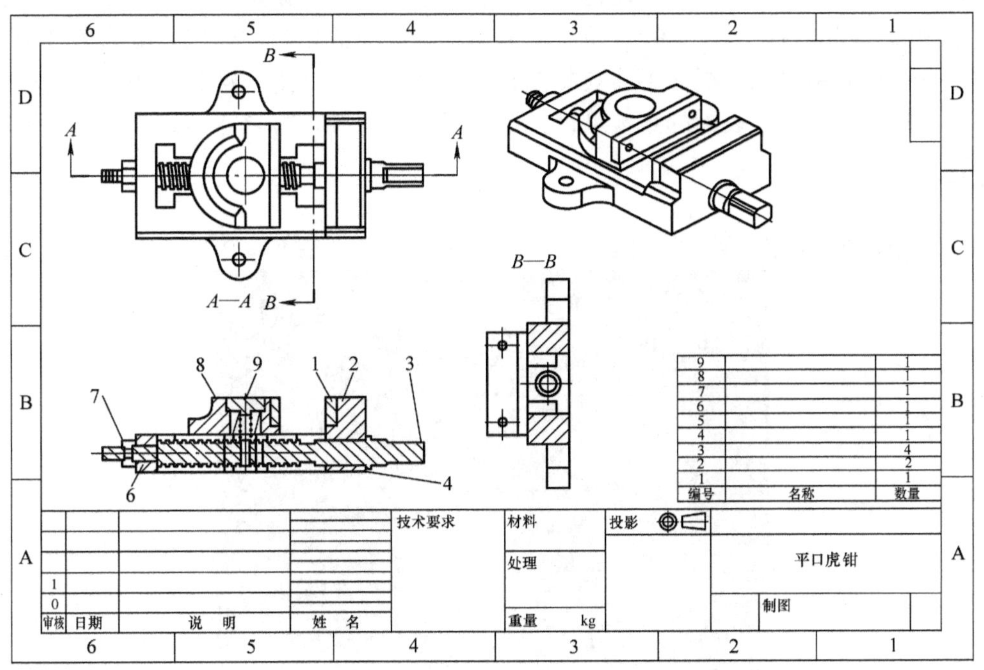

图 4-2-13 平口虎钳装配图的绘制结果

专家点拨

（1）创建工程图时建议采用主模型的方法，即新建装配文件、添加主模型、进入制图功能模块。主模型概念的产生来源于并行工程。并行工程的一个重要特征是团队的工作方法，它要求不同专业的人员以团队形式协同工作。在设计过程中，既要保证产品数据的共享，又要保证设计数据不被其他使用者非法篡改。为保证产品数据的完整性、有效性和正确性，便产生了主模型的概念。

（2）按照产品的生命周期管理原则，产品的结构应不断随市场的变化和用户要求做出相应的改进。主模型概念的引入，解决了工程更改的同步性和一致性的问题。

提示：下游用户使用主模型是通过“引用”，而不是复制。下游用户对主模型只有读的权限，同时他们将意见与建议反馈给主模型的创造者。

（3）制图表格和零件明细栏工具条提供了用于创建零件明细栏、表格注释、导入选项、导出选项以及创建自动标注的选项。

（4）制图应用中，实现主模型方法要建立两个部件文件，一个是主模型文件，另一个是用于制图的非主模型制图部件文件。非主模型制图部件文件与主模型文件相关，因此修改主模型，制图中的视图、尺寸和注释等相关内容自动更新。而非主模型制图部件文件，本质上是只有一个组件的装配文件，其创建方法与创建一个普通的文件是相同的，可进入装配应用，创建制图部件和添加主模型部件。

（5）建议遵循主模型策略进行图样创建。应创建引用主模型装配的非主模型装配，而不是在装配中创建图样自身。由于使得用户能够修改图样而不锁定主模型装配，这将促进同步工程，制图和建模更改可以并行进行。此策略还将注释数据与主模型装配分离开来，这意味着用户可以加载主模型装配而不需要将图样数据加载到会话中，这会加快加载过程，并减少内存消耗量。如果某个装配的主模型部件已具有图样，则可将它导出到非主模型装配。

课后训练

完成万向轮的装配工程图，如图4-2-14所示。通过该练习细细体会装配图的具体绘制操作。

图4-2-14 万向轮

参考文献

[1] 关振宇，朱凯．UG NX4.0 中文版机械设计实战训练［M］．北京：人民邮电出版社，2007.

[2] 宋振会．UG NX4.0 三维建模基础教程［M］．北京：清华大学出版社，2006.

[3] 岳宁，钟星海．UG NX 5.0 中文版零件设计技术指导［M］．北京：电子工业出版社，2008.

[4] 宋振会．UG NX4.0 工程制图基础教程［M］．北京：清华大学出版社，2006.

[5] 叶国林，谢龙汉．UG NX6 三维造型实例图解［M］．北京：清华大学出版社，2009.

[6] 洪如瑾．UG NX6 CAD 进阶培训教程［M］．北京：清华大学出版社，2009.

[7] 洪如瑾．UG NX6 CAD 快速入门指导［M］．北京：清华大学出版社，2009.